普通高等教育“十一五”国家级规划教材

21世纪高等院校计算机系列教材

计算机网络基础与 Internet 应用

（第三版）

刘　兵　左爱群　等编著

中国水利水电出版社

内 容 提 要

本书是普通高等教育“十一五”国家级规划教材。

本书全面系统地讲解了计算机网络基础与 Internet 应用的各种问题。由于计算机网络技术发展十分迅猛，所以本书在第二版的基础上，作了适量的修改与增删。全书以实用性为指导原则，着重讲解网络技术知识在实际中的应用。作者首先从计算机网络技术的基础知识入手，介绍了一些计算机网络的基本概念；另外还介绍了如何组建一个局域网、如何共享网络资源以及网络常用服务器的设置方法，如：WWW 服务器、FTP 服务器、邮件服务器和域名服务器等；同时介绍了 Internet 上的常用软件和最新的 Internet 服务；最后介绍了网页的制作语言。

本书内容新颖，概念清晰，实例丰富，深入浅出，通俗易懂，并配有《计算机网络基础与 Internet 应用（第三版）实验教程》一书，供读者巩固提高。

本书适合高等学校非计算机专业的学生作为选修或自学教材，也可以作为计算机网络基础与 Internet 应用的培训教材，同时可以作为广大计算机网络初学者的自学参考书。

本书所配电子教案和习题答案可以从中国水利水电出版社网站上免费下载，网址为：http://www.waterpub.com.cn/softdown/。

图书在版编目（CIP）数据

计算机网络基础与 Internet 应用/刘兵等编著．—3 版．
—北京：中国水利水电出版社，2009（2013.12 重印）
（21 世纪高等院校计算机系列教材）
ISBN 978-7-5084-4105-4

Ⅰ．计… Ⅱ．刘… Ⅲ．①计算机网络—高等学校—教材
②因特网—高等学校—教材 Ⅳ．TP393

中国版本图书馆 CIP 数据核字（2009）第 116326 号

书　　名	计算机网络基础与 Internet 应用（第三版）
作　　者	刘　兵　左爱群　等编著
出版发行	中国水利水电出版社 （北京市海淀区玉渊潭南路 1 号 D 座　100038） 网址：www.waterpub.com.cn E-mail：mchannel@263.net（万水） sales@waterpub.com.cn 电话：（010）68367658（发行部）、82562819（万水）
经　　售	北京科水图书销售中心（零售） 电话：（010）88383994、63202643、68545874 全国各地新华书店和相关出版物销售网点
排　　版	北京万水电子信息有限公司
印　　刷	北京蓝空印刷厂
规　　格	184mm×260mm　16 开本　21 印张　512 千字
版　　次	2001 年 8 月第 1 版 2009 年 10 月第 3 版　2013 年 12 月第 18 次印刷
印　　数	83001—86000 册
定　　价	30.00 元

第三版前言

本书是普通高等教育“十一五”国家级规划教材。

随着互联网的普及和延伸，人们的生活和工作越来越离不开网络的支持。人们可以通过互联网进行网上购物、远程教育、远程医疗，可以和不认识的地球上任意地方的人聊天，可以查找和搜索各种信息。计算机网络的重要性已被越来越多的人所认识，人们迫切地需要了解计算机网络的知识。

本书在第二版的基础之上，作了适量的修改与增删。客户端的操作系统由 Windows 98 全部换成了 Windows XP，同时增加了 ADSL 的详细安装配置方法和路由功能，另外还增加了最新的下载文件软件（如 BT）的介绍，以及网络电视和博客的安装与使用，各章增加了大量的习题（包括：填空题、选择题、判断题和思考题）。全书分为 8 章，内容包括：计算机网络的基础知识、局域网、广域网、Intranet、拨号网络、Internet 常用软件的使用方法和网页的建立与维护等。

本书内容新颖，概念清晰，实例丰富，深入浅出，通俗易懂，并为任课教师免费提供用 PowerPoint 制作的电子教案，方便教师利用多媒体设备上课。

本书适合高等学校非计算机专业的学生作为选修或自学教材，也可以作为计算机网络基础与 Internet 应用的培训教材，同时可以作为广大计算机网络初学者的自学参考书。

本书由刘兵负责全书统稿及定稿工作，其中，刘兵主要编写第 1 章至第 5 章以及第 8 章，左爱群主要编写第 6 章和第 7 章，另外参加本书编写（包括第一版和第二版）的还有：宋卫海、刘欣、吴煜煌、向云柱、刘冬、欧阳峥峥、贾瑜、张琳、周红、刘昌华、蒋丽华、易逵、苏帆、徐军利、管庶安、李禹生、丰洪才等。谢兆鸿教授认真地审阅了全书，并提出了很多宝贵意见。同样要感谢在其他方面协助本书编写工作的杨杰、王璐、曹超和马超等。本书在编写过程中，得到了武汉工业学院计算机与信息工程系的领导和同事们的关心和支持。另外，在全书的文字资料输入及校排工作中得到了江小丽女士的大力帮助，在此一并表示衷心的感谢。

由于作者水平所限，尤其是 Internet 网络新兴技术发展十分迅速，书中难免存在一些疏漏及不妥之处，恳请读者批评指正。

作者的电子邮件地址为：lbliubing@sina.com。

编者

2009 年 8 月

第二版前言

在计算机技术飞速发展的今天，随着互联网的普及和延伸，人们的生活和工作将越来越离不开信息网络的支持。人们可以通过互联网进行网上购物、远程教育、远程医疗、电子商务，可以和不认识的地球上任一地方的人聊天，可以查找和搜索各种信息。计算机网络的重要性已被愈来愈多的人所认识，人们迫切地需要了解计算机网络的知识。

本书在第一版的基础之上，作了适量的修改与增删。增加了 Windows XP 操作系统的有关网络配置方法、ADSL 的安装配置方法、代理服务器软件的设置方法以及如何防止个人计算机在网络中受攻击的方法等内容。全书分为 8 章，内容包括：计算机网络的基础知识、局域网、广域网、Intranet、网络接入、Internet 常用软件的使用方法和网页的建立与维护等。

本书内容新颖，概念清晰，实例丰富，深入浅出，通俗易懂，并为任课教师免费提供用 PowerPoint 制作的电子教案，方便教师利用多媒体设备上课。教师可凭学校的证明（加盖公章）向北京万水电子信息有限公司索取。

本书适合高等学校非计算机专业大一、大二的学生作为选修或自学教材。可以作为计算机网络基础与 Internet 应用的培训教材，同时也可以作为广大计算机网络初学者的自学参考用书。

本书由刘兵负责全书统稿及定稿工作，其中刘兵编写第 1 章至第 4 章以及第 8 章，刘冬编写第 6 章，左爱群编写第 5 章。武汉工业学院电气信息工程系谢兆鸿教授认真地审阅了全书，并提出了很多宝贵意见。管庶安、李禹生、丰洪才等参与了本书大纲的讨论，同时，还要感谢参与本书第一版编写的老师：宋卫海、刘欣、吴煜煌、向云柱。同样要感谢在其他方面协助本书编写工作的欧阳峥峥、杨杰、王璐、曹超和马超等。本书在编写过程中，得到了武汉工业学院计算机与信息工程系的领导和同事们的关心和支持。另外，在全书的文字资料输入及校排工作中得到了江小丽女士的大力帮助，在此一并表示衷心的感谢。

由于作者水平所限，尤其是 Internet 网络新兴技术发展的十分迅速，书中难免存在一些疏漏及不妥之处，恳请读者批评指正。

作者的电子邮件地址为：lbiiubing@sina.com。

编者

2003 年 6 月

第一版前言

在计算机技术飞速发展的今天，随着互联网的普及和延伸，人们的生活和工作将越来越离不开信息网络的支持。人们可以通过互联网进行网上购物、远程教育、远程医疗、电子商务，可以和不认识的地球上另一端的人聊天，可以查找和搜索各种信息。计算机网络的重要性已被愈来愈多的人所认识，人们迫切地需要了解计算机网络的知识。

全书分为 8 章，内容包括：计算机网络的基础知识、局域网、广域网、Intranet、拨号网络、Internet 的常用软件使用方法和网页的建立与维护等。

本书内容新颖，概念清晰，实例丰富，深入浅出，通俗易懂，并为任课教师免费提供用 PowerPoint 制作的电子教案，方便教师利用多媒体设备上课。教师可凭学校的证明（加盖公章）向万水公司索取。

本书适合高等学校非计算机专业大一、大二的学生作为选修或自学教材。也可以作为计算机网络基础与 Internet 应用的培训教材，同时可以作为广大计算机网络初学者的自学参考用书。

本书由刘兵主编并负责全书统稿定稿工作，宋卫海、刘欣、吴煜煌任副主编，向云柱参编。本书在编写过程中，得到了武汉工业学院电气信息工程系的领导和同事们的关心和支持，武汉工业学院电气信息工程系谢兆鸿教授认真地审阅了全书，并提出了很多宝贵意见。另外，在全书的文字资料及校排工作中得到了江丽女士的大力帮助，在此一并表示衷心的感谢。

由于作者水平所限，书中难免存在一些不足之处，殷切期望广大读者批评指正。

作者的电子邮件地址为：lbliubing@sina.com。

编者

2001 年 6 月

目　　录

第 1 章　计算机网络引论

本章学习目标

本章主要讲解计算机网络的基本概念，通过对这些基本概念的学习，读者应该掌握以下主要内容：

- 计算机网络发展的历史和前景
- 计算机网络的定义和功能
- 计算机网络的分类
- Internet 网络所提供的主要服务

1.1　计算机网络的发展

1.1.1　计算机网络发展的历史阶段

计算机网络是计算机技术和通信技术相结合的产物。它们的结合主要体现在两个方面：一方面是，通信网络为计算机之间的数据传递和信息交换提供了必要的手段；另一方面是，计算机的发展渗透到通信技术中，又提高了通信网络的性能。计算机网络的发展经历了一个相当复杂的演变过程，大致可概括为以下三个阶段：具有通信功能的单机系统，具有通信功能的多机系统和计算机网络系统。

1. 具有通信功能的单机系统

1946 年世界上第一台数字电子计算机刚刚问世时，计算机技术和通信技术没有什么关系。那时计算机的价格十分昂贵，只有少数的研究中心才拥有这种资源。要想利用计算机完成某种任务，必须到计算中心去，这不仅浪费时间和精力，而且还无法对要处理的信息进行及时的加工。为了解决这样的问题，人们在大型的计算机内部增加了通信控制功能，将远地站点（或远程终端）的输入输出设备通过通信线路直接和大型计算机相连，使大型计算机一边接收远程站点的信息，一边处理这些信息，最后再经过通信线路把加工后的处理结果直接送回到远程终端，这种系统称为联机系统，如图 1-1（a）所示。这就是计算机技术和通信技术结合的开始。

这种联机工作方式提高了计算机系统的效率和服务能力。但是随着所连接的远程终端数目的增加，也带来了许多问题，主要体现在以下两个方面：一方面使主计算机的负载不断增加，系统的实际效率不断下降；另一方面，系统中由于每一台远程终端都需要通过一条通信线路与主计算机连接，这样不仅线路利用率低，而且费用比例增大。因此出现了多终端共享通信线路的结构，即终端—通信线路—计算机系统结构，如图 1-1（b）所示。

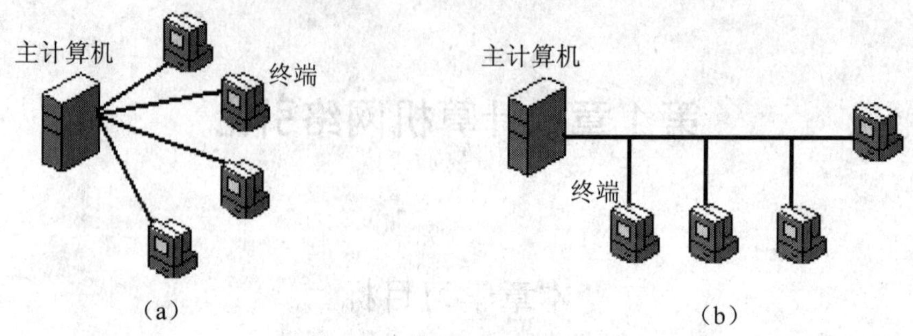

图 1-1　具有通信功能的单机系统

2. 具有通信功能的多机系统

在“终端—通信线路—计算机”系统的使用中，也发现两个明显的缺点。首先是主计算机任务繁重，它既要承担本身的数据处理工作，又要承担与远程终端的通信工作，尤其是在通信量很大时，会影响主计算机的数据处理能力；其次是线路利用率很低，当远程终端距离主机比较远时尤其如此。

为了减轻主计算机的负担，把原来由一台主计算机完成的数据处理工作和与远程终端通信的工作分别由两台计算机来完成。一台计算机主要负责数据处理，所以还是称其为主计算机，另一台计算机设置在主计算机和通信线路之间，称其为通信控制处理机（CCP—Communication Control Processor，或前端处理机 FEP—Front End Processor），专门负责通信控制，使得主机能够摆脱原来沉重的通信负担，集中更多的时间来进行数据处理。为了节省通信费用和提高线路的利用率，还在远程终端较密集处加上一个集线器。集线器的一端用多条低速线路与各终端相连，另一端则用一条较高速的线路与通信控制处理机相连，如图 1-2 所示。每一个终端的信息首先通过低速通信线路汇集到集线器上，在集线器上按照一定格式组成汇总信息，再由高速通信线路送给通信控制处理机。这里所用的高速线路的容量可以小于各低速线路容量的总和，因为在同一时刻集线器上的终端不可能同时都处于通信状态，所以可利用这些终端的空闲时间为正在通信的终端服务，从而明显地降低通信线路的费用，大大地提高线路的利用率。

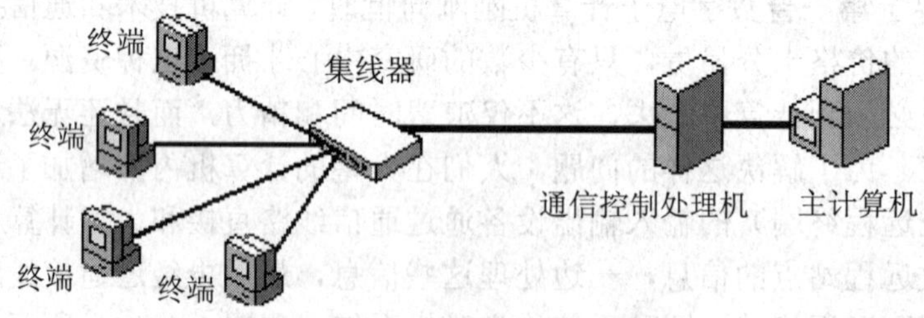

图 1-2　具有通信功能的多机系统

通信控制处理机和集线器一般采用内存容量较小、通信功能较强的小型机，图 1-2 所示的结构被称为具有通信功能的多机系统，它已具备了计算机网络的雏型。

3. 计算机网络系统

计算机网络系统是在 20 世纪 60 年代中期发展起来的一种由多台计算机相互连接在一起的系统。随着计算机硬件价格的不断下降和计算机应用的飞速发展，在一个大的部门或者一个大的公司里已经能够拥有多台主机系统，这些主机系统可能分布在不同的地区，它们之间经常需要交换一些信息或进行各种业务联系，如各子公司的主机系统需将其信息汇总后报送给总公司的主机系统，供有关人员查阅和审批。这种利用通信线路将多台计算机连接起来的系统，就开始了计算机—计算机之间的通信。它是计算机网络的低级形式。这种网络有两种结构形式，如图 1-3 所示。图 1-3（a）是主计算机通过通信线路直接互连的结构，这里主计算机同时承担数据处理和通信控制工作。图 1-3（b）是通过通信控制处理机（CCP）间接地连接各主计算机的结构。通信控制处理机和主计算机的分工是：前者负责网络各主机间的通信处理和控制；后者是网络资源的拥有者，负责数据处理。它们共同组成资源共享的计算机网络。

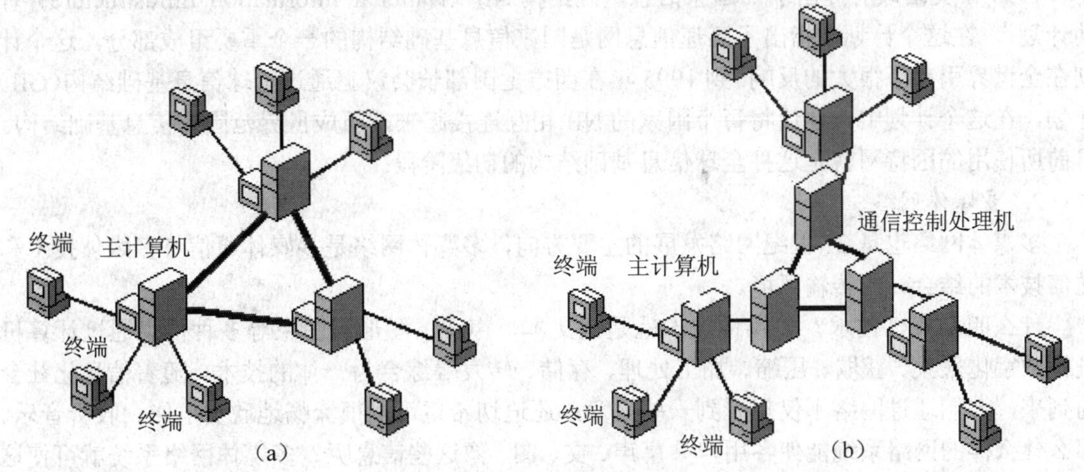

图 1-3　计算机网络系统

按照数据通信和数据处理的功能，该网络可分为：内层的通信子网和外层的资源子网。通信子网由前端处理机（即通信控制处理机）和高速通信线路组成独立的数据通信系统，承担全网的数据传输、交换、加工和变换等通信处理工作，即能将一台主计算机的输出信息传送给另一台主计算机。资源子网包括主计算机、终端、通信子网接口设备及软件等。它负责全网的数据处理和向网络用户提供网络资源及网络服务。

随着计算机通信网络的发展和应用，又对计算机网络提出了更高的要求。计算机系统的用户希望使用其他计算机系统的资源或希望将几个计算机系统联合起来共同完成某项工作，这就形成了以资源共享为主要目的的计算机网络。它除了有可靠有效的计算机通信系统外，还要求制定一套整个网络都一致遵守的规则（协议），以及相应的支持软件和网络操作系统。用户使用网络中的资源就像使用本地资源一样，即从用户的角度看，整个网络就是一个大的计算机系统，使用网络中的资源时，感觉不到这些资源在地理位置上的差异。

美国国防部高级研究计划局研制的 ARPANET 是世界上早期最有代表性的计算机通信网。最初，该网仅由 4 台计算机连接组成，发展到 1975 年，已有 100 多台不同型号的大型计算机。ARPANET 成为第一个完善的实现分布式资源共享的网络，为计算机网络的发展奠定了基础，计算机网络的许多设计经验都是由此总结出来的。

随着大规模集成电路技术的飞速发展，使计算机的价格不断下降。从 20 世纪 70 年代开始，由于微机的广泛应用，局域网络技术得到了迅速发展。特别是 20 世纪 80 年代以后，更是局域网腾飞的年代。局域网的发展，使计算模式发生了变革。由过去主计算机（HOST）为主的集中计算模式，发展成多个个人计算机（Personal Computer）的独立平台——分布计算模式。

1.1.2 计算机网络的发展前景

现在已经进入21世纪，计算机网络的发展也已经进入了一个崭新的历史阶段。21世纪将是一个以网络为核心的信息时代。这意味着网络不仅仅是简单地把多个计算机连接在一起，更主要的是能够使它们交换信息。当前信息网络发展有以下几个主要方向。

1. 全球网络互连

1993年美国政府提出了“国家信息基础结构NII（National Information Infrastructure）行动计划”，在这个计划中指出了高速信息网是国家信息基础结构的一个重要组成部分。这个计划在全世界引起了很大的反响。到1995年在西方七国部长会议上通过全球信息基础结构（GII）计划，在这个计划中，建议将每个国家的NII相互连接起来，组成世界范围的信息基础结构。目前所使用的因特网就是这种全球信息基础结构的初级阶段。

2. 多媒体网络

多媒体网络也是21世纪网络发展的主要方向，多媒体网络是多媒体通信（多媒体技术和通信技术的结合）的传输环境。

什么叫多媒体技术？多媒体技术就是把文本、声音、图形和图像等多种信息通过计算机进行数字化采集、获取、压缩、加工处理、存储、转发等综合为一体的技术。随着信息化社会的到来，人们通过网络不仅想看到一些文章，还迫切希望可以很流畅地欣赏电影、收听音乐。那么什么样的网络系统能使各用户共享声、文、图、像这些信息呢？多媒体网络系统就可使这种要求成为现实。它使原来界限十分清晰的各个通信领域相互渗透，例如传统的电话网络将发展成可见对方活动影像的可视电话网络；传统的单向广播型电视通信发展成双向选择型系统，即用户可以根据自己的兴趣爱好选择自己喜爱的影视节目。又例如有线电视网在全世界拥有几亿用户，如想在有线电视网上传输计算机信息，仅需要将现有的单向传输电缆改造成具有双向通信功能的宽带网络即可。但要进行这样的改造需要花费非常大的代价。能不能组建一种网络，可以使语音、图像和计算机信息的传递都能在这个网络实现，于是提出了“三网合一”的概念，三网指的是电信网络、有线电视网络和计算机网络。今后，仅需要一台个人计算机就能实现录音机、可视电话机、图文传真机、立体声音响设备、电视机和录像机等设备的功能。

多媒体技术的广泛应用将极大地提高人们的工作效率，减轻社会交通运输负担，改变人们的工作方式、教育方式和生活方式，使人们坐在自己家中的计算机前，就能享受连网的各种信息服务，例如：电视点播、远程教育、远程诊断、电子购物和阅读电子出版物等。

一些传统的模拟传输系统将改为以数字技术为基础的数字传输系统。能同时传输文本、声音、图形和图像的综合业务数字网（ISDN）将会得到广泛的应用。另外，宽带局域网技术将有较大的发展，特别是在办公室自动化方面有广泛的应用。

随着网络的发展，将会带动和加速以下主要网络技术的发展：

（1）异步交换模式（ATM）是一种全新技术，能同时满足文字、图形、图像、音频、视频等传输要求，具有高速、大容量、实时等特点。

（2）电缆调制解调器（Cable Modem）产品正逐渐成熟，电缆局部网将步入家庭和中小型企业，通过电缆插头可以方便地将有线电视直接接入Internet。

（3）移动通信技术、笔记本电脑的发展，使得对移动无线网的要求日益增加。将固定综合宽带网通信业务用于移动环境中，采用新技术，提高数字传输速率，实现笔记本电脑入网和通信，最终实现人类通信的梦想——“无线信息高速公路”。

（4）“全球智能网”的构筑，即把全球局域网与 Internet 融为一体，处理亿万个连接点，提供智能服务，包括确认网上用户身份、位置、需求和服务方法等。网络提供优良的可访问性和广泛的兼容性，是用户的“智能助手”。用户可在任何时候、任何地点访问网络。网络具有自动故障检测、诊断和排除功能。

（5）多点通信技术的发展。传统的网络应用仅局限在两台计算机之间进行相互操作。目前，出现了一些新的应用，例如网络电视桌面会议、协同计算等，它们均需在一组计算机之间进行通信，即多点通信。采用复播技术，打破传统的广播方式，实现信包投递信包组方式，即把同样信息复制多次，投递给组内每一个要此信息的成员。

（6）网络的标准化工作将进一步完善。

综上所述，计算机网络的发展以及对网络性能的高要求，刺激了网络新技术的不断开发和应用。反过来，网络新技术的成熟，又加速了全球智能计算机网络的早日到来。

1.2　计算机网络的定义和功能

1.2.1　计算机网络的定义

最简单的计算机网络是将两台计算机连接起来，共享文件和打印机。而相当复杂的计算机网络是把全世界范围的计算机连在一起，如目前使用的 Internet。

那么，什么是计算机网络？目前还没有一个非常严格的定义。但可以作如下理解：把分布在不同地理位置上的具有独立功能的多台计算机、终端及其附属设备在物理上互连，按照网络协议相互通信，以共享硬件、软件和数据资源为目标的系统称作计算机网络。首先，计算机网络是计算机的一个群体，是由多台计算机组成的，每台计算机的工作是独立的；其次，这些计算机是通过一些传输媒体（包括有线传输媒体和无线传输媒体）互连在一起的。这里所说的计算机之间的互连是指它们彼此之间能够进行信息的交换。计算机网络上的设备包括个人计算机、小型机、大型机、终端、打印机，以及绘图仪、只读光盘等设备。用户可以通过网络共享这些设备资源和信息资源，计算机网络处理的电子信息除了一般文字数据之外，还可以包括声音、图像和视频信息等。

1.2.2　计算机网络的功能

为什么要建立计算机网络呢？换句话说，如果建立了一个计算机网络能带来什么好处？对现在的生活工作有什么样的帮助？这也是每一个考虑构建计算机网络的单位首先要提出的问题。总的说来，安装计算机网络可以给事务处理带来很多好处。下面通过计算机网络的主要功能来说明。

1．数据通信

数据通信即数据传送，是计算机网络的最基本功能之一。从通信角度看，计算机网络其实是一种计算机通信系统。作为计算机通信系统，能实现下列重要功能：

（1）传输文件。网络能快速地、不需要交换软盘就可在计算机与计算机之间进行文件传送。

（2）使用电子邮件（E-mail）。用户可以将计算机网络作为邮局，向网络上的其他计算机用户发送备忘录、报告和报表等。虽然在办公室使用电话是非常方便的，但网络的 E-mail 可以向不在办公室的人传送消息，而且这种方式还提供了一种无纸办公的环境。

2. 资源共享

资源共享包括硬件、软件和数据资源的共享，是计算机网络最有吸引力的功能。资源共享指的是网络上的用户能够部分或全部地使用计算机网络资源，使计算机网络中的资源互通有无、分工协作，从而大大地提高各种硬件、软件和数据资源的利用率。

（1）共享硬件资源。一个计算机网络能使用户共享多种硬件设备。最常见的有服务器、打印机和通信设备等资源。

1）共享服务器资源。最早的计算机网络设计目标是共享服务器硬盘，这主要是因为在计算机出现的初期，硬盘的价格十分昂贵，现在仍有基于共享服务器上一个或多个硬盘的网络。这种资源共享可以带来很多好处，最明显的是节省经费和便于管理。如果多个用户可以共享同一台服务器硬盘，每个用户工作站就可以不必安装硬盘，而将所有文件都存放在服务器上，这也使数据备份变得简单，网络管理员只要有一台数据备份机（如磁带机、可读写光盘机等）就可以在服务器上备份网上所有用户的数据。

2）共享打印机。计算机网络使得打印机共享变得简单多了。可以将一台打印机直接连到服务器或一台专门配置的打印服务工作站上，甚至直接连在网络电缆上（要求打印机带网络接口，称为网络打印机）。

实现打印机共享后，再也不需要为每台计算机都配上一台打印机了，这样把经费合在一起可以买一台高档打印机，供整个计算机网络中的用户使用。另外，如扫描仪、绘图仪和其他外设都可以连到计算机网络上共享使用。

3）共享通信设备。除了与大型机通信外，计算机用户经常利用调制解调器与其他计算机用户通信或访问 Internet。如果把这些计算机连成网络，可以使得网上的用户仅通过一个调制解调器或一条 ADSL 专线来访问其他网络的资源或者 Internet 资源。在第 6 章将给读者介绍一种共享通信设备的安装设置方法。

（2）共享软件资源。当几台 PC 机没有联网时，如果每台 PC 机的用户都要使用某种相同的软件，由于版权问题就需要为每台 PC 机单独购买一套软件并在每台 PC 机上都安装该软件。如果要升级这个软件，则需要在每台 PC 机上都做一遍升级操作。如果计算机台数很多，这个操作是十分烦琐的，而且还很难保证每一台计算机的升级操作都正确。有了计算机网络以后，可购买该软件的网络版本，则配置和升级仅需在服务器上做一次即可，既省时又能有效地避免出错。

考虑到软件的版权问题，购买网络版软件应该更合算。假设，计算机网络上同时有不超过 20 个用户使用一个网络版软件，则可以购买一个 20 用户版本的软件，即使网络上有 200 台工作站，也不存在版权问题。

（3）共享数据。因为网络上的用户都可以访问服务器硬盘，所以共享数据并非一件难事。各个工作站可以同时操作服务器上的数据库，实现数据共享。例如，航空公司全国联网飞机定票系统。

3. 计算机系统可靠性和可用性的提高

在计算机网络中，每台计算机都可以依赖计算机网络相互成为后备机，一旦某台计算机出现故障，其他的计算机可以马上承担起原来由该故障机所担负的任务，从而使计算机的可靠性得到大大的提高。

当计算机网络中某一台计算机负载过重时，计算机网络能够进行智能的判断，并将新的任务转交给计算机网络中较空闲的计算机去完成，这样就能均衡每一台计算机的负载，提高每一台计算机的可用性。

4. 易于进行分布处理

在计算机网络中，每个用户可根据情况合理选择计算机网内的资源，以就近的原则快速地处理。对于较大型的综合问题，通过一定的算法将任务分交给不同的计算机，从而达到均衡网络资源，实现分布处理的目的。此外，利用网络技术，能将多台计算机连成具有高性能的计算机系统，以并行的方式共同来处理一个复杂的问题，这就是当今称之为协同式计算机的一种网络计算模式。

1.3　计算机网络的类型与模式

1.3.1　计算机网络的类型

前面在讲述计算机网络的定义时说到，计算机网络首先是把分布在不同地理位置上的具有独立功能的多台计算机、终端及其网络设备在物理上互连，那么所连接的设备形成的计算机网络在规模大小上千差万别，而且差别非常悬殊。小者如两台家用计算机连接起来所组成的网络；大者如 Internet 网，把全世界范围的难以计数的机器连在一起。这两种极端情况说明，如果把计算机网络按地域来分，它正好是局域网和广域网的一个很好的例子。

局域网（Local Area Network，LAN）和广域网（Wide Area Network，WAN）是计算机网络的两种基本类型。

下面来讨论局域网与广域网的区别。一般来说，局域网都是用在一些局部的、地理位置相近的场合，如一个家庭或一个小办公楼。而广域网则与局域网相反，它可以用于地理位置相差甚远的场合，例如说两个国家之间。此外，局域网中包含的计算机数目一般相当有限，而广域网中包含的机器数目则可高达几百万台。可见局域网与广域网在规模和使用范围之间相差是比较大的，但这并不意味着这两种类型的网络之间没有任何的联系，恰恰相反，它们之间联系紧密，因为广域网是由多个局域网组成的。

从技术角度来说，广域网和局域网在连接的方式上有所不同。例如，一个局域网通常是在一个单位拥有的建筑物里用本单位所拥有的电缆线连接起来，即网络的隶属权是属于该单位自己的；而广域网则不同，它通常是租用一些公用的通信服务设施连接起来的，如公用的无线电通信设备、微波通信线路、光纤通信线路和卫星通信线路等，这些设备可以突破距离的局限性。

为了理解局域网和广域网的不同，可以想象下面这个例子。假设有家大银行，它有很多分支办公室，每个办公室中的人员都用计算机和其他办公室进行通信，交换存款和现金收支信息，共享贷款处理数据等，这就是一个局域网。如果这家银行和其他城市的很多银行共享上述的信息，这些银行间的计算机就构成一个广域网，这时这个银行的局域网络就成为了广域网络的一部分。在局域网和广域网两种网络类型之间还有一些有意思的变种。

（1）校园网。校园网（Compus Network）像广域网一样跨越多个建筑物，但它又不必依赖外部传输线路（和电信线路无关），这种网络一般用在学校或大的企事业机构中，它把地理上分散的建筑物连为一体，使用的传输媒体一般是高速骨干线，如光纤、干线电缆等。在它所连接的建筑物的里面，可能有很多的局域网。

（2）城域网。城域网（Metropolitan Area Network，MAN）的作用范围介于局域网和广域网之间。它可能覆盖一组邻近公司的办公室和一个城市，既可能是私有的也可能是公用的。

另外计算机网络还可以有其他的划分方法，如：

- 按建设计算机网络的属性来分：公用网和专用网。
- 按网络的拓扑结构来分：星型、总线型、环型、树型、全互连型和不规则型。
- 按信息的交换方式来分：电路交换、报文交换和报文分组交换。

1.3.2 计算机网络的模式

计算机网络的模式主要有两种：对等网络模式和客户/服务器网络模式。这两种模式都是由同一种模式发展而来的，继承了早期主机和工作站系统中的一些计算机处理模式。在这种主机和工作站系统中，由一台中央计算机带着一定数目的终端，中央主机负责完成终端提交的任务。用户通过终端输入信息，信息由中央主机进行处理和存储。

随着社会上日益增长的个人计算机的大量使用，这种中心化的处理方式显得越来越力不从心，因此，各个工作站也慢慢从主机那里继承了很多计算处理能力，变得具有相当强的计算功能。非中心化的处理方式已是一种潮流，在这种方式中，各工作站都有独立的工作能力，并且可以和其他工作站共享处理能力、文件存储空间和打印服务等。另外，计算机网络的模式也涉及到用户如何存取信息和共享信息。

1. 对等网络模式

在对等网络模式中，相连的机器之间彼此处于同等地位，没有主从之分，故称为对等网络（Peer to Peer network）。它们能够相互共享资源，每台计算机都能以同样的方式作用于对方。首先，每台计算机都把自己的资源及资源准许使用情况告知网络；然后，在需要时，一台计算机（假设为A计算机）可以登录到另一台计算机（假设为B计算机）并访问这台计算机的信息，这时B计算机就称作服务器，而A计算机就称作客户机。有一点特别强调的是，在这种模式下所有计算机都可以既作为服务器，同时又作为客户机。当它访问其他计算机时，它就充当的是客户机的角色，此时它可能也在为其他计算机提供服务，那么它也充当服务器的角色。

对等网络有很多优点，这类网络一般比客户机/服务器型网络造价低。它们允许数据和处理机分布在一个很大的范围里，还允许用户动态地安排计算需求。

但是，一个事物总是一分为二的，对于对等网络来说也是这样，它同样也存在着一些缺点。对等网络提供的共享服务使用起来虽然非常方便，但同时对这些共享服务进行定位时非常困难，因为这些信息是散布在整个网络上，这对于网络的管理来说也很困难。为了控制某一资源的使用，安全的方法是在该资源上加一个密码。这样，对等网络中的某一用户在使用这个资源之前，网络会让用户输入密码，只有知道这一密码的用户才允许使用这个共享资源。假设在这个对等网络中有100个这样的受控网络资源，那么就有100个密码，对于用户来说记住它们是很困难的，特别是当这个对等网络的受控资源进一步扩大以后，就更困难了。另外，为了资源的保密，一般都会定期修改允许使用该资源的密码，密码一旦修改，就要通知这个对等网络中允许使用该资源的所有用户，这是非常麻烦的。

2. 客户机/服务器网络

客户机/服务器（Client/Server）网络模式也是从主机和小型计算机系统发展来的，但是，客户机/服务器网络又可以说是个混合物，它既保留了主机和小型计算机系统的许多特性，又添加了自己的性能。

客户机/服务器网络是一种基于服务器的网络，与对等网络相比，基于服务器的网络提供了更好的运行性能并且可靠性也有所提高。在基于服务器的网络中，不必将工作站计算机的硬盘与他人共享。实际上，如果想与某个人共享一份文件，就必须先将文件拷贝到服务器的硬盘上（或者一开始就在服务器上生成该文件），这样别人才能访问这份文件。共享数据全部都集中存放在服务器上。

客户机/服务器的一个典型应用就是数据库的应用。一般来说，一个数据库管理系统（DataBase Management System，DBMS）由两部分组成：客户机和服务器。现在一般利用可视化开发工具，如 Visual Basic，PowerBuilder，Delphi 作为前端开发的应用程序，在客户机执行一系列指示性指令，如结构化查询语言（Structured Query Language，SQL），而服务器（如 SQL Server 或 Oracle 网络数据库服务器等）则保存数据库。客户机（前端）发出一个指示（如一个搜索请求），服务器（后端）就对这个请求作出相应的响应。粗略一看，这种方式与一个对等网络的工作站访问另一个对等网络工作站的数据库文件没什么两样。但是，如果仔细思考一下就会发现，客户机/服务器方式与对等网络有两个基本的不同点。第一个不同点是，后端数据库负责完成大量的数据处理任务。如果用户请求客户机/服务器型数据库查找一个带有某种特定条件的信息（如客户发出请求列出年龄大于 25 岁的所有人员），在搜寻整个数据库时并不返回每条记录的结果，而只是在搜寻结束后，返回最后的搜寻结果。第二个不同点是，如果包含数据库应用程序的客户机工作站在处理数据库事务（如添删一个记录）时失败，服务器为了维护数据库完整性，将自动重新执行这个事务。而任何一个对等网络模式的数据库系统都不提供上述服务。前端数据库应用程序和后端数据库之间有着积极的交互作用，也正是这种交互形成了客户机/服务器模式。

客户机/服务器模式的网络和对等网络模式的网络相比，无疑有许多优点。首先，它有助于主机和小型计算机系统配置的规模缩小化；其次，由于在客户机/服务器网络中是由服务器完成主要的数据处理任务，这样在服务器和客户机之间网络传输的数据就减少了很多。另外，客户机/服务器网络中把数据都集中起来，有利于提供更严密的安全保护，也有助于数据的备份和恢复。

目前比较流行的网络操作系统有：Novell NetWare，UNIX，Windows 2000 Server，Linux。

1.4　Internet 与 Intranet

1.4.1　Internet 的发展概况

进入 20 世纪 80 年代末期以来，在计算机网络领域最引人注目的就是 Internet 的飞速发展。它从当初只属于少数机构和用户的专用网络，到如今普通百姓都可触及的大众型媒体传输手段，Internet 伴随着人类文明的发展走过了一段坎坷而辉煌的路程，现在 Internet 已发展成为世界上最大的国际性计算机互联网。下面简单介绍 Internet 的发展过程。

美国的ARPANET自1969年问世以来，连到它上面的计算机数目增长非常迅速。到1983年就增加到三百多台计算机，供美国各研究机构和政府部门使用。1984年ARPANET分解成两个网络：一个网络仍称为ARPANET，是民用科研网；另一个网络是军用计算机网络MILNET。

美国国家科学基金会NSF认识到计算机网络对科学研究的重要性，因此从1985年起，美国国家科学基金会就围绕其6个大型计算机中心建设计算机网络。1986年，NSF建立了国家科学基金网NSFNET，它是一个三级计算机网络，分为主干网、地区网和校园网，覆盖了全美国主要的大学和研究所。NSFNET后来接管了ARPANET，并将网络改名为Internet。最初，NSFNET的主干网的速率不高，仅为56kb/s。1989年到1990年，NSFNET主干网的速率提高到1.544Mb/s，即T1的速率，并且成为Internet中的主要部分。到了1990年，鉴于ARPANET的实验任务已经完成，在历史上起过重要作用的ARPANET就正式宣布关闭。

1991年，NSF和美国的其他政府机构开始意识到，Internet必将扩大其使用范围，不应仅限于大学和研究机构。世界上的许多公司纷纷接入到Internet，使网络上的通信量急剧增大，每日传送的分组数达10亿个之多。而Internet的容量又满足不了需要，于是美国政府决定将Internet主干网转交给私人公司来经营，并开始对接入Internet的单位收费。1993年Internet主干网的速率提高到45Mb/s。到1996年速率为155Mb/s的主干网建成。目前有些主干线路速率达622Mb/s，还有些试验线路速率高达1Gb/s。

Internet已经成为世界上规模最大和增长速率最快的计算机网络，没有人能够准确说出Internet究竟有多大。Internet的迅猛发展始于20世纪90年代，由欧洲原子核研究组织CERN开发的万维网WWW（World Wide Web）在Internet上被广泛使用，大大方便了广大非网络专业人员对网络的使用，成为Internet指数级增长的主要驱动力。1998年初的统计是：已有超过60万个网络连在Internet上，而上网的计算机超过2000万台。在Internet上的数据通信量每月约增加10%。Internet已连通了世界上的180多个国家和地区。

由于Internet存在着技术上和功能上的不足，加上用户数量猛增，使得现有的Internet不堪重负。因此1996年美国的一些研究机构和34所大学提出研制和建造新一代Internet的设想。同年10月美国总统克林顿宣布在今后5年内用5亿美元的联邦资金实施“下一代Internet计划”，即“NGI计划”（Next Generation Internet Initiative）。

NGI计划要实现的一个目标是：开发下一代网络结构，以比现在的Internet高100倍的速率连接至少100个研究机构，以比现在的Internet高1000倍的速率连接10个类似的网点。其端到端的传输速率要超过100Mb/s至10Gb/s。另一个目标是使用更加先进的网络服务技术和开发许多带有革命性的应用，如远程医疗、远程教育、有关能源和地球系统的研究、高性能的全球通信、环境监测和预报、紧急情况处理等。NGI计划将使用超高速全光纤网络，能实现更快速的交换和路由选择，同时具有为一些实时（real time）应用保留带宽的能力。在整个Internet的管理体制和保证信息的可靠性和安全性方面也会有很大改进。

1.4.2 Internet提供的信息服务

换句话说，Internet能为我们做些什么？人们可以借助Internet来完成任何通过交互信息可以完成的事情。例如，想查找某一应用软件的特殊使用问题，这样的知识在一般的书中很难找到，那么怎样解决呢？此时，可以利用身边的计算机连通Internet，作一个简单的查询，在

WWW 或新闻组中就可找到这些信息，并通过浏览器查阅或通过 FTP 把这些信息下载下来仔细研究。其实 Internet 本身就是一个取之不尽、用之不竭的资源宝库，各种专题论坛（Newsgroup）、WWW（World Wide Web）、FTP 资源服务、电子邮件（E-mail）等，数不胜数。下面就分别作一个简单的介绍。

1. 远程登录服务 Telnet（Remote Login）

远程登录是 Internet 提供的基本信息服务之一，是提供远程连接服务的终端仿真协议。它可以使你的计算机登录到 Internet 上的另一台计算机上。你的计算机就成为你所登录计算机的一个终端，可以使用那台计算机上的资源，例如打印机和磁盘设备等。Telnet 提供了大量的命令，这些命令可用于建立终端与远程主机的交互式对话，可使本地用户执行远程主机的命令。

2. 文件传送服务 FTP

当需要某种软件而手头又没有，就可能要求助于网络，在网络上查询到它存在于某一网站，那么如何将该软件从这台文件服务器上取下来？或是为某一公司设计了一个网站，又如何将所设计的网页发布到 Internet 网络中的某一台主机上呢？这些都依赖于"文件传送服务协议"（File Transfer Protocol，FTP）。这两种操作分别被称为"下载（Download）"和"上传（Upload）"。

FTP 允许用户在计算机之间传送文件，并且文件的类型不限，可以是文本文件也可以是二进制可执行文件、声音文件、图像文件、数据压缩文件等。FTP 是一种实时的联机服务，在进行工作前必须首先登录到对方的计算机上，登录后才能进行文件搜索和文件传送等有关操作。普通的 FTP 服务需要在登录时提供相应的用户名和口令，当用户不知道对方计算机的用户名和口令时就无法使用 FTP 服务。为此，一些信息服务机构为了方便 Internet 的用户通过网络使用他们公开发布的信息，提供了一种"匿名 FTP 服务"。即用户要登录到 FTP 服务器，通常以 anonymous 作为用户名，以用户的 E-mail 地址作为口令进入。匿名 FTP 服务对用户的使用有一定的限制，通常只允许用户获取文件，而不允许用户修改现有的文件或向匿名服务器传送文件，并对用户获取文件夹的范围也有一定的限制。

3. 电子邮件服务 E-mail（Electronic mail）

电子邮件好比是邮局的信件一样，不过它的不同之处在于：电子邮件是通过 Internet 与其他用户进行联系的快速、简洁、高效、价廉的现代化通信手段。而且它有很多的优点，如 E-mail 比通过传统的邮局邮寄信件要快得多，同时在不出现黑客蓄意破坏的情况下，信件的丢失率和损坏率也非常小。以至于现在人们常常把告别时用的老话"别忘了给我写信"改成了"别忘了给我发 E mail"。

使用 Internet 提供的电子邮件服务，前提是拥有一个电子信箱（E-mail Box）。电子信箱是由提供电子邮件服务的机构为用户建立的，实质上是在该机构与 Internet 连网的计算机上为用户分配的一个专门用于存放往来邮件的磁盘存储区域，并且这个区域是由电子邮件软件来操作和管理的。电子邮件软件通常提供传送、浏览、存储、转发、删除、恢复邮件及答复等功能。

目前的电子邮件系统，不但可以传送文本，还可以传送声音和图像文件。此外，还可以查询信息。和普通信件一样，在使用电子邮件时，收发方都应该有自己的地址。电子邮件地址一般由两部分组成：用户名和电子邮件域名。用户名就是用户在电子邮件服务器上的账号，如可以指定用户名为 lb，lbliubing 等。电子邮件域名一般是机器的域名，但也可以配置成其他域名。所以一个完整的电子邮件地址，由用户账号和电子邮件域名两部分组成，中间使用"@"把两部分相连。如lb@whpu.edu.cn、lbliubing@sina.com。用来收发电子邮件的软件工具很多，在功能、界面等方面各有特点，但都有以下几个基本的功能：

- 传送邮件：将邮件传递到指定电子邮件地址。
- 浏览信件：可以选择某一邮件，查看其内容。
- 存储信件：可将邮件转储在一般文件中。
- 转发信件：用户如果觉得邮件的内容可供其他人参考，可在信件编辑结束后，根据有关提示转寄给其他用户。

电子邮件操作简易，对用户的要求不高，而且从目前Internet网络的使用情况来看，它仍不失为人与人之间通过网络相联系的最为普遍和快捷的方式之一。

4. 电子公告板系统（BBS）

BBS的全称为“电子公告板系统”（Bulletin Board System），它是Internet上著名的信息服务系统之一，发展非常迅速，几乎遍及整个Internet，因为它提供的信息服务涉及的主题相当广泛，如科学研究、时事评论等各个方面，世界各地的人们可以开展讨论，交流思想，寻求帮助。

BBS站为用户开辟一块展示“公告”信息的公用存储空间作为“公告板”。这就像实际生活中的公告板一样，用户在这里可以围绕某一主题开展持续不断的讨论，可以把自己参加讨论的文字“张贴”在公告板上，或者从BBS中读取其他人“张贴”的信息。电子公告板的好处是可以由用户来“订阅”，每条信息也能像电子邮件一样被拷贝和转发。

5. 万维网

WWW（World Wide Web）的中文译名为万维网。WWW的创建是为了解决Internet上的信息传递问题，在WWW创建之前，几乎所有的信息发布都是通过E-mail，FTP和Telnet等进行的。但由于Internet 上的信息散乱地分布在各处，因此除非知道所需信息的位置，否则无法对信息进行搜索。WWW 是由欧洲粒子物理实验室开发的。它采用超文本和多媒体技术，将不同文件通过关键字建立链接，提供一种交叉式查询方式（而不仅仅是传统的线性方式）。在一个超文本的文件中，一个关键字链接着另一个关键字有关的文件，该文件可以在同一台主机上，也可以在Internet的另一台主机上，同样该文件也可以是另一个超文本文件。超文本文件可以把不同类型的文件，如文本、声音、图像、图形等文件链接起来。

正是由于 WWW 的出现，用户才可以浏览各种来源的信息，并且通过各种超链接很容易地从一种信息来源转到另一种信息来源。在特殊应用程序和浏览器的推动下，Web 很快成为Internet上发布文本和多媒体信息的一种有效手段。由于 WWW 是基于客户机/服务器模式，因此它与操作系统平台无关。通常，服务器对于浏览Web站点的用户是透明的，这是WWW之所以成功的另一个原因。WWW客户机为用户提供基于HTTP（Hyper Text Transfer Protocol，超文本传输协议）的用户界面，WWW 服务器的数据文件用 HTML（Hyper Text Markup Language，超文本标注语言）语言来描述，其中超文本链接用统一定位资源（Uniform Resource Locator，URL）来表示，可以指向文件、FTP（匿名文件传输服务器）、HTTP（超文本链接）、Telnet（远程登录）、News（电子新闻）等信息资源。

6. 电子商务

Internet 网络中目前一个增长最快的领域是电子商务（E-commerce）。电子商务是一种在Web 上实施商务的方式，这种商务可以是零售业、银行业、期货交易、咨询或培训等。任何通过Internet网络进行产品或服务的出售和买入的行为均属电子商务范畴。可以完全想象出来，当在线交易商品时，零售商和顾客都会感到十分方便，而且由于去掉很多中间环节，所以价格也会相当低廉。

从事电子商务需要自定义 HTML 脚本、软件编程、多媒体、网络、图形处理和安全等方面的技能。由于当前电子商务依赖信用卡进行交易，所以网络安全变得越发重要，而且网络安全技术发展很快，主要用来对付那些不断发现新方法侵入系统的黑客。

7. Internet 电话

在 Internet 网络上，另外一个增长很快的 Web 应用是 Internet 电话，即由 Internet 网络提供的电话服务。只要 Internet 网络拥有足够带宽和经济投入，实现用 Internet 会议来取代现在基于 PSTN 的电视会议是完全可能的。

只要具备麦克风、扬声器和相应软件的基本配置的计算机，就可以呼叫与自己有相同配置的任何用户，把 IP 地址作为电话号码。按照这种模式，武汉到纽约（或世界的其他城市）的 Internet 电话成本将与市内电话成本一样。许多公司现在都想借助 Internet 电话技术切入 Internet 市场，并且因此与本地电话公司产生竞争（这些公司开发自主版权的 Internet 电话技术解决方案）。然而，目前还有很多的关键技术还阻碍着 Internet 电话技术的广泛应用。首先，语音的数据量比普通的数据量要大很多，语音服务质量很容易受线路服务质量的影响。当与母亲通过 Internet 电话谈话时，希望母亲所说的每个词语能够次序正常、无间断地传送给自己（而数据传输则不能保证数据接收的顺序一定是发送的顺序，原因是当数据到达目标时节点会重新排序）。同样，如果链接线点太忙，语音传输也易于中断。通常，为防止间断和服务中止，语音连接比数据连接需要更大的带宽。

Internet 电话技术有时候也称为 IP 语音（VoIP），相应标准已经开始实施，VoIP 是一个值得许多商家关注的市场。在企业计算机电话论坛 Web 站点 http://www.ectf.org 和国际多媒体电话会议联合会 Web 站点 http://www.imtc.org 上，都有大量有关 Internet 电话技术的资料和消息。

8. 其他丰富多彩的 Internet 服务

在 Internet 网络发展与壮大的短短几年中，几乎囊括了人们日常生活中的所有方面，大到汽车飞机，小到针头线脑，都可以在 Internet 网络上找出来。可以这么说，Internet 几乎可以提供能想到的所有服务，而不仅仅是发发电子邮件，在网上漫无目的地浏览。也可以这样说，在不久的将来，Internet 提供的这些丰富多彩的服务，将在人们生活中占据举足轻重的地位，Internet 提供的这些丰富多彩的服务主要包括有：网上看新闻、读报纸、看杂志，网上天气预报、火车订票、飞机航班、网上旅游、网上交易、网上宣传、网上求学，网上图书馆，网上购物，网上听音乐、看电视、看电影，网上人才市场与网上求职、网上求医以及网上游戏等。

1.4.3 Intranet

在短短几年时间里，Internet 技术就已发展成为以 TCP/IP 和 WWW 技术为核心的信息技术。特别是 WWW 技术的发展和普及，对整个社会生活领域产生了巨大的冲击，通过一个浏览器就可获取遍布全球的信息资源。浏览器简单易学，半个小时的培训就足够了，因此使得 Internet 技术更加成熟和普及。

而在局域网内部，十几年前，许多机构就不得不着手解决在同一网络中连接不同类型计算机的问题，以共享信息和保护已有的投资。由于这些计算机可能包括个人计算机、Macintosh 和运行 UNIX 操作系统的小型机或大型机。而且硬件的体系结构不同，操作系统也可能不一样，因此网络系统管理要处理复杂的硬件和软件，导致管理员的负担非常沉重。许多单位不得不指定统一的硬件和软件平台，以保证网络顺利地建立和管理。这将导致越来越多的公司过分依赖少数几家大的硬件和软件的提供商（如英特尔公司和微软公司），而且也不利于保护原来的软硬件投资。Internet 技术的出现和发展给这些问题的解决带来了新的希望和转机。信息技术人员从 Internet 的巨大成功中，看到了这种信息技术新的价值，将 Internet 技术和产品引入企业内部网络，创造出一种全新的内部网络，即 Intranet。Intranet 很快就成为世界各大组织机构、企业计算机网络的解决方案，取得了令人兴奋的成果。

Intranet 就是一套基于 Internet 标准和协议的技术，用这种技术建成的网络（包括局域网和广域网）就是 Intranet 网。Intranet 主要运行在企业内部，可以连接到 Internet 上，并通过防火墙来保护 Intranet；也可以局限于企业内部，独立运行。

Intranet 是局限于单位内部的 Internet，与 Internet 相比，Intranet 具有如下优点：

在网络安全方面提供更加有效的控制措施，克服了 Internet 安全保密方面的不足。Intranet 属于具体的机构所有，对外界的开放是有限制的，可防止外来的入侵和破坏，适用于金融、保险、政府机构等对安全要求严格的单位。为了确保安全，有些 Intranet 同 Internet 在物理上是隔离的，有些则是连入 Internet，并利用防火墙技术保护内部网络的安全。在确保安全的同时，Intranet 在组织内部同样具备开放性和易操作性。

Intranet 的信息传输速度一般比 Internet 要快得多。因为 Intranet 大多是基于高速宽带的局域网，Intranet 可提供快速的 WWW 服务，另外，多媒体信息和虚拟现实在 Intranet 的应用日益普遍。

从企业或机构的角度来看，Internet 是面向全球的，而 Intranet 是面向各单位内部的。Intranet 可以说是 Internet 的企业版本，是一个企业内部的 Internet。如果企业内部的 Internet 要与 Internet 相连，一般要用防火墙技术来隔离，如图 1-4 所示。

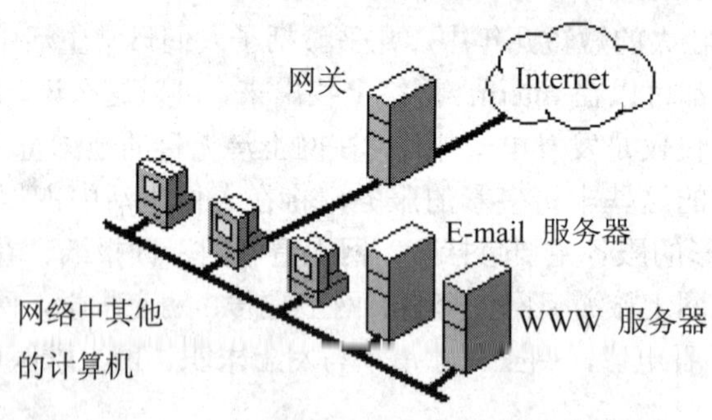

图 1-4 某单位的 Intranet 和 Internet 的连接

本章小结

本章是计算机网络的引论，主要是使读者了解计算机网络出现的历史背景和物质基础，强调计算机网络是通信技术和计算机技术相结合的产物，总结归纳计算机网络发展过程中各阶段的特征和需要解决的主要问题；同时本章对计算机的广域网和局域网这两大分支，以及由此派生出的各种计算机网络类别做了比较详细的介绍；另外，对计算机网络的定义和所完成的主要功能以及 Internet 网络所提供的主要服务也做了一些介绍。通过这一章的学习，使读者对计算机网络的概貌有一个初步的了解，总体上明确本课程所研究的主要问题。

习题一

一、填空题

1．从网络的作用范围进行分类，计算机网络可以分为：________、________和________。

2．按建设计算机网络的属性来分：________和________。

3．常见的因特网服务有________、________和________。

4．计算机网络的发展和演变可概括为单机系统、多机系统和________三个阶段。

5．按交换方式来分类，计算机网络可以分为电路交换网、________和________三种。

6．按交换方式来分类，计算机网络可分为报文交换网、分组交换网和________。

7．在 Internet 与 Intranet 之间，由________负责对网络服务请求的合法性进行检查。

8．Internet 中的用户远程登录，是指用户使用________命令，使自己的计算机暂时成为远程计算机的一个仿真终端的过程。

9．计算机网络中，实际应用最广泛的是________协议，由它组成了 Internet 的一整套协议。

10．电子邮件地址一般由两部分组成：用户名和________。

二、选择题

1．管理计算机通信的规则称为（　）。

A．协议　B．介质　C．服务　D．网络操作系统

2．Internet 的基本结构与技术起源于（　）。

A．DECnet　B．ARPANET　C．NOVELL　D．ALOHA

3．计算机网络中负责节点间通信任务的那一部分称为（　）。

A．节点交换网　B．节点通信网　C．用户子网　D．通信子网

4．早期的计算机网络是由（　）组成系统。

A．计算机—通信线路—计算机　B．PC 机—通信线路—PC 机

C．终端—通信线路—终端　D．计算机—通信线路—终端

5．一座大楼内的一个计算机网络系统，属于（　）。

A．PAN　B．LAN　C．MAN　D．WAN

6．计算机网络中可以共享的资源包括（　）。

A．硬件、软件、数据　B．主机、外设、软件

C．硬件、程序、数据　D．主机、程序、数据

7．Ethernet 以太网是（　）结构的局域网。

A．总线型　B．星型　C．环型　D．树型

8．为局域网上各工作站提供完整数据、目录等信息共享的服务器是（　）服务器。

A．磁盘　B．终端　C．打印　D．文件

9．Intranet 就是一套基于（ ）标准和协议的技术，用这种技术建成的网络，包括局域网和广域网，就是 Intranet 网。

A．TCP/IP　　B．Internet　　C．OSI/RM　　D．IPX/SPX

10．资源共享包括硬件、（ ）和数据资源的共享。

A．打印机　　B．硬盘　　C．信息　　D．软件

三、判断题

（ ）1．因特网是一种国际互联网。

（ ）2．网络互连必须遵守有关的协议、规则或约定。

（ ）3．TCP/IP 协议体系结构分成 7 层。

（ ）4．资源共享分为系统资源与信息资源共享。

（ ）5．计算机网络最早出现时就叫 Internet 网络。

（ ）6．Intranet 是针对因特网而言的。

（ ）7．客户机/服务器网络是一种基于服务器的网络。

（ ）8．WWW 浏览器使用 HTTP 协议。

（ ）9．FTP 服务使用 HTTP 协议。

（ ）10．在对等网络模式相连的机器中，有一部分机器专门做客户机，另一部分专门做服务器。

四、思考题

1．什么是计算机网络？它的主要功能有哪些？

2．计算机网络是如何进行分类的？

3．简述你所知道的 Internet 所提供的主要服务。

4．什么是对等网？

5．简述星型网络的结构及其优缺点。

第 2 章　计算机网络基础知识

本章学习目标

本章主要讲解计算机网络的基础知识。通过本章的学习，读者应该掌握以下内容：

- 数据的传输方式
- 计算机网络的体系结构
- 网络传输介质的特性
- 计算机网络的拓扑结构
- 网络互连设备

2.1　数据通信基础

当今社会人与人之间的交流，是通过交换信息来完成的。处于两个不同的城市或更远的地方的人们进行信息交流时，所用手段是书信或电话等。从广义上讲，用任何方法，通过任何媒体将信息从一个地方传送到另一个地方均可称为通信。本节所讲的数据通信特指计算机与计算机之间或计算机与数据终端之间的通信。

2.1.1　数据通信的基本概念

1. 数据

数据是定义为有意义的实体，是表征事物的形式，例如文字、声音和图像等。数据可分为模拟数据和数字数据两类。模拟数据是指在某个区间连续变化的物理量，例如声音的大小和温度的变化等。数字数据是指离散的不连续的量，例如文本信息和整数。

2. 信号

信号是数据的电磁编码或电子编码。信号在通信系统中可分为模拟信号和数字信号。其中模拟信号是指一种连续变化的电信号，例如电话线上传送的按照语音强弱幅度连续变化的电波信号。数字信号是指一种离散变化的电信号，例如计算机产生的电信号就是“0”和“1”的电压脉冲序列串。

3. 信道

信道是用来表示向某一个方向传送信息的媒体。一般来说，一条通信线路至少包含两条信道，一条用于发送的信道和一条用于接收的信道。和信号的分类相似，信道也可分为传送模拟信号的模拟信道和传送数字信号的数字信道两大类。另外需要说明的是数字信号在经过了数模转换（D/A 转换）后可在模拟信道上传输；模拟信号在经过了模数转换（A/D 转换）后也可在数字信道上传输。在各种通信网的发展初期，所采用的数据通信信道都是模拟信道，但随着数字技术的发展，以及数字信道能够提供更高的通信服务质量等优点，使得过去用模拟信道建设的通信网正在被新的数字信道的网络所取代，例如固定电话网络和移动通信网络。从概念上讲，对传送计算机数据最合适的应当是数字信道，但从用户的电话机到市话局之间的用户线，现在还是使用老式的双绞线（铜线），即使用模拟信道；而各个交换机之间的线路多是使用光纤，即使用数字信道。因此模拟传输与数字传输会在目前的一段时间里并存下去。

2.1.2 模拟数据与数字数据的传输形式

由于数据信号分成模拟数据信号和数字数据信号，而信道又分成模拟信道和数字信道，这样就构成了 4 种数据的传输形式：模拟数据在模拟信道上传输；模拟数据在数字信道上传输；数字数据在模拟信道上传输；数字数据在数字信道上传输。

1. 模拟数据在模拟信道上传输

典型的例子是语音信号在普通的电话系统中传输。一般人的语音频率范围是 300Hz~3400Hz。为了进行传输，在线路上给它分配一定的带宽，国际标准取 4kHz 为一个标准话路所占用的频带宽度。在这个传输过程中，语音信号以 300Hz~3400Hz 频率输入，发送方的电话机把这个语音信号转变成模拟信号，这个模拟信号经过一个频分多路复用器进行变化，使得线路上可以同时传输多路模拟信号，当到达接收端以后再经过一个解频的过程把它恢复到原来的频率范围的模拟信号，再由接收方电话机把模拟信号转换成声音信号。

2. 数字数据在模拟信道上传输

计算机和终端设备都是数字设备，它们只能接收和发送数字数据，而电话系统只能传输模拟信号，所以这个数字数据进入到模拟信道以前要用一个变换器进行数字信号到模拟信号的转换，这样的一个变换过程叫调制（注意：这个调制过程并不改变数据的内容，仅是改变数据的表示形式），这个变换器又叫做调制器。而当调制后的模拟信号传送到接收端以后，在接收端也有一个变换器，再对这个信号进行反变换，将它重新变回数字信号，这样的一个变换过程叫解调，这个变换器又叫解调器。由于计算机和终端设备之间的数据通信一般是双向的，因此在数据通信的双方既有用于发送信号的调制器又有用于接收信号的解调器，所以把这两个设备合在一起形成通常所说的调制解调器（Modem）。其中，调制器的主要作用就是波形变换器，将基带数字信号的波形变换成适合于模拟信道传输的波形；解调器的作用就是一个波形识别器，将经过调制器变换过的模拟信号恢复成原来的数字信号，若识别不正确，则要产生误码。调制解调器就是使用一条标准话路（3.1kHz 的标准话路带宽）提供全双工的数字信道。

调制解调器最基本的调制方法有以下几种（在图 2-1 中给出了这几种波形传输数据的波形的示意图）：

（1）调幅（AM）。使载波的振幅随基带数字信号而变化。例如，0 对应于无载波输出，1 对应于有载波输出。

（2）调频（FM）。使载波的频率随基带数字信号而变化。例如，0 对应于频率 f1，1 对应于频率 f2。

（3）调相（PM）。使载波的初始相位随基带数字信号而变化。例如，0 对应于相位 0 度，1 对应于 180 度。

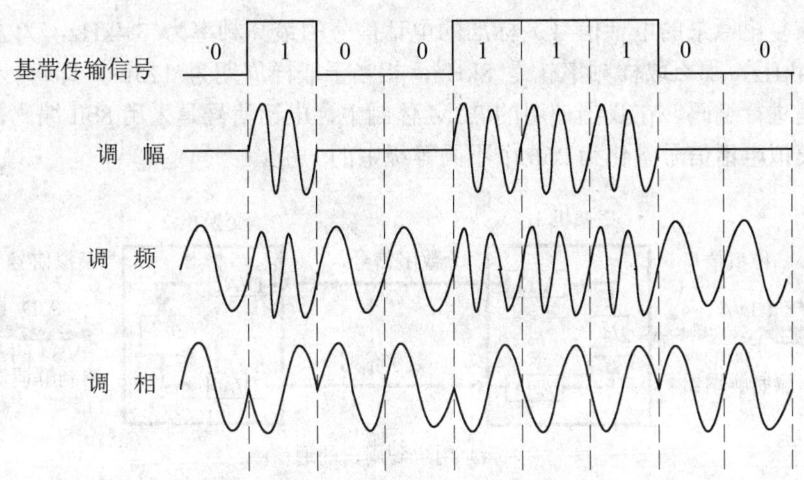

图 2-1　对基带数字信号的几种调制方法

一般的调制解调器是通过电话线连到交换机上，经过交换机后，再通过电话线连到另一个调制解调器，如图 2-2（a）所示。在这个图中假设一方叫用户 A，另一方叫用户 B。用户 A 计算机的输出到了调制解调器上，经过它转换成模拟信号。模拟信号进入交换机 1，由于现在的电话交换机都是程控交换机，工作方式是数字化的，这时交换机 1 又要把这个模拟信号转换成数字信号，在交换机 1 与交换机 2 之间的数字信道上传输。这中间也可能还要经过多个程控交换机的转接，一直到用户 B 接入的交换机 2，通过 D/A 转换变成了模拟信号，传到与用户 B 计算机所连的调制解调器，调制解调器再进行一次 A/D 转换，就变成计算机可接受的数字信号。对于在一个标准话路（标准带宽 3.1kHz）上使用的调制解调器信息的传输速率已很接近于理论的信道极限 35kb/s。也就是说，V.34 的 33.6kb/s 的传输速率基本上已达到了极限数值。

那么现在市场上常见的调制解调器都是 56kb/s 又是怎么回事呢？从图 2-2（a）可以看出，A/D 转换是限制调制解调器理论速率不能达到更高的主要因素。一般使用调制解调器的主要目的并不是想要和另一个使用同样调制解调器的用户进行数据通信，而是要从 Internet 服务提供商（ISP）那里以更快的速率下载 Internet 上的信息。由于大部分的 ISP 都租用数字专线接入到电话交换机，因此用户与 ISP 之间的通信信道如图 2-2（b）所示。从图中可以看出，用户到 ISP 只需经过一次 A/D 转换，量化噪声减小了。从这点出发，就研制出了 56kb/s 的调制解调器。应当指出，若两个用户各使用一个 56kb/s 的调制解调器，是无法达到 56Kb/s 的传输速度的，因为这要经过两次 A/D 转换，量化噪声太大。56kb/s 的调制解调器的使用条件是 ISP 也使用这种调制解调器（这里是为了进行数字信号不同编码之间的转换，而不是数模转换），并且 ISP 与电话交换机之间是数字信道。若 ISP 使用的只是 V.34 调制解调器，则用户端的 56kb/s 调制解调器会自动降低到 V.34 调制解调器相同的速率进行通信。

3. *模拟数据在数字信道上传输*

用数字信道传输模拟数据时，需要对模拟数据进行脉冲编码调制（PCM）。PCM 最初并不是为传送计算机数据所设计的，它的目的是为了能使电话局之间的一条中继线可以同时传送几十路电话所设计的。PCM 是将模拟电话信号转变为数字信号，所以首先要对电话信号进行取样。根据取样定理，只要取样频率不低于电话信号最高频率的两倍，就可以从取样的脉冲信号中无失真地恢复出原来的电话信号。标准的电话信号的最高频率为 3.4kHz，为方便起见，取最高频率为 4kHz，那么取样频率就是 8kHz，相当于取样周期为 125μs，即每秒钟采样 8000 次。下一步是进行编码，在我国使用的 PCM 体制中，电话信号是采用 8bit 编码，也就是说，将取样后的模拟电话信号量化为 256 个不同等级中的一个。

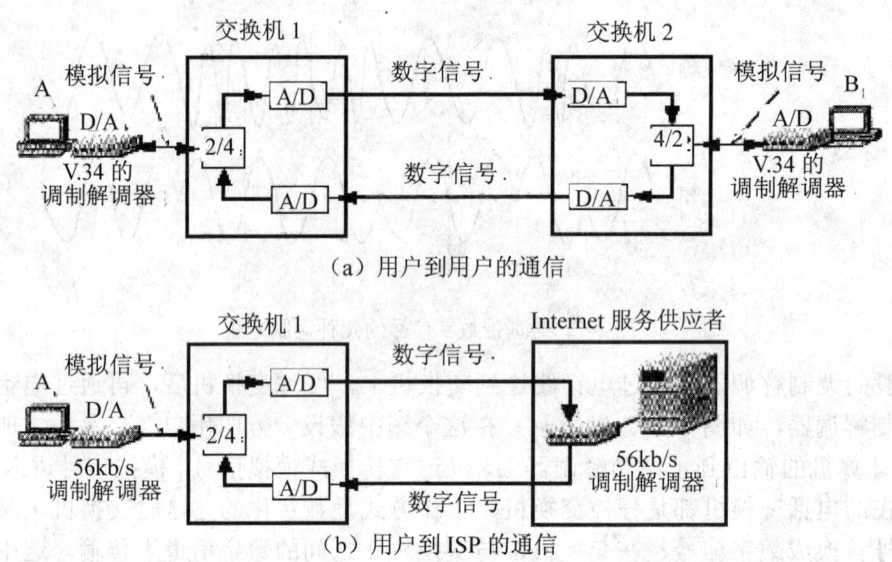

图 2-2 需要进行 A/D 变换的地方

模拟信号转换为数字信号后就可以进行传输了（为提高传输质量，还可再进行一些编码）。在接收端进行解码的过程与发送端编码的过程相反。只要数字信号在传输出过程中不发生差错，解码后就可得到发送端所发送出的数据。

4. 数字数据在数字信道上传输

这种方式最典型的例子是在两个装有 Windows 98 操作系统的计算机上，利用 Windows 98 中自带的“直接电缆连接”功能通过两个计算机的串行口或并行口直接相连。在这种情况下通信双方传输的全部数据都是数字信号。

对于数字数据在数字信道上传输，最普遍而且最容易的办法是用两个不同的电压电平来表示两个二进制数字。例如，无电压（也就是无电流）常用来表示 0，而恒定的正电压用来表示 1。另外，也常使用负电压（低）表示 0，使用正电压（高）表示 1。后一种技术表示于图 2-3（a）中，称为不归零制 NRZ（Non-Return to Zero）。

使用这种不归零制 NRZ 信号的最大问题就是难以确定一位的结束和另一位的开始，并且当出现一长串连续的 1 或连续的 0 时，在接收端无法从收到的比特流中提取位同步信号。曼彻斯特编码则可解决这一问题。它的编码方法是将每个码元再分成两个相等的间隔，码元 1 是由高至低电平转换，即其前半个码元的电平为高电平，后半个码元的电平为低电平。码元 0 则正好相反，从低电平到高电平的变换，即其前半个码元的电平为低电平，后半个码元的电平为高电平。这种编码的好处是可以保证在每一个码元的正中间出现一次电平的转换，即这个位中间跳变提供了定时时钟，这对接收端提取同步信号是非常有利的。但是从曼彻斯特编码的波形图（如图 2-3（b）所示）不难看出，它的缺点是它所占的频带宽度比原始的基带信号增加了一倍。

另外，曼彻斯特编码还有一个变种叫做差分曼彻斯特编码，这种差分曼彻斯特编码与上面讲的曼彻斯特编码有着共同的特点，即在每一个码元的正中间有一次电平的变换，这种编码在表示码元 1 时，其前半个码元的电平与上一个码元的后半个码元的电平一样（见图 2-3（c）中的实心箭头）；但若码元为 0，则其前半个码元的电平与上一个码元的后半个码元的电平相反（见图 2-3（c）中的空心箭头），即用每位开始时有无电平的跳变来表示 0（1）的编码。不论码元是 1 或 0，在每个码元的正中间的时刻，一定要有一次电平的转换。差分曼彻斯特编码需要较复杂的技术，但可以获得较好的抗干扰性能。

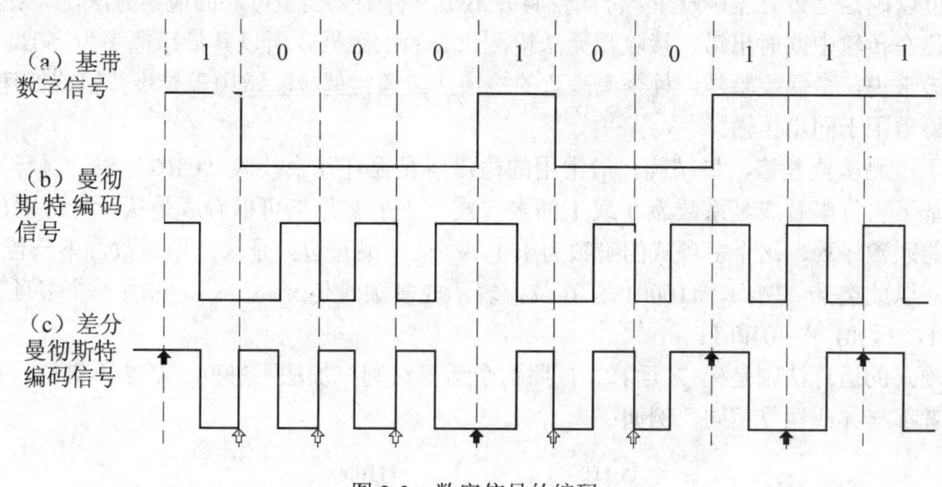

图 2-3　数字信号的编码

2.1.3　数据传输中的检错与纠错

数据从发送端以一种特定的信号形式在信道上传输，当到达接收端以后，接收端如何知道所接收的数据是正确的呢？提出这个问题是因为数据在信道的传输过程中不可避免地会出现差错，而且出现差错的原因也有很多，例如噪声脉冲、脉动噪声、衰减、延迟失真、电磁干扰、工业噪声等。为了确保能够让接收端检测出数据传输过程中的差错，一种有效的方法是对传输的数据进行抗干扰编码，即给被传送的数据码元按一定的规则增加一些码元（这些码元称冗余码），使冗余码元与被传送的信息码元之间建立一定的关系，这种关系就是抗干扰编码。发送时，冗余码与信息码一同发送，经信道传输后，接收端按预先确定的编码规则进行译码，进而发现错误或纠正错误。抗干扰编码分为两大类，一类是能发现错误的检错码，另一类是既能发现错误又能纠正错误的纠错码。

1．纠错码

纠错码是指在发送每一组信息时发送足够的附加位，接收端通过这些附加位在接收译码器的控制下不仅可以发现错误，而且还能自动地纠正错误。如果采用这种编码，传输系统中不需反馈信道就可以实现一个对多个用户的通信，但译码器设备比较复杂，且因所选用的纠错码与信道干扰情况有关。某些情况为了纠正差错，要求附加的冗余码较多，这将会降低传输的效率。现在比较常见的纠错编码有：海明纠错码、正反纠错码等。

2. 检错码

检错码是指在发送每一组信息时发送一些附加位，接收端通过这些附加位可以对所接收的数据进行判断看其是否正确，如果存在错误，不能纠正错误而是通过反馈信道传送一个应答帧把这个错误的结果告诉给发送端，让发送端重新发送该信息，直至接收端收到正确的数据为止。

最简单的检错码为奇偶校验码。它是在一个二进制数据字上加上一位，以便检测差错。例如，在偶校验时，要在每一个字符上增加一个附加位，使该字符中“1”的个数为偶数。在奇校验时，要在每一个字符上增加一个附加位，使该字符中“1”的个数为奇数。接收端检测该校验位以确定是否有差错发生。奇偶校验并不是一种十分安全可靠的检错方法，如果有偶数个数据位在传输中同时出错，接收端无法检测出差错的数据，所以其检错概率为 50%。对于低速传输来说，奇偶校验是一种令人满意的检错法。通常偶校验常用于异步传输或低速传输，而奇校验常用于同步传输。

为了检测多位差错，最精确、最常用的检错码是循环冗余校验（CRC）码。循环冗余校验码是基于将位串看成是系数为 0 或 1 的多项式，一个 k 位帧可以看成是从 x^{k-1} 到 x^0 的 k 次多项式的系数序列，这个多项式的阶数为 k-1。高位（最左边）是 x^{k-1} 项系数，下一位是 x^{k-2} 的系数，以此类推。例如，110001 有 6 位，表示成多项式是 $x^5+x^4+x^0$。它的 6 个多项式系数分别是 1，1，0，0，0 和 1。

多项式的运算法则是模 2 运算。按照这个运算法则，加法不进位，减法不借位。加法和减法两者都与异或运算相同。例如：

```
   00110011        11110000
 + 11001101      - 10100110
 ----------      ----------
   11111110        01010110
```

长除法同二进制除法运算是一样的，只是在作减法时按模 2 运算法则进行，如上所示。

如果采用多项式编码的方法，发送方和接收方必须事先商定一个生成多项式 G(x)，生成多项式的最高位和最低位必须是 1。要计算 m 位的帧 M(x)的校验和，生成多项式必须比该校验和的多项式短。基本思想是：将校验和加在帧的末尾，使这个带校验和的帧的多项式能被 G(x)除尽。当接收方收到带有校验和的帧时，用 G(x)去除它，如果有余数，则传输出错。

计算校验和的算法如下：

（1）设生成的多项式 G(x)为 n 阶，在帧的末尾附加 n 个零，使帧为 m+n 位，则相应的多项式是 2^n M(x)。

（2）按模 2 除法，用对应于 G(x)的位串去除对应于 2^n M(x)的位串。

（3）按模 2 减法，从对应于 2^n M(x)的位串中减去余数。结果就是要传送带校验和的帧，叫多项式 T(x)。

图 2-4 表示帧 1101011011 和 $G(x)=x^4+x+1$ 的算法。

很清楚，T(x)能被 G(x)除尽。在任何除法问题中，如果用被除数减去余数，则剩下的部分肯定能够被除数除尽。例如，用 100 除以 7，余数为 2，如果先用 100 减去 2，剩下的 98 就能被 7 除尽。可以认为这种方法除了是 G(x)整数倍数据的多项式差错检测不到外，其他错误均能捕捉到，由此可看出它的检错率是非常高的。

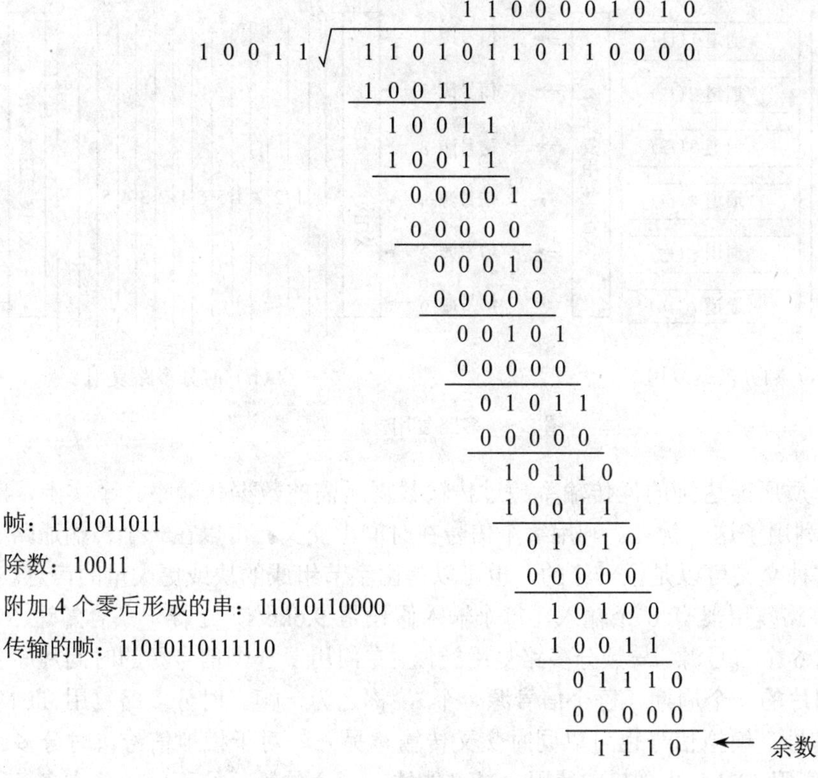

图 2-4　多项式代码校验和的计算

目前，常见的生成多项式 G(x)国际标准有以下几种：

- CRC-12　　$G(x)=x^{12}+x^{11}+x^3+x^2+x+1$
- CRC-16　　$G(x)=x^{16}+x^{15}+x^2+1$
- CRC-CCITT　　$G(x)=x^{16}+x^{12}+x^5+1$

2.1.4　多路复用

无论是局部网络还是远程网络，总会出现传输媒体（介质）的能力远远超过传输单一信号的情况，为了能够有效地利用传输系统，人们希望通过同时携带多个信号来高效率地使用传输介质，这就是所谓的多路复用。一般多路复用主要有两种方法：频分多路复用（FDM）和时分多路复用（TDM）。

事实上，频分多路复用 FDM 是利用传输介质的可用带宽超过给定信号所需的带宽这一优点，把每个要传输的信号以不同的载波频率进行调制，而且各个载波频率是完全独立的，即信号的带宽不会相互重叠。然后将这些载波信号在传输介质上进行传输，这样在同一传输介质上就可以同时传输多路信号。频分多路复用 FDM 的一般情况如图 2-5（a）所示。该图中，6 个信号源同时输入到一个多路复用器中，这个多路复用器用不同的频率（f1，…，f6）调制每个信号。每个信号需要一个以它的载波频率为中心的一定的带宽，称之为通道。为了防止干扰，使用保护带来隔离每一个通道，保护带是一些无用的频谱区。

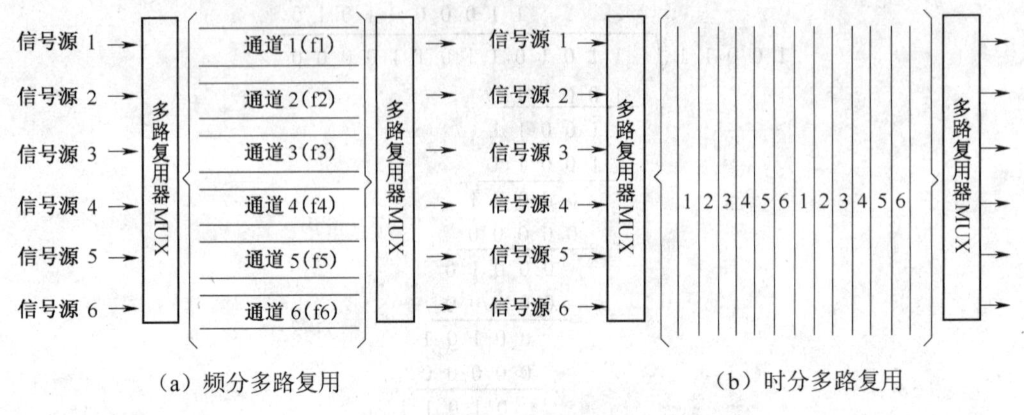

图 2-5 多路复用

另外，传输介质所能达到的位传输率超过传输数据所需的数据传输率。事实上，时分多路复用 TDM 正是利用了这一优点。利用每个信号在时间上交叉，可以在一个传输通路上传输多个数字信号，这种交叉可以是位一级的，也可以是由字节组成的块或更大量的信息。例如，图 2-5（b）中的多路复用器有 6 个输入，每个输入假设是 9.6kb/s，这样一条容量达 57.6kb/s 的线路就能容纳这 6 个信号源。与频分多路复用类似，专门用于一个信号源的时间片序列被称为是一条通道时间片的一个周期（每个信号源一个），称之为一帧。时分多路复用 TDM 不仅局限于传输数字信号，模拟信号也可以同时交叉传输。另外，对于模拟信号，时分多路复用 TDM 和频分多路复用 FDM 结合起来使用也是可能的。一个传输系统可以频分许多条通道，每条通道再用时分多路复用来细分。

2.2 数据交换

在 2.1 节已经讨论了数据是如何在信道上有效地传输的，以及对接收的数据是如何进行验证的，下面来讨论数据的交换。数据交换最简单的形式是在两个用某种类型传输介质直接连接的设备之间进行数据通信。但是，把要进行数据通信的用户之间都用直达的线路来连接对通信线路的资源是极大的浪费，通常也是不现实的，所以一般采用的方式是通过有中间节点的网络把数据从源端发送到目的端。这些中间节点并不关心数据的内容，仅是提供一个数据交换设备，用这个交换设备把数据从一个节点传到另一个节点直至到达目的地，如图 2-6 所示。本节将讲述三种数据交换技术：线路交换、报文交换、报文分组交换。

2.2.1 线路交换

使用线路交换方式，就是通过网络中的节点在两个站之间建立一条专用的通信线路。从通信资源的分配角度来看，“交换”就是按照某种方式动态地分配传输线路的资源。最普通的线路交换例子是电话系统。在通话之前，用户进行呼叫（即拨号），如果呼叫成功，则从主叫端到被叫端建立一条物理通路，此时双方可以进行通话，当通话结束挂机后，所建立的物理通路将自动拆除。其实，线路交换方式的通信也应包括这三种状态，即线路建立、数据传送和线路拆除。

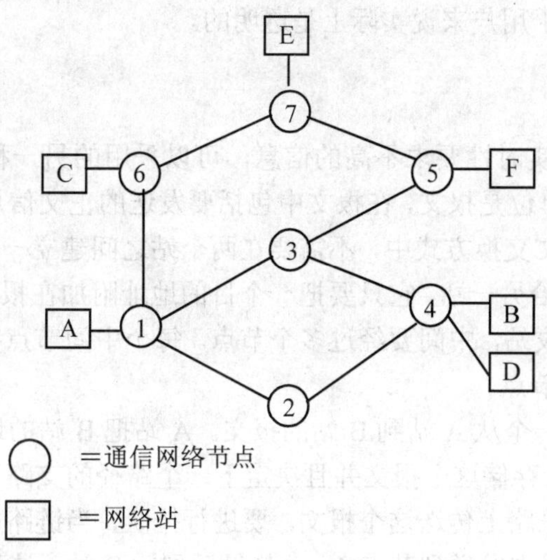

图2-6 一般的交换网络

1. 线路建立

在线路交换中传输任何数据之前，都必须首先建立从发送端到接收端之间的一条完全通路。一旦这条通路建立，它就由这一对用户完全占有，不允许其他用户使用。以图2-6为例，假设A站准备与B站建立一个连接，典型的做法是：从A站到节点1的线路是一条专用线路，因此，这部分连接已经存在，节点1必须在通向与B站用专线连接的节点4的路径中找到下一个支路，根据路径选择信息，节点1选择到节点3的线路，在此线路上分配一个未用的通道（使用时分多路复用TDM或频分多路复用FDM），并且发送一个报文请求连接B站，至此，已经建立了一条从A站经过节点1到节点3的专用通路。同样，节点3专用一条到节点4的通道，并且在节点3内部把此通道与从节点1来的通道连接起来，节点4与B站本身已用专线连接，这样就形成了从A站到B站的一条完全通路。总之，经济的路径是：从A站到节点1的线路，经过节点1的内部交换，从节点1到节点3的通道，经过节点3的内部交换，从节点3到节点4的通道，经过节点4的内部交换，从节点4到B站的线路。在完成这个连接的过程中，还要进行测试，以测定B站是否忙或者是否准备接收本次连接。

2. 数据传送

当A站到B站之间的通路建立成功以后，就可以通过该通路把数据信号从A站传送到B站。所传输的数据可以是数字的（例如从终端传输到计算机的数据），也可以是模拟的（例如声音）。一般来说，这种连接是全双工的，可以在两个方向传输数据。

3. 线路拆除

在某个数据传送周期结束以后就要取消连接，通常由两个站中的一个来完成这个动作。必须把结束信号传播到节点1、3和4，以便释放占用资源。

其实，这种通信系统用来传送计算机或终端的数据时，由于计算机数据通信是突发式的，所以线路上真正用来传送数据的时间往往不到10%，这样它的效率很低，而且通道容量在连接期间是专用的，即使没有数据传送，别人也不能用。线路交换除了在数据传送以前，为了呼叫建立有一个延迟以外，一旦建立了通路，这种交换方式的传输延时是非常小的（约几毫秒），而且这个建立起来的通路对于用户来说实际上是透明的。

2.2.2 报文交换

在数据交换中，对一些实时性要求不高的信息，可以采用的另一种数据交换方法叫报文交换。报文交换方式传输的单位是报文，在报文中包括要发送的正文信息和指明收发站的地址及其他控制信息。在这种报文交换方式中，不需要在两个站之间建立一条专用通路。相反，如果一个站想要发送一个报文给另一站，它只要把一个目的地址附加在报文上，然后发送整个报文即可。报文从发送站到接收站，中间要经过多个节点。每个中间节点都要接收、暂存整个报文，然后将其转发到下一个节点。

下面使用图2-6来考察一个从A站到B站的报文。A站把B站的地址附加到报文上，然后把它发送到节点1，节点1存储这个报文并且决定下一个路径的支路（假定到节点3），节点1为了在节点1到节点3的线路上传送这个报文，要进行排队，当链路可用时，就把报文发送到节点3，节点3将继续把报文发送到节点4，并且最后到达B站，这种系统通常也称为存储转发报文系统。

这种方法与线路交换方法比较，有以下特点：

（1）线路效率较高。这是因为许多报文可以分时共享一条节点到节点的通道。对于同样的通信量来说，需要总的传输能力较少。

（2）报文交换系统可以把一个报文发送到多个目的地，而线路交换网络很难做到这点。

（3）能够建立报文的优先权。

（4）线路交换要在发送报文之前先建立连接，一旦线路建立成功以后所发送的报文不再需要路由而且走同一路径，而报文交换方式中的每个报文都要进行路由，而且每个报文可能走不同的路径。

从报文交换的工作原理可以看出，它要求中间的节点要有较大的存储空间，以存储整个报文，存储的目的是要等待后续链路空闲时转发这个报文。报文交换的主要缺点是它不能满足实时或交互式的通信要求，通过网络时的延迟相当长，而且有相当大的变化。

2.2.3 报文分组交换

报文分组交换是国际上计算机网络普遍采用的数据交换方式。报文分组交换试图综合报文交换和线路交换的优点。报文分组交换原理是把一个要传送的报文分成若干段，每一段都作为报文分组的数据部分。由于报文分组交换允许每个报文分组走不同的路径，所以一个完整的报文分组还必须包括地址、分组编号、校验码等传输控制信息，并按规定的格式排列每个分组。报文分组交换的工作方式非常像报文交换，形式上的主要差别在于：在分组交换网络中，要限制所传输的数据单位的长度。典型的最大长度是1000位到几千位。

下面以图2-6为例，考察一个报文分组的传输。A站发送报文分组到节点1，节点1暂存它，然后把它发送到节点3，节点3发送它到节点4，然后送到B站。与报文交换的一个不同点是，分组通常不归档，分组拷贝暂存起来的目的是为了检查错误。

从表面来看，分组交换比起报文交换没有什么特殊的优点。值得注意的是，把数据单位的最大长度限制在较小的长度内，这种简单的方法会在性能上有一个引人注目的效果。一个站要发送一个报文，其长度比最大分组长度还要长，这时工作站就把该报文分成组而且把这些分组发送到节点上，问题是网络将如何管理这些分组流呢？有两种方法——数据报和虚电路。

在数据报方法中，每个分组独立地处理，就像在报文交换网络中每个报文独立处理那样。现在，以图 2-6 为例说明这种方法的实现。假设 A 站有 3 个分组的报文要发送到 B 站，它按照 1、2、3 的次序发送到节点 1，节点 1 必须对每个分组作出路径选择判定。当分组 1 进入时，节点 1 测定到去节点 3 的分组队列比去节点 2 的分组队列短，因此把分组 1 排到去节点 3 的分组队列上。分组 2 也是同样的。但是对于分组 3，节点 1 发现去节点 2 的队列最短，因此把分组 3 排到去节点 2 的队列上。这样，具有同样目的地址的分组可以使用不同路径，因此有可能分组 3 抢在分组 2 之前到达节点 4。于是，分组有可能不按发送顺序到达 B 站，只有在它们都到达 B 站后，再想办法重新把它们按发送顺序排列。在这种技术中，独立处理的每个报文分组通常称之为“数据报”。

在虚电路方法中，在发送任何分组之前，需要建立一条逻辑连接。例如，假设 A 站有一个或多个报文要发送到 B 站去，那么它首先要发送一个呼叫请求分组到节点 1，请求一条到 B 站的连接。节点 1 决定到节点 3 和所有后续数据的路径。节点 3 再决定到节点 4 的请求和所有后续数据的路径，节点 4 最终把呼叫请求分组传送到 B 站，如果 B 站已准备好接受这个连接，就发送一个呼叫接受分组到节点 4，这个分组通过节点 3 和 1 返回 A 站。现在，A 站和 B 站可以在已建立的逻辑连接上或者说在虚电路上交换数据。每个分组除了包含数据之外现在还得包含一个虚电路标识符。在预先建立好的路径上的每个节点，都知道把这些分组引导到哪里去，不再需要路径选择判定。于是，来自 A 站的每一个数据分组都通过节点 1、3 和 4；来自 B 站的每一个数据分组都经过节点 4、3 和 1，最后 A 和 B 其中的一个站用清除请求分组来结束这次连接。无论何时，每个站都能和任何站建立多个虚电路。

因此，虚电路技术的主要特点是：在数据传送以前先建立站与站之间的一条路径。值得注意的是，这样做并不是说它像线路交换那样占用一条专用通路，不允许其他站使用。它与数据报方法之间的差别在于：各节点不需要为每个分组作路径选择判定。

如果两个站希望传输的数据量很大，例如声音文件或图像文件时，采用虚电路就有一定的优越性，因为它解除了各个站的不必要的通信处理负担。

数据报方法的优点是：避免了呼叫建立状态，如果一个站只希望发送一个或很少几个分组的话，数据报传递是较快的；由于其较原始，因而较灵活，有关这一点的一个很好例子是利用数据报方法进行网际互连。如果一个节点失效，通过该节点的所有虚电路均丢失，并且需要重新建立虚电路；若用数据报传递，一个节点失效，分组还能找到替代路径。

2.3 计算机网络体系结构

2.3.1 计算机网络体系结构的形成

计算机网络是由多种计算机和各类终端通过通信线路连接起来的复合系统。在这个系统中，由于计算机型号不一，终端类型各异，加之线路类型、连接方式、同步方式、通信方式的不同，给网络中各节点的通信带来许多不便。由于在不同计算机系统之间，真正以协同方式进行通信的任务是十分复杂的。为了设计这样复杂的计算机网络，早在最初的 ARPANET 设计时就提出了分层的方法。分层可将庞大而复杂的问题，转化为若干较小的局部问题，而这些较小的局部问题总是比较易于研究和处理。

1974 年，美国的 IBM 公司宣布了它研制的系统网络体系结构 SNA（System Network Architecture），这个著名的网络标准就是按照分层的方法制定的。以后 SNA 又不断得到改进，更新了几个版本。现在它是世界上使用得较为广泛的一种网络体系结构。不久后，其他一些公司也相继推出本公司的一套完整的网络体系结构，并都采用不同的名称。

网络体系结构出现后，使得同一个公司所生产的各种设备都能够很容易地互连成网。这种情况显然有利于一个公司垄断自己的产品。用户一旦购买了某个公司的网络，当需要扩大容量时，就只能再购买该公司的产品。如果购买其他公司的产品，那么由于网络体系结构的不同，就很难互相连通。

然而全球经济的发展使得不同网络体系结构的用户迫切要求能够相互交换信息。为了使不同体系结构的计算机网络都能互连，国际标准化组织（ISO）于 1977 年成立了一个专门的机构来研究该问题。不久，就提出一个试图使各种计算机在世界范围内互连成网的标准框架，即著名的开放系统互连基本参考模型 OSI/RM（Open System Interconnection Reference Model），简称为 OSI。这里所说的“系统”是指计算机、终端、外部设备、信息传输设备、操作员及相应的集合；“开放”是指按照 OSI 参考模型建立的任意两系统之间的连接或操作。当一个系统能按照 OSI 标准与另一个系统进行通信时，就称该系统为开放系统。这一点很像世界范围的电话系统和邮政系统，这两个系统都是开放系统。

OSI 开放系统互连参考模型将整个网络的通信功能划分成 7 个层次，每个层次完成不同的功能。这 7 层由低至高分别是物理层、数据链路层、网络层、传输层、会话层、表示层和应用层。OSI 采用这种层次结构可以带来很多好处。如：

（1）各层之间是独立的。某一层并不需要知道它的下一层是如何实现的，而仅仅需要知道该层间的接口（即界面）所提供的服务。由于每一层只实现一种相对独立的功能，因而可将一个难以处理的复杂问题分解为若干个较容易处理的更小一些的问题。这样，整个问题的复杂程度就下降了。

（2）灵活性好。当任何一层发生变化时（例如技术的变化），只要层间接口关系保持不变，则在这层以上或以下各层均不受影响。

（3）结构上可分割开。各层都可以采用最合适的技术来实现。

（4）易于实现和维护。这种结构使得实现和调试一个庞大而又复杂的系统变得易于处理，因为整个的系统已被分解为若干个相对独立的子系统。

（5）能促进标准化工作。因为每一层的功能及其所提供的服务都已有了明确的说明。

2.3.2 OSI 的参考模型

前面已经提到 OSI 开放系统互连参考模型采用了 7 个层次的体系结构，由低至高分别是物理层、数据链路层、网络层、传输层、会话层、表示层和应用层，如图 2-7 所示。现在先简单地介绍一下各层的主要功能。

1. 物理层

物理层传输数据的单位是比特。物理层不是指连接计算机的具体的物理设备或具体的传输媒体是什么，因为它们的种类非常多，物理层的作用是尽可能地屏蔽这些差异，对它的高层即数据链路层提供统一的服务。所以物理层主要关心的是在连接各种计算机的传输媒体上传输数据的比特流。为了达到这个目的，物理层在设计时涉及的主要问题有：

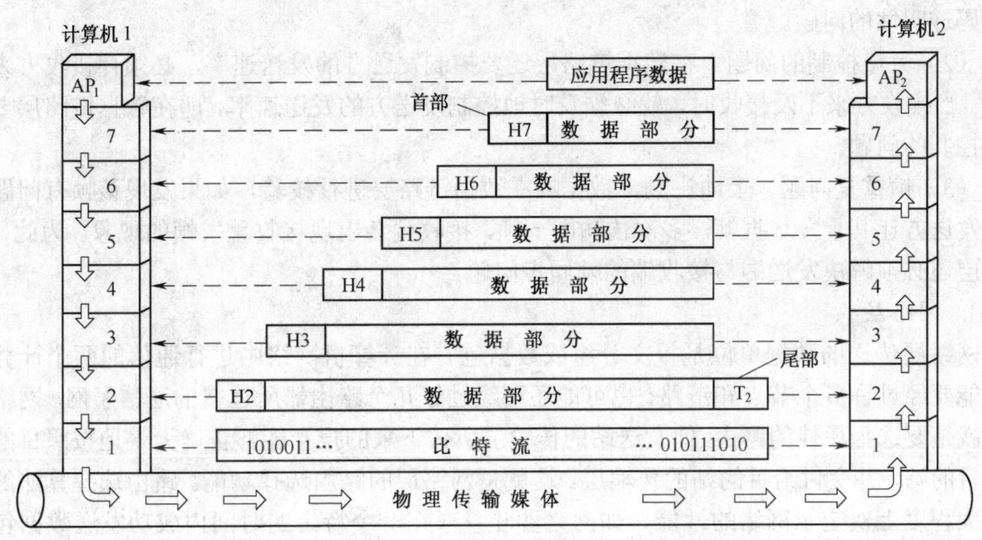

图 2-7　OSI 开放系统互连参考模型

（1）用多大的电压代表“1”或“0”，以及当发送端发出比特“1”时，在接收端如何识别出这是比特“1”而不是比特“0”。

（2）确定连接电缆材质、引线的数目及定义、电缆接头的几何尺寸、锁紧装置等。

（3）指出一个比特信息占用多长时间。

（4）采用什么样的传输方式。

（5）初始连接如何建立。

（6）当双方结束通信时如何拆除连接。

综上所述，物理层提供为建立、维护和拆除物理链路所需要的机械的、电气的、功能的和规程的特性。

2. *数据链路层*

数据链路层传输数据的单位是帧，数据帧的帧格式中包括的信息有：地址信息部分、控制信息部分、数据部分、校验信息部分。数据链路层的主要作用是通过数据链路层协议（即链路控制规程），在不太可靠的物理链路上实现可靠的数据传输。数据链路层完成这一任务的方法是：把从物理层传送来的原始的比特位流信息进行位分割，按照一定的格式组成若干个帧，用帧格式中的校验信息部分对整个数据帧进行校验。如果校验正确，则把其数据信息部分送给上层；如果校验有错误，可以反方向发送一个否认的应答帧给发送方，让发送方重新发送这一数据帧，直到收到这一帧的正确帧为止。这样，数据链路层就把一条有可能出差错的实际链路，转变成为让网络层向下看起来好像是一条不出差错的链路。为了完成这一任务，数据链路层还要解决如下一些主要问题：

（1）代码透明性的问题。由于物理层只是接收和发送一串比特流信息而不管其是什么含义，所以在数据链路层要把原始的位流分割，并重新组装成数据帧，这就必须建立和识别帧的边界，一般实现方法是在帧的开头和结尾加上一些特殊的比特串实现，但是如果这些特殊的比特串在帧的数据部分出现，就会使接收方误认为这是一个帧的结束标志，这就需要数据链路层要采取某种措施，使接收方不会将这样的数据比特流认为是某种控制信息，即在数据链路层解决代码透明性的问题。

（2）流量控制的问题。在数据链路层还要控制发送方的发送速率，必须使接收方来得及接收。当接收方来不及接收时，就必须及时地控制发送方的发送速率，即在数据链路层要解决流量控制的问题。

（3）帧重复问题。上面讲到，数据帧在数据链路层进行校验，如果发现该帧有问题，会通知发送方让其重发数据帧。多次传输同一帧，接收端会出现接收重发帧的现象。为此，数据链路层还必须解决发送端与接收端的帧同步问题。

3. 网络层

网络层传送的数据单位是报文分组或数据包。在计算机网络中进行通信的两个计算机之间可能要经过许多个节点和链路，也可能还要经过好几个路由器所连接的通信子网。网络层的任务就是要选择最佳的路由，使发送站的传输层所传下来的报文能够正确无误地按照目的地址找到目的站，并交付给目的站的传输层。这就是网络层的路由选择功能。路由选择算法的好坏在很大程度上决定了网络的性能，如网络吞吐量（在一个特定的时间内成功发送数据包的数量），平均延迟时间，资源的有效利用率等。

路由选择是广域网和网际网中非常重要的问题，局域网则比较简单，甚至可以不需要路由选择功能。路由选择的定义是根据一定的原则和算法在传输通路上选出一条通向目的节点的最佳路径，一个好的路由选择应有以下特点：

（1）信息传送所用时间最短。

（2）使网络负载均衡。

（3）通信量均匀。

（4）路由选择算法应简单易实现，不致因网络拓扑的变化，影响报文正常到达目的节点。

这里要强调指出，网络层中的“网络”二字，已不是通常谈到的网络的概念，而是在计算机网络体系结构模型中的专用名词。

另外在网络层还要解决拥塞控制问题。在计算机网络中的链路容量、交换节点中的缓冲区和处理机等，都是网络资源。在某段时间，若对网络中某一资源的需求超过了该资源所能提供的可用部分，网络的性能就要变坏，这种情况叫拥塞。网络层也要避免这种现象出现。

4. 传输层

OSI（开放式系统互连）所定义的传输层正好是7层的中间一层，是通信子网（下面3层）和资源子网（上面3层）的分界线，它屏蔽通信子网的不同，使高层用户感觉不到通信子网的存在。它完成资源子网中两节点的直接逻辑通信，实现通信子网中端到端的透明传输。传输层信息的传送单位是报文。传输层的基本功能是从会话层接收数据报文，并且当所发送的报文较长时，先要在传输层里把它分割成若干个报文分组，然后再交给它的下一层（即网络层）进行传输。另外，这一层还负责报文错误的确认和恢复，以确保信息的可靠传递。

传输层在高层用户请求建立一条传输的虚拟连接时，通过网络层在通信子网中建立一条独立的网络连接，但如果高层用户要求比较高的吞吐量时，传输层也可以同时建立多条网络连接来维持一条传输连接请求，这种技术叫做“分流技术”。有时为了节省费用，对速度要求不是很高的高层用户请求，传输层也可以将多个传输通信合用一条通信子网的网络连接。这种技术叫做“复用技术”。传输层除了有以上功能和作用外，它还要处理端到端的差错控制和流量控制的问题。

通常，互联网所采用的TCP/IP协议中的TCP（传输控制协议）协议就是属于传输层。而登录 NOVELL 服务器所必须使用的 IPX/SPX 协议中的 SPX（顺序包交换协议）协议也是属于传输层。

5. *会话层*

如果不看表示层，在 OSI 开放式系统里，互连的会话层就是用户和网络的接口，这是进程到进程之间的层次。所谓进程是操作系统中由多道程序并行而引出的一个概念，它与程序的概念不同，程序是一个静态的概念，而进程是一个动态的概念，是程序的执行，是有生命周期的。会话层允许不同机器上的用户建立会话关系，目的是完成正常的数据交换，并提供了对某些应用的增强服务会话，也可被用于远程登录到分时系统或在两个机器间传递文件。会话层对高层提供的服务主要是"管理会话"。一般两个用户要进行会话，首先双方都必须接受对方，以保证双方有权参加会话；其次是会话双方要确定通信方式，即会话允许信息同时双向传输或任一时刻仅能单向传输。若是后者，会话层将记录此刻由哪一个用户进程来发送数据，为了保证单向传输的正确性，即在某一个时刻仅能一方发送，会话层提供了令牌管理，令牌可以在双方之间交换，只有持有令牌的一方才可以执行发送报文这样的操作。会话层提供的另一种服务叫做"同步服务"。为了说明同步服务的含义，先从一个例子讲起。例如，一台机器有一个非常大的数据文件要传送到另一台机器上，假设该数据文件传输需要 15 个小时，而当文件已经传输了 14 个小时还差一个小时就传输完成了，这时网络突然出现故障，这样此次的传输就被迫中止了，当网络故障排除后，发送方将不得不重新传输该文件，这样是非常浪费时间的，因为即使前面 14 个小时所传送的数据已经正确接收也仍然要重传。如果网络总是频繁地出现故障，按照这种方法重传，则始终也不能把整个报文传送到目的地。为了解决这个问题，会话层就提供了在数据流中插入同步点的机制，在网络以后再出现故障时，不必每次都从头进行传送，而是可以重传最近一个同步点以后的数据。这就有点像利用 Windows 98 内置的写字板应用程序输入手写的一篇文章，假设该文章有 70 页，当输入了 60 页但没存盘，这时突然停电了，那么这 60 页就白输入了。如果采取每输入一页就存一次盘，则当突然停电时，仅会损失最后没保存的一页，而前面的各页都已经保存在磁盘上了。同步服务与这个例子是非常相似的。综上所述，会话层的主要功能归结为：允许在不同主机上的各种进程间进行会话。

6. *表示层*

在计算机与用户之间进行数据交换时，并非是随机地交换数据比特流，而是交换一些有具体意义的数据信息。这些数据信息有一定的表示格式，例如表示人名用字符型数据，表示货币数量用浮点型数据等。那么不同的计算机可能采用不同的编码方法来表示这些数据类型和数据结构，为让采用不同编码方法的计算机能够进行相互通信，能相互理解所交换数据的值，可以采用抽象的标准法来定义数据结构，并采用标准的编码形式。表示层管理这些抽象的数据结构，并且在计算机内部表示和网络的标准表示法之间进行转换，也即表示层关心的是数据传送的语义和语法两个方面的内容。但其仅完成语法的处理，而语义的处理是由应用层来完成的。表示层的另一功能是数据的加密和解密，为了防止数据在通信子网中传输时被窃听和篡改，发送方的表示层将要传送的报文进行加密后再传输，接收方的表示层在收到密文后，对其进行解密，把解密后还原成的原始报文传送给应用层。表示层所提供的功能还有文本的压缩功能，文本压缩的目的是为了把文本非常大的数据量利用压缩技术使其数据量尽可能地减小，以满足一般通信带宽的要求，提高线路利用率，从而节省经费。综上所述，表示层是为上层提供共同需要数据、或信息语法表示的变换。

7. 应用层

应用层是 OSI 网络协议体系结构的最高层，是计算机网络与最终用户的界面，为网络用户之间的通信提供专用的程序。OSI 的 7 层协议从功能划分来看，下面 6 层主要解决支持网络服务功能所需要的通信和表示问题，应用层则提供完成特定网络功能服务所需要的各种应用协议。应用层的一个主要功能是解决虚拟终端的问题。大家都知道世界上有上百种互不兼容的终端，要把它们组装成网络，即让一个厂家的主机与另一个厂家的终端通信，就不得不在主机方设计一个专用的软件包，以实现异种机、终端的连接。如果一个网络中有 N 种不同类型的终端和 M 种不同类型的主机，为实现它们之间的交互通信，要求每一台主机都得为每一种终端设计一个专用的软件包，最坏情况下，需要配置 M×N 个专用的软件包，显然这种方法实现起来很困难。为此，可采用建立一个统一的终端协议方法，使所有不同类型的终端都能通过这种终端协议与网络主机互连。这种终端协议就称为虚拟终端协议。

应用层的另一个功能是文件传输协议 FTP。计算机网络中各计算机都有自己的文件管理系统，由于各台机器的字长、字符集、编码等存在着差异，文件的组织和数据表示又因机器而各不相同，这就给数据、文件在计算机之间的传送带来不便，有必要在全网范围内建立一个公用的文件传送规则，即文件传送协议。应用层还有电子邮件的功能，电子邮件系统是用电子方式代替邮局进行传递信件的系统。信件泛指文字、数字、语音、图形等各种信息，利用电子手段将其由一处传递至另一处或多处。

图 2-7 说明的是应用进程的数据在各层之间的传递过程中所经历的变化。这里为简单起见，假定两个主机是直接相连的。

假定计算机 1 的应用进程 AP1 向计算机 2 的应用进程 AP2 传送数据。AP1 先将其数据交给第 7 层。第 7 层加上必要的控制信息 H7 就变成了下一层的协议数据单元。第 6 层收到该数据单元后，加上本层的控制信息 H6，再交给第 5 层（会话层），成为会话层的协议数据单元。依次类推。不过到了第 2 层（数据链路层）后，控制信息分成两部分，分别加到本层数据单元的首部（H2）和尾部（T2），而第 1 层（物理层）由于是比特流的传送，所以不再加上控制信息。

在 OSI 参考模型中，在对等层次上传送的数据，其单位都称为该层的协议数据单元（PDU）。当这一串的比特流经网络的物理媒体传送到目的站时，就从第 1 层依次上升到第 7 层。每一层根据控制信息进行必要的操作，然后将控制信息剥去，将该层剩下的数据部分提交给更高的一层。最后，把应用进程 AP1 发送的数据交给目的站应用进程 AP2。

可以用一个简单的例子来比喻上述过程。有一封信从最高层向下传。每经过一层就包上一个新的信封。包有多个信封的信传送到目的站后，从第 1 层起，每层拆开一个信封后就交给它的上一层。传到最高层时，取出发信人所发的信交给收信用户。

虽然应用进程数据要经过如图 2-7 所示的复杂过程才能送到对方的应用进程，但这些复杂过程对用户来说，都被屏蔽掉了，以致应用进程 AP1 觉得好像是直接把数据交给了应用进程 AP2。同理，任何两个同等的层次（例如在两个系统的第 4 层）之间，也好像如同图中的水平虚线所示的那样，将数据（即数据单元加上控制信息）通过水平虚线直接传递给对方。这就是所谓的“对等层”之间的通信。以前经常提到的各层协议，实际上就是在各个对等层之间传递数据时的各项规定。

在开放系统中进行交换信息时，发送或接收信息的究竟是一个进程、是一个文件还是一个终端，都没有实质上的影响。为此，可以用实体这一名词表示任何可发送或接收信息的硬件或软件进程。在许多情况下，实体就是一个特定的软件模块。

协议是控制两个对等实体进行通信的规则集合。协议的语法方面的规则定义了所交换的信息格式，而协议的语义方面的规则就定义了发送者或接收者所要完成的操作，例如，在何种条件下数据必须重发或丢弃。

在协议的控制下，两个对等实体间的通信使得本层能够向上一层提供服务。要实现本层协议，还需要使用下面一层所提供的服务。

一定要弄清楚，协议和服务在概念上是很不一样的。

首先，协议的实现保证了能够向上一层提供服务。用户能看见本层的服务而无法看见下面的协议。下面的协议对上面的服务用户是透明的。

其次，协议是“水平的”，即协议是控制对等实体之间通信的规则。但服务是“垂直的”，即服务是由下层向上层通过层间接口提供的。还应注意到，并非在一个层内完成的全部功能都称为服务。只有那些能够被高一层看得见的功能才能称之为“服务”。上层使用下层所提供的服务必须通过与下层交换一些命令，这些命令在 OSI 中称为服务原语。

在同一系统中相邻两层的实体进行交互（即交换信息）的地方，通常称为服务访问点 SAP（Service Access Point）。服务访问点 SAP 是一个抽象的概念，它实际上就是一个逻辑接口，和通常所说的两个设备之间的硬件并行接口或串行接口是不一样的。OSI 将层与层之间交换数据的单位称为服务数据单元 SDU（Service Data Unit），它可以与 PDU 不一样。另外，可以是多个 SDU 合成为一个 PDU（协议数据单元），也可以是一个 SDU 划分为几个 PDU。

OSI 想从一张白纸开始，试图达到一种理想境界，即全世界的计算机网络都遵循着这个统一的标准，这样全世界的计算机都将能够很方便地进行互连和交换数据。在 20 世纪 80 年代，许多大公司甚至一些国家的政府机构都纷纷表示支持 OSI。当时看来似乎在不久的将来全世界一定会都按照 OSI 制定的标准来构造计算机网络。然而到了 20 世纪 90 年代初期，虽然整套的 OSI 国际标准都已经制定出来了，但由于 Internet 已经在全世界覆盖了相当大的范围，而与此同时却几乎找不到有什么厂家生产出符合 OSI 标准的商用产品。因此人们得出这样的结论：OSI 事与愿违地失败了。现今规模最大的、覆盖全世界的计算机网络 Internet 并未使用 OSI 标准。OSI 失败的原因归纳为：OSI 专家缺乏实际经验，他们在完成 OSI 标准时没有商业驱动力；OSI 的协议实现起来过分复杂，而且运行效率很低；OSI 标准的制定周期太长，因而使得按 OSI 标准生产的设备无法及时进入市场；最后，OSI 的层次划分也不太合理，有些功能在多个层中重复出现。

2.3.3 TCP/IP 参考模型

由于当今的 Internet 网络已经在世界范围内得到了广泛的应用，因此 Internet 网络所使用的 TCP/IP 体系结构在计算机网络的领域中已慢慢成为一个国际标准。TCP/IP 协议是一个协议族，它包括很多的协议，但它最重要和最著名的就是传输控制协议 TCP 和网际协议 IP，一般人们常提到的 TCP/IP 协议指的是表示 Internet 所使用的体系结构或是指整个的 TCP/IP 协议族。TCP/IP 协议开发于 20 世纪 60 年代后期，早于 OSI 参考模型，故其不符合 OSI 参考标准。

TCP/IP 体系共分成 4 个层次，如图 2-8 所示。它们分别是：网络接口层、网际层、传输层和应用层。

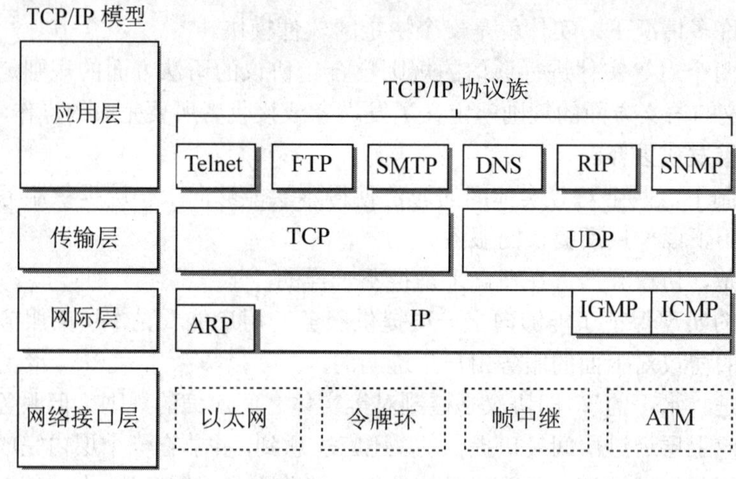

图 2-8 TCP/IP 体系结构

1. 网络接口层

网络接口层与 OSI 参考模型的网络层、数据链路层和物理层相对应，它不是 TCP/IP 协议的一部分，但它是 TCP/IP 赖以存在的与各种通信网之间的接口，所以，TCP/IP 对网络接口层并没有给出具体的规定。

2. 网际层

网际层有 4 个主要的协议：网际协议 IP、Internet 控制报文协议 ICMP、地址解析协议 APR 和逆地址解析协议 RARP。网际层的主要功能是使主机可以把分组发往任何网络并使分组独立地传向目标（可能经由不同的网络）。这些分组到达的顺序和发送的顺序可能不同，因此如果需要按顺序发送及接收时，高层必须对分组排序。这就像一个人邮寄一封信，不管他准备邮寄到哪个国家，他仅需要把信投入邮箱，这封信最终会到达目的地。这封信可能会经过很多的国家，每个国家可能有不同的邮件投递规则，但这对用户是透明的，用户也不必知道这些投递规则。另外，网际层的网际协议 IP 的基本功能是：无连接的数据报传送和数据报的路由选择，即 IP 协议提供主机间不可靠的、无连接的数据报传送。Internet 控制报文协议 ICMP 提供的服务有：测试目的地的可达性和状态，报文不可达的目的地，数据报的流量控制，路由器路由改变请求等。地址解析协议 ARP 的任务是查找与给定 IP 地址相对应主机的网络物理地址。逆地址解析协议 RARP 主要解决物理网络地址到 IP 地址的转换。

3. 传输层

TCP/IP 的传输层提供了两个主要的协议，即传输控制协议 TCP 和用户数据报协议 UDP，它的功能是使源主机和目的主机的对等实体之间可以进行会话。其中 TCP 是面向连接的协议。所谓连接，就是两个对等实体为进行数据通信而进行的一种结合。面向连接服务是在数据交换之前，必须先建立连接；当数据交换结束后，则应终止这个连接。面向连接服务具有连接建立、数据传输和连接释放三个阶段。在传送数据时是按序传送的。用户数据协议是无连接的服务。在无连接服务的情况下，两个实体之间的通信不需要先建立连接，因此其下层的有关资源不需要事先进行预定保留。这些资源将在数据传输时动态地进行分配。无连接服务的另一个特征就是它不需要通信的两个实体同时是活跃状态（即处于激活态）。当发送端的实体正在进行发送时，它才必须是活跃的。无连接服务的优点是灵活方便和比较迅速。但无连接服务不能防止报文的丢失、重复或失序。无连接服务特别适合于传送少量零星的报文。

4. 应用层

在 TCP/IP 体系结构中并没有 OSI 的会话层和表示层，TCP/IP 把它都归结到应用层。所以，应用层包含所有的高层协议，如虚拟终端协议（TELNET）、文件传输协议（FTP）、简单邮件传送协议（SMTP）和域名服务（DNS）等。

2.4 数据的传输媒体

传输媒体也称为传输介质或传输媒介。前面在讲计算机网络定义时，它的第一句话就是“把分布在不同地理位置的计算机在物理上互连”，也就是说要形成一个计算机网络首先要做的工作就是将计算机用一种传输介质把它们按照一定的拓扑结构连接起来，但这个用来进行连接的传输介质可能是可见的（即有线传输介质，如双绞线、同轴电缆和光纤等），也可能是不可见的（即无线传输介质，如微波、红外线、激光和卫星等）。换句话说，数据的传输介质指传送信息的载体，即通信线路。

2.4.1 双绞线

双绞线在局域网中，目前是最常用到的一种传输介质。这主要是因为其低成本、高速度和高可靠性。目前组建局域网络所用的双绞线是一种由 4 对线（即 8 根线）组成的，其中每根线的材质有铜线和铜包的钢线两类。在一般的场合下使用铜线，但在有些特定的场合对双绞线的韧度有要求时，可采用铜包的钢线，这种双绞线利用钢的韧度和铜的传导性来达到这种特定场合的要求。一般来说，双绞线电缆中的 8 根线是成对使用的，而且每一对都相互绞合在一起，绞合的目的是为了减少对相邻线的电磁干扰。双绞线分为屏蔽双绞线（STP）和非屏蔽双绞线（UTP）。屏蔽双绞线的外层用金属丝编织成屏蔽网，所以它对电磁干扰的抑制能力比较强，它的价格比非屏蔽双绞线当然要贵一些。目前，在局域网中常用到的双绞线是非屏蔽双绞线（UTP），它又分：3 类、4 类、5 类、超 5 类、6 类和 7 类。其中 3 类双绞线的最高传输频率为 16MHz，最高传输速率为 10Mb/s，但这种双绞线目前在网络市场上几乎已经看不到了。取而代之的是 5 类双绞线，而 5 类双绞线与 3 类双绞线的最主要的区别在于线路单位长度的绞合次数，并且 5 类双绞线使用了特殊的绝缘材料，使最高的传输频率达到 100MHz，最高的传输速率达到 100Mb/s。要强调指出的是这个传输速率是指在 100m 长的双绞线范围内才能够得到保证。但现在网络市场上又出现了一种超 5 类双绞线，其衰减和串扰比 5 类双绞线更小，能满足大多数计算机网络应用的需求，尤其在支持千兆位以太网（1000BASE-T）的布线中，它的传输距离已超过了 100m 的界限。所以在同等条件下，建议组建局域网络时最好采用超 5 类双绞线，这对于局域网今后的升级是大有益处的。为了对这 8 根线进行区分，在每根导线的绝缘层上分别涂有不同的颜色以示区别。双绞线的这 8 根线的引脚定义如表 2-1 所示（按照 EAI-TIA-568B 标准）。

表 2-1　双绞线的引脚定义

线路线号	1	2	3	4	5	6	7	8
线路色标	白橙	橙	白绿	蓝	白蓝	绿	白褐	褐
引脚定义	Tx^+	Tx^-	Rx^+			Rx^-		

从上面这个标准可以看出，双绞线目前在计算机局域网络真正使用的是 1 线（引脚定义为 Tx^+，用于发送数据，正极）、2 线（引脚定义为 Tx^-，用于发送数据，负极）、3 线（引脚定义为 Rx^+，用于接收数据，正极）和 6 线（引脚定义为 Rx^-，用于接收数据，负极），其中 1、2 为一对线，3、6 为一对线，4、5 为一对线、7、8 为一对线。在制作双绞线电缆时最好按照这个标准，如果在工程现场记不住这个标准颜色的顺序，那么只要记住 1、2 线用一对颜色的线，3、6 线用一对颜色的线即可。另外，每条双绞线电缆的两端安装的接头在网络中称为 RJ-45 连接器，俗称水晶头。由于 5 类双绞线最大的网络长度为 100m，如果要加大网络的范围，可在两段双绞线电缆间安装中继器（一般由集线器或交换机来承担），但最多仅能安装 4 个中继器，使网络的最大范围达到 500m。

在局域网中，双绞线主要是用来连接计算机网卡到集线器或通过集线器之间级联口的级联，有时也可直接用于两个网卡之间的连接或不通过集线器的级联口而进行集线器之间的级联，但它们的接线方式有所不同。其中前一种即连接计算机网卡到集线器或通过集线器之间级联口的级联的双绞线制作方式如图 2-9 所示，即将一端的 Tx^+接到另一端的 Tx^+，一端的 Tx^-与另一端的 Tx^-相连，一端的 Rx^+接到另一端的 Rx^+，一端的 Rx^-与另一端的 Rx^-相连。如果是直接用于两个网卡之间的连接或者是不通过集线器的级联口使两个集线器进行级联，双绞线制做方式如图 2-10 所示。即必须对双绞线的线对进行交叉，交叉线的制作方法是：将一端的 Tx^+接到另一端的 Rx^+，一端的 Tx^-与另一端的 Rx^-相连。

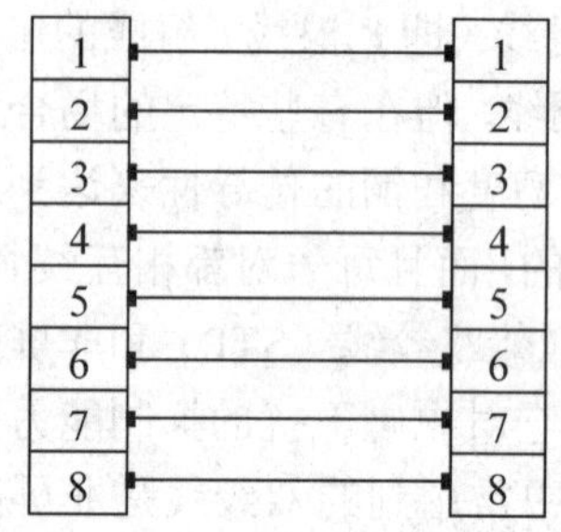

图 2-9 常规双绞线接法

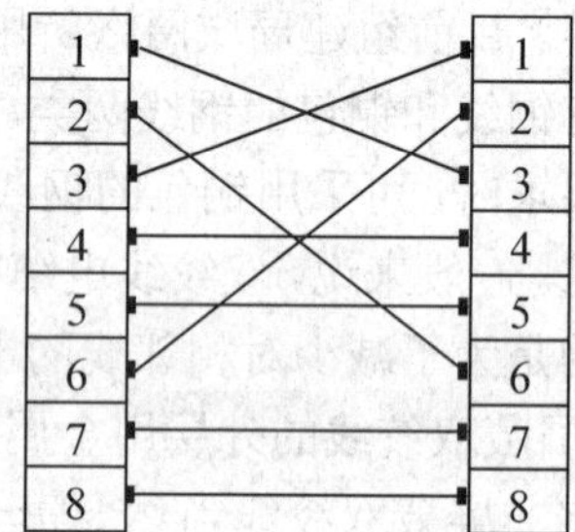

图 2-10 错线双绞线接法

另外，双绞线适合于传输基带信号，也可用来传输频带信号。

2.4.2 同轴电缆

同轴电缆的结构，它的中央是铜质的芯线（单股的实心线或多股绞合线），铜质的芯线外包着一层绝缘层，绝缘层外是一层金属丝网状编织的导体屏蔽层（可以是单股的），屏蔽层把电线很好地包起来，再往外就是塑料保护外层了，如图 2-11 所示。

与双绞线相比，由于同轴电缆的这种结构，它对抗外界干扰能力更强，因此常用在总线型拓扑结构中。在家中将电视机和录像机或 VCD 连起来的线就是一种同轴电缆。目前经常用于局域网的同轴电缆有两种：一种是专门用在符合 IEEE 802.3 标准以太网环境中阻抗为 50Ω的电缆，只用于数字信号发送，称为基带同轴电缆；另一种是用于频分多路复用 FDM 的模拟信号发送，阻抗为 75Ω的电缆，称为宽带同轴电缆。

50Ω电缆仅用于传输数字信号并且使用曼彻斯特编码的形式，数据传输速率可达 10Mb/s。当需要把计算机连接到以这种电缆为总线的网络上时，通常把要连接计算机的电缆某处剪断，剪断后的电缆两端要装上 BNC 连接头，BNC 连接头之间通过专用的 T 型连接器相连，而且这样所形成的总线网络的两端都应安装终结器，终结器的作用是消除信号的反弹，防止网络中无用信号的堵塞。

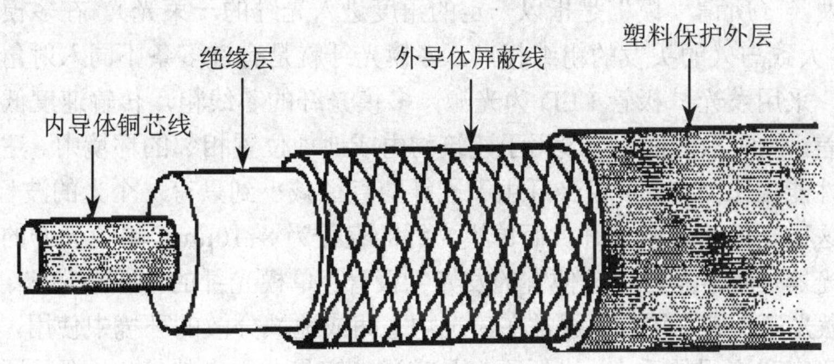

图 2-11　同轴电缆

75Ω同轴电缆主要用于传输模拟的频带信号，一般家中的有线电视就是采用这种标准的同轴电缆，即公用天线电视 CATV 电缆。CATV 电缆对于模拟信号的发送，频率可达 300Hz~400MHz 或更高，并且也可用 CATV 电缆传输数字信号，但必须先把数字信号转换成模拟信号后再进行传输。当使用频分多路复用 FDM 技术时，公用天线电视 CATV 电缆也称为“宽带”电缆，并且可把宽带电缆划分成为若干个独立信道，例如分配 6MHz 带宽来做为一路电视信号的信道。但在总线型局域网络中目前很少使用这种 75Ω同轴电缆，而是使用 50Ω同轴电缆（即细缆）。当用这种细缆组建总线型网络时，如果不使用中继器等设备，其整个网络的总线长度（网段）最大为 185m，要想扩大网段的长度，就必须使用中继设备，但最多允许使用 4 个中继器连接 5 个网段，使网络总长度达到 185×5=925m，同时还应注意每段细缆最短不能小于 0.5m，而且同网络段中连接的计算机一般不能超过 30 至 35 台。

2.4.3　光纤

从 20 世纪 70 年代，通信和计算机都发展得非常快。二十多年来，计算机执行一条指令的时间从 100ns 减少到 1ns，相当于每 10 年计算机运行的速度提高 10 倍。在通信领域里，信息传输的速率则提高得更快，从 20 世纪 70 年代的 56kb/s 提高到现在的 1Gb/s（现代光纤通信），每 10 年提高 100 倍多。另外，使用当前的光导纤维技术，可获得的带宽完全可以超过 50 000Gb/s（50Tb/s），而且还在不断地寻找更好的材料。当前之所以受 1Gb/s 限制是因为不能更快地进行光电信号的转换。

光纤通信就是利用光导纤维（简称光纤）传送光脉冲来进行的通信。光纤是一种细小、柔韧并能传输光信号的介质。一根光缆中包含有多条光纤。20 世纪 80 年代初期，光缆开始进入网络布线，与双绞线和同轴电缆相比较，光缆适应了目前利用网络进行长矩离和大容量信息的传输要求，在计算机网络中发挥着十分重大的作用。

双绞线和同轴电缆是通过模拟信号或数字信号在电缆上传输信息数据，而在光纤上是利用有光脉冲信号表示 1，没有光脉冲表示 0。光纤通信系统是由光端机、光纤（光缆）和光纤中继器组成的。光端机又分成光发送机和光接收机。而光中继器用来延伸光纤或光缆的长度，防止光信号衰减。光发送机将电信号调制成光信号，利用光发送机内的光源将调制好的光波导入光纤，经光纤传送到光接收机。光接收机将光信号变换为电信号，经放大、均衡判决等处理后送给接收方。

光纤和同轴电缆相似，只是没有网状屏蔽层。中心是光传播的玻璃芯。光纤分为单模光纤和多模光纤两类（所谓“模”是指以一定的角度进入光纤的一束光）。在多模光纤中，芯的直径是50μm，大致与人的头发的粗细相当。多模光纤就是有许多条不同入射角度的光线在一条光纤中传输，采用发光二极管LED为光源，多模光纤的芯线粗，传输速度低，距离短，整体的传输性能差，但成本较低，一般用于建筑物内或地理位置相邻的环境中。注意这些缺点是与单模光纤的性能相比而言。单模光纤由于光纤的直径减小到只有一个光的波长，光线在光纤上直线传播，这种光纤叫单模光纤。而单模光纤的直径为8~10μm。单模光纤的光源要使用昂贵的半导体激光器，而不能使用较便宜的发光二极管。单模光纤的传输频带宽、容量大、传输距离长，但需激光源，成本较高，通常在建筑物之间或地域分散的环境中使用，单模光纤是当前计算机网络研究和应用的重点。光纤不仅具有通信容量非常大的特点，而且还具有以下的一些特点：

- 抗电磁干扰性能好。
- 保密性好，无串音干扰。
- 信号衰减小，传输距离长。
- 抗化学腐蚀能力强。

正是由于光纤的数据传输率高（目前已达到1Gb/s），传输距离远（无中继传输距离达几十至上百公里）的特点，所以在计算机网络布线中得到了广泛的应用。目前光缆主要是用于交换机之间、集线器之间的连接，但随着千兆位局域网络应用的不断普及和光纤产品及其设备价格的不断下降，光纤连接到桌面也将成为网络发展的一个趋势。

但是光纤也存在一些缺点。这就是光纤的切断和将两根光纤精确地连接所需要的技术要求较高。

2.5 网络的拓扑结构

在2.4节介绍了传输介质，而传输介质的选择取决于各种因素，包括实际需要的通信容量和可靠性的要求等，但其中一个很关键的因素是网络的拓扑结构，只有先选择好网络的拓扑结构，才好选择相应的传输介质。那么什么叫网络的拓扑结构呢？在计算机网络中把设备连接起来的布局方法叫做网络的拓扑结构，即把要通信的网络设备用一种标准的方式把它们连接起来。在设计网络的拓扑结构时，不仅要考虑与其他网络相连，还要考虑到将来可能要加入的网络设备（即网络的扩展问题），同时还要考虑到已连入的网络设备的移动和变化等情况不至于影响整个网络的运行等。所以如何确定网络的拓扑结构，这是计算机网络的设计中首先要考虑到的问题。需要根据应用场合、任务要求和费用等诸多因素综合分析比较以后来确定。

计算机网络的拓扑类型较多，但归结起来有以下6种：星型、总线型、环型、树型、全互连型和不规则型。

2.5.1 星型拓扑结构

星型拓扑结构是由中心节点和通过点对点链路连接到中心节点的各站点组成。如图2-12

所示。星型拓扑结构的中心节点是主节点，它接收各分散站点的信息再转发给相应的站点。目前这种星型拓扑结构几乎是以太网双绞线网络专用的。这种星型拓扑结构的中心节点是由集线器或者交换机来承担的。星型拓扑结构有以下优点：

（1）由于每个设备都用一根线路和中心节点相连，如果这根线路损坏，或与之相连的工作站出现故障时，在星型拓扑结构中，不会对整个网络造成大的影响，而仅会影响该工作站。

（2）网络扩展容易。从图 2-12 可以看出，对网络设备的添加、移动和改变都很容易实现，由于传输线从主集线器发散开来，而这些传输线又可以连接多个集线器，这就意味着网络的扩展非常容易。

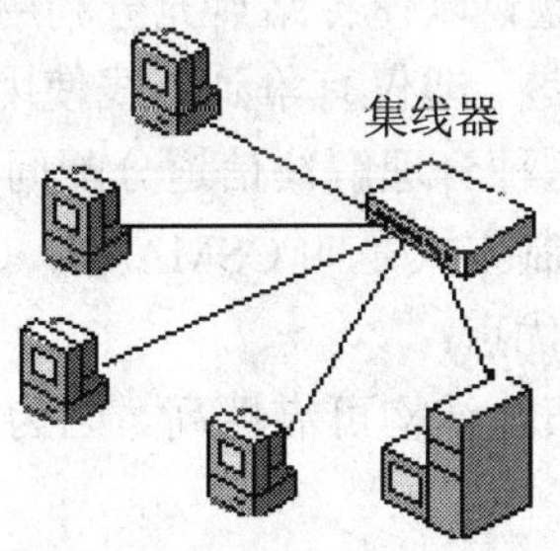

图 2-12　星型拓扑结构图

（3）控制和诊断方便。由于每个站点直接连到中心节点，因此，如果计算机网络出现故障，将很容易把出故障的站点从网络中删除。

（4）访问协议简单。在星型拓扑结构中，由于任何两个节点要通信，仅涉及到这两个站点和中心节点，所以，介质的访问控制方法十分简单，致使访问协议也十分简单。

星型拓扑结构也存在着一定的缺点：

（1）过分依赖中心节点。在星型拓扑结构中，中心节点是网络的瓶颈，一旦出现故障则会使整个网络瘫痪。

（2）成本高。

2.5.2　总线型拓扑结构

总线型拓扑结构采用单根传输线作为传输介质，所有的站点（包括工作站和文件服务器）均通过相应的硬件接口直接连接到传输介质或总线上，各工作站地位平等，无中心节点控制。如图 2-13 所示。

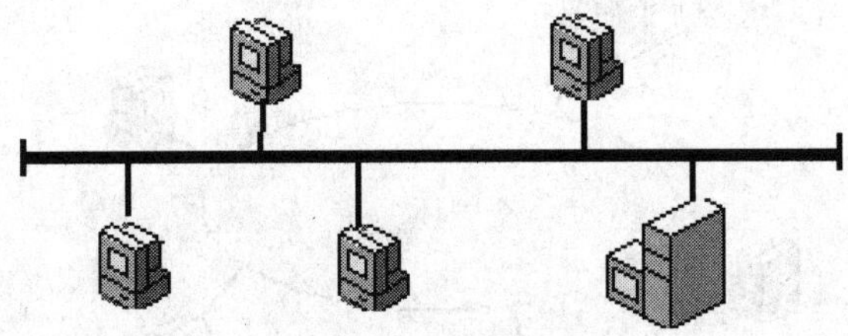

图 2-13　总线型拓扑结构

这种总线型拓扑结构的总线大都采用同轴电缆。总线上的信息多以基带信号形式串行传送。某个站点发送报文（报文为要发送的信息），其传送的方向总是从发送站点开始向两端扩散，如同广播电台发射的信息一样，又称为广播式计算机网络。在总线网络上的所有站点都能接收到这个报文，但并不是所有的都接收，而是每个站点都会把自己的地址与这个报文的目的地址相比较，只有与这个报文的目的地址相同的工作站才会接收报文。那么细心的读者就会发现，报文如何从总线上摘除呢？这是靠总线型拓扑结构两端的终结器来完成。另外在总线型拓扑结构中，由于各站点通过总线来传输信息，并且各站点对于总线的使用权是平等的，没有某一个站点有特殊的优先权。而在总线上是不允许某一时刻有两个站点同时发送，这样会使两个数据在总线上发生“冲突”，造成所发送出去的信息不能被接收站正确接收。为了避免“冲突”的产生就有一个“争用”总线的问题，以使各站点充分利用信道的空间、时间来传送信息。因此就产生了如何合理分配信道的问题，即仅有争到总线使用权的站点才允许其发送信息，这样就不会发生各信息间的相互冲突。这种合理解决信道分配问题的控制方法叫介质访问的控制方式。总线型拓扑结构的介质访问控制方式是叫 CSMA/CD（载波侦听多路访问/冲突检测）。

总线型拓扑结构有以下的主要优点：

（1）从硬件观点来看总线型拓扑结构可靠性高。因为总线型拓扑结构简单，而且又是无源元件。

（2）易于扩充，增加新的站点容易。如要增加新站点，仅需在总线的相应接入点将工作站接入即可。

（3）使用电缆较少，且安装容易。

（4）使用的设备相对简单，可靠性高。

当然总线型拓扑结构也存在一些缺点：

（1）故障诊断困难。由于总线拓扑的网络不是集中控制，故障检测需在网络上各个站点进行。

（2）故障隔离困难。在星型拓扑结构中，一旦检查出哪个站点出故障，只需简单地把连接拆除即可。而在总线型拓扑结构中，如果某个站点发生故障，则需将该站点从总线上拆除，如传输介质故障，则整个这段总线要切断和变换。

2.5.3　环型拓扑结构

环型拓扑结构是由网络中若干中继器通过点到点的链路首尾相连形成一个闭合的环，其拓扑型结构如图 2-14 所示。

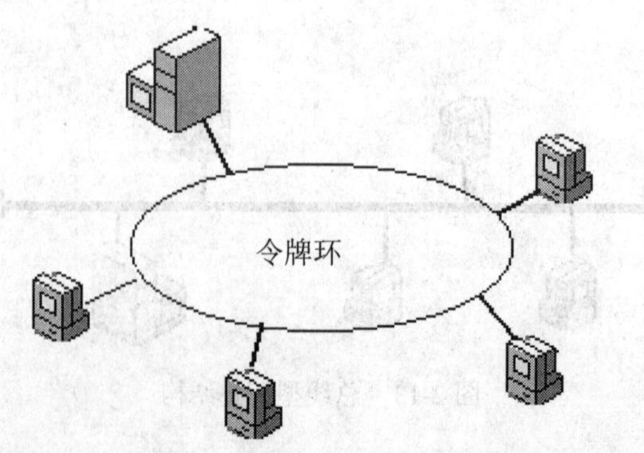

图 2-14　环型拓扑结构

这种环型拓扑结构使公用电缆形成环型连接。每个中继器与两条链路相连，由于环型拓扑的数据在环路上沿着一个方向在各节点间传输，这样中继器能够接收一条链路上来的数据，并以同样的速度串行地把数据送到另一条链路上，而不在中继器中缓冲。每个站对环的使用权是平等的，所以它也存在着一个对于环型总线的“争用”和“冲突”的问题。

在环路上发送和接收数据的过程大致如下：在发送报文的工作站（简称发送站）将报文分成报文分组，每个报文分组包括一段数据再加上某些控制信息，在控制信息中含有目的地址。发送站依次把每个报文分组送到环路上，然后通过其他中继器进行循环，每个中继器都对报文分组的目的地址进行判断，看其是否与本地工作站的地址相同，仅有地址相同的工作站才接收该报文分组，并将分组拷贝下来，当该报文分组在环路上绕行一周重新回到发送站时，由发送站把这些分组从环路上摘除。由此可看出环路上某一节点发生故障，它将不能正常地传送信息。

与其他拓扑结构相比，环型拓扑结构有以下优点：

（1）路由选择控制简单。因为信息流是沿着固定的一个方向流动的，两个站点仅有一条通路。

（2）电缆长度短。环型拓扑所需电缆长度和总线拓扑结构相似，但比星型拓扑要短。

（3）适用于光纤。光纤传输速度高，而环型拓扑是单方向传输，十分适用于光纤这种传输介质。

环型网络的缺点如下：

（1）一个节点故障将引起整个网络瘫痪。在环路上数据传输是通过环上的每一个站点进行转发的，如果环路上的一个站点出现故障，则该站点的中继器不能进行转发，相当于环路在故障节点处断掉，造成整个网络都不能进行工作。

（2）诊断故障困难。因为某一节点故障会使整个网络都不能工作，但具体确定是哪一个节点出现故障非常困难，需要对每个节点进行检测。

2.5.4　树型拓扑结构

树型拓扑结构是从总线拓扑结构演变过来的，形状像一棵倒置的树，顶端有一个带有分支的根，每个分支还可延伸出子分支，如图 2-15 所示就是这种树型拓扑结构。

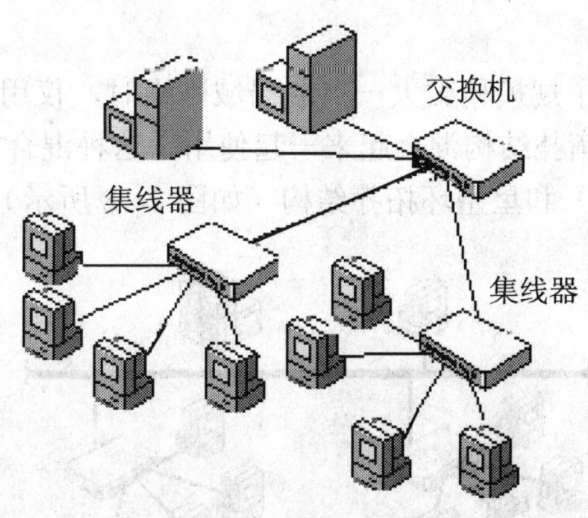

图 2-15　树型拓扑结构

树型拓扑结构是一种分层的结构，适用于分级管理和控制系统。这种拓扑结构与其他拓扑结构的主要区别在于其根的存在。当下面的分支节点发送数据时，根接收该信号，然后再重新广播发送到全网。这种结构不需要中继器。与星型拓扑结构相比，由于通信线路总长度较短，故它的成本低，易推广，但结构较星型复杂。树型拓扑结构有以下的优点：

（1）易于扩展。从本质上看这种结构可以延伸出很多分支和子分支，因此新的节点和新的分支易于加入网内。

（2）故障隔离容易。如果某一分支的节点或线路发生故障，很容易将该分支和整个系统隔离开来。

树型拓扑结构的缺点是对根的依赖性太大，如果根发生故障，则全网不能正常工作，因此这种结构的可靠性与星型结构相似。

2.5.5 全互连型拓扑结构

全互连型拓扑结构如图 2-16 所示。网络中任意两站点间都有直接通路相连，所以任意两站点间的通信无需路由，而且有专线相连没有等待延迟，故通信速度快，可靠性高。但是组建这样的网络投资是非常巨大的，例如在有 4 个站点的全互连型拓扑网络上增加一个站点，那么就得在这个网络上增加 4 根线，使这 4 个站点的每一个站点都与新站点有一根线进行连接。由此也可看出这种全互连型拓扑结构的灵活性差，且这种全互连型拓扑结构只适用于对可靠性有特殊要求的场合。

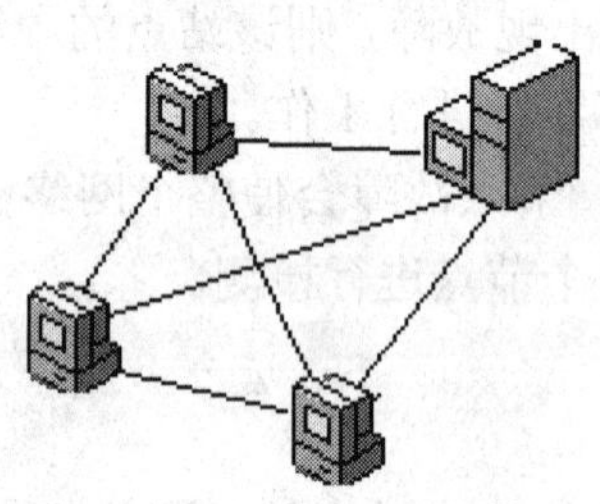

图 2-16 全互连型拓扑结构

2.5.6 混合型拓扑结构

事实上，在真正组建一个规模稍微大一点的局域网络时，仅用上述的某一种拓扑结构是不太现实的，往往是把几种拓扑结构混合起来一起使用。这种混合方式比较常见的有星型/总线拓扑结构（如图 2-17 所示）和星型环拓扑结构（如图 2-18 所示）。

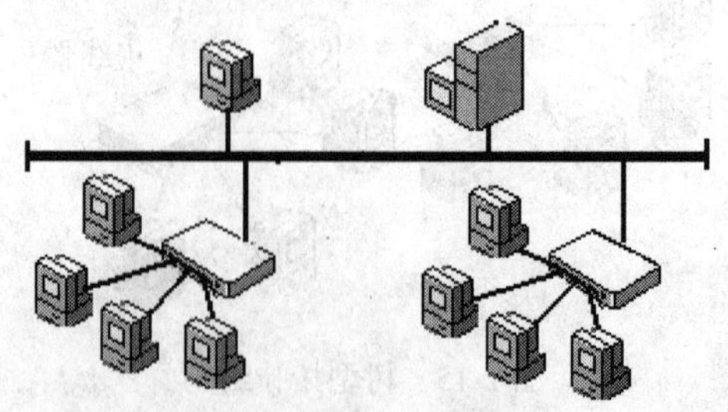

图 2-17 星型/总线拓扑结构

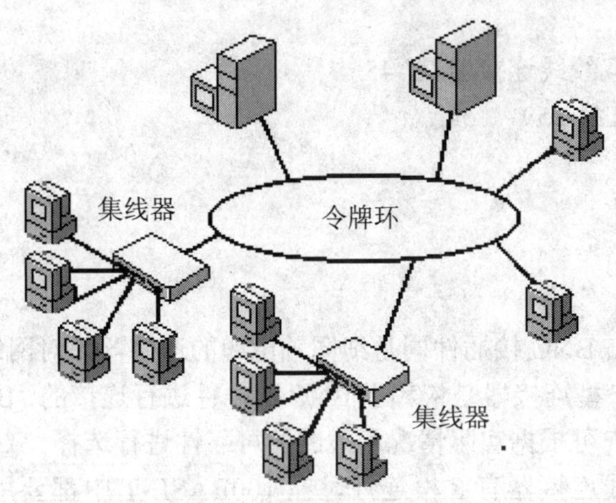

图 2-18　星型环拓扑结构

星型/总线拓扑是想综合星型拓扑和总线拓扑的优点，它用一条或多条总线把多组设备连接起来，而这些相连的每组设备本身又呈星型分布。对于星型/总线拓扑，用户很容易配置和重新配置网络设备。从图 2-17 可看到，这种拓扑结构实际有多个星型拓扑，这些星型拓扑适宜用双绞线的以太网；每个星型配置的集线器由总线连接起来，从而形成一个整体，这里的总线可用 50Ω同轴电缆，它把 10BASE-T 的星型网集线器连接起来。但这种星型/总线拓扑结构由于其总线采用细缆，所以其传输速度为 10Mb/s，由于现在的局域网络大都是 100Mb/s 到桌面，这样，这种星型/总线拓扑结构一般已经不被人们所采用。

星型环拓扑试图取这两种拓扑的优点于一体。这种星型环拓扑主要用于 IEEE 802.5 的令牌网。从电路上看，星型环结构完全和一般的环型结构相同，只是物理走线安排成星型连接。星型环拓扑的优点是：故障诊断方便而且隔离容易；网络扩展简便；电缆安装方便。这种星型环拓扑网络中，采用令牌传递控制方式。这种网络在工作前要对系统进行初始化，首先形成逻辑环路，当逻辑环形成后，某个工作站要发送信息，它必须等到收到空令牌后，持有令牌的节点可直接向环路上任意站点发送信息。等信包发送成功以后或达到规定次数后，由发送站释放并传递给其下游节点，这样令牌在环型连接中依次传递。

2.6　网络互连设备

在日常生活中，网络无处不在。可以由学校的局域网，通过代理服务器上网，也可以利用 Modem 通过电话线拨号上网。不管用什么方法上网，实现网络互连的基本硬件设备是一样的。本节主要介绍网络互连用到的硬件设备，这些设备能够扩展局域网覆盖的范围，将局域网与局域网或与远距离的其他网络相连接，以实现更大范围的资源共享。

2.6.1　网络传输介质互连设备

网络线路与用户节点具体连接时，可能遇到以下几种不同的连接设备及接口单元：

- T 型连接器

- 收发器
- 屏蔽或非屏蔽双绞线连接器 RJ-45
- RS-232 接口（DB-25）
- DB-15 接口
- VB35 同步接口
- 网络接口单元
- 调制解调器

其中，T 型连接器与 BNC 接插件同是细同轴电缆的连接器，对网络的可靠性有着至关重要的影响。同轴电缆与 T 型连接器是依赖于 BNC 接插件进行连接的，BNC 接插件有手工安装和工具型安装之分，用户可根据实际情况和线路的可靠性进行选择。

RJ-45 非屏蔽双绞线连接器有 8 根连针，在 100BASE-T 中都要用到，同一根双绞线的两端连接方式应该保持一致，具体连接方法可参照厂家提供的说明书，本书的 2.4 节也有相关说明。

DB-25（RS-232）接口是目前微机与线路接口的常用方式。

DB-15 接口用于连接网络接口卡的 AUI 接口，可将信息通过收发器电缆送到收发器，然后进入主干介质。

VB35 同步接口用于连接远程的高速同步接口。

终端匹配器（也称终端适配器）安装在同轴电缆（粗缆或细缆）的两个端点上，它的作用是防止电缆无匹配电阻或阻抗不正确。无匹配电阻或阻抗不正确，则会引起信号波形反射，造成信号传输错误。

调制解调器（Modem）的功能是将计算机的数字信号转换成模拟信号或反之，以便在电话线路或微波线路上传输。调制是把数字信号转换成模拟信号；解调是把模拟信号转换成数字信号，它一般通过 RS-232 接口与计算机相连。

2.6.2 中继器（Repeater）

中继器是连接网络线路的一种装置，常用于两个网络节点之间物理信号的双向转发工作。中继器是最简单的网络互连设备，主要完成物理层的功能，负责在两个节点的物理层上按位传递信息，完成信号的复制、调整和放大功能，以此来延长网络的长度。由于存在损耗，在线路上传输的信号功率会逐渐衰减，衰减到一定程度时将造成信号失真，因此会导致接收错误。中继器就是为解决这一问题而设计的。它完成物理线路的连接，对衰减的信号进行放大，保持与原数据相同。

1. 工作方式

中继器工作在物理层，它对数据的流动是透明的，仅仅是再生信号，如图 2-19 所示。

2. 类型

中继器有两种基本类型。一种是电中继器，它只是简单地接收电信号并将其再生。在信号再生过程中，中继器生成一个符合原始接收信号特性的新信号。由于中继器能够消除原信号中的任何失真和衰减，使得信号传输的距离得以扩展。虽然使用中继器可以连接多个网段以扩展网络的覆盖范围，但还是有一些因素限制了局域网的最大允许长度。如，50Ω的同轴总线型以太网支持的最大电缆长度为 2.3km，而通过中继器是不能扩展这一距离的。

另一种常用的中继器是一种光电设备。这类中继器将电信号转换成光信号，还可对接收到的光信号执行相反的操作。类似于电中继器，光电中继器扩展了局域网中信号可以传输的距离。

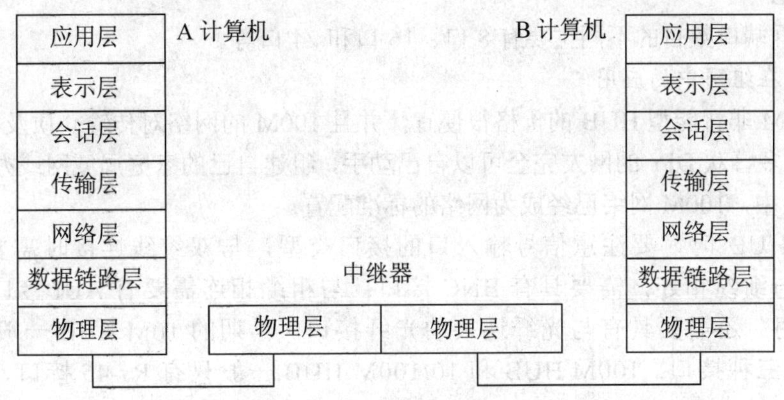

图 2-19　中继器的工作示意图

3. 应用及限制

由于中继器工作在 OSI 模型的物理层，因而它对数据的流动是透明的。这使得中继器仅限于连接相同的网络或网段。如：中继器可以连接两个以太网或两个令牌环网段，但不能将以太网和令牌环网络连接起来。

使用中继器有几个限制，包括禁止对中继器使用 SQE 测试信号以便使用集线器端口；与使用不同类型的中继器相关的拓扑约束；以及 5-4-3 法则。下面简单介绍一下 5-4-3 法则。

5-4-3 法则：使用中继器连接网段以构成一个更大的局域网，将导致脉冲再生时延。这将增加冲突的可能性。因此必须控制将网段连在一起时所使用的中继器的数量。5-4-3 法则规定最多可以使用 4 个中继器连接最多 5 个以太网段。事实上，这意味着任何两个以太网通信节点之间中继器数量不可能超过两个。3 表示高密度以太网网段的最大数量。

2.6.3　集线器（HUB）

集线器是对网络进行集中管理的最小单元，像树的主干一样，它是各分支的汇集点。HUB 是一个共享设备，其实质是一个中继器，而中继器的主要功能是对接收到的信号进行再生放大，以扩大网络的传输距离。正是因为 HUB 只是一个信号放大和中转的设备，所以它不具备自动寻址能力，即不具备交换作用。所有传到 HUB 的数据均被广播与到之相连的各个端口，容易形成数据堵塞，因此有人称集线器为“傻 HUB”。

1. HUB 在网络中所处的位置

HUB 主要用于共享网络的组建，是解决从服务器直接到桌面的最佳、最经济的方案。在交换式网络中，HUB 直接与交换机相连，将交换机端口的数据送到桌面。使用 HUB 组网灵活，它处于网络的一个星型节点，对节点相连的工作站进行集中管理，不让出问题的工作站影响整个网络的正常运行，并且用户的加入和退出也很自由。

2. HUB 的分类

（1）依据总线带宽的不同，HUB 分为 10M、100M 和 10/100M 自适应三种。

（2）若按配置形式的不同可分为独立型 HUB、模块化 HUB 和堆叠式 HUB 三种。

（3）根据管理方式可分为智能型 HUB 和非智能型 HUB 两种。

目前所使用的 HUB 基本是以上三种分类的组合，例如经常所讲的 10/100M 自适应智能型可堆叠式 HUB 等。

HUB 根据端口数目的不同主要有 8 口、16 口和 24 口等。

3. HUB 在组网中的应用

由于 100M 非智能型 HUB 的价格很便宜，并且 100M 的网络对传输介质及布线的要求也不高，所以许多喜欢 DIY 的网友完全可以自己动手，组建自己的家庭局域网或办公室局域网。在组建的网络中，100M 网络已经成为网络的标准配置。

在选用 HUB 时，要注意信号输入口的接口类型，与双绞线连接时需要具有 RJ-45 接口；如果与细缆相连，需要具有 BNC 接口；与粗缆相连需要有 AUI 接口；当局域网长距离连接时，还需要具有与光纤连接的光纤接口。早期的 10M HUB 一般具有 RJ-45、BNC 和 AUI 三种接口。100M HUB 和 10/100M HUB 一般只有 RJ-45 接口，有些还具有光纤接口。

2.6.4 网桥（Bridge）

中继器是非智能的设备，仅限于连接类似的局域网和局域网网段；而网桥不同，它是智能设备，可以连接相似的或不相似的局域网。网桥是一个局域网与另一个局域网之间建立连接的桥梁。网桥的作用是扩展网络和通信手段，在各种传输介质中转发数据信号，扩展网络的距离，同时又有选择地将有地址的信号从一个传输介质发送到另一个传输介质，并能有效地限制两个介质系统中无关紧要的通信。例如把分布在两层楼上的网络分成每层一个网络段，用网桥连接。网桥同时起隔离作用，一个网络段上的故障不会影响另一个网络段，从而提高了网络的可靠性。

1. 工作方式

网桥工作在 OSI 参考模型的数据链路层。如图 2-20 所示。

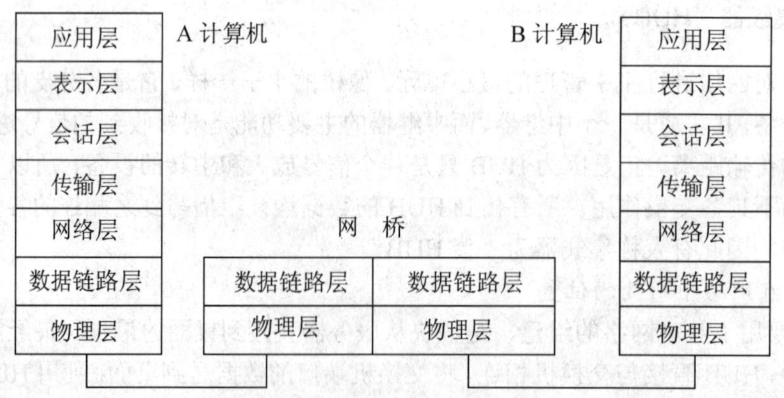

图 2-20 网桥工作示意图

当网桥开始工作时，它在数据链路层检查与其连接的局域网发送的每一帧。这一过程已经超出了中继器的能力，因为后者对数据是透明的。通过读出每一帧的源地址，网桥为每一个网络建立一张局部地址表。除了读出源地址外，网桥还读出帧中包含的目的地址。如果目的地址不包括在网桥建立的局部地址表中，则说明帧的目的地不在当前的网络或网段中。在这种情况下，网桥将帧发送至其他网络或网段。如果目的地址包括在局部地址表中，则意味着该帧还应在本局域网中传输。在这种情况下，网桥仅简单地转发该帧而不改变其路由。

2. 类型

网桥一般有两种类型：透明网桥和源站选路网桥。每种网桥均可作为本地或远程设备，作为远程设备时包括一个广域网接口并能将局域网帧转换为广域网传输协议。

（1）透明网桥。在物理层，一些网桥具有多种端口以支持不同介质。尽管大多数透明网桥对物理层是透明的，但这并不是必须的。虽然透明网桥对互连的少数网络能提供很高的性能，但随着互连的网络数量的增加，其性能也随之下降。这种性能下降是因为透明网桥所使用的在局域网间查找路由的方法导致的。

（2）源站选路网桥。透明网桥的最大优点就是容易安装，一接上就能工作。但是网络资源利用不充分，因此就制定了另一个网桥标准，这就是由发送帧的源站负责路由选择，即源站选路网桥。这里的关键是源站用什么方法才能知道应当选择什么样的路由。为了发现合适的路由，源站以广播的形式向欲通信的目的站发送一个发现帧（discovery frame）作为探测之用，此发现帧将在整个扩展的局域网中沿着所有可能的路由传送。在传送过程中，每个发现帧都记录它所经过的路由。当这些发现帧到达目的站时，就沿着各自的路由返回源站。源站在得知这些路由后，从所有可能的路由中选择出一个最佳路由，以后凡从这个源站向该目的站发送的帧的首部，都必须携带源站所确定的这一路由信息。

3. 特点

网桥具有以下特点：

（1）过滤和转发。过滤速率表示网桥在同一网络中接受、检查和再生帧的能力，而转发速率则表示网桥向不同网络传输帧的能力。较高的过滤速率和转发速率表示网桥有较高的性能。

（2）选择性转发。某些网桥具有选择性转发能力。具有这一特色的网桥可以被配置为根据事先定义的源地址和目的地址选择性地转发帧，依靠选择性转发能力，可以定义帧在网络间传送时的路由，并允许或禁止在预定义的工作站之间传送信息。

（3）对多端口的支持。网桥支持多端口的能力是指其对局域网和广域网介质接口的支持。这里的局域网介质接口包括以太网细同轴电缆和粗同轴电缆，IEEE 10BASE-T 及其他类型的双绞线。通用广域网介质接口包括：用于 19.2kb/s 及其以下数据速率的 RS-232，用于以最高数据率 128kb/s 访问分组网的 ITU X.21，用于 48kb/s~128kb/s 数据率的 ITU V.35 以及工作在 1.544Mb/s 和 2.048Mb/s 的 T1/E1 接口。

（4）帧翻译。当数据在处于同一区域内的局域网之间传输时，一个网络上的帧格式适于在另一个网络中传输；而如果介质访问控制层不同，则帧格式需要修改以便传输。且要注意调整 MTU（最大传输单元）的大小。

（5）帧封装。图 2-21 中显示了对远程网桥通过广域网连接两个局域网时的操作。为了从网络 A 传输至网络 B，网络 A 中的一个工作站上的用户数据首先被转换为逻辑链路控制和介质访问控制帧。网桥于是将一个或多个局域网帧封装至用于通过广域网进行通信的桥接协议帧中。由于局域网帧被环绕到另一种协议中，称局域网帧“穿越”了广域网协议。在广域网的另一端，远距离的远程网桥执行相反的操作，去除每一帧中的广域网协议帧头和帧尾。

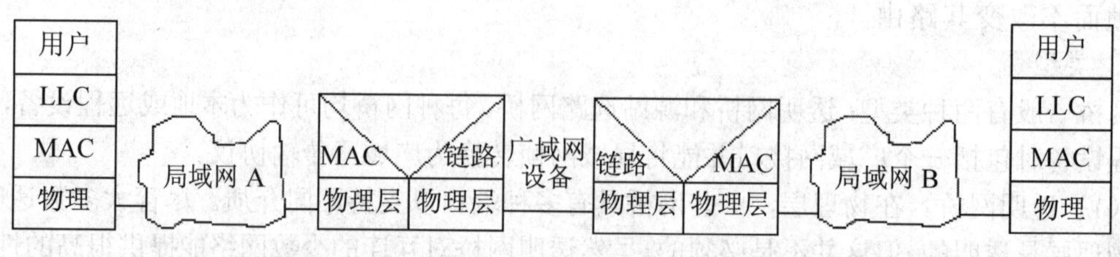

图 2-21　远程网桥通过广域网连接两个局域网

2.6.5　路由器（Router）

路由器是工作在 ISO/OSI 参考模型的网络层的设备。路由器是用于连接多个逻辑上分开的网络，而逻辑网络是指一个单独的网络或一个子网。当数据从一个子网传输到另一个子网时，路由器检查网络地址并决定数据是应在本网络中传输还是应传输至其他的网络，并能选择从源网络到目的网络之间的一系列数据链路中的最佳路由。它还能在多网络互连环境下建立灵活的连接，可用完全不同的数据分组和介质访问方法连接各种子网。一般来说，异种网络互连或多个网络互连都应采用路由器。其网络参考模型如图 2-22 所示。

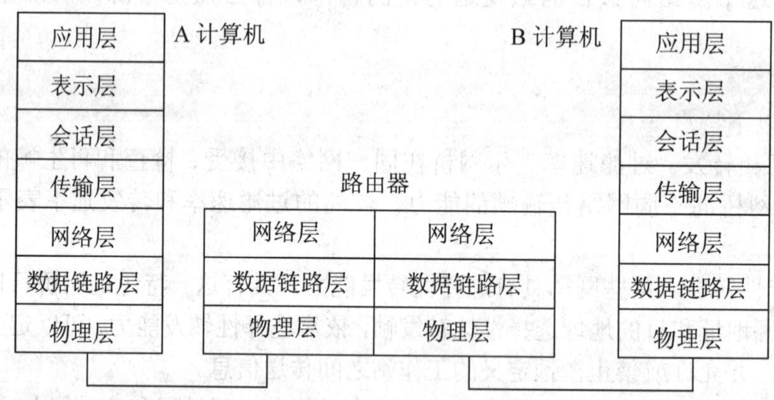

图 2-22　路由器工作原理示意图

路由器的功能如下：

（1）网络地址的使用。路由器仅在网络层寻址，检查那些专门发送给它的分组。路由器的地址一般由网络管理员分配和修改。

（2）多路径传输和路由控制。路由器会考虑每个分组，并在该分组传输时选择最佳路由将分组传输至目的地，但当选择的路径失效，意即出现网络拥塞时，路由器能够寻找其他路径，将分组按另一条传输路径送至目的网络的路由器中，尽管这时会导致分组到达时不符合顺序，但目的路由器能够将分组重新排序至原来的顺序，然后再传送至目的网络。

（3）流量控制。数据通过多条路径传送至目的地，链路会出现阻塞现象。为消除分组丢失的可能性，路由器将使用流量控制技术，也就是说，路由器将禁止在某链路上传输数据并通知其他路由器禁止数据传至该路径，直到有足够的带宽用于传输为止。

（4）帧的分段。当传输发生在使用不同帧长的网络之间时，网桥不能将一帧分割为多个帧。这要求将工作站配置为互连在一起的所有网络中最小的最大帧长值。而路由器支持的多数网络协议允许提供对分组的分段和重组功能。

路由器实现的功能比网桥提高了一层，但这种提高是有代价的。其代价包括分组处理能力、软件复杂性和成本。由于路由器提供了一系列比网桥复杂得多的功能，因而其处理分组的能力通常只有网桥分组处理能力的一半到 2/3 之间。而且支持一系列复杂功能的程序的开发时间也会增加路由器的成本。表 2-2 中总结了网桥和路由器在操作、功能特性、复杂程度等方面的主要差别。

表 2-2　网桥与路由器的比较

特性	网桥	路由器
基于算法或协议选路	通常不	是
使用网络地址	不	是
统一操作模式	是	不
转发路径判定	基本的	可以很复杂
多路径传输能力	有限	强
路由控制能力	有限	强
流量控制	没有	有
帧分段	不	是
分组处理速率	高	适中

2.6.6　网关（Gateway）

在一个计算机网络中，当连接不同类型而协议差别又比较大的网络的时候，则要选用网关设备。网关，又叫协议转换器，可以支持不同协议之间的转换，实现不同协议网络之间的互连。网关的功能体现在 OSI 模型的高层，它将协议进行转换，将数据重新分组，以便在两个不同类型的网络系统之间通信。由于协议转换比较复杂，一般地，网关只进行一对一转换，或少数几种特定应用协议的转换，很难实现通用的协议转换。

网关一般是一种软件产品。目前，网关已成为网络上每个用户都能访问大型主机的通用工具。用于网关转换的应用协议有电子邮件、文件传输和远程工作站登录等。

网关和多协议路由器组合在一起可以连接多种不同的系统。和网桥一样，网关可以是本地的，也可以是远程的。主要有三类网关：

（1）协议网关。协议网关常用于在使用不同协议的网络间进行协议转换。这种物理转换可发生在 OSI 参考模型的第二层（数据链路层），第三层（网络层），或第二层和第三层之间。

（2）应用网关。应用网关是在两种不同格式间翻译数据的系统。通常，这些网关是用来连接不相容的源和目的的中间点。典型的应用网关以一种格式接收输入，翻译它，并以一种新格式输出，输入和输出接口可为不同的或相同的网络接口。

（3）安全网关。安全网关是一些技术的有趣的混合，这些技术很重要，而且相互不同，并足以代表各自的类别。这些技术的范围可以从协议层过滤到相当复杂的应用层过滤。

它们之间惟一的共同性就是网关作为两个不同区域、地区或系统间的中介所起的功能是相同的。

2.6.7 交换机（Switch）

交换技术是一个具有简化、低价、高性能和高端口密集特点的交换产品，体现了桥接技术的复杂交换技术在OSI参考模型的第二层操作。与网桥一样，交换机按每一个包中的MAC地址相对简单地决策信息转发。而这种转发决策一般不考虑包中隐藏的更深的其他信息。与网桥不同的是交换机转发延迟很小，操作接近单个局域网性能，远远超过了网桥之间的转发性能。交换技术允许共享型和专用型的局域网段进行带宽调整，以减轻局域网之间信息流通出现的瓶颈问题。现在已有以太网、快速以太网、FDDI和ATM技术的交换产品。类似传统的网桥，交换机提供了许多网络互连功能。交换机能经济地将网络分成小的冲突网域，为每个工作站提供更高的带宽。协议的透明性使得交换机在软件配置简单的情况下直接安装在多协议网络中；交换机使用现有的电缆、中继器、集线器和工作站的网卡，不必作高层的硬件升级；交换机对工作站是透明的，这样管理开销低廉，简化了网络节点的增加、移动和网络变化的操作。利用专门设计的集成电路可使交换机以线路速率在所有的端口并行转发信息，提供了比传统网桥高得多的操作性能。这里先简单介绍一下交换机常用的三种交换技术。

1．端口交换

端口交换技术最早出现在插槽式的集线器中，这类集线器的背板通常划分有多条以太网段（每条网段为一个广播域），网络之间是互不相通的。端口交换用于将以太模块的端口在背板的多个网段之间进行分配、平衡。根据支持的程度，端口交换还可细分为：

（1）模块交换：将整个模块进行网段迁移。

（2）端口组交换：通常模块上的端口被划分为若干组，每组端口允许进行网段迁移。

（3）端口级交换：支持每个端口在不同网段之间进行迁移。这种交换技术具有灵活性和负载平衡能力等优点。如果配置得当，可以在一定程度上具有容错功能，但没有改变共享传输介质的特点，不能称之为真正的交换。

2．帧交换

帧交换是目前应用最广的局域网交换技术，它通过对传统传输介质进行分段，提供并行传送的机制，以减小冲突，获得高的带宽。一般来讲每个公司的产品的实现技术均会有差异，但对网络帧的处理方式一般有以下两种：

（1）直通交换：具有快速处理能力。交换机只读出网络帧的前几个字节，便将网络帧传送到相应的端口上。

（2）存储转发：通过对网络帧的读取进行验错和控制。

前一种方法的交换速度非常快，但缺乏对网络帧进行更高级的控制，缺乏智能性和安全性，同时也无法支持具有不同速率的端口的交换。

3. 信元交换

ATM（异步传输模式）采用固定长度53个字节的信元交换。由于长度固定，因而便于用硬件实现。ATM采用专用的非差别连接和并行运行，可以通过一个交换机同时建立多个节点，但并不会影响每个节点之间的通信能力。ATM还容许在源节点和目的节点建立多个虚拟链接，以保障足够的带宽和容错能力。ATM采用了统计时分电路进行复用，因而能大大提高通道的利用率。ATM 的带宽可以达到 25M、155M、622M，甚至数 Gb 的传输能力。

4. 交换机的分类

根据局域网类型不同，局域网交换机根据使用的网络技术可以分为：以太网交换机、令牌环交换机、FDDI交换机、ATM交换机和快速以太网交换机。

如果按交换机应用领域来划分，可分为：台式交换机、主干交换机、分段交换机、端口交换机和网络交换机。

局域网交换机是组成网络系统的核心设备。对用户而言，局域网交换机最主要的指标是端口的配置、数据交换能力、包交换速度等因素。因此，在选择交换机时要注意以下事项：

（1）交换端口的数量。

（2）交换端口的类型。

（3）系统的扩充能力。

（4）主干线连接手段。

（5）交换机总交换能力。

（6）是否需要路由选择能力。

（7）是否需要热切换能力。

（8）是否需要容错能力。

（9）能否与现有设备兼容，顺利衔接。

（10）网络管理能力。

上面简单介绍了常用的网络互连设备，在实际网络互连的时候应该根据条件的不同和网络的需要，选择最优化的设备，才能充分享受网络所带来的快乐。

本章小结

本章首先介绍了数据通信基础，主要是使读者能够理解在计算机网络中数据是如何从一个计算机传送到另一个计算机上，以及接收方是如何能够校验所接收的数据是正确的；在了解数据通信基础之后，本章介绍了为完成数据通信计算机网络采取的一种分层方法；另外本章还介绍了构建一个计算机网络，应如何选择一种网络拓扑，以及针对这种拓扑结构应如何选择相应的传输介质；最后介绍了网络的互连设备。本章是计算机网络的一些基础知识，通过本章的学习，将为读者对后续章节的学习打下一个良好的基础。

习题二

一、填空题

1．局域网常用的拓外结构有总线型、星型和________三种。著名的以太网（Ethernet）就是采用其中的________结构。

2．在数据报服务中，网络节点要为每个________选择路由，在虚电路服务中，网络节点只在________时选择路由。

3．网络协议是通信双方必须遵守的事先约定好的规则，一个网络协议由________、________和________三部分组成。

4．开放系统互连参考模型 OSI 中，共分 7 个层次，其中最下面的 3 个层次从下到上分别是________、________、________。

5．网络互连时一般要使用网络互连器，根据网络互连器进行协议和功能转换对象的不同可以分为________、________、________、________四种。

6．在面向连接的传输层协议中，一次数据通信要经历________、________和________三个阶段。

7．数据可分为模拟数据和________数据两类。

8．信道是用来表示________的媒体。一般来说，一条通信线路至少包含 2 条信道，一条用于________信道；另一条用于________的信道。

9．信号在通信系统中可分为________信号和________信号。

10．在 TCP/IP 层次模型的 IP 层中包括的协议有________协议、________协议、________协议、________协议和________协议等 5 个协议。

二、选择题

1．在同一个信道上的同一时刻，能够进行双向数据传送的通信方式是（ ）。

A．单工　　B．半双工

C．全双工　　D．上述三种均不是

2．模拟信号的数字传输的理论基础是（ ）。

A．ASK 调制　　B．时分复用

C．采样定理　　D．脉冲振幅调制

3．在传输数据前，不需在两个站之间建立连接的是（ ）。

A．报文交换　　B．线路交换

C．虚电路分组交换　　D．信元交换

4．在数据报方式中，在保证网络正常通信的情况下，传送到目的站的分组流顺序可能与发送站的发送顺序不同，原因是（ ）。

A．分组流在传送过程中，发生重新排序

B．各分组选择了不同的传输路径

C．各分组的传输速率不同

D．各分组在传输节点有不同的权限

5．判断两个站之间以数据报的方式发送分组，则发送过程应为（　）。

A．两站间先建立一条逻辑连接，分组流中所有分组由此按顺序发送

B．由节点存储分组流中所有分组，判定下一个路由后按顺序发送，直至到达终点

C．每个节点为每个分组做出路径选择，下一节点通常为分组队列最短节点，因此分组流的接收顺序不一定是发送顺序

D．以上答案都不正确

6．HDLC 是（　）。

A．面向字符型的同步协议　　B．面向比特型的同步协议

C．异步协议　　D．面向字计数的同步协议

7．在不同的网络之间实现分组的存储和转发，并在网络层提供协议转换的网络互连器称为（　）。

A．转接器　　B．路由器

C．网桥　　D．中继器

8．（　）是指一个信号从传输介质一端传到另一端所需要的时间。

A．发送延迟　　B．排队等待延迟

C．传输延迟　　D．有效时间

9．在 OSI 参考模型的各层次中，（　）的数据传送单位是分组。

A．物理层　　B．数据链路层

C．网络层　　D．运输层

10．已知生成多项式 $G(x)=X^4+X^3+X^2+1$，要发送的信息位为 1011100，采用 CRC 循环冗余校验，其校验码为（　）。

A．0110　　B．1001

C．1010　　D．0101

三、判断题

（　）1．纠错码是指在发送每一组信息时发送一些附加位，接收端通过这些附加位可以对所接收的数据进行判断而不改正错误的编码。

（　）2．数字数据进入到模拟信道以前要用一个变换器进行数字信号到模拟信号的转换，这样的一个变换过程叫解调。

（　）3．根据取样定理，只要取样频率不低于电话信号最高频率，就可以从取样的脉冲信号中无失真地恢复出原来的电话信号。

（　）4．频分多路复用 FDM 是可以在某个时刻同时传输多路信号。

（　）5．时分多路复用 TDM 是可以在某个时刻同时传输多路信号。

（　）6．线路交换是一种面向无连接的数据交换方式。

（　）7．报文分组交换是一种面向无连接的数据交换方式。

（　）8．物理层传输数据的单位是比特。

（　）9．数据链路层传输数据的单位是包。

（　）10．网络层传输数据的单位是分组。

四、简答题

1．假设在信道上传输 10110101 的基带数字信号：

（1）如果是模拟信道，且用调频、调相和调幅进行调制，请画出该信号在信道上的波形图。

（2）如果是数字信道，且用曼彻斯特编码和差分曼彻斯特编码，请画出该信号在信道上的波形图。

2．网络与网络之间连接所需要的网络中间设备，在不同的层次有不同的名称，分别是什么？

3．什么是多路复用？多路复用有什么好处以及多路复用的分类？

4．试讨论线路交换、报文交换和报文分组交换的优缺点。

第 3 章　局域网络

本章学习目标

本章主要讲解目前常见局域网的结构形式、协议标准、特点及适用情况。通过本章的学习，读者应该掌握以下内容：

- 局域网由哪些部件组成
- 局域网络共享资源的使用
- 传输介质的访问控制方式

3.1　构成网络的组件

一个局域网（LAN）通常由 4 部分组成，它们分别是：服务器、工作站、通信设备和通信协议，如图 3-1 所示。在局域网中所有的通信处理功能都是由网卡来实现的，但在物理上却不明显。有时为了扩展局域网络的范围还要引入路由器、网桥、网关和通信服务器等网络部件。

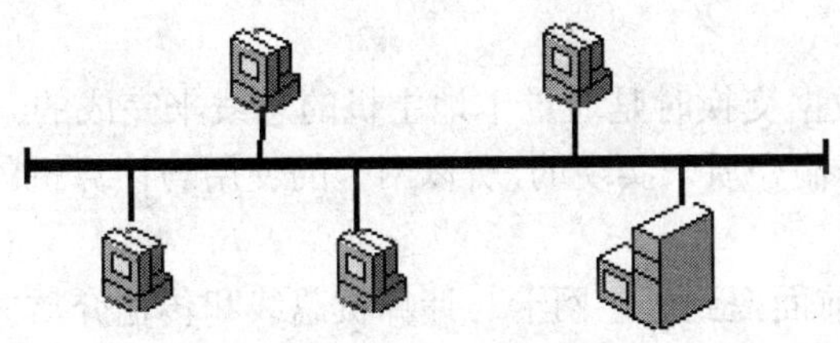

图 3-1　一个局域网的组成

3.1.1　服务器

服务器是整个网络系统的核心，它为网络用户提供服务并管理整个网络，在其上运行的操作系统是网络操作系统。随着局域网络功能的不断增强，根据服务器在网络中所承担的任务和所提供功能的不同把服务器分为：文件服务器、打印服务器和通信服务器。其中文件服务器能将大量的磁盘存储区划分给网络上的合法用户使用，接收客户机提出的数据处理和文件存取请求；打印服务器接收客户机提出的打印要求，及时完成相关的打印服务；通信服务器负责局域网与局域网之间的通信连接功能。一般在局域网中最常用的是文件服务器。在整个网络中，服务器的工作量通常是普通工作站的几倍甚至几十倍。

3.1.2　客户机

客户机又称为工作站。客户机是指当一台计算机连接到局域网上时，这台计算机就成为局域网的一个客户机。客户机与服务器不同，服务器是为网络上许多网络用户提供服务以共享它的资源，而客户机仅对操作该客户机的用户提供服务。客户机是用户和网络的接口设备，用户通过它可以与网络交换信息，共享网络资源。客户机通过网卡、通信介质以及通信设备连接到网络服务器。例如有些被称为无盘工作站的计算机没有自已的磁盘驱动器，这样的客户机必须完全依赖于局域网来获得文件。客户机只是一个接入网络的设备，它的接入和离开对网络不会产生多大的影响，它不像服务器那样一旦失效，可能会造成网络的部分功能无法使用，使得正在使用这一功能的网络都会受到影响。现在的客户机都用具有一定处理能力的个人计算机来承担。

3.1.3　网络通信设备

网络通信设备是指连接服务器与工作站之间的物理线路（又称传输媒体或传输介质）或连接设备（包括有网络适配器、集线器和交换机等）。

1. 网络适配器

网络适配器 NIC（Network Interface Card）就是俗称的网卡。网卡是构成计算机局域网系统中最基本的、最重要的和必不可少的连接设备，计算机主要通过网卡接入局域网。网卡除了起到物理接口的作用外，还有控制数据传送的功能。网卡一方面负责接收网络上传过来的数据包，并进行解包，然后，将数据通过主板上的总线传输给本地计算机；另一方面它将本地计算机上的数据打包后送入网络。网卡一般插在每台工作站和文件服务器主机板的扩展糟里。另外，由于计算机内部的数据是并行数据，而一般在网上传输的是串行比特流信息，故网卡还有串一并转换功能。为防止数据在传输中出现丢失的情况，在网卡上还需要有数据缓冲器，以实现不同设备间的数据缓冲。

网卡与计算机进行数据交换时是通过本地主机的总线来完成的。而与网络进行数据交换则是通过接在网卡上的传输介质来实现的，所以网卡的使用与计算机的总线和传输介质有着密切关系。

（1）网卡的类型。前面提到了，网卡与计算机总线和传输介质关系密切，所以网卡的类型也根据这两个方面被划分成不同的型号。

如果计算机采用的是 ISA 总线，那么仅能使用 ISA 总线的网卡，例如：NE-2000 等。如果计算机采用的是 PCI 总线，那么计算机连入网络就必须购买 PCI 总线的网卡，例如：NE-550 等。一般 PCI 总线比 ISA 总线要快。如没有特殊限制的话，最好选用 PCI 总线的网卡，而且这种网卡在进行网络配置时也相对容易一些。

在购买网卡之前，还需注意局域网的拓扑结构，因为对于不同位置的工作站可能所连接的传输介质是不一样的，在局域网中常使用的传输介质有双绞线、细缆和粗缆（光纤除外）。这样，网卡与网络传输介质的接口类型就不一样。根据所连接传输介质的不同，网卡的接口类型有三种不同的接头：粗缆 AUI 接头、细缆 BNC 接头和双绞线 RJ45 接头。为适应市场不同的需求，网卡的产品有单一接头的网卡，有两种组合接头的网卡，并且标明组合方式：如“T”或“TC”等。T 表示双绞线，TC 表示这种网卡既有双绞线 RJ45 接头也有细同轴电缆的 BNC 接头。

另外，按照网卡的工作速度它又可分为 10Mb/s、100Mb/s、10/100Mb/s 自适应和 1000Mb/s 几种网卡。上面讲述的都是一般的工作站或服务器所使用的网卡，其实还有一种专门为笔记本电脑设计的专用网卡 PCMCIA，以及随着近几年来无线局域网技术而产生的无线局域网网卡。

（2）网卡的安装和设置。把网卡安装到计算机的方法如下：

1）关闭计算机，切断电源。

2）打开计算机的机箱。

3）在主板上找到一个适合所购买网卡的总线插槽。

4）用螺丝刀把该插槽后的档板去掉，注意，螺丝刀在使用前最好在其他金属上擦几下，以防止静电对计算机中的电子芯片造成不必要的损坏。

5）将网卡插入该总线插槽。一定要特别注意：要将网卡的引脚全部压入到插槽中，否则会使计算机造成因自检通不过而死机。

6）用螺丝将网卡固定好。

7）把机箱重新盖好，插上与网络相连的电缆，接上交流电源。

这样网卡的硬件就安装完毕了。但是要想使网卡能够正常工作，即计算机可以通过网卡发送和接收数据，还要在操作系统上进行相应的配置。

在 Windows XP 上安装和配置网卡的方法如下：

1）单击“开始”菜单，在“我的电脑”命令上右击，从弹出的快捷菜单中选择“属性”命令，打开“系统属性”对话框，单击其中的“硬件”选项卡，单击其中的“添加硬件向导”按钮，打开如图 3-2 所示的“添加硬件向导”对话框。

2）单击“下一步”按钮，如图 3-3 所示，Windows XP 将自动检测计算机中未安装的即插即用型设备。

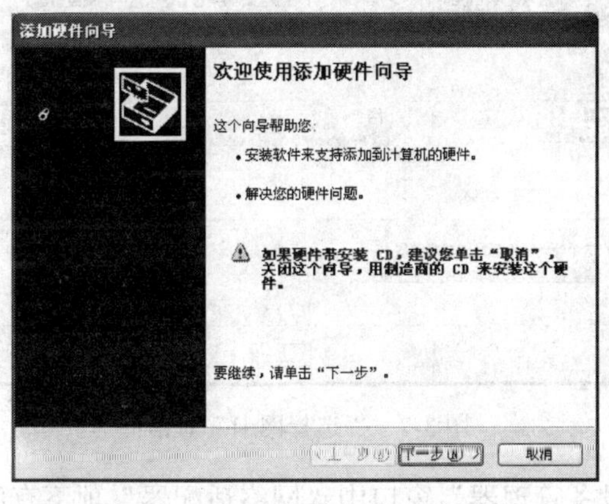

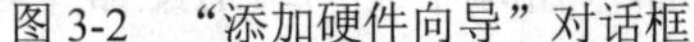
图 3-2　“添加硬件向导”对话框

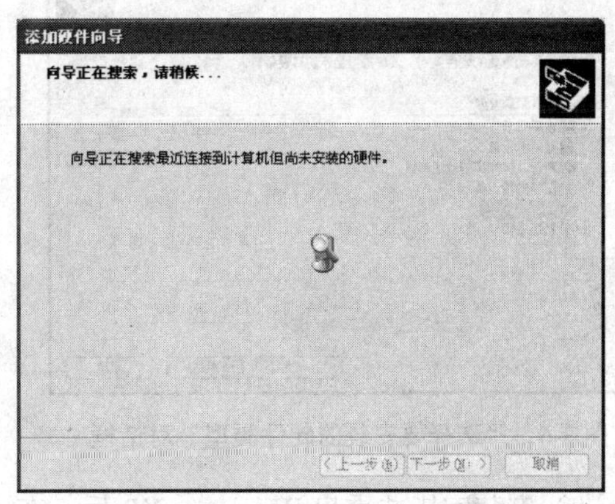

图 3-3　“搜索未安装硬件”窗口

3）如果 Windows XP 未检测到此类设备，系统会弹出如图 3-4 所示的“添加硬件向导”的“硬件是否已连接”对话框，如果要添加的硬件设备已与计算机正确连接，则选择“是，硬件已连接好”单选按钮。

4）单击“下一步”按钮，打开如图 3-5 所示的对话框。在此对话框中显示了已安装的硬件，可以选择一个已安装的硬件来更改它的驱动程序。选择列表框最下行的“添加新的硬件设备”选项来添加网卡设备。

5）单击“下一步”按钮，打开选择系统搜索并自动安装还是手动安装的对话框，因为网卡不是即插即用型的，这里选择“安装我手动从列表中选择的硬件”单选按钮。

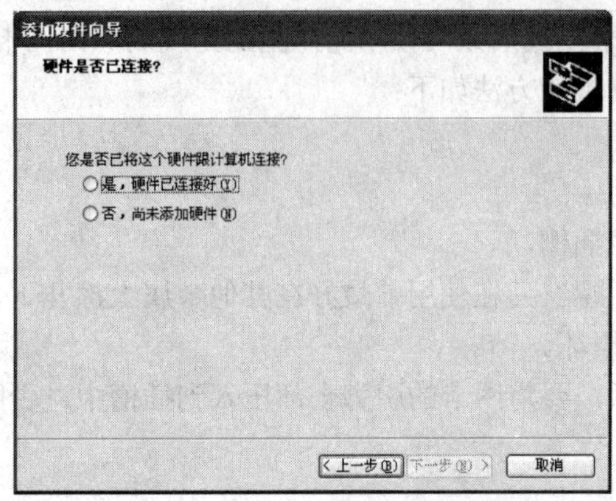

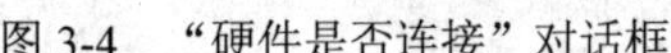

图 3-4 “硬件是否连接”对话框

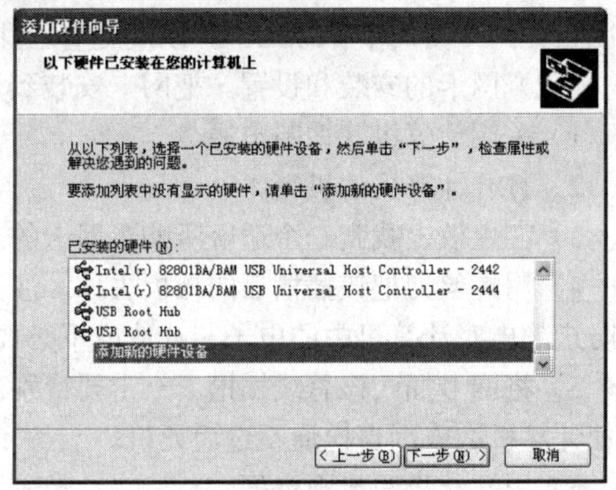

图 3-5 添加新的硬件设备

6）单击“下一步”按钮，打开如图 3-6 所示的“选择要安装的硬件类型”对话框，在常见硬件类型列表框中选择“网络适配器”选项。

7）单击“下一步”按钮，打开如图 3-7 所示的“选择网卡”对话框，单击“从磁盘安装”按钮，在打开的“从磁盘安装”对话框的“厂商文件复制来源”文本框中输入驱动程序所在的磁盘路径，单击“确定”按钮，进行安装。

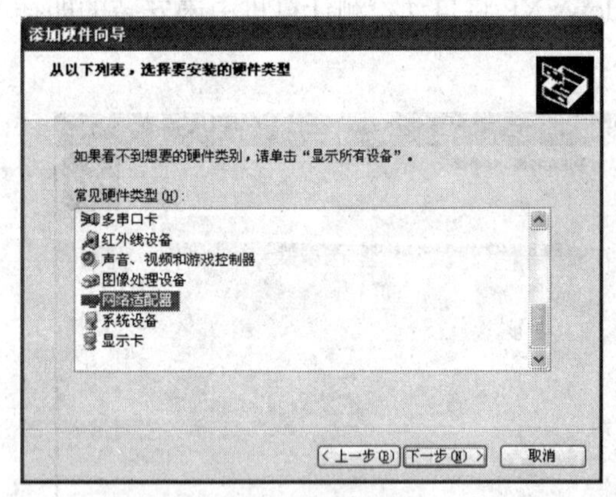

图 3-6 “选择要安装的硬件类型”对话框

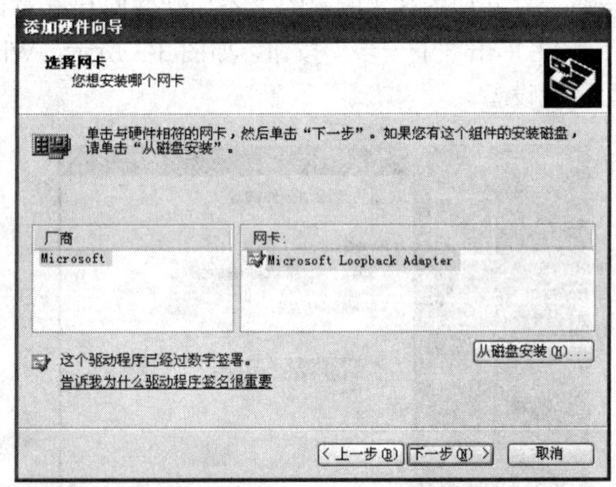

图 3-7 “选择网卡”对话框

8）安装完毕并重启 Windows XP 后，在“设备管理器”窗口中“网络适配器”项下有所安装的网络适配器的型号列表，这说明网络适配器已经正确安装，如图 3-8 所示。

如果要组建无盘工作站，所购买的网卡还必须要有远程启动芯片插槽，并且要配备专用的远程启动芯片。另外，远程启动芯片还必须支持本机的网络操作系统。

2. 集线器

随着局域网络的大量使用和网络上站点数目的不断增加，以及采用总线型拓扑结构的局域网络其故障难以判断的缺点，人们开始采用星型拓扑结构来组建局域网络。它所使用的传输介质是非屏蔽双绞线（UTP）而不是同轴电缆。那么在这种星型拓扑结构的中心，使用的是一种可靠性非常高的网络连接设备，也就是这里要讨论的集线器。

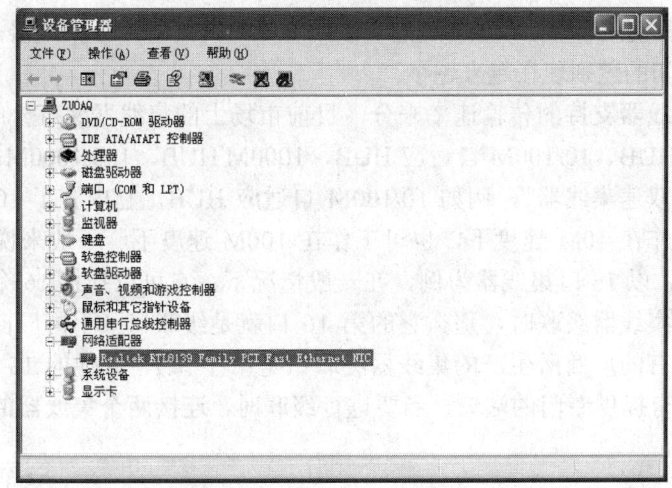

图 3-8 “设备管理器”窗口

集线器俗称的 HUB。集线器是一种特殊的中继器，而中继器的主要作用是对接收到的信号进行再生放大，以扩大网络的传输距离。集线器是把来自不同计算机网络设备的电缆集中配置于一体，它是多个网络电缆的中间转接设备，像树的主干一样，集线器是各分支的汇集点，是对网络进行集中管理的主要设备。在传统的总线型网络中，如果使用了 HUB，那么这个网络就变成了混合型网络。集线器有利于故障的检测和提高网络的可靠性。另外，集线器能自动指示有故障的工作站，并切除其与网络的通信。

（1）集线器在网络中作用。依据 IEEE 802.3（IEEE 802.3 是国际电子电器工程师协会局域网委员会）协议，与集线器某个端口相连的计算机如有信息要发送给另一个与集线器端口相连的计算机时，要等待集线器选中这个端口，一旦这个端口被选中，集线器会让该端口完全独占全部带宽与集线器的其他端口相连的计算机或该集线器的上连设备进行通信。这时与该集线器其他端口相连的计算机即使有信息要传输也必须要等待。集线器的工作方式是从一个端口接收到数据信号后，将该信号放大，转发到其他所有处于工作状态的端口，每一个端口相连的计算机都能收到数据，但仅有与目的地址相符的工作站才接收该数据。集线器的主要作用是用于共享网络的组建，是解决从服务器到工作站的最佳、最经济的解决方案。另外，使用集线器组建局域网非常灵活，对节点相连的工作站能进行集中管理，不让出问题的工作站影响整个局域网络的正常运行。

（2）集线器的分类。

1）独立式 HUB。这类集线器主要是为了克服总线结构的网络布线困难和易出故障的问题而引入的，它是最早使用于局域网络的集线器。它具有低价格、容易查找故障等特点，这类集线器适用于小型网络，一般支持 8~24 个工作站，可以利用串接方式连接多个可扩充端口。

2）叠加式 HUB。它比独立式集线器进了一步，多个集线器通过一条高速链路可以叠加起来。由 4~8 个集线器一个一个叠加起来，它仅支持一种局域网标准，即要么支持以太网络，要么支持令牌环网，不能同时支持多种局域网，它适合于工作组网络。这类集线器一般都有少量的容错能力和网络管理功能，而且可以非常方便地实现网络的扩充。

3）智能模块化集线器。智能模块化集线器采用模块化结构，由机柜、电源、主干面板、插卡和管理模块等组成。它利用高速主干线连起来，可插入以太网，Token Ring，FDDI 或 ATM

模块，另外还有网管模块、路由模块等。它一般用于大型网络的主干集线器。这类智能模块化集线器与交换机之间的差别现在越来越小。

另外，根据集线器支持的传输速率来分，目前市场上的集线器又可分成这样几种类型：10M HUB、100M HUB、10/100M 自适应 HUB、1000M HUB、100/1000M 自适应 HUB。自适应集线器又叫“双速集线器”，例如 10/100M 自适应 HUB，它内置了 10M 和 100M 两条内部总线，既可工作在 10M 速度下，也可工作在 100M 速度下。一般来说集线器有 8 口、16 口和 24 口之分。以 16 口集线器为例，在一般情况下，它可以挂接 16 个工作站，但是如果用双绞线与其他集线器级联时，那么它的第 16 口就是级联口（不同厂商所生产的集线器级联口可能不同，有的厂商所生产的集线器级联口是第 1 口），其他的 15 个端口可以挂 15 台工作站。如果没有提供专门的端口，当要进行级联时，连接两个集线器的双绞线在制作时必须要使用交叉线。

3.1.4 通信协议

为了完成两个计算机系统之间的数据交换而必须遵守的一系列规则和约定称为通信协议。在局域网络中一般使用的通信协议有：NetBEUI（用户扩展接口）协议、IPX/SPX（网际交换/顺序包交换）协议和 TCP/IP（传输控制协议/网际协议）协议。下面分别来作一简单的介绍。

1．NetBEUI 协议

NetBEUI 协议是 1985 年由 IBM 公司开发完成的，它是一个小巧而高效的协议。它由 NetBIOS（网络基本输入输出系统）、SMB（服务器消息块）和 NetBIOS 帧传输协议三部分组成。后来，微软公司在它各个档次的操作系统上都内置了这种 NetBEUI 协议，例如：DOS、Windows 3.X、Windows 9X/Me、Windows NT Server/Workstation、Windows 2000 以及 Windows XP 等。

NetBEUI 协议是专门为不超过 100 台个人计算机所组成单网段部门级小型 LAN 而设计的。它不具有跨网段工作的能力，即 NetBEUI 协议不具备路由功能，也就是说 NetBEUI 协议的协议数据单元不能通过路由器。如果计算机安装了多块网卡（每块网卡连接着不同的网段）或者想使某一局域网与通过路由器相连的另一个局域网通信时，就不能选用这种协议了。

虽然 NetBEUI 协议存在许多不足和缺点，但它有其他协议所不具备的优点。最突出的优点是 NetBEUI 协议占用内存最少和速度很快，而且一旦 Windows 操作系统安装了此协议，几乎不需要对该协议进行任何的设置，即可进行通信了。

2．IPX/SPX 协议

IPX/SPX 协议是 Novell 公司的通信协议集。IPX/SPX 协议在设计之初就考虑了多个网段问题，具有很强的路由功能，适合于大型网络的使用。如果所用的计算机想连入 NetWare 服务器，建议最好使用 IPX/SPX 协议。Windows NT/2000 Server 为能与 NetWare 服务器相连，它提供了一个“NWLink IPX/SPX”兼容协议。NWLink 协议是 Novell 公司的 IPX/SPX 协议在微软网络产品中的实现，它除了继承 IPX/SPX 协议的优点之外，更适应了微软的操作系统和网络环境。

如果在 Windows XP 中没有安装 IPX/SPX 协议，可以通过以下的方法进行安装：

（1）依次选择“开始→控制面板”，在“控制面板”窗口中选择“网络和 Internet 连接”，打开如图 3-9 所示的窗口。

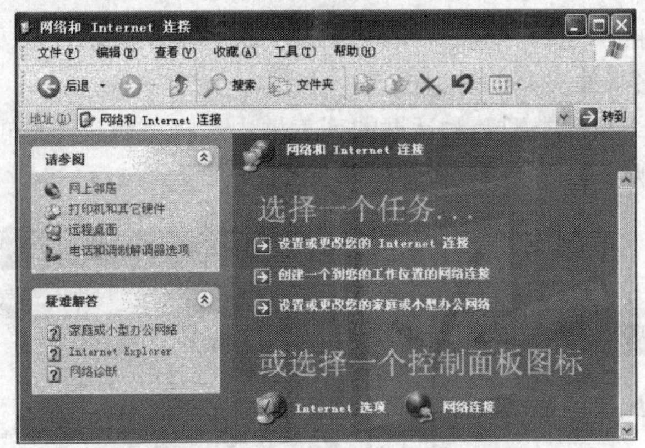

图 3-9　“网络和 Internet 连接”窗口

（2）在“网络和 Internet 连接”中选择“网络连接”，打开如图 3-10 所示的窗口。

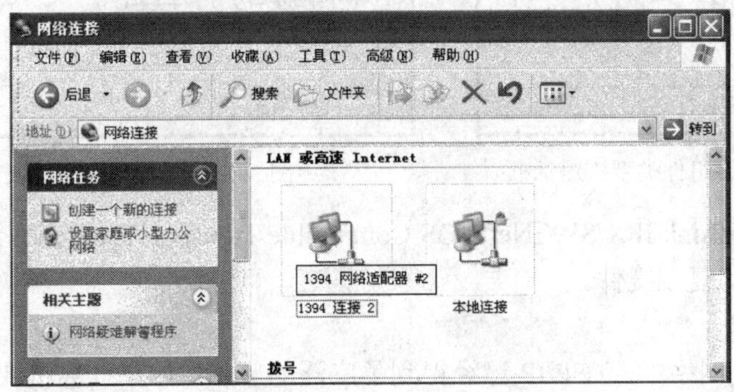

图 3-10　“网络连接”窗口

（3）在“网络连接”窗口中的“本地连接”图标上右击，从弹出的快捷菜单中选择“属性”命令，打开如图 3-11 所示的“本地连接属性”对话框。

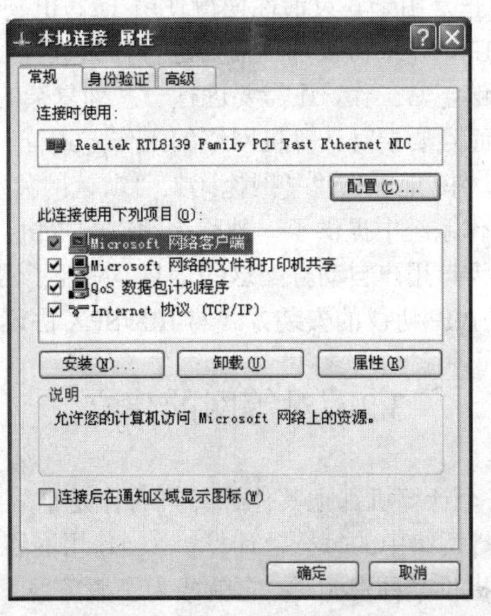

图 3-11　“本地连接属性”对话框

（4）在“本地连接属性”对话框中的“常规”选项卡中，单击“安装”按钮，打开如图 3-12 所示的“选择网络组件类型”对话框。

（5）在“选择网络组件类型”对话框的列表框中选择“协议”选项，然后单击“添加”按钮，打开如图 3-13 所示的“选择网络协议”对话框。

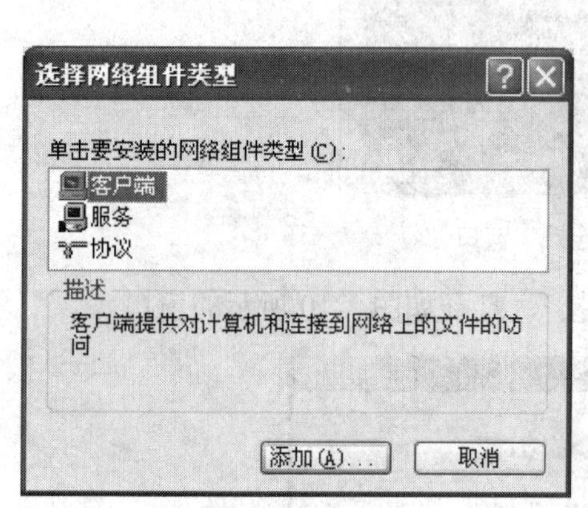

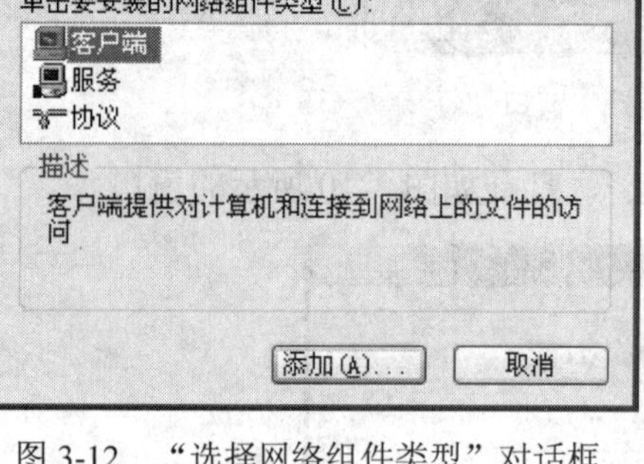

图 3-12 “选择网络组件类型”对话框

图 3-13 “选择网络协议”对话框

（6）选择“NWLink IPX/SPX/NetBIOS Compatible Transport Protocol”选项，单击“确定”按钮，系统将会自动复制文件。

3. TCP/IP 协议

在当今 Internet 网络中，TCP/IP 已经得到了广泛的应用，如果计算机要上互联网，或局域网要使用 Internet 技术就必须安装 TCP/IP 协议。TCP/IP 协议已经成为目前网络协议的代名词。在局域网络操作系统中，最早使用 TCP/IP 协议的是 UNIX 操作系统，现在几乎所有的网络厂商和操作系统都支持它，否则该产品在市场上是没有生命力的。TCP/IP 协议有很强的灵活性，可支持任意规模的网络，但正是由于其灵活性使得使用 TCP/IP 协议带来了很多的不方便。例如，使用 NetBEUI 协议和 IPX/SPX 协议都不需要进行什么设置，仅安装即可。而 TCP/IP 协议在安装完成后，为使其能够正常工作，还需要进行一系列复杂的设置，这对于计算机网络的初学者来说是非常困难的，而且要求对计算机网络的工作方式有一定的了解才能设置正确。例如，在每个节点至少要设置“IP 地址”、“子网掩码”、“默认网关”、“主机名”和“DNS”等。不过在 Windows NT 网络操作系统中提供了一种称为动态配置协议（DHCP）的工具，当客户机登录到服务器时，服务器为该用户自动分配这些信息，减轻了网络管理员的负担。在后面的章节中还要详细地讲解。TCP/IP 协议的安装方式与 IPX/SPX 协议大体相同。

3.2 对等网的建立

对等网络是指网络上每个计算机都把其他计算机看作是平等的或者是对等的，没有特定的计算机作为服务器。在对等网络中的每一台计算机，当使用网络中的某种资源时它就是客户机，当它为网络的其他用户提供某种资源时，它就成为了服务器，所以在对等网络中的计算机既可作为服务器也可作为客户机。实际上网络上所有的打印机、光驱、硬盘、甚至软驱和调制解调器都能进行共享。对等网络的一般结构如图 3-14 所示。除了上述的对等网络结构之外，还存在一种简化的对等网络，只需将两台计算机通过串口或并口连接起来的方式——“直接电缆连接”网络。

3.2.1　对等网络的规划

对等网络一般是在小规模的办公室或学生宿舍中，将几台或十几台计算机连接起来，这些计算机就可以相互共享资源。例如，某用户在自己的计算机上建立了一个文件，准备把它打印出来，但它的计算机上并没有安装打印机，而对等网络的另一台计算机上安装了打印机，只要打印机共享，则该用户就可以在自己的本地计算机上安装一个网络打印机，这样他就可以像使用本地打印机一样使用这个网络打印机了。

对等网络的规划一般都比较简单，通常采用如图 3-14 所示的两种结构，如果对等网络采用图 3-14（a）的网络结构时，用户要选购的硬件包括：

（1）集线器。

（2）要为每台上网的计算机购置一块带有 RJ45 接口的网卡。

（3）要为每台上网的计算机购置一条末端装有 RJ45 接头的双绞线，双绞线的长度视计算机与集线器的距离而定，一般在 100m 以内。

如果对等网络采用如图 3-14（b）所示的网络结构时，用户要选购的硬件包括：

（1）要为每台上网的计算机购置一块带有 BNC 接口的网卡。

（2）每个网卡还需要一个 T 型头。

（3）要为每台上网的计算机购置一条末端装有 BNC 接头的同轴电缆，同轴电缆的长度视计算机与计算机之间的距离而定，一般在 20m 以内。

（4）两个 50Ω终端匹配器。

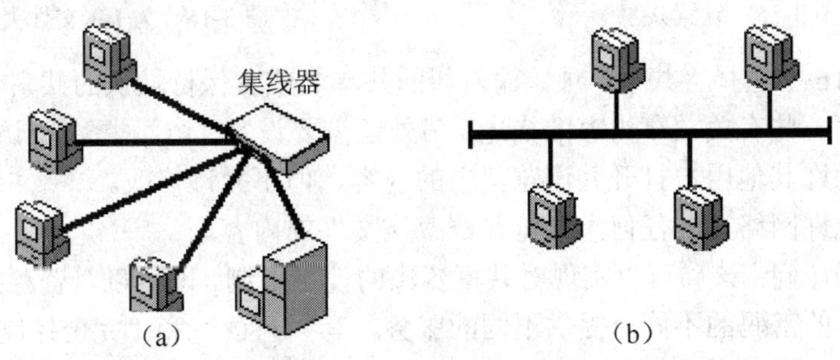

图 3-14　对等网络的一般结构

3.2.2　资源共享

当把对等网络组建成功以后，主要目的是想使用网络中的资源（例如网络打印机），使用其他计算机上的调制解调器或其他通信连接设备上 Internet 网，实现资源共享。所谓“资源共享”是指网络中的程序、数据和各种资源能被网络中的用户使用，而用户不必考虑自己以及使用的资源在网络中的位置，且同一资源可以被多个用户同时使用。其中的资源是指在有限时间内能为用户服务的设备，包括软件和硬件设备。资源共享的好处是可以充分利用资源，避免了资源的重复存储的浪费。

1．设置共享文件夹

所谓共享文件夹，是指存在于网络中不同计算机上的、可以让网络中所有计算机共同使用的文件夹。但 Windows NT/2000 Server 的 NTFS 文件格式可以做到文件级共享。要将文件夹设置成共享，其具体的作法为：

（1）首先打开“资源管理器”。方法是在桌面上右击“我的电脑”，在弹出的快捷菜单上选择“资源管理器”。

（2）然后选择需要给其他用户使用的文件夹，即需要共享的对象。例如：C 盘上的 lb 文件夹。如图 3-15 所示，右击该文件夹，在出现的快捷菜单上选择“共享”，出现如图 3-16 所示的对话框。需要说明的是，如果在快捷菜单上没有出现“共享”选项，要打开资源权限允许他人使用的资源。

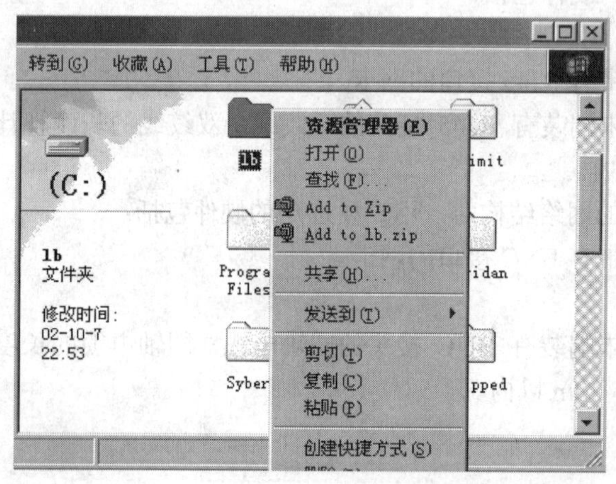

图 3-15 设置共享

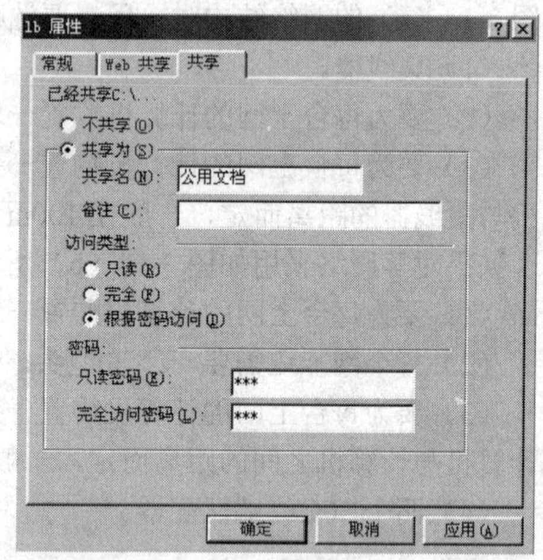

图 3-16 为 LB 文件夹设置共享

（3）在图 3-16 中选择“共享”项，输入新的共享名或者保持默认的共享名。如果需要还可在备注栏中填写一些有关共享内容的描述。另外还需要设置“访问类型”。访问类型有三种：

- 只读：允许其他用户打开并浏览其中的内容，但不允许修改。
- 完全：允许网络上的任何人浏览并修改该文件的内容。
- 根据密码访问：该项可以实现对共享资源的使用限制。即可以对资源加上密码，根据用户知道的密码的不同而提供不同的服务，有“只读”和“完全控制”两种权限。

（4）在图 3-16 中，当设置完各项后单击“确定”按钮，此时，在 lb 文件夹图标下面增加一只手，表示该文件夹已是共享文件夹。以共享 downloads 文件夹为例说明在 Windows XP 中设置文件夹共享的方法：

1）在“我的电脑”窗口中，选定需要共享的文件夹 downloads，选中右击，在弹出的快捷菜单中选择“共享和安全”命令，打开“downloads 属性”对话框。

2）在“网络共享和安全”选项组中，如图 3-17 所示，选中“在网络上共享这个文件夹”复选框，并在“共享名”文本框中设定该文件夹在网络中共享时的名称。

3）选中“允许网络用户更改我的文件”复选框，则表示该文件夹可以被网络中的其他用户进行读、写或删除操作，未选中则网络用户只能读取该文件夹。

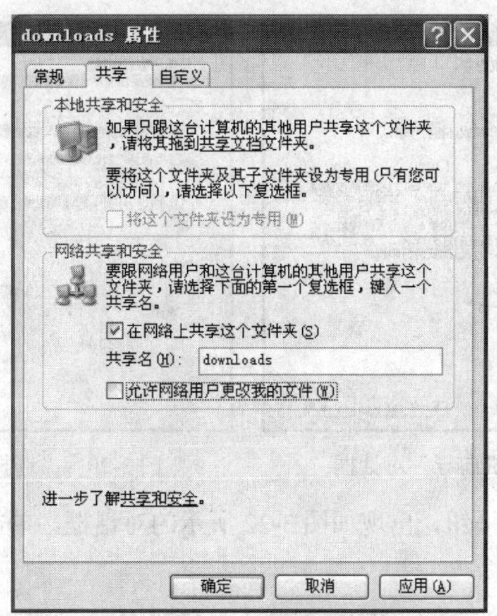

图 3-17　为 downloads 文件夹设置共享

4）设定完成后单击“确定”按钮，关闭“downloads 属性”对话框。这时，downloads 文件夹变成如图 3-18 所示的样式，文件夹的共享设置完成。

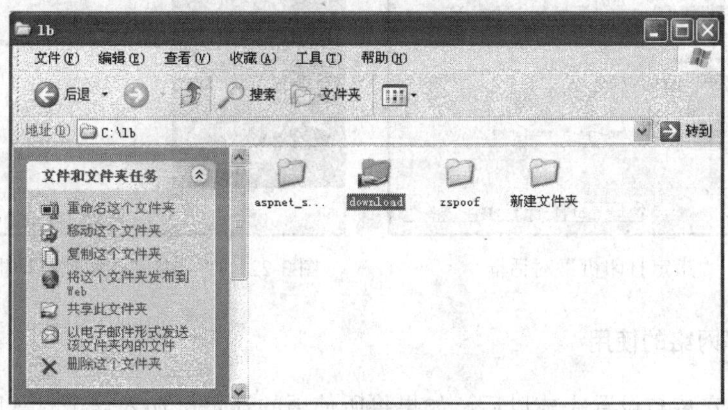

图 3-18　downloads 文件夹设置共享后的图标

2. 共享网络中的打印机

Windows XP 中在本地计算机上安装网络打印机驱动程序的具体步骤如下：

（1）依次选择“开始→控制面板→打印机和其他硬件”，在出现的窗口中点击“添加打印机”命令，出现安装打印机向导，如图 3-19 所示。

（2）单击“下一步”按钮，在图 3-20 所示的对话框中选择“网络打印机或连接到另一台计算机的打印机”选项。

（3）单击“下一步”按钮，出现如图 3-21 所示的对话框。如果不知道网络打印机的路径，则选择“浏览打印机”，在出现的安装向导中选择需要的网络打印机名，否则直接选择“连接到这台打印机”，并在“名称”中写出包括路径的打印机名。

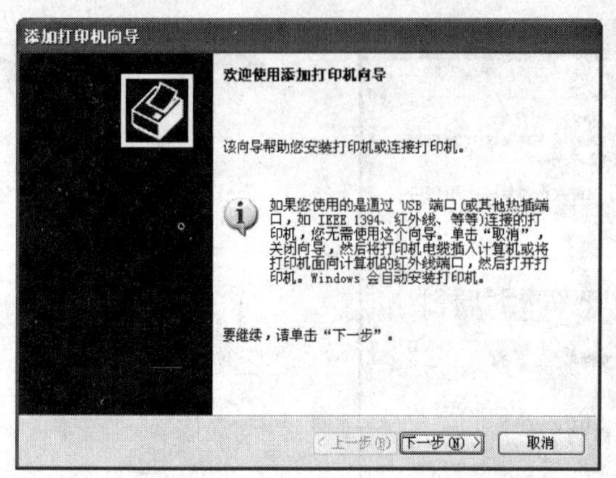

图 3-19 “添加打印机向导”对话框

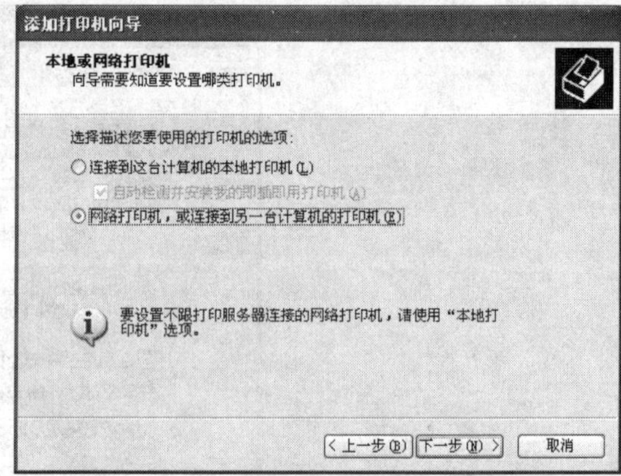

图 3-20 “选择打印机类型”对话框

（4）单击“下一步”按钮，出现如图 3-22 所示的对话框，单击“完成”按钮，完成网络打印机的安装。

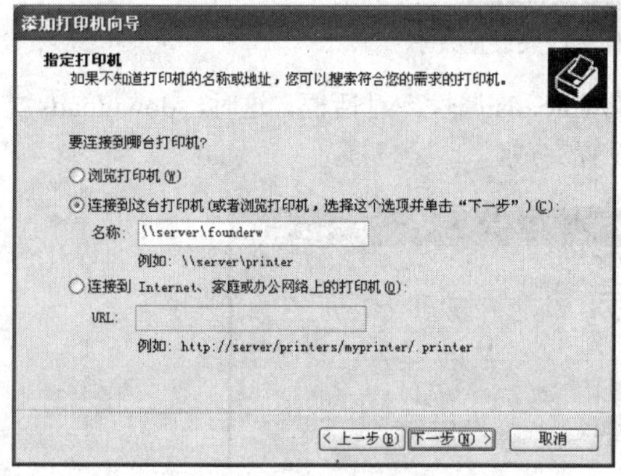

图 3-21 “指定打印机”对话框

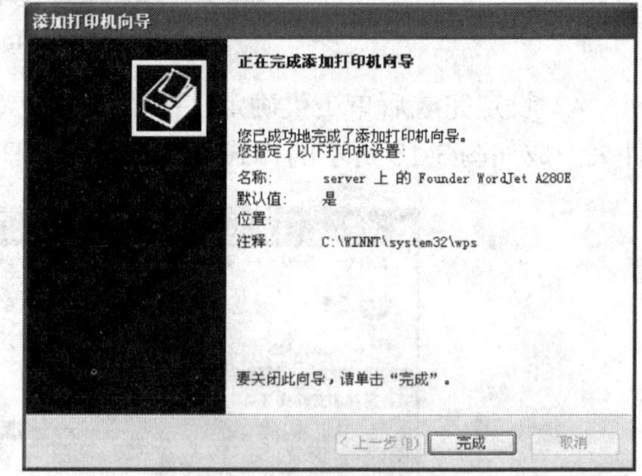

图 3-22 “正在完成添加打印机向导”对话框

3.2.3 对等网络的使用

当对等网络安装与设置完成以后，如果将所使用的计算机加入这个对等网络，就可以使用该网络上的资源了，但是必须首先登录到网络上。

1. 计算机登录到网络

当设置完成对等网络并重新启动计算机后会出现如图 3-23 所示的对话框。如果要登录到网络，必须输入“用户名”及“密码”，然后单击“确定”按钮，当通过了系统进行的验证后，就登录到对等网络了。在第一次登录时，密码为空。如果单击“取消”按钮，该计算机只能作为单机使用。

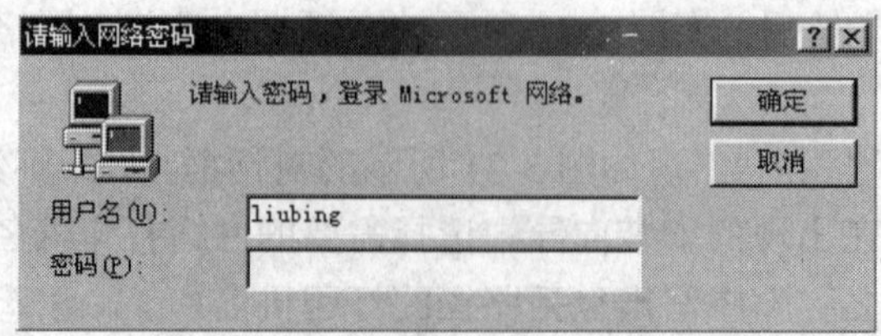

图 3-23 “请输入网络密码”对话框

2. 使用网络上的资源

前面讲到，如果想使用网络上的资源，首先要登录到网络。登录到网络以后，在 Windows XP 的桌面上，双击“网上邻居”图标，打开如图 3-24 所示的窗口。在此窗口中显示了已登录网络的所有计算机名和工作组，选择其中需要访问的计算机名，并双击该计算机名，该计算机上所有设置了共享属性的资源会全部显示出来。

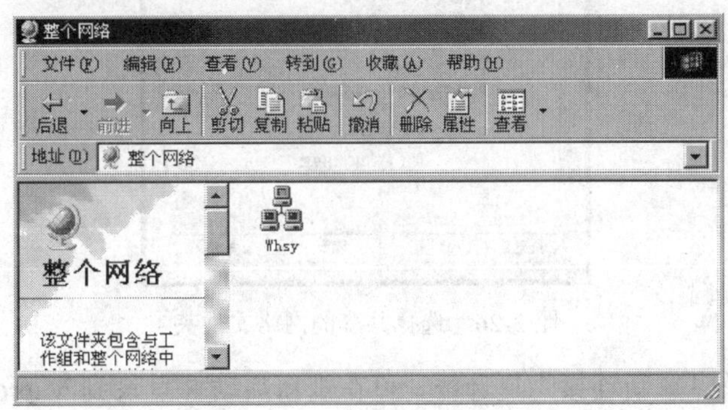

图 3-24 “整个网络”浏览窗口

这时可以像使用本地计算机上的资源一样来使用它们。如果该文件夹在设置共享属性时设置了密码，当密码输入正确后才能访问，否则拒绝进入。不过，在第一次登录正确地输入了密码后，以后访问时就不再要求输入密码了。

说明：如果“网上邻居”对话框是空或者网络不可用，用户必须重新设置网络才能连接到网络的其他计算机上。

3. 映射网络驱动器

为了使用网络上的资源，每次都要登录到网络，而且还要双击“网上邻居”图标，然后选择该资源所在的计算机，并双击该计算机名，这样才能使用所需要的资源。在 Windows XP 中映射网络驱动器的方法如下：

（1）右击桌面上的“我的电脑”或“网上邻居”图标，在弹出的快捷菜单中选择“映射网络驱动器”命令，打开“映射网络驱动器”对话框，如图 3-25 所示。

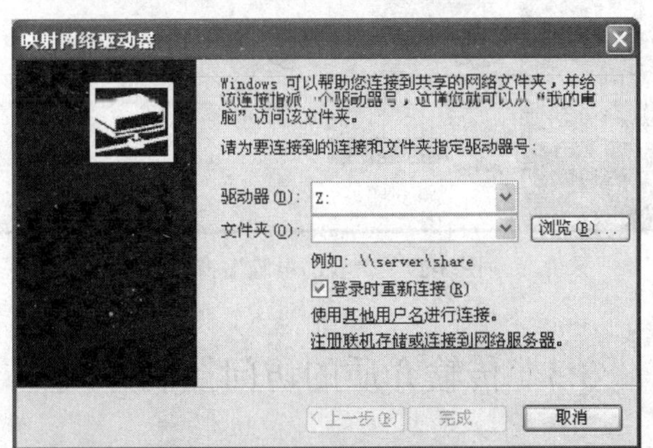

图 3-25 “映射网络驱动器”对话框

（2）在“驱动器”下拉列表中选择一个驱动器名，在“文件夹”文本框中输入该网络驱动器的路径，也可以单击“浏览”按钮，在打开的“浏览文件夹”对话框中指定一个网络中共享的文件夹，如图 3-26 所示。

图 3-26 选择共享的网络文件夹

（3）选中“登录时重新连接”复选框，可在重新启动并登录到 Microsoft 网络时，重新连接该网络驱动器。

（4）单击“确定”按钮，网络驱动器的添加过程完成。打开“我的电脑”窗口可看见新添加的“网络驱动器”，在其中显示了新建的网络驱动器名，如图 3-27 所示。

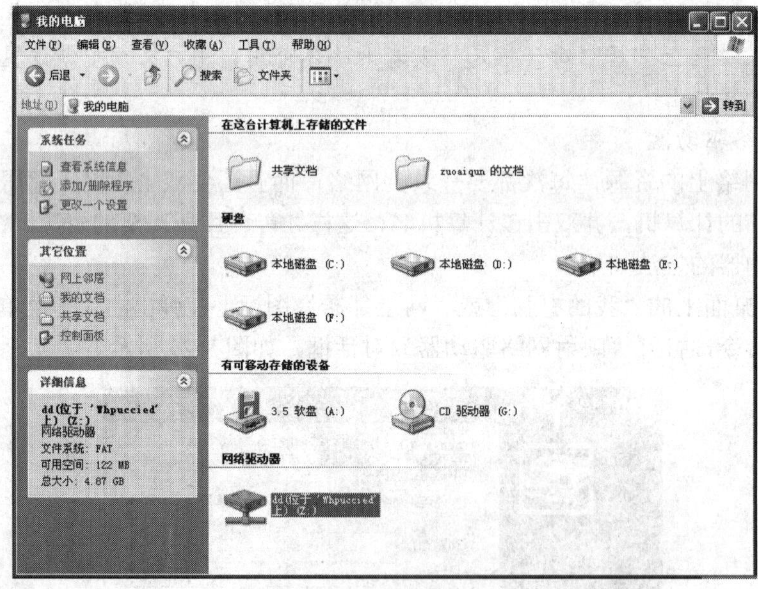

图 3-27 “我的电脑”窗口

3.3 传输介质的访问控制方式

一般来说，局域网有以下主要特点：地理范围较小，且隶属于某一单位；有很高的传输速率和较低的误码率；所有的站共享信道；各站之间为平等关系而不是主从关系。在局域网中，传输介质多采用同轴电缆、双绞线、光纤等；网络拓扑结构多是总线型、环型和星型。

在局域网中，不论其拓扑结构采用何种形式，局域网上的传输介质都是各工作站的共享资源，也即每个工作站都可以在传输介质上发送数据。由于在局域网中每个工作站之间都是平等的关系，也就是说对于传输介质的使用权利是相同的，某个工作站对传输介质的使用是没有特权的。这样就产生一个问题，在某一个时刻谁能往传输介质上发送数据。如果在某一个时刻，同时有两个或多个站点发送信包，这些信包必将在传输介质上产生碰撞和叠加，导致接收站不能够正确地接收数据。为了避免这种“冲突”情况的产生，就要对传输介质的访问进行控制，也就是如何合理使用信道、合理分配信道，使其既充分利用信道的空间、时间传送信息，又不会发生各信息间的互相冲突。所以，传输介质的访问控制方式的功能就是合理解决信道的分配。目前，在局域网中，常用的传输访问控制方式有：

- 载波侦听多路访问/冲突检测（CSMA/CD）
- 令牌环（Token Ring）
- 令牌总线（Token Bus）

3.3.1　载波侦听多路访问/冲突检测（CSMA/CD）

载波侦听多路访问/冲突检测（CSMA/CD）的访问控制方式在局域网络中的标准是 IEEE 802.3。它是一种基带总线网络。IEEE 802.3 的局域网就是通常所说的“以太网”（Ethernet）。以太网最初是在 1970 年由美国的施乐（Xerox）公司研制成功的。它主要的设计目的是为办公室自动化服务，并在 ALOHA 网的基础上发展起来。后来，以太网由施乐（Xerox）、数字装备（Digital）以及英特尔（Intel）三家公司共同研制成功。

CSMA/CD 的访问控制方式的拓扑结构采用的是总线型，总线上的各站点随机地以广播方式向公共总线发送信包，而在总线上的每一个站点都可以收到这些信包，但是只有与信包中的目的地址相同的工作站才接收这些信息，而其他的工作站都不会接收。由于信包发送的随机性，信包极有可能在总线上产生碰撞，故需要解决由于竞争使用总线而带来的冲突问题。下面就来介绍一下 CSMA/CD 工作原理。

1. CSMA/CD 工作原理

在以太网中，传送信息是以“包”为单位的，简称信包。在总线上如果某个工作站有信包要发送（以下简称发送站），它在向总线上发送信包之前，先检测一下总线是“忙”或是“空闲”，如果检测的结果是“忙”，则发送站会随机延迟一段时间，再次去检测总线，若这时检测结果是“空闲”，则该工作站就可以发送信包了。而且在信包的发送过程中，发送站还要检测其发到总线上的信包是否与其他站点的信包产生了冲突，当发送站一旦检测到产生冲突，它就立即放弃本次发送，并向总线上发出一串干扰串（发出干扰串的目的是让那些可能参与碰撞但尚未感知到冲突的站点，能够明显地感知，也就相当于增强冲突信号），总线上的各站点收到此干扰串后，则放弃发送，并且所有发生冲突的站点都将按一种退避算法等待一段随机的时间，然后重新竞争发送（工作原理图如图 3-28 所示）。

从以上叙述可以看出，CSMA/CD 的工作原理可用 4 个字来表示：“边听边说”，即一边发送数据，一边检测是否产生冲突。

2. CSMA/CD 的冲突检测所需时间

在 CSMA/CD 的传输控制方式中，检测出冲突的最长时间为多少？通过图 3-29 来说明此问题。在图 3-29 所示的图中，A 站和 N 站为一个总线形局域网中距离最远的两个工作站。在

T_0时刻（如图 3-29（a）所示），A 工作站有信包要发送，它首先检测总线，当总线空闲时，A 站开始发送数据；在 T_0+a−ε 时刻（如图 3-29（b）所示，其中 a 表示总线上最远的两个站点之间端到端的延迟，ε 表示一个短暂的时间，即 T_0+a−ε 表示 A 站所发送的信包还差一点点时间就到达 N 站），N 站此时有信包要发送，它去检测总线，虽然此时 A 站已经开始发送数据，但由于端至端的延迟时间的原因，所以此时 N 站检测总线的结果是“空闭”，N 站开始发送数据；当 T_0+a 时刻（如图 3-29（c）所示），此时 A 站和 N 站所发送的信包在总线上产生冲突，但此时 A 站并没有感知到冲突；当到 T_0+2a 时刻（如图 3-29（d）所示），N 站所发送的信包才能到达 A 站，也即 A 站此时才能检测到冲突，并放弃本次发送。

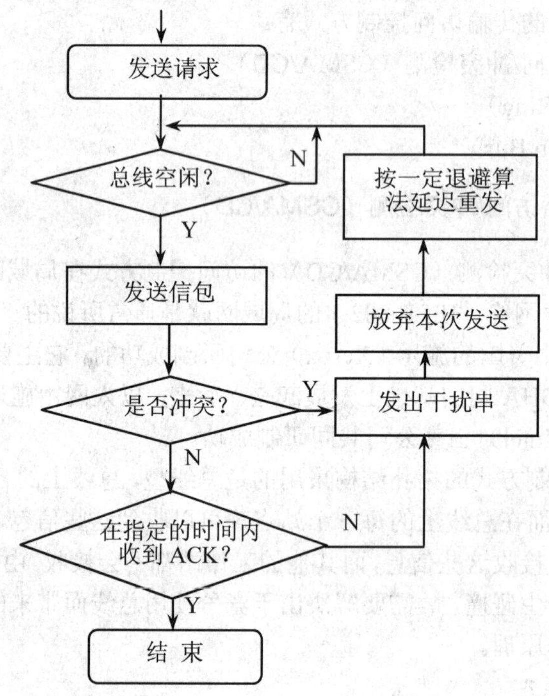

图 3-28 以太网竞争发送流程

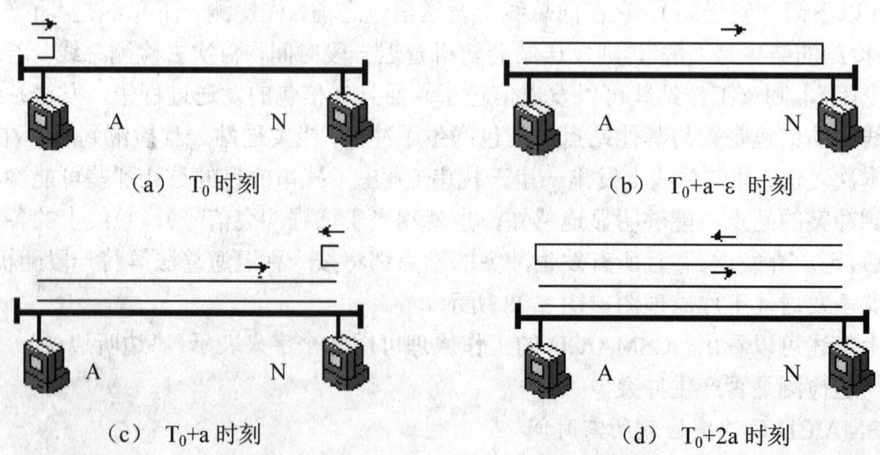

图 3-29 CSMA/CD 的冲突检测示意图

由此可以得出以下结论：检测冲突的最长时间等于总线上最远的两个站点之间端到端延迟时间的两倍（即 2a）。也就是说 CSMA/CD 的控制方式中冲突只可能在发送信包后的 2a 时间段内产生，超过这段时间，总线上的每个站点都能检测到冲突的发生。这种 CSMA/CD 冲突检测，对发送站所发送的信包（即数据帧）长度有一定的要求，例如在 10Mb/s 的数据速率其数据帧长度的最小值不能小于 64 字节（如所发送的信息不足时，可加以填充）。因为 CSMA/CD 工作原理要求发送站一边发送数据，一边进行冲突检测，若检测到冲突则立即中止发送，然后推迟一段时间，再发送。如果所发送的帧长度太短，发送站还没来得及检测冲突就已经发送完了，那么就无法进行冲突检测了。因此，所发送帧的最短长度应要保证在发送完毕之前，必须能够检测到可能最晚来的冲突信号。

3.3.2　令牌环

1. 环网的一般工作原理

环网的拓扑结构是所有节点串行连接而形成的一个封闭环路。信息传输在环路上仅能沿着一个方向流动，它与总线型拓扑结构一样，环路上的每个站点对于环路的传输介质访问权利是平等的，同样不允许在某个时刻同时有两个或多个站点往环路上发送数据，如果同时发送会使信息在环路上产生冲突。

环路上的某个站点要发送信息（以下简称发送站），它仅需要把信息往它的下游站点发送即可。下游站点收到信息以后，要进行地址识别，以判断该信息是否是发送给本地主机的，如果不是发送给本地主机，则该站点把信息继续转发给它的后继站点；如果是发送给本地主机，则该站点将此信息复制并转送给本地主机，另外，该站点接收了信息以后，对已接收信息是继续转发还是终止该信包的传送由环控制策略决定。由环网的工作原理可以看出，当某一站点发送信包以后，在环路上的每个站点都可以接收到这个信包，而只有与该信包目的地址相同的工作站才会接收该信包，其他站点是不会接收该信包的。另外还可以看出，整个环形信道是由传输介质和中继器构成的，只要将信包送至环路，信包就会在中继转发器之间和传输介质上循环传送，直至到达目的地站点为止，并按照一定的策略将其卸载。

在这个环网的一般工作原理中，叙述了当某个工作站得到了发送权以后，如何进行数据的发送，环路上的工作站如何进行转发，以及目的工作站如何来接收由发送站发送的信包。在这里，一个关键的问题是环路上某一站点如何能够得到环路的使用权，即某一时刻谁能往环路上发送信包？而且在其发送信包过程中，如何解决和避免冲突的产生？

2. 环形网络的介质访问控制方式——令牌环

令牌环技术是在环路上设置一个令牌，当所有的站点都空闲时，令牌就不停地在环网上转。当某一个站点有信包要发送，它必须等到令牌经过它时（注意：此时经过的令牌必须是一个空令牌），相当于该站点得到了环网的使用权限，这时该站点把这个空令牌设置成满令牌，并开始发送信包。此时环上便没有了令牌，所有想发送信息的站点必须等待，这个信包在环路上绕行一周又会重新回到发送站，并被发送站从环上卸载下来，同时该发送站会向环上插入一个新的空令牌。一旦新的空令牌插入到环中，下游有数据发送的站点就可获得它并传输数据。

令牌环的主要优点是它提供对传输介质访问的灵活控制。而且在负载很重的情况下，这种令牌环的控制策略是高效和公平的。它的主要缺点：一个是在轻负载的情况下，由于传输信包前必须要等待一个空令牌的到来，使网络的使用效率降低，另一个是需要对令牌进行维护，一旦令牌丢失，环网便不能再运行，所以在环路上要将一个站点设置为监控站点，来保证环上有且仅有一个令牌。

3.3.3 令牌总线

1. 令牌总线型网络的产生

比较总线型网络（以太网）和令牌环型网络可以看出：以太网的结构简单，在站点数量少时，传输速度较快。但由于采用 CSMA/CD 控制策略，以竞争方式随机访问传输介质，肯定会有冲突发生，且冲突信包要重新发送，当站点超过一定数量时，网络的性能会因重发数据次数的增加而急剧下降。

令牌传递环网中，无论节点数的多少，都需要等待令牌空闲时才能进行通信。由于采取按位转发方式，加之对令牌的控制，监视占用部分时间，故在节点数少时，其传输速度低于以太网，但节点数量增多，网络性能不会像以太网那样急剧下降。

综合令牌传递方式和总线网络的优点，在物理总线结构中实现令牌传递控制方法，构成逻辑环路，这就是 IEEE 802.4 的令牌总线介质访问控制技术。

令牌总线型网络的典型代表是美国 Data Point 公司研制的 ARC（Attached Resource Computer）网络。

2. 令牌总线的工作原理

在令牌总线中，总线上的所有站点构成逻辑环。也就是说，所有站点都按次序分配到一个逻辑地址，每个工作站都知道在其之前和在其之后的站点标识，第一个站点的前继是最后一个网络站点的标识，而且物理上的位置与其逻辑地址无关。

一个叫做令牌的控制帧规定了访问的权利。总线上的每一个工作站如有数据要发送，必须要得到令牌以后才能发送，即拥有令牌的站点被允许在指定的一段时间里访问传输介质。该站点能传输一个或多个帧，还能探询其他站点并接收响应。当该站完成自己的工作或是时间用完后，它要将令牌交给逻辑位置上紧接在它后面的那个站点，那个站点由此得到允许数据发送权。所以，常规操作包括数据传输和令牌传输。另外，不使用令牌的站点只能在总线上对探询给予响应或要求得到响应。这个环按照站点逻辑地址的降序排列。

3. 令牌总线特点

（1）不可能产生冲突。令牌总线中，只有收到令牌的站点才能将信息发送到总线上，这样就不会像 CSMA/CD 介质访问方式那样，使总线产生冲突。故令牌总线信息帧长度完全由发送信息的长短决定，没有最小分组长度要求。对于 CSMA/CD 访问控制，为使最远的站点也能检测到冲突，需在实际的信息长度后加填充位，以满足最小长度要求。

（2）站点有公平的访问权。获得令牌的站点，若有信息要发送，可立即发送信息，当信息发送完毕之后要将令牌传给下一站点；若没有信息发送，则立即将令牌传递到下一站点。由于站点是按初始化顺序依次接收到令牌，所以各站点都有公平的访问权。

（3）每个站传输前的等待访问时间的总和一定。当全部站点都有信息发送时，等待取得令牌和发送信息的时间应等于全部令牌传送时间和发送时间的总和。若只有一个站点要发送信息，则最坏情况下等待时间只是令牌传递全部时间之和。

对于应用于过程控制的局域网，这个等待访问的时间是一个重要的参数。可根据要求选定网中站点数及信息报文的最大长度，以保证在规定时间内任一站点都能获得令牌。

3.4　千兆位以太网

3.4.1　千兆位以太网概述

千兆位以太网是一种新型高速局域网，它可以提供 1Gb/s 的通信带宽，采用和传统 10M，100M 以太网同样的 CSMA/CD 协议、帧格式和帧长。因此可以实现在原有低速以太网基础上平滑、连续性的网络升级，从而能最大限度地保护用户以前的投资。

以太网技术是当今应用于局域网最为广泛的网络技术，然而随着网络通信流量的不断增加，传统 10M 以太网在客户/服务器计算环境中已很不适应。通信的拥塞推进了对高速网络的需求。在当今现有的高速局域网技术中，快速以太网或称 100BASE-T 已成为首选。快速以太网是建立在广泛接受的 10BASE-T 以太网基础之上，提供向 100Mb/s 的平滑、连续性的网络升级。然而为服务器和台式机提供 100BASE-T 速率的发展，又显然产生了对主干网和服务器更高网络速率的要求。这种更高速率的技术应能提供平滑的升级方式，具有较好的性能价格比，不需要重新培训。从目前的发展看，最合适的解决方案是千兆位以太网。千兆位以太网可以为园区网络提供 1Gb/s 的通信带宽，而且具有以太网的简易性，以及和其他类似速率的通信技术相比具有价格低廉的特点。千兆位以太网可从当前以太网基础之上平滑过渡，综合平衡了现有的端点工作站、管理工具和培训基础等各种因素。

千兆位以太网同以往的以太网相比采用同样的 CSMA/CD 协议，同样的帧格式和同样的帧长。对于广大的网络用户来说，这就意味着现有的投资可以在合理的初始开销上延续到千兆以太网，不需要对技术支持人员和用户作重新培训，不需要作另外的协议和中间件的投资，结果带给用户的是较低的总体开销。

由于上述特点和对全双工操作的支持，千兆位以太网将成为 10/100BASE-T 交换器、连接高性能服务器的理想主干网互联技术，成为需要在未来高于 100BASE-T 带宽的台式计算机上升级的理想技术。

3.4.2　千兆位以太网技术

1. 千兆位以太网物理层

与以太网和快速以太网一样，千兆位以太网只定义了物理层和介质访问控制层。实际上，物理层是千兆位以太网的关键组成，在 IEEE 802.3z 中定义了三种传输介质：多模光纤、单模光纤、同轴电缆。IEEE 802.3ab 则定义了非屏蔽双绞线。除了以上几种传输介质外，还有一种多厂商定义的标准 1000Base-LH，它也是一种光纤标准，传输距离最长可达到 100km。

千兆位以太网物理层的另外一个特点就是采用 8B/10B 编码方式，这与光纤通道技术相同，由此带来的好处是，网络设备厂商可以采用已有的 8B/10B 编码/解码芯片，这无疑会缩短产品的开发周期，并且降低成本。

2. 千兆位以太网的特性

由以太网所支持的简易网络升级，以及对新应用和数据类型处理的灵活性、网络的可伸缩性，使得千兆位以太网成为高速、高带宽网络的战略性选择。它主要具有以下几个特性：

（1）简便，直接性的高性能升级，而且无网络崩溃危险。千兆位以太网采用和以前的 10M、

100M以太网相同的格式，执行同样的功能。这样，向更高速度网络发展时，升级就成为直接性的和增加性的。

（2）总体性的低开销。总体开销不仅包括购买设备的开销，还应包括培训、维护和纠错的开销。

（3）可支持新应用和新数据类型的能力。Intranet应用的出现预示着新数据类型的发展。包括视频和音频。在过去，人们认为视频需要一种新的、专为多媒体设计的技术，但是如今由于某些因素影响，将数据和视频综合在以太网上已经成为可能。

- 网络设计的灵活性。千兆位以太网可以是交换、路由和共享式的。所有当今的网络互联技术，包括正在发展的如IP相关技术和第三层交换技术和千兆位以太网都是兼容的，这与以太网和快速以太网的情况相同。
- 仍然不能保证服务质量。千兆位以太网提供高速连接能力，但本身不提供完整的服务功能如服务质量（QoS），自动冗余容错，或高层路由功能。

千兆位以太网的最初应用是园区和建筑中要求更高带宽的各种设备之间的通信，包括路由器、交换机、集线器、中继器和服务器等。例如交换机到路由器、交换机到交换机、交换机到服务器、中继器到交换机之间的连接。

3. 千兆位以太网与ATM

可以预见，千兆位以太网技术将取代ATM成为局域网络骨干的首选技术，这一结论主要来自于以下几点：

（1）由于价格方面的因素，ATM往往只用作网络的骨干，而终端用户的桌面系统仍然是以太网，通过局域网仿真（LANE）等技术可以实现网络的互联，但大大增加了系统的复杂性和造价。而千兆位以太网可以实现与原有的10M和100M以太网的无缝连接，系统的成本和复杂性相对于前者都大大降低。

（2）由于近年来Internet和TCP/IP协议的迅速普及，网络被越来越多地用于传输IP业务。而这正是ATM的弱项，据资料显示，ATM传输IP信包会增加30%的额外开销，这主要是因为需要把一个IP信包拆成多个信元分别传输。这也正是目前IP Over SDH、IP Over WDM等技术呼声日高的原因所在。

当然，由于ATM技术实现了音频、视频、数据的统一传输，在以多媒体应用为主要业务的网络中仍然有较大的技术优势。

本章小结

本章重点是说明局域网络的基本概念和构建方法，所以本章首先介绍了构建一个局域网络应需要哪些组件，当这些组件连接在一起之后，还不能说是一个计算机网络，这仅是在物理上把这些计算机连在一起，这样又给读者介绍了相应的硬件和协议。

当建成局域网络之后介绍了网络资源的共享与使用方法，同时还介绍了介质访问控制方式，介质访问控制方式的目的是合理地分配传输介质的使用时间，提高传输介质的有效利用率。

本章的目的是使读者能实际动手，把几个分布在不同地点的、相互独立的计算机连接成计算机局域网络，在这个过程中，让读者能够明白，构建一个计算机局域网需要购买哪些设备，这些设备买回之后如何进行安装和配置等。如果有条件的话，读者应该亲手来构建一个小型的局域网，这对学习计算机网络课程是大有益处的。

习题三

一、填空题

1. IEEE 802 局域网协议与 OSI 参考模式比较，主要的不同之处在于，对应 OSI 的链路层，IEEE 802 标准将其分为________控制子层和________控制子层。

2．10M 以太网中数据帧的最小长度是________，最大长度是________。

3．常见的网络协议有________、________和________。

4．CSMA/CD 的访问控制方式的拓扑结构采用的是________。

5．CSMA/CD 的工作原理可用 4 个字来表示："边听边说"，即一边________，一边检测________。

6．计算机网络的基本组成主要包括________、________、________和________四个部分。

7．要想使用 Internet 网络资源，必须在计算机上安装________协议。

8．千兆位以太网是一种新型高速局域网，它可以提供________b/s 的通信带宽，采用和传统以太网同样的________协议、________格式和________长。

二、选择题

1．就交换技术而言，局域网中的以太网采用的是（　）。

A．分组交换技术　　B．电路交换技术

C．报文交换技术　　D．分组交换与电路交换结合技术

2．采用脉码调制（PCM）方法对声音信号进行编码，若采样频率为 8000 次/秒，量化级为 256 级，那么数据传输率要达到（　）。

A．64kb/s　　B．48kb/s　　C．56kb/s　　D.32kb/s

3．能从数据信号波形中提取同步信号的典型编码是（　）。

A．不归零码　　B．曼彻斯特编码

C．BCD 码　　D．循环冗余码

4．Internet 上各种网络和各种不同类型的计算机相互通信的基础是（　）协议。

A．HTTP　　B．NETBIOS　　C．TCP/IP　　D．IPX/SPX

5．下面（　）协议是用于环型拓扑。

A．令牌总线　　B．令牌环　　C．CSMA/CD　　D．CSMA

6．以太网采用的介质访问的控制方式是（　）。

A．令牌总线　　B．令牌环　　C．CSMA/CD　　D．CSMA

7．载波侦听多路访问/冲突检测（CSMA/CD）的访问控制方式在局域网络中的标准是（　）。

A．IEEE 802　　B．IEEE 802.3　　C．IEEE 802.4　　D．IEEE 802.5

8．在 CSMA/CD 的传输控制方式中，检测出冲突的最长时间（　）。

A．传播延迟时间　　B．往返传播延迟时间

C．发送时延　　D．往返发送时延

三、简答题

1．构成局域网络的组件有哪些？它们各有什么主要作用？

2．请说明 CSMA/CD 介质访问原理。

3．一个 CSMA/CD 基带总线网长度为 1000m，信号传播速度为 200m/μs，假如位于总线两端的节点，在发送数据帧时发生了冲突，试问：

（1）两节点间的信号传播延迟是多少？

（2）最多经过多长时间才能检测到冲突？

4. 如果 2km 长的 CSMA/CD 网络的数据率是 1Gb/s。设信号在网络上的传播速率为 2×10^8m/s。求能够使用此协议的最短帧长。

5．假设某一个学生寝室有 4 台计算机准备连接成对等网络，请你为其设计一种经济的网络拓扑，按照你这种设计，需要购买什么样的网络设备，以及如何进行相应的网络安装设置？请说明安装设置的主要步骤。

第 4 章　广域网

本章学习目标

本章主要讲解广域网的基础知识以及 TCP/IP 协议。通过本章的学习，读者应该掌握以下内容:

- 广域网的基本概念
- TCP/IP 协议的基本概念、安装与设置方法
- 网络安全的防范措施

4.1　广域网的基本概念

第 1 章介绍过计算机网络的分类，其中按照网络的范围和计算机互联的距离来划分主要有广域网和局域网。局域网是指地理范围在十几公里以内，其所有权隶属于一个单位和部门的计算机网络，例如，一个建筑内、一所校园内或一个企业内的网络。而广域网涉及的范围较大，一般可从几公里到几万公里，例如，一个城市、一个国家或洲际间的网络都是广域网。另外一种特殊的广域网是 Internet，它是指全球最大的、开放的、由众多网络相互连接而成的特定计算机广域网络，它采用 TCP/IP 协议。

广域网由一些结点交换机以及连接这些交换机的链路组成。这些链路一般采用光纤线路或点对点的卫星链路等高速链路，其距离没有限制。结点交换机的交换方式采用报文分组的存储转发方式，而且为了提高网络的可靠性，结点交换机同时与多个结点交换机相连，目的是给某两个结点交换机之间提供多条冗余的链路，这样当某个结点交换机或线路出现问题时不至于影响整个网络运行。在广域网内，这些结点交换机和它们之间的链路一般由电信部门提供，网络由多个部门或多个国家联合组建而成，并且网络的规模很大，能实现整个网络范围内的资源共享。另外，从体系结构上看，局域网与广域网的差别也很大，局域网体系结构的主要层次有物理层和数据链路层两层，而广域网目前主要采用是 TCP/IP 体系结构，所以它的主要层次是网络接口层、网际层、传输层和应用层，其中网络层的路由选择问题是广域网首先要解决的问题。在现实世界中，广域网往往由许多种不同类型的网络互联而成。如果仅是把几个网络在物理上连接在一起，它们之间如果不能进行通信，那么这种“互联”是没有实际意义的。因为通常在谈到“互联”时，就已经暗示这些相互连接的计算机可以进行相互通信。

4.1.1　网络互联

网络互联需解决的主要问题有:

- 在网络之间提供一条链路。
- 在不同的网络进程间提供合适的路由选择，以便交换数据。

- 有一个记账服务，它始终记录着不同网络和不同网关的使用情况，同时维护状态信息。

在提供以上服务的同时，应尽量避免对互联网络的体系结构进行修改。为此要求互联网络能在以下一些方面适应这些差别：

- 不同的寻址方案
- 不同的最大分组长度
- 不同的网络访问机制
- 不同的超时控制
- 不同的差错恢复方法
- 不同的状态报告方法
- 不同的路由选择技术
- 不同的用户访问控制
- 不同的服务——面向连接和无连接服务
- 不同的管理与控制方式

解决这些互联问题的具体方法很多，但最主要的是进行协议的转换：包括物理层协议转换、数据链路层协议转换、网络层协议转换及高层的协议转换。

4.1.2 网络互联层次

在网络互联时，一般都不能简单地直接相连，而是要通过一个中间设备来实现。按照 ISO 术语，这个中间设备称为中继（Relay）系统。两个网络系统的互联可以有多个这样的中继系统。如果某中继系统在进行信息转发时与其他系统共享共同的第 n 层协议，但是不共享第 n+1 层协议，那么这个中继系统就称为第 n 层中继系统。

根据中继系统所在的层次，可以有以下 5 种中继系统：

（1）物理层中继系统，即转发器（Repeater）。

（2）数据链路层中继系统，即网桥或桥接器（Bridge）。

（3）网络层中继系统，即路由器（Router）。

（4）网桥和路由器的混合物桥路器。桥路器是一种产品，它兼有网桥和路由器的功能。实际上，严格的网桥或严格的路由器产品是较少见的，不过此名词用得不普遍。

（5）在网络层以上的中继系统，即称为网关（Gateway）。网关也有人称为网间连接器、信关或联网机。用网关连接两个不兼容的网络系统就要在高层进行协议的转换。

当中继系统是转发器或网桥时，一般并不称之为网络互联，因为这仅仅是把一个网络扩大了，而仍然是同一个网络。由于网关比较复杂，目前使用得较少。因此一般讨论互联网时都是指用路由器进行的网络互联。路由器其实就是一台专用计算机，用来在互联网中进行路由选择。由于历史的原因，许多有关 TCP/IP 的文献将网络层使用的路由器称为网关。

Internet 采用了标准化的方法。许多计算机网络通过一些路由器进行互联，由于参加互联的计算机网络都使用相同的网络协议 TCP/IP，因此可以将互联以后的计算机看成一个虚拟网络，即通常所说的互联网。

4.1.3 广域网提供的网络服务

广域网向上提供的服务主要有面向连接的网络服务（虚电路）和无连接的网络服务（数

据报)。

无连接的数据报服务的特点是：当两个实体之间进行通信时不需要先建立一个连接。因此，某一主机想要发送数据就随时可以发送，每个报文分组独立地选择路由。这样做的好处是报文分组所经过的结点交换机不需要为该报文分组预先保留一些资源，而是对分组在进行传输时动态地分配给其资源。由于每个报文分组走不同的路径，所以数据报服务不能保证先发送出去的报文分组先到达目的主机。也就是说这种数据报服务的报文分组不能按序交给目的主机，因此目的站就必须对收到的报文分组进行缓冲，并且重新组装成报文再传送给目的主机。当网络发生拥塞时，网络中的某个结点可以将一些分组丢弃，所以数据报的服务是不可靠的，它不能保证服务质量。另外数据报服务的每一个报文分组都有一个报文分组头，它包含着一些控制信息，如源地址、目的主机地址和报文分组号等源信息。其中，源地址、目的地址的作用是可使每个报文分组独立选择路由所必须的信息，报文分组号的作用是为了使目的站能对收到的报文分组进行重新排序，但这个报文分组头无形中增加了网络传输的数据量。

数据报服务的优点是灵活方便并且比较迅速。但由于其服务机制决定了数据报服务不能防止报文的丢失、重复或失序。在计算机网络上传送的报文长度在很多情况下是很短的，往往仅需要单个的报文分组就够了，在这种情况下采用数据报服务是非常经济和快速的，因为在传送这个报文时不需要建立从源主机到目的主机的一条完整链路，也不需要在传输完成之后去拆除这条链路。这样大大地节省了网络资源。由于数据报不能保证分组按序到达，也不能保证不丢失和不重复，如果出现了这几个问题，谁来负责进行差错控制呢？在使用数据报服务的情况下，主要由主机来承担端到端的差错控制。数据报服务和邮政通信服务相似，发送数据报如同发送信件和邮包一样。

针对上述报文分组交换方式的不足，为减轻接收端对报文分组进行重新排序的负担，采用能保证报文分组按发送顺序到达的服务方式，即虚电路的服务方式。它不会发生报文丢失或重复的情况。虚电路服务与数据报不同，虚电路服务在双方进行通信之前，必须首先由源站发出一个请求的报文分组（在该报文分组中要有源站和目的站的全部地址），请求与目的站建立连接，当目的站接受这个请求后，也发出一个报文分组作为应答，这样双方就建立起来数据通路，然后双方可以传送信息，当双方通信完成之后必须拆除这条链路。虚电路一经建立就要赋予虚电路号，它反映信息的传输通道，这样在传输信息报文分组时，就不必再注明源站和目的站的全部地址，相应地缩短了信息量。所以采用虚电路服务就必须有连接建立、数据传输和连接释放这三个阶段。虚电路服务在传输数据时采用存储转发技术，即某个结点先把报文分组接收下来，进行验证，然后再把该报文分组转发出去。通过以上的叙述可以看出，虚电路和电路交换有很大的不同，通常打电话所采用的电路交换虽然也有连接建立、数据传输和连接释放这三个阶段，但它是两个通话用户在通话期间自始自终地占用一条端到端的物理信道，即在通话期间这条物理信道是不允许其他用户使用的。如果两台计算机之间采用一条虚电路进行通信，由于采用存储转发的分组交换，所以只是分段地占用一段又一段的链路，虽然感觉到好像占用了一条端到端的物理通路，但并不是在通信期间的完全占用，所以这也就是为什么称之为“虚”电路的原因。在使用虚电路时，由网络来保证报文分组按序到达，而且网络还要负责端到端的流量控制。

由于数据报允许每个报文分组独立地选择路由，当网络中某个结点发生故障时，后续的分组就可另选路由，因而可靠性比较高；虚电路在建立好了一条虚电路连接并正在该虚电路上进行数据传输时，若虚电路中的某结点发生故障，这时就必须重新建立另一条虚电路。另外，数据报服务还特别适于将一个报文分组发送给多个主机。

4.2 TCP/IP 协议

4.2.1 TCP/IP 协议概述

现在，随着 Internet 的迅速发展使得它几乎成了广域网的代名词，而在其上使用的正是 TCP/IP（Transmission Control Protocol/Internet Protocol）协议，即传输控制协议/网际协议。前面讲过，Internet 的前身是 ARPANET，当时使用的并不是 TCP/IP 协议，而是一种叫 NCP（Network Control Protocol，网络控制协议）的网络协议，但随着网络的发展和用户对网络的需求不断提高，设计者们发现，NCP 协议存在着很多的缺点，以致于不能充分支持 ARPANET 网络。特别是 NCP 仅能用于同构环境中（所谓同构环境是网络上的所有计算机都运行相同的操作系统），设计者就认为“同构”这一限制不应被加到一个分布广泛的网络上，这样在 20 世纪 60 年代后期开发出来了用于“异构”网络环境中的 TCP/IP 协议。也就是说，TCP/IP 协议可以在各种硬件和操作系统上实现，并且 TCP/IP 协议已成为建立计算机局域网、广域网的首选协议，并将随着网络技术的进步和信息高速公路的发展而不断地完善。

TCP/IP 协议开发早于 OSI 参考模型，故不甚符合 OSI 参考标准。大致说来，TCP 协议对应于 OSI 参考模型的传输层，IP 协议对应于网络层。虽然 OSI 参考模型是计算机网络协议的标准，但由于其开销太大，所以真正采用它的并不多，TCP/IP 协议则不然，由于它的简洁、实用，从而得到了广泛应用，可以说，TCP/IP 已成为事实上的工业标准和国际标准。

TCP/IP 通信体系中，通信的双方均使用 TCP/IP 通信协议及相应的应用程序。当客户机应用程序启动并向服务器发出信息后，通信就开始了。客户机应用程序将从客户机高层发出的信息代码按一定的标准格式转化，并将其传送到传输控制协议层（TCP）。当信息代码传送至客户机的传输控制协议层后，通过 TCP 协议将应用程序信息分解成报文，使这些报文能在网间传输。随后，TCP 程序将这些带有传输目的地址的包发送给处于其下一级的 Internet 协议（IP）层。在 IP 层，IP 程序通过 IP 协议、IP 地址及 IP 路由将信息发送给与之通信的另一台计算机。对方 IP 程序收到所传输的信息包后，将包传输到 TCP 协议层，TCP 程序将这些数据包按特定的顺序还原为 TCP 格式的报文信息并传送给服务器的应用程序。TCP 协议用于控制信息包的接收与发送，当数据包发生错误时，TCP 就会发出一个重发信息给发送方。对方通过 TCP 层将所接收到的正确信息传输到它的高层，供应用程序处理。如此一来，通过 TCP/IP 就实现了双方的通信。反过来，服务器的信息发送给客户机也是一样的。

4.2.2 Internet 网际协议（IP）

在 TCP/IP 体系中，网际协议是最主要的协议之一。

1. IP 地址

在 TCP/IP 网络中，每个主机都有惟一的地址，它是通过 IP 协议来实现的。IP 协议要求在每次与 TCP/IP 网络建立连接时，每台主机都必须为这个连接分配一个惟一的 32 位地址，因为在这个 32 位 IP 地址中，不但可以用来识别某一台主机，而且还隐含着网际间的路径信息。需要强调指出的，这里的主机是指网络上的一个节点，不能简单地理解为一台计算机，实际上

IP 地址是分配给计算机的网络适配器（即网卡）的，一台计算机有多个网络适配器，就可以有多个 IP 地址，一个网络适配器就是一个结点。

IP 地址为 32 位地址，一般以 4 个字节表示。每个字节的数字又用十进制表示，即每个字节的数的范围是 0~255，且每个数字之间用点隔开，例如：192.168.101.5，这种记录方法称为"点-分"十进制记号法。IP 地址的结构如下所示：

网络类型	网络 ID	主机 ID

IP 地址的 32 位被分成了三个字段：网络类型字段、网络 ID 字段和主机 ID 字段。网络类型字段用于标识网络的类型，到目前为止网络划分为 A~E 五类；网络 ID 则标识该主机所在的网络，由网络类型字段和网络 ID 字段构成网络标识；主机 ID 是该主机在网络中的标识。IP 地址的基本分配原则是要为同一网络内的所有主机分配相同的网络标识号，同一网络内的不同主机必须分配不同的主机 ID 号，以区分主机，不同网络内的每台主机必须具有不同的网络标识号，但是可以具有相同的主机标识号。按照 IP 地址的结构和其分配原则，可以在 Internet 上很方便地寻址：先按 IP 地址中的网络标识号找到相应的网络，再在这个网络上利用主机 ID 找到相应的主机。由此可看出 IP 地址并不只是一个计算机的代号，而是指出了某个网络上的某个计算机。当组建一个网络时，为了避免该网络所分配的 IP 地址与其他网络上的 IP 地址发生冲突，必须为该网络向 InterNIC（Internet 网络信息中心）组织申请一个网络标识号，这也就是整个网络使用一个网络标识号，然后再给该网络上的每个主机设置一个惟一的主机号码，这样网络上的每个主机都拥有一个惟一的 IP 地址。另外，国内用户可以通过中国互联网络信息中心（CNNIC）来申请 IP 地址和域名。当然，如果网络不想与外界通信，就不必申请网络标识号，而自行选择一个网络标识号即可，只是网络内的主机的 IP 地址不可相同。

2. IP 地址的分类

为了充分利用 IP 地址空间，Internet 委员会定义了 5 种 IP 地址类型以适合不同容量的网络，即 A 类至 E 类，如图 4-1 所示。其中 A、B、C 三类由 InterNIC（Internet 网络信息中心）在全球范围内统一分配，D、E 类为特殊地址。

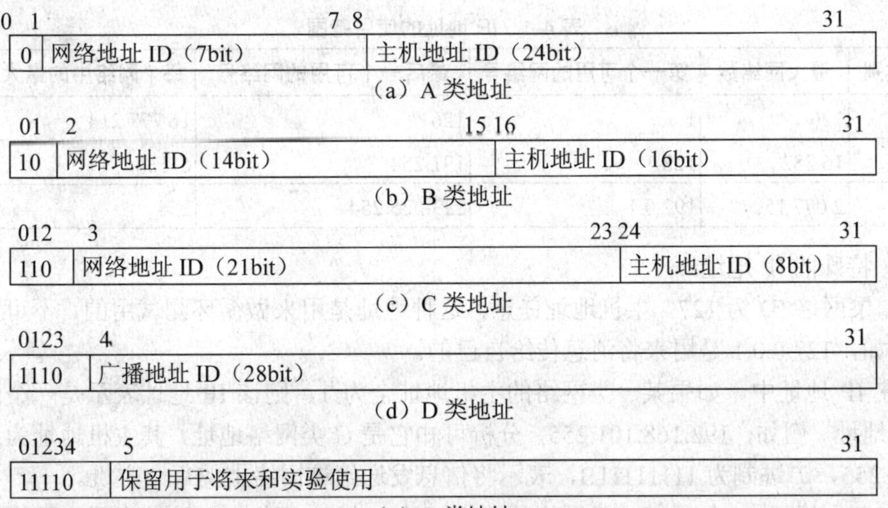

图 4-1　IP 地址的几种格式

（1）A 类地址。从图 4-1（a）中可以看出，在 A 类地址中，用第一个字节来表示网络类型和网络标识号，后面三个字节用来表示主机号码，其中第一个字节的最高位设为 0，用来与其他 IP 地址类型区分。第一个字节剩余的 7 位用来表示网络地址，最多可提供 $2^7-2=126$ 个网络标识号；这种 IP 地址的后三个字节用来表示主机，每个网络最多可提供大约 1678 万（$2^{24}-2$）个主机地址。这类地址网络支持的主机数量非常大，只有大型网络才需要 A 类地址，由于 Internet 发展的历史原因，A 类地址早已被分配完毕。

（2）B 类地址。从图 4-1（b）中可以看出，在 B 类地址中，用前两个字节来表示网络类型和网络标识号，后面两个字节标识主机号码，其中第一个字节的最高两位设为 10，用来与其他 IP 地址区分开，第一个字节剩余的 6 位和第二个字节（共 14 位）用来表示网络地址，最多可提供 $2^{14}-2=16\ 384$ 个网络标识号。这种 IP 地址的后两个字节用来表示主机号码，每个网络最多可提供大约 65 534（$2^{16}-2$）个主机地址。这类地址网络支持的主机数量较大，适用于中型网络，通常将此类地址分配给规模较大的单位。

（3）C 类地址。从图 4-1（c）中可以看出，在 C 类地址中，用前三个字节来表示网络类型和网络标识号，最后一个字节用来表示主机号码，其中第一个字节的最高位设为 110，用来与其他 IP 地址区分开，第一个字节剩余的 5 位和后面两个字节（共 21 位）用来表示网络地址，最多可提供约 200 万（$2^{21}-2$）个网络标识号。最后一个字节用来表示主机号码，每个网络最多可提供 254（2^8-2）个主机地址。这类地址网络支持的主机数量较少，适用于小型网络，通常将此类地址分配给规模较小的单位，如公司、院校等单位。

D 类地址是多播地址，主要是留给 Internet 体系结构委员会 IAB（Internet Architecture Board）使用。E 类地址保留在今后使用。目前大量使用的 IP 地址仅有 A、B 和 C 类三种 IP 地址。

例如：一个 IP 地址为 130.12.4.34，其用二进制表示为 10000010 00001100 00000100 00100010，与图 4-1 相比较可以看出，此 IP 地址属于 B 类网络，其网络 ID 号为 0000010 00001100B，即 524，主机号为 00000100 00100010，即为 1058。表 4-1 给出了 IP 地址的使用范围。

表 4-1 IP 地址的使用范围

网络类别	最大网络数	第一个可用的网络号	最后一个可用的网络号	每个网络中的最大主机数
A	126	1	126	16 777 214
B	16 382	128.1	191.254	65534
C	2 097 150	192.0.1	223.225.254	254

（4）特殊的 IP 地址。

1）如果网络 ID 为 127，主机地址任意，这种地址是用来做循环测试用的，不可用作其他用途。例如，127.0.0.1 是用来将消息传给自己的。

2）在 IP 地址中，如果某一类网络的主机地址全为 1，则该 IP 地址表示是一个网络或子网的广播地址。例如，192.168.101.255，分析可知它是 C 类网络地址，其主机地址为最后一个字节，即 255，二进制为 11111111B，表示将信息发送给该网络上的每个主机。

3）在 IP 地址中，如果某一类网络的主机地址全为 0，则该 IP 地址表示为网络地址或子网地址。例如，192.168.101.0，分析可知它是 C 类网络地址，其主机地址为最后一个字节即 0，二进制为 00000000B，表示一个网络地址。

说明：正是由于地址不允许全为 0（表示网络或子网地址）或全为 1（表示广播地址），所以其网络数目和主机数目都要减 2。例如，C 类网络只能支持 $2^8-2=254$ 个主机地址。

另外，如果要使网络直接连入 Internet，应使用由 InterNIC 分配的合法 IP 地址。如果通过代理服务器连入 Internet，也不应随便选择 IP 地址，应使用由 IANA（因特网地址分配管理局）保留的私有 IP 地址，以避免与 Internet 上合法的 IP 地址相冲突。这些私有地址的范围是：

- 10.0.0.1 ~ 10.255.255.254　　（A 类）
- 172.13.0.1 ~ 172.32.255.254　　（B 类）
- 192.168.0.1 ~ 192.168.255.254　　（C 类）

综合来看，IP 地址具有以下一些重要特点：

1）IP 地址是一种非等级的地址结构。这就是说，和电话号的结构不一样，IP 地址不能反映有关主机位置的地理信息。

2）当一个主机同时连接到两个网络上时（作为路由器用的主机即为这种情况），该主机就必须同时具有两个相应的 IP 地址，其网络号是不同的。这种主机称为多地址主机。

3）按照 Internet 的观点，用转发器或网桥连接起来的若干个局域网仍为一个网络，因此这些局域网都具有同样的网络号码。

40 在 IP 地址中，所有分配到网络号的网络都是平等的。

3．子网及子网掩码

（1）子网。子网是指在一个 IP 地址上生成的逻辑网络，它使用源于单个 IP 地址的 IP 寻址方案，把一个网络分成多个子网，要求每个子网使用不同的网络 ID，通过把主机号（主机 ID）分成两个部分，为每个子网生成惟一的网络 ID。一部分用于标识作为惟一网络的子网，另一部分用于标识子网中的主机，这样原来的 IP 地址结构变成如下三层结构：

网络地址部分	子网地址部分	主机地址部分

这样做的好处是可节省 IP 地址。例如，某公司想把其网络分成 4 个部分，每个部分大约有 20 台左右的计算机，如果为每部分网络申请一个 C 类网络地址，这显然非常浪费（因为 C 类网络可支持 254 个主机地址），而且还会增加路由器的负担，这时就可借助子网掩码，将网络进一步划分成若干个子网，由于其 IP 地址的网络地址部分相同，则单位内部的路由器应能区分不同的子网，而外部的路由器则将这些子网看成同一个网络。这有助于本单位的主机管理，因为各子网之间用路由器相连。需要注意的是，子网的划分纯属本单位内部的事，在本单位以外是看不见的。从外部看，这个单位仍只有一个网络号。只有当外面的分组进入到本单位范围后，本单位的路由器再根据子网号进行选路，最后找到目的主机。

（2）子网掩码。子网掩码是一个 32 位地址，它用于屏蔽 IP 地址的一部分以区别网络 ID 和主机 ID；用来将网络分割为多个子网；判断目的主机的 IP 地址是在本局域网或是在远程网。在 TCP/IP 网络上的每一个主机都要求有子网掩码。这样当 TCP/IP 网络上的主机相互通信时，就可用子网掩码来判断这些主机是否在相同的网络段内。

如表 4-2 所示为各类 IP 地址所默认的子网掩码。其中值为 1 的位用来定出网络的 ID 号，值为 0 的位用来定出主机 ID。例如，如果某台主机的 IP 地址为 192.168.101.5，通过分析可以看出它属于 C 类网络，所以其子网掩码为 255.255.255.0，则将这两个数据作逻辑与（AND）运算后结果为 192.168.101.0，所得出的值中非 0 位的字节即为该网络的 ID。默认子网掩码用于不分子网的 TCP/IP 网络。

表 4-2 各类 IP 地址所默认的子网掩码

类	子网掩码	子网掩码的二进制表示
A	255.0.0.0	11111111 00000000 00000000 00000000
B	255.255.0.0	11111111 11111111 0000000 0000000
C	255.255.255.0	11111111 11111111 0000000 0000000

具体的运算步骤如下：

例如：192.168.101.5 的二进制表示为 11000000 10101000 01100101 00000101B，子网掩码为 255.255.255.0，其二进制值为 11111111 11111111 11111111 00000000，则当 192.168.101.5 和 255.255.255.0 进行逻辑与运算

```
11000000  10101000  01100101  00000101
11111111  11111111  11111111  00000000
--------------------------------------
11000000  10101000  01100101  00000000
```

后，所得出结果为 11000000 10101000 01100101 00000000，其中非 0 的三个字节，即 192.168.101 为该网络 ID，剩余的字节（即 5）为主机 ID。若该网络的另一台的 IP 地址为 192.168.101.250，子网掩码也为 255.255.255.0，则同样会得到网络 ID 为 192.168.101，因此这两台主机在同一网段内。

子网掩码的另一个用途就是可将网络分割为多个以 IP 路由连接的子网。如果某单位仅申请了一个网络 ID 号，但其网络规模较大，需要按照部门划分出多个子网段，此时可以借助子网掩码来实现需求。从 IP 地址的三层结构可以看出，用于子网掩码的位数决定可能的子网数目和每个子网内的主机数目。在定义子网掩码之前，必须弄清楚网络中使用的子网数目和主机数目，这有助于今后当网络主机数目增加后，重新分配 IP 地址的时间，子网掩码中如果设置的位数使得子网越多，则对应的其网段内的主机就越少。下面来看一个实例，具体分析一下子网掩码的用法。

例如，某单位需要构建 4 个分布于不同地点的局域网络，每个网络都各有约 20 台主机，而其仅向 NIC 申请了一个 C 类的网络 ID 号，其号码为 202.204.60。正常情况下，C 类 IP 地址的子网掩码应该设为 255.255.255.0。这种情况下，C 类网络的 254 台计算机必然属于同一个网络区段内。但现在网络的构建需求却为分布于 4 个地区的不同网络段。如果将子网掩码设为 255.255.255.224，与 255.255.255.0 不同的是该子网掩码的最后一个字节的值为 224，而不是 0。224 所对应的二进制值为 11100000，它表示原主机 ID 的最高 3 位是现在所划分出的子网的个数。也就是可将主机 ID 中最高的 3 位用于分割子网。

这三个位共有 000、001、010、011、100、101、110、111 这 8 种组合，除去不可使用的代表本身的 000 及代表广播的 111 外，还剩余 6 个组合，也就是它共可提供 6 个子网。而每个子网都可以支持最多 30 台主机，满足构建需求。但从中也可看出当对一个网段进行子网的划

分后，一些原网段的 IP 地址就不可用了。例如，202.204.60 网段划分了 6 个子网后，实际上能使用的只有 6×30=180 个 IP 地址了，202.103.80.95 等多个 IP 地址就不可用了。当确定了子网掩码 255.255.255.224 后，每个子网可提供的 IP 地址如下：

第一个子网：00100001~ 00111110，即 202.204.60.33~202.204.60.62

第二个子网：01000001~ 01011110，即 202.204.60.65~202.204.60.94

第三个子网：01100001~ 01111110，即 202.204.60.97~202.204.60.126

第四个子网：10000001~ 10011110，即 202.204.60.129~202.204.60.158

第五个子网：10100001~ 10111110，即 202.204.60.161~202.204.60.190

第六个子网：11000001~ 11011110，即 202.204.60.193~202.204.60.222

这样在其中任选 4 组 IP 地址即可满足构造所需局域网的要求。在 A 类和 B 类网络地址中用于子网掩码的位数可以超过 8。但是，用于子网掩码的位越多，则单个子网的主机所容纳的数目就越少。

4. IP 路由

在上面讲述了子网及利用子网掩码来划分子网，那么不同的网络段之间是怎样进行互联的呢？这就需要通过设置 IP 路由来实现。

路由是数据从一个节点传输到另一个节点的过程。例如，要出发到某地，一般先确定到达目的地的路线。在 TCP/IP 网络中，同一网络区段中的计算机可以直接通信，不同网络区段中的计算机要相互通信，则必须借助于 IP 路由。

在网络中要实现 IP 路由必须使用路由器，而路由器可以是专门的硬件设备，如 Cisco 公司的路由器等；若没有专用的路由设备，也可以将某台计算机设置为路由器。不论用何种方式实现，路由器都是靠路由表来确定数据报的流向的，IP 路由表实际上是相互邻接的网络 IP 地址的列表，当一个结点接收到一个数据报时，便查询路由表，判断目的地址是否在路由表中，如果是，则直接送给该网络，否则转发给其他网络，直到最后到达目的地。

在 TCP/IP 网络中，IP 路由器又叫 IP 网关。每一个结点都有自己的网关。IP 报头指定的目的地址不在同一网络区段中，就会将数据报传送给该结点的网关，如果网关知道数据报的去向，就将其转发到目的地。每一网关都有一组定义好的路由表，指明网关到特定目的地的路由。网关不可能知道每一个 IP 地址的位置，因此网关也有自己的网关，通过不断转发、寻找路径，直到数据报到达目的地为止。

如图 4-2 所示，通过设置为路由器的计算机 X 来实现了两个网段 202.204.58 与 202.204.60（它们的子网掩码为 255.255.255.0）的互联。这两个网段的计算机可以互相发送与接受信息。

一般地，作为路由器的计算机中都安装有两块网卡，这两块网卡的 IP 分别是要路由的两个网段中的一个 IP 地址，这样该计算机就好比一座桥梁一样用来连接两个不同的网段，完成路由的功能。

当 A 计算机要发送信息给 B 计算机时，由于 A 计算机的 IP 为 202.204.60.1，B 计算机的 IP 为 202.204.60.2，因为这两台计算机的网络 ID 都是 202.204.60，因此 A 与 B 两台计算机是在同一网络区段内的，则它们之间的通信是不需要通过路由器的，A 计算机将信息直接发送给 B 计算机。

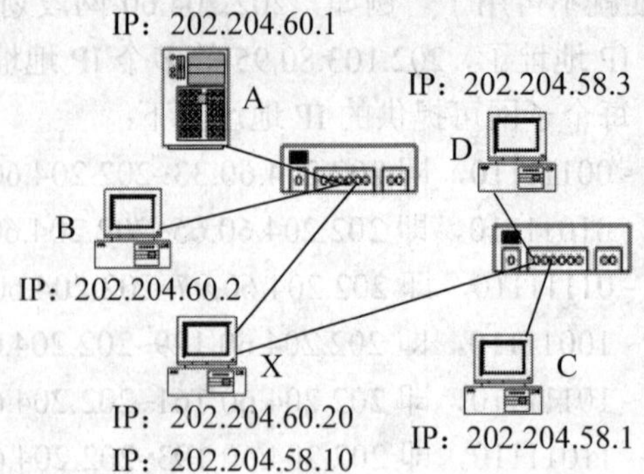

图 4-2 TCP/IP 网络之间利用 IP 路由器连接

当A计算机要发送信息给C计算机时，由于A计算机的IP为202.204.60.1，C计算机的IP为202.204.58.1，因为这两台计算机的网络ID（202.204.58与202.204.60）不相同，说明A与C计算机是在不同的网络区段内，A计算机必须通过IP路由器才可将数据传到C计算机。该示例只是一个简单的路由器的设置，若要实现多个网段之间的路由，则需要设置多个路由器。

4.2.3 TCP/IP 的配置

- IP地址：标识TCP/IP主机的惟一的32位地址。
- 子网掩码：用来测试IP地址是在本地网络还是远程网络。
- 默认网关：与远程网络互联的路由器的IP地址。如果没有规定默认网关，则通信仅局限于局域网络内部。

TCP/IP 协议的安装在前面的章节中已经具体地讲述过了，在本节中将重点讲述怎样配置基本的TCP/IP参数。

以下将通过一个示例来讲述具体的配置过程。例如某主机所在网络段为202.204.60，由此网络段值可知该网络段为一个C类网段，所以子网掩码应设置为255.255.255.0，并且分配给该主机的IP地址为202.204.60.11。该网络段与其他网络段连接的网关地址为202.204.60.1。

设置IP地址的前提条件是必须安装TCP/IP协议。具体的设置步骤如下：

（1）依次选择“开始→控制面板→网络和Internet连接”，打开“网络和Internet连接”对话框。

（2）单击“网络连接”图标，打开“网络连接”窗口，如图4-3所示。

（3）在“本地连接”图标上右击，并从弹出的快捷菜单中选择“属性”，打开“本地连接属性”对话框，如图4-4所示。

（4）单击“常规”选项卡中的“Internet协议（TCP/IP）”，然后单击“属性”按钮，打开“Internet协议（TCP/IP）属性”对话框。

（5）如图4-5所示，IP地址的获取方式有两种：一种是自动获得IP地址，另一种是指定IP地址。如果用户的网络中有DHCP服务器，就自动为该计算机分配IP地址，用户只需选择“自动获得IP地址”单选钮；否则，可以选择“使用下面的IP地址”单选按钮，指定IP地址、网络掩码和默认网关。

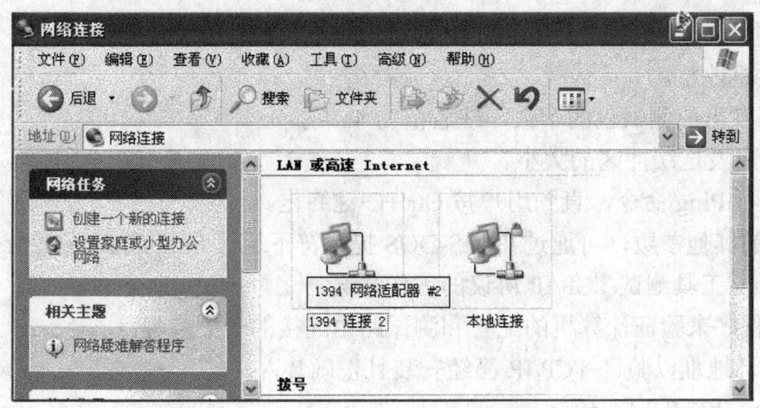

图 4-3　“网络连接”窗口

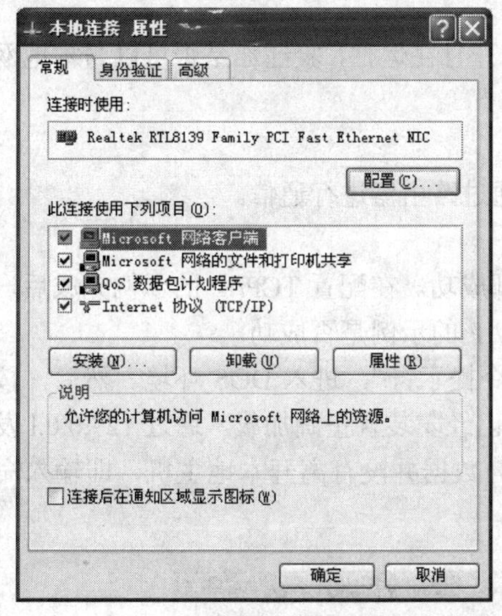

图 4-4　本地连接属性

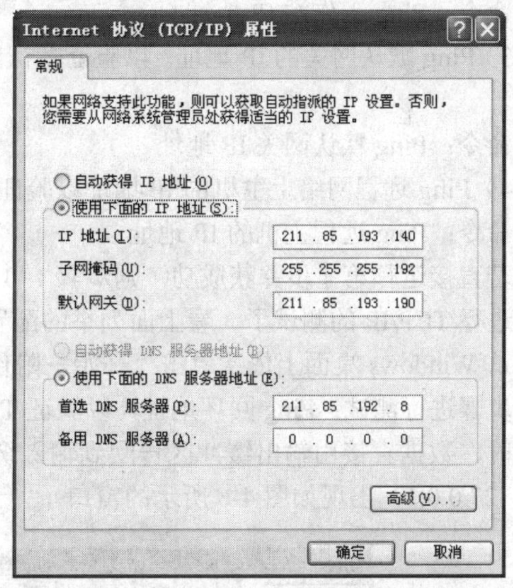

图 4-5　Internet 协议（TCP/IP）属性

4.2.4　TCP/IP 测试

当 TCP/IP 网络发生故障时，该如何判断又怎样解决呢？诸如这类问题，可能是每个网络用户都会遇到的。目前在局域网中广泛使用的 Windows XP/2003 操作系统，已内置了大量的网络测试工具，只要能够熟练地使用这些工具软件，一般都能对网络进行快速诊断，使网络管理变得轻松方便。以下分别介绍这些工具软件的功能和使用方法。

1. TCP/IP 测试工具 Ping

Ping 是 Windows 98/NT/2000 中集成的一个 TCP/IP 协议探测工具。凡是使用 TCP/IP 协议的网络不管是仅有几台计算机的局域网还是 Internet，当发生计算机之间无法访问或网络工作不稳定时，都可试着用 Ping 来确定问题的所在。Ping 是 DOS 操作系统下使用的工具软件。

（1）Ping 工具的格式。

Ping 命令的格式为：

Ping 目的地址［参数 1］［参数 2］……

其中目的地址是指被测试计算机的 IP 地址或域名。Ping 工具主要参数有：

A：解析主机地址。

N：数据，发出的测试包的个数，缺省值为 4。

L：数值，所发送缓冲区的大小。

T：继续执行 Ping 命令，直到用户按 Ctrl+C 键终止。

有关 Ping 的其他参数，可通过在 MS-DOS 提示符下运行 Ping 或 Ping/? 命令来查看。

（2）用 Ping 工具测试 TCP/IP 协议的工作情况。

使用 Ping 程序来验证计算机的配置和测试路由连接的一般步骤：

1）Ping 回环地址以验证 TCP/IP 已经安装且正确装入。

命令：Ping　127.0.0.1

2）Ping 工作站的 IP 地址以验证工作站是否正确加入，并检验 IP 地址是否冲突。

命令：Ping 工作站 IP 地址

3）Ping 默认网关的 IP 地址，以验证默认网关打开且在运行，验证你是否可以与本地网络通信。

命令：Ping 默认网关 IP 地址

4）Ping 远程网络上主机的 IP 地址以验证你能通过路由器进行通信。

命令：Ping 远程主机的 IP 地址

若直接运行第 4 步并获成功，则步骤 1~3 默认都成功。在配置 TCP/IP 的示例完成后，就可以进行 TCP/IP 的测试了，看上面列举的配置 TCP/IP 的示例是否成功。

从 Windows 桌面上依次单击“开始→附件→命令提示符”，进入 DOS 环境。然后，按照如下步骤进行测试：Ping 回环地址，以验证 TCP/IP 已经安装且正确加载。通过 127.0.0.1 发送数据时，数据直接由输出缓冲区传回到输入缓冲区，数据并没有离开本地主机，即输入命令 Ping 127.0.0.1，出现如图 4-6 所示的窗口。

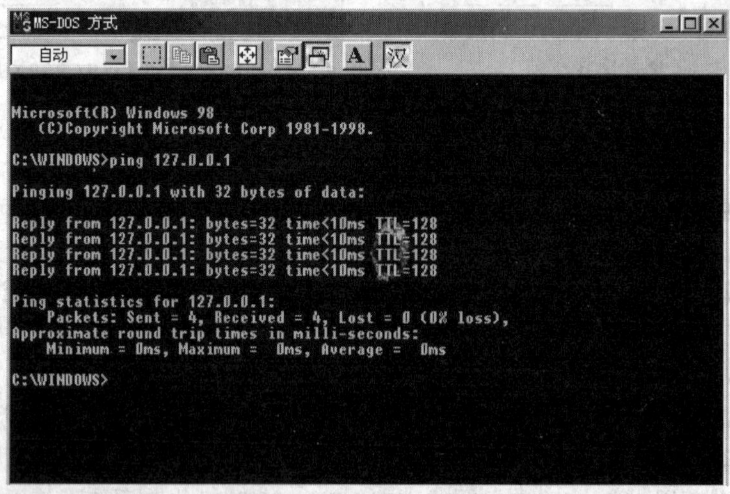

图 4-6　Ping 工具测试成功的示意图

以上返回了 4 个测试数据包，其中 bytes=32 表示测试中发送的数据包大小是 32 个字节，time<10ms 表示与对方主机往返一次所用的时间小于 10ms，TTL=128 表示当前测试使用的 TTL

（Time To Live）值为 128（系统默认值）。

如果测试不成功，则返回如图 4-7 所示的响应失败信息。

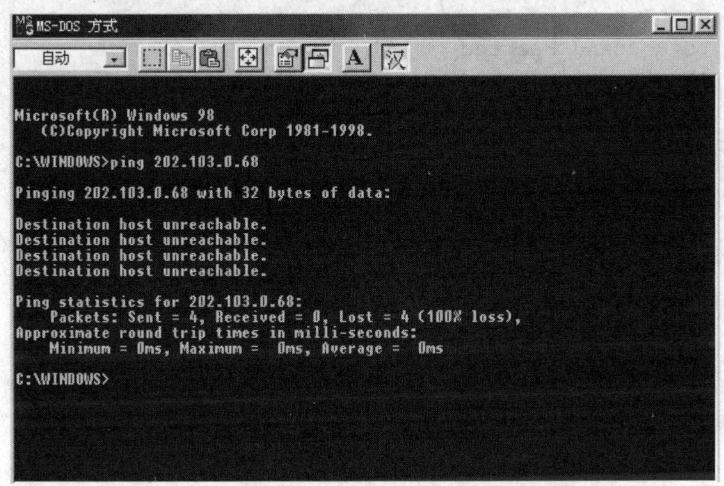

图 4-7　Ping 工具测试不成功的示意图

此时要认真分析故障出现在何处，一般可通过以下几个步骤进行：

1）被测试计算机的网卡安装是否正确。

2）被测试计算机是否已安装了 TCP/IP 协议。

3）被测试计算机的 TCP/IP 协议是否与网卡有效的绑定（可通过选择“开始→设备→控制面板→网络”来查看）。

如果通过以上步骤的检查还没有解决问题，建议重新安装和设置 TCP/IP 协议。

2. 测试 TCP/IP 协议配置工具 Ipconfig/Winipcfg

利用 Ipconfig 和 Winipcfg 工具可以查看和修改网络中的 TCP/IP 协议的有关配置，如 IP 地址、网关、子网掩码等。这两个工具在 Windows 95/98 中都能使用，功能基本相同，只是 Ipconfig 是以 DOS 的字符形式显示，而 Winipcfg 则用图形界面显示。在 Windows NT 中仅能使用 Ipconfig 工具。Ipconfig 工具的命令格式和应用。

Ipconfig 可运行在 Windows XP/2000 的 DOS 提示符下，其命令格式为：

　　Ipconfig　[/参数 l][/参数 2]……

其中两个最实用的参数为：

all：显示与 TCP/IP 协议相关的所有细节，其中包括主机名、结点类型、是否启用 IP 路由、网卡的物理地址、默认网关等。

Batch［文本文件名］：将测试的结果存入指定的文本文件中，以便于逐项查看。

其他参数可在 DOS 提示符下输入 Ipconfig/?命令来查看。

Ipconfig 是一个非常有用的工具，尤其当网络中设置的是 DHCP（动态 IP 地址配置协议）时，利用 Ipconfig 可以让用户很方便地了解到 IP 地址的实际配置情况。如果在客户端运行“Ipconfig　/all　/batch　wq.txt”后，打开 wq.txt 文件，将显示如下所示的内容，非常详细地显示了 TCP/IP 协议的有关配置情况。

```
Windows 98 IP Configuration
```

```
        Host Name . . . . . . . . . : LIUBING
        DNS Servers . . . . . . . . :
        Node Type . . . . . . . . . : Broadcast
        NetBIOS Scope ID. . . . . . :
        IP Routing Enabled. . . . . : No
        WINS Proxy Enabled. . . . . : No
        NetBIOS Resolution Uses DNS : No
0 Ethernet adapter :
        Description . . . . . . . . : PPP Adapter.
        Physical Address. . . . . . : 44-45-53-54-00-00
        DHCP Enabled. . . . . . . . : Yes
        IP Address. . . . . . . . . : 0.0.0.0
        Subnet Mask . . . . . . . . : 0.0.0.0
        Default Gateway . . . . . . :
        DHCP Server . . . . . . . . : 255.255.255.255
        Primary WINS Server . . . . :
        Secondary WINS Server . . . :
        Lease Obtained. . . . . . . :
        Lease Expires . . . . . . . :
1 Ethernet adapter :
        Description . . . . . . . . : Novell 2000 Adapter.
        Physical Address. . . . . . : 00-00-E8-58-5A-7E
        DHCP Enabled. . . . . . . . : No
        IP Address. . . . . . . . . : 192.168.0.1
        Subnet Mask . . . . . . . . : 255.255.255.0
        Default Gateway . . . . . . :
        Primary WINS Server . . . . :
        Secondary WINS Server . . . :
        Lease Obtained. . . . . . . :
        Lease Expires . . . . . . . :
```

3. 网络协议统计工具 Netstat

Netstat 同样是运行于 Windows 95/98/NT 的 DOS 提示符下。利用该工具可以显示有关统计信息和当前 TCP/IP 网络连接的情况，网络管理人员可以得到非常详尽的统计结果。当网络中没有安装网管软件，但要对网络的整体使用状况作详细了解时，该工具特别有用。Netstat 工具的命令格式为：

Netstat [-参数 1] [-参数 2]

其中主要参数有：

A：显示所有与该主机建立连接的端口信息。

E：显示以太网的统计信息，该参数一般与 S 参数共同使用。

N：以数字格式显示地址和端口信息。

S：显示每个协议的统计情况，这些协议主要有 TCP（Transfer Control Protocol，传输控制协议）、UDP（User Datagram Protocol，用户数据报协议）、ICMP（Internet Control Messages Protocol，网间控制报文协议）和 IP（Internet Protocol，网际协议），其中前三种协议一般平时很少用到，但在进行网络性能评析时却非常有用。其他参数可在 DOS 提示符下输入 netstat/? 命令来查看。

另外，在 Windows 95/98/NT 下还集成了一个名为 Nbtstat 的工具，此工具的功能与 Netstat

基本相同，如需要用户可通过输入 nbtstat/?来查看其主要参数和使用方法。

如果要统计局域网中的详细信息，可通过输入“netstat　-e　-s”来查看。

4.2.5　下一代的网际协议 IPv6

现在看来，当初 IP 地址的设计确实有不够合理的地方。例如，IP 地址中的 A 类至 C 类地址，可供分配的网络号超过 211 万个，而这些网络上可供使用的主机号的总数则超过 37.2 亿个。初看起来，似乎 IP 地址足够全世界来使用（在 20 世纪 70 年代初期 IP 地址的设计者就是这样认为的）。其实不然。第一，设计者没有预计到微型计算机会普及得如此之快，使得各种局域网和网上的主机数目急剧增长。第二，IP 地址在使用时有很大的浪费。例如，某单位申请到了一个 B 类地址。但该单位只有 1 万台主机。于是，在这个 B 类地址中的其余 5 万 5 千多个主机号就白白地浪费了。因为其他单位的主机是无法使用这些地址的。为此，在 l992 年 6 月就提出要制订下一代的 IP，即 IPng（IP Next Generation）。由于 IPv5 打算用作面向连接的网际层协议，因此 IPng 现正式称为 IPv6。1995 年以后陆续公布了一系列有关 IPv6 的协议、编址方法、路由选择以及安全等问题的 RFC 文档。IPv6 主要在以下几个方面进行扩充和改进：

（1）IPv6 把原来 IPv4 地址增大到了 128 位，其地址空间大于 3.4×10^{38}，是原来 IPv4 地址空间的 2^{96} 倍。如果整个地球表面（包括陆地和海洋）都覆盖计算机，那么 IPv6 允许每平方米拥有 7×2^{23} 个 IP 地址，这是从 IP 地址在地球表面的覆盖率来说。再从 IP 地址的分配空间来看，如果 IPv6 地址分配速率是每微秒分配 100 万个地址，则需要 10^{19} 年的时间才能将所有可能的地址分配完毕。从目前能够想像的实现领域来看，IPv6 的 IP 地址是不可能用完的。

（2）这种下一代的 IP 协议并不是完全抛弃了原来的 IPv4，且允许与 IPv4 在若干年内共存。它使用一系列固定格式的扩展首部取代了 IPv4 中可变长度的选项字段。

（3）IPv6 对 IP 数据报协议单元的头部与原来的 IPv4 相比进行了相应的简化，仅包含 7 个字段（IPv4 有 13 个），这样，数据报文经过中间的各个路由器时，各个路由器对其处理的速度加快，提高了网络吞吐率。

（4）IPv6 另一个主要的改善方面是在它的安全方面。在许多报纸和文章都看见过某军事机构网络被黑客入侵，某银行的钱款被人划进某人自己的账户等，所以 IPv6 从一开始就致力于提高网络的安全性，身份验证和隐私权是新 IP 的关键特性。

一般来讲，一个 IPv6 数据报的目的地址可以是以下三种基本类型地址之一：单播地址、多播地址和任播地址。单播地址是传统的点对点通信。多播地址是一个站点在发送数据时，属于同一个工作组的每一个计算机都能接收。在 IPv4 中采用的广播一词 IPv6 没有采用，而是将广播地址看作多播地址的一个特例。任意播送的目的地址是一个工作组地址，但它并不是将数据报发送给该工作组的每一成员，而是将数据报在交付时只交付给其中的一个，通常是距离最近的一个。例如，在与一组协作的文件服务器联系时，客户可以使用任意播送地址连上最近的一台服务器，而不必关心它具体是哪一台计算机。

IPv6 将实现 IPv6 的主机和路由器均称为结点，并将 IPv6 地址分配给结点上面的接口。一个接口可以有多个单播地址。一个结点接口的单播地址可用来惟一地标识该结点。

如同 IPv4 一样，IPv6 把一个地址与特定的网络连接（而不是与特定的计算机）相关联，因此一个 IPv6 路由器由于和两个或多个网络相连接因而具有两个或多个地址。为了地址分配和修改的方便，IPv6 允许给一个给定的网络指派多个前缀，也允许对一个主机的给定接口同时指派多个地址。

刚才提到了，IPv6 的一个显著特点是它的地址范围很广，但同时也给维护带来很多麻烦，主要体现在人们阅读和操纵这些地址上。例如用原来 IPv4 的“点－分”十进制来书写 IPv6 的 128 个比特的 IP 地址为：

255.254.0.12.0.0.0.0.12.0.0.0.0.0.0.12

这看起来非常复杂，为了使地址稍简洁些，IPv6 用“冒号十六进制”记法，它把每个 16 位的量用十六进制值表示，各量之间用冒号分隔。例如，如果前面所给的点分十进制数记法的值改为冒号十六进制记法，就变成了：

FFFE:000C:0000:0000:0C00:0000:0000:000C

另外，IPv6 还允许对这种冒号十六进制的地址记法进行压缩。

（1）一组中的前导零可以忽略不写。例如上面这个 IPv6 地址中的第二组 000C 可以直接写成 C，则该地址可压缩为：

FFFE:C:0:0:C00:0:0:C

（2）冒号十六进制记法还可以允许零压缩，即一串连续的零可以被一对冒号所取代，为了保证零压缩有一个不含混的解释，建议中还规定，在任一地址中，只能使用一次零压缩。该技术对已建议的分配策略特别有用，因为会有许多地址包含连续的零串。例如：上面这个 IPv6 地址可压缩为：

FFFE:C::C00:0:0:C

其次，冒号十六进制记法结合有点分十进制记法的后缀，这种结合在 IPv4 向 IPv6 的转换阶段特别有用。例如，下面的串是一个合法的冒号十六进制记法：

0:0:0:0:0:0:192.168.101.5

请注意，在这种记法中，虽然为冒号所分隔的每个值是一个 16 比特的量，但每个点分十进制部分的值则指明一个字节的值。再使用零压缩即可得出：

::192.168.101.5

4.3 Internet 的域名管理

4.3.1 域名系统概述

在用户与 Internet 上的某个主机通信时，IP 地址的“点－分”十进制表示法，虽然简单，但当要与多个 Internet 上的主机进行通信时，单纯数字表示的 IP 地址非常难于记忆，能不能用一个有意义的名称来给主机命名，而且它还有助于记忆和识别呢？于是就产生了“名称－IP 地址”的转换方案，只要用户输入一个主机名，计算机会很快地将其转换成机器能识别的二进制 IP 地址。例如：Internet 或 Intranet 的某一个主机，其 IP 地址为 192.168.0.1，按照这种域名方式可用一个有意义的名字“www.myweb.com”来代替。

早在 ARPANET 时代，整个网络仅有数百台计算机，这时使用了一个叫 Hosts 的文件，在其中列出了所有的主机名字和 IP 地址。Hosts 文件是一个纯文本文件，可用文本编辑器来处理。例如图 4-8 所示，主机名与 IP 地址的对应关系。

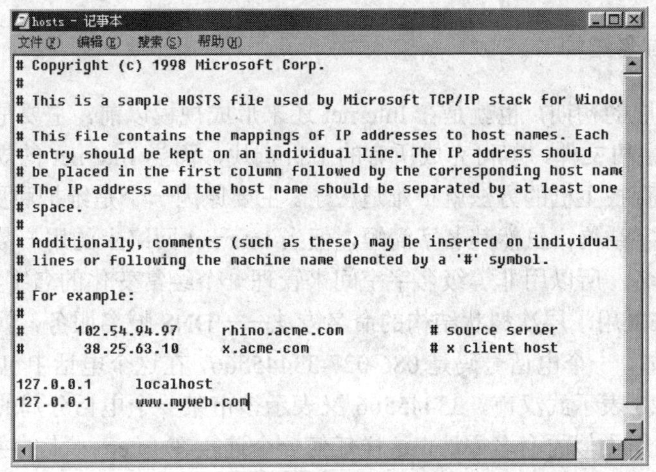

图 4-8　Hosts 的文件内容书写形式

只要在 Hosts 文件中建立了 IP 地址与主机名的对应关系后，则要与该主机通信（例如访问该主机的主页），直接用该主机名称即可。从图 4-8 中可以看出，localhost 和www.myweb.com 所对应的 IP 地址都是回送地址 127.0.0.1，所以在浏览器的地址栏输入 localhost、www.myweb.com和 127.0.0.1 都是等价的。但有一点要说明的是，不同的操作系统 Hosts 文件存放的目录是不同的。例如：在 Windows 2000 Server 和 Windows NT 中 Hosts 文件存放的目录为%System%\System32\Drivers\Etc（%System%表示为 Windows 2000 Server 和 Windows NT 的安装目录）；而在 Windows 98 中，文件名为 Hosts.sam，存放的目录是 C:\Windows，不过要使该功能生效还必须将 Hosts.sam 改名成 Hosts。

但 Hosts 文件的应用也存在着许多的不足，而且它仅适用于小型的网络。因为在大型网络中应用 Hosts 文件，必须将所有主机的 IP 地址及所对应的主机名都输入到 Hosts 文件中，并且还要求每一台上网的主机都要拥有这样一个 Hosts 文件，可以想象，这是一件多么烦琐的事情。另外，更可怕的是它的更新问题，当主机与 IP 地址的对应关系发生变化时，每台主机的 Hosts 文件也都必须随着更改，只有这样才能保持对应关系的一致性。

Hosts 文件正是由于上面所述的种种不足，从而引出另一种解决方式——域名系统(DNS)，并且得到了广泛的应用。域名系统是一种基于分布式数据库系统，并采用客户/服务器模式进行主机名称与 IP 地址之间的转换。通过建立 DNS 数据库，记录主机名称与 IP 地址的对应关系，并驻留在服务器端为处于客户端的主机提供 IP 地址的解析服务。例如，本地的主机为 k1.whpu.com，要与其进行通信的目的主机为 m1.whpu.com，若当两台主机处于一个网络段时，本地主机会向本网络段的 DNS 服务器询问目的主机的 IP 地址，DNS 服务器就可以直接从数据库中读取 m1.whpu.com 的 IP 地址，然后传送给本地主机。若两个主机属不同的网络段时，则当本地主机向 DNS 服务器询问目的主机的 IP 地址时，由于该 DNS 服务器中没有该目的主机的 IP 地址，因此该 DNS 服务器就向外网络段的 DNS 服务器发出 IP 地址解析请求。这样 DNS 服务器使大量地址解析工作在本地进行，仅有少量的映射需要在 Internet 上通信，而且 DNS 服务器也是可靠的，即使某个提供 DNS 服务的计算机出现故障，也不会妨碍系统的正常运行。这种主机名到 IP 地址的映射是由若干个 DNS 服务器程序完成的。DNS 服务器程序在专设的结点上运行，因此，人们也把运行 DNS 服务器程序的计算机称为域名服务器。

4.3.2 DNS 域名结构

在广域网络发展的初期，也就是在 Internet 还未形成规模以前，主要是通过在网络中发布一个统一的 Hosts 主机文件，就可完成所有的主机查找，而当 Internet 的规模越来越大以后，这种使用主机文件查找主机的方法就很难适应了。主要原因一个是维护和更新困难，另一个是它使用非等级的名字结构，虽然其名字简短，但当 Internet 网络上的用户数急剧增加时，由于要控制主机不能重名，所以用非等级名字空间来管理一个经常变化的名字集合是非常困难的。因此，Internet 后来采用了层次树状结构的命名方法——DNS 域名服务，就像全球邮政系统和电信系统一样。例如，一个电话号码是 086-027-33445566，在这个电话中包含着几个层次：086 表示中国，区号 027 表示武汉市，33445566 又表示该市某一个电话分局的某一个电话号码。同样，Internet 也采用类似的命名方法，这样任何一个连接在 Internet 上的主机或路由器，都有一个惟一的层次结构名字即域名。这里的“域”（Domain）是名字空间中一个可被管理的划分。域名只是个逻辑上的概念，并不反映计算机所在的物理地点。

DNS 数据库的结构如同一棵倒树，它的根位于最顶部，紧接着在根的下面是一些主域，每个主域又进一步划分为不同的子域。由于 InterNIC 负责管理世界范围的 IP 地址分配，这样它也就管理着整个域结构，整个 Internet 的域名服务都是由 DNS 来实现的，与文件系统的结构类似，每个域都可以用相对的或绝对的名称来标识，相对于父域来表示一个域可以用相对域名，绝对域名指完整的域名，主机名指为每台主机指定的主机名称，带有域名的主机名叫全称域名。

如图 4-9 所示，这是整个 Internet 的域结构图。最高层次是顶级域又叫主域，它的下面是子域，子域下面可以有主机，也可以再分子域，直到最后是主机。要在整个 Internet 上识别特定的主机，必须用全称域名，例如：www.microsoft.com。

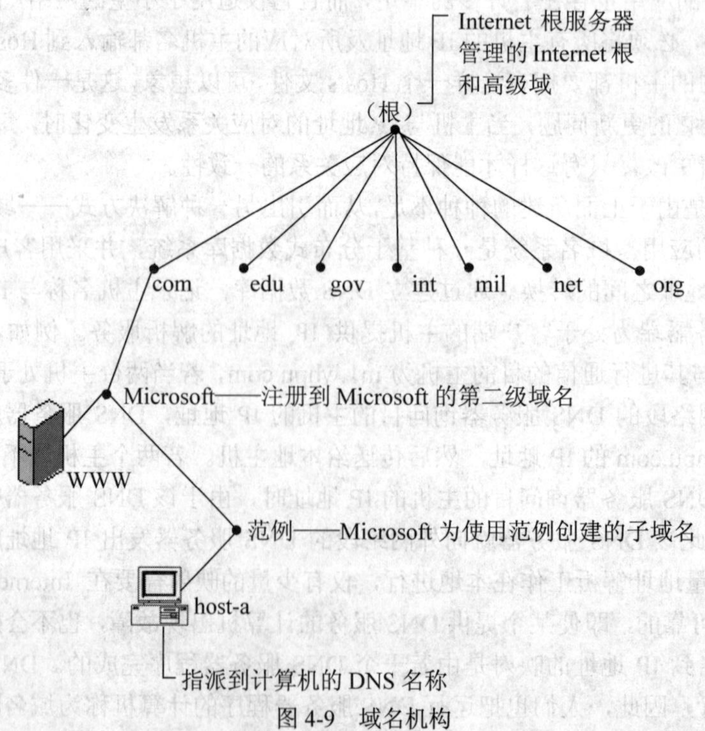

图 4-9 域名机构

顶级域名常见的有两类：

（1）国家级顶级域名。例如：CN 表示中国；UK 表示英国；AU 表示澳大利亚等。

（2）通用的顶级域名。例如：COM 表示商业机构；EDU 表示美国教育机构；NET 表示网络管理机构；ORG 表示社会团体；MIL 表示美国军队部门；GOV 表示美国政府部门。

由于 Internet 上用户的急剧增加，现在又增加了 7 个通用的顶级域名，即：

- FIRM：表示公司企业
- SHOP：表示销售公司和企业
- WEB：表示突出万维网络活动的单位
- ARTS：表示突出文化、娱乐活动的单位
- REC：表示突出消遣、娱乐活动的单位
- INFO：表示提供信息服务的单位
- NOW：表示个人

在国家顶级域名下注册的二级域名均由该国家自行确定。我们国家将二级域名划分为“类别域名”和“行政区域名”两大类。其中，类别域名 6 个，分别是：

- AC：表示科研机构
- COM：表示工、商、金融等企业
- EDU：表示教育机构
- GOV：表示政府部门
- NET：表示互联网络、接入网络的信息中心和运行中心
- ORG：表示各种非盈利性组织

行政区域名 34 个，适用于我国的省、自治区、直辖市。例如：bj 为北京市；sh 为上海市；hb 为湖北省等。

4.3.3　DNS 的设置

DNS 的设置分为两个部分来完成，一个是服务器端的设置，另一个是客户端的设置。服务器端的设置将在第 5 章的有关章节介绍，在本节中仅说明客户端（即工作站）上的 DNS 设置方法。

在工作站上设置 DNS 可以使得 DNS 服务器为工作站解析网络上其他主机的名称，从而获得其他主机的 IP 地址，另外，若 DNS 服务器对 DNS 工作站进行了主机名称的注册，则可以为网络上的其他主机解析该工作站的主机名称，提供该主机的 IP 地址。

在 Windows XP 中 DNS 的设置方法与设置 IP 地址相同，也在“Internet 协议（TCP/IP）属性”对话框中，如图 4-10 所示选择“使用下面的 DNS 服务器地址”单选按钮，并指定“首选 DNS 服务器”和“备用 DNS 服务器”。也可以单击其中的“高级”按钮，打开“高级 TCP/IP 设置”中的 DNS 选项卡，如图 4-11 所示，对 DNS 服务器地址进行添加、编辑和删除。

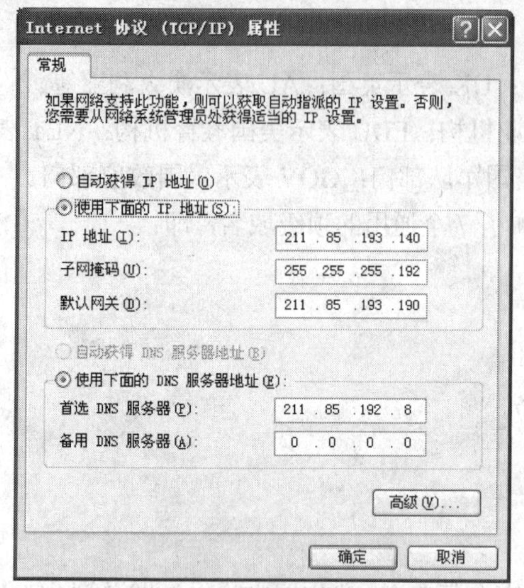

图 4-10　DNS 服务器地址设置

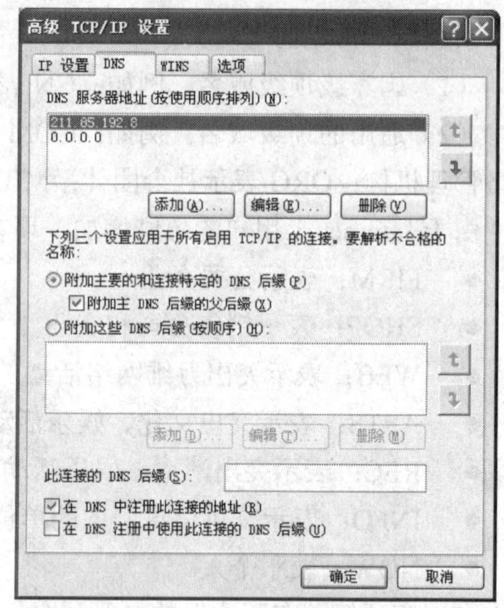

图 4-11　DNS 服务器设置

4.4　计算机网络安全

4.4.1　网络安全概述

计算机的应用使机密和财富高度集中于计算机，计算机网络的应用使这些机密和财富随时受到连网的计算机用户攻击的威胁。所谓的“黑客”，是指以各种非法手段企图渗入计算机网络的人。由于只需有一台微机和一个调制解调器（Modem），通过电话线就可以连接到网上，黑客们在家里就可以随时尝试非法侵入某个计算机网络。国外有许多“黑客俱乐部”，并且有黑客出版的杂志，公开交流“黑客”经验。有的黑客甚至在会议上公开宣称，世界上任何一个计算机网络都被人非法入侵过。事实上，美国五角大楼也无法避免被黑客攻击。

对于普通的拨号上网用户来说，最关心的还是自己计算机上的文件资料是否会被黑客窃取或被破坏。那么黑客们是如何侵入到别人计算机内的？这涉及到一种特洛伊木马程序。

木马程序泛指那些内部包含有为完成特殊任务而编制的代码的程序，而这些特殊代码一般处于隐藏方式，执行时不为人发觉，而其功能完全和程序所标称的功能无关。目前最有名的木马程序是 Back Orifice。

4.4.2　防火墙

防火墙是用来连接两个网络并控制两个网络之间相互访问的系统，它包括用于网络连接的软件和硬件以及控制访问的方案。通常在 Internet 和 Intranet 之间安装防火墙，对进出的所有数据进行分析，并对用户进行认证，从而防止有害信息进入受保护的网络，保护 Intranet 的安全。

防火墙是一类防范措施的总称。这类防范措施简单的可以只用路由器实现，复杂的可以用主机甚至一个子网来实现。它可以在 IP 层设置屏障，也可以用应用层软件来阻止外来攻击。

防火墙的主要功能如下：

（1）过滤不安全服务和非法用户，禁止未授权的用户访问受保护网络。

（2）控制对特殊站点的访问。防火墙可以允许受保护网的一部分主机被外部网访问，而另一部分被保护起来，防止不必要的访问。如受保护网中的 Mail、FTP、WWW 服务器等可被外部网访问，而其他访问则被主机禁止。有的防火墙同时充当对外服务器，而禁止对所有受保护网内主机的访问。

（3）提供监视 Internet 安全和预警的方便端点。防火墙可以记录下所有通过它的访问并提供网络使用情况的统计数据。

防火墙并非万能，影响网络安全的因素很多，对于以下情况它无能为力：

（1）不能防范绕过防火墙的攻击。例如，如果允许从受保护的 Intranet 内部不受限制地向外拨号，一些用户可以形成与 Internet 的直接 SLIP 或 PPP 连接，从而绕过防火墙，造成一个潜在的受攻击渠道。

（2）一般的防火墙不能防止受到病毒感染的软件或文件的传输。因为现在存在的各类病毒、操作系统以及加密和压缩二进制文件的种类太多，以致于不能指望防火墙逐个扫描每个文件查找病毒。

（3）不能防止数据驱动式攻击。当有些表面看来无害的数据被邮寄或复制到 Internet 主机上并被执行而发起攻击时，就会发生数据驱动式攻击。例如，一种数据驱动的攻击可以造成一台主机修改与安全有关的文件，从而使入侵者下一次更容易入侵该系统。

（4）难以避免来自内部的攻击。俗话说“家贼难防”，内部人员的攻击根本就不经过防火墙。

总之，防火墙只是一种整体安全防范策略的一部分。这种安全策略必须包括全面的安全准则，即网络访问、当地和远程用户认证、拨出拨入呼叫、磁盘和数据加密以及病毒防护等有关的安全策略。网络易受攻击的各个结点必须以相同程度的安全措施加以保护。在没有全面的安全策略的情况下设立 Internet 防火墙，就如同在一顶帐篷上装置一个防盗门。

1. 防火墙的三种类型

一般说来，只有在 Intranet 与外部网络连接时才需要防火墙，当然，在 Intranet 内部不同的部门之间的网络有时也需要防火墙。不同的连接方式和功能对防火墙的要求也不一样，为了满足各种网络连接的要求，目前防火墙按照防护原理可以分为三种类型，每类防火墙保护 Intranet 的方法各不相同。

（1）网络级防火墙。网络级防火墙也称包过滤防火墙，通常由一个路由器或一台充当路由器的计算机组成。Internet/Intranet 上的所有信息都是以 IP 数据包的形式传输的，两个网络之间的数据传送都要经过防火墙。包过滤路由器对所接收的每个数据包进行审查，以便确定其是否与某一条包过滤规则匹配。包过滤规则基于可以提供给 IP 转发过程的包头信息。包头信息中包括 IP 源地址、IP 目标地址、内装协议（ICP、UDP、ICMP 或 IPTunnel），TCP/UDP 目标端口、ICMP 消息类型、包的进入接口和送出接口。如果有匹配并且规则允许转发的数据包，那么该数据包就会按照路由表中的信息被转发。如果有匹配并且规则拒绝转发的数据包，那么该数据包就会被丢弃。如果没有匹配规则，用户配置的缺省参数会决定是转发还是丢弃数据包。到达路由器的数据包可以包含电子邮件传送、HTTP 或 FTP 服务请求、Telnet 登录请求等，网络级路由器能够识别每种请求类型并执行相应的操作。例如可以配置自己的路由器，只允许

Internet用户对Intranet进行HTTP访问，而不允许FTP。

包过滤防火墙是一种基于网络层的安全技术，对于应用层上的黑客行为无能为力。这一类的防火墙产品主要有防火墙路由器、在充当路由器的计算机上运行的防火墙软件等。

（2）应用级防火墙。应用级防火墙通常指运行代理（Proxy）服务器软件的一台计算机主机。采用应用级防火墙时，Intranet与Internet间是通过代理服务器连接的，二者不存在直接的物理连接，一个网络的数据通信不会出现在另一个网络上。代理服务器的工作就是把一个独立的报文拷贝从一个网络传输到另一个网络。这种防火墙有效地隐藏了连接源的信息，防止Internet用户窥视Intranet内部的信息。由于代理服务器能够理解网络协议，因此，可以配置代理服务器控制内部网络需要的服务。例如可以指示代理服务器允许FTP文件上载，不允许文件下载。目前的HTTP，Telnet，FTP，POP3和Gopher等服务可使用一个代理服务器实现。

建立了应用级代理服务器后，用户必须利用支持代理操作的相应客户端软件。网络设计者开发的许多TCP/IP协议（如HTTP）都支持代理服务。大多数浏览器都可指定代理服务器。但有些协议本身并不直接支持代理服务，这时可以选用SOCKS代理，因为多数网络访问都是建立在SOCKS基础之上。当然客户端最好配备支持代理服务的软件，幸运的是目前的绝大多数客户端软件都支持代理服务。

这种方式的防火墙把Intranet与Internet物理地隔开，能够满足高安全性的要求。但由于该软件必须分析网络数据包并作出访问控制决定，从而影响网络的性能。如果计划选用应用级防火墙，最好选用最快的计算机运行代理服务器。

（3）电路级防火墙。电路级防火墙也称电路层网关，是一个具有特殊功能的防火墙，它可以由应用层网关来完成。电路层网关只依赖于TCP连接，并不进行任何附加的包处理或过滤。

比如通过防火墙进行的Telnet连接的操作，电路级防火墙简单地中继Telnet连接，并不做任何审查、过滤或Telnet协议管理。电路层网关就像电线一样，只是在内部连接和外部连接之间来回拷贝字节。但是由于连接要穿过防火墙，其隐藏了受保护网络的有关信息。

电路层网关通常用于向外连接，内部用户访问Internet几乎感觉不到防火墙的存在。它与堡垒主机相配合可以被设置成混合网关，对于向内的连接支持应用层服务，而对于外连接支持电路层功能。这种防火墙系统对于要访问Internet服务的内部用户来说使用起来很方便，同时又能提供保护内部网络免于外部攻击的防火墙功能。

与应用级防火墙相似，电路级防火墙也是代理服务器，只是它不需要用户配备专门的代理客户应用程序。另外，电路级防火墙在客户与服务器间创建了一条电路，双方应用程序都不知道有关代理服务的信息。

上述三种类型的防火墙是按照工作原理来进行划分的，但并不是说这三种类型的防火墙只能独立使用，相反地，可以把两种以上类型的防火墙工作方式应用到一个防火墙方案中，以实现更好的安全性和可靠性。

2. 防火墙的结构

构建防火墙系统的目的是为了最大程度地保护Intranet的安全，前面提到的防火墙的三种类型也是各有优缺点。将它们正确地组合使用，形成了目前流行的三种防火墙结构。

（1）双宿主机网关。如图4-12所示，这种配置是用一台装有两个网络适配器的双宿主机做防火墙。这两个网络适配器中一个是网卡，另一个根据与Internet的连接方式可以是网卡、调制解调器或 ISDN 卡等。网卡与 Intranet 相连，而另一个适配器与 Internet 相连。双宿主机用两个网络适配器分别连接两个网络，又称堡垒主机。堡垒主机上运行着防火墙软件，可以转发应用程序、提供服务等。双宿主机网关的一个致命弱点是：一旦入侵者侵入堡垒主机并使其仅具有路由功能，则任何网上用户均可以随便访问内网。

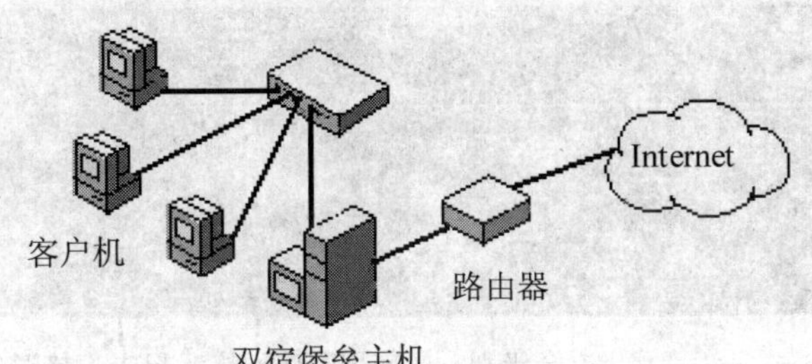

图 4-12　幕后主机网关（双宿堡垒主机）

（2）屏蔽主机网关。屏蔽主机网关易于实现也很安全，因此应用广泛。它有两种类型，其一是单宿堡垒主机型，一个包过滤路由器连接外部网络，同时一个单宿堡垒主机安装在内部网络上。单宿堡垒主机只有一个网卡，并与内部网络连接，如图 4-13 所示。通常在路由器上设立过滤规则，并使这个单宿堡垒主机成为从 Internet 惟一可以访问的主机，这确保了内部网络不受未被授权的外部用户的攻击。而 Intranet 内部的客户机，可以受控地通过屏蔽主机和路由器访问 Internet。

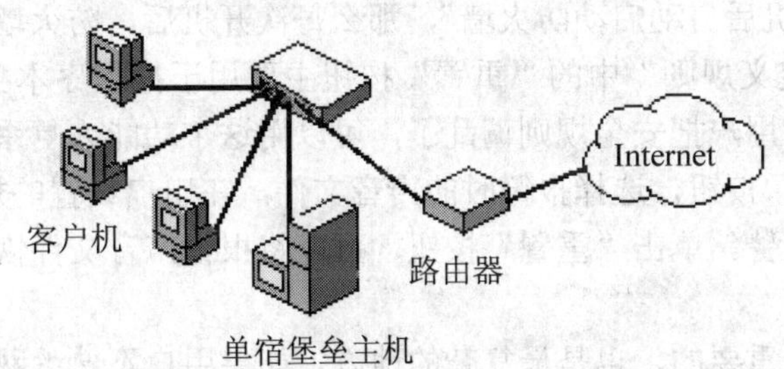

图 4-13　幕后主机网关（单宿堡垒主机）

双宿堡垒主机型与单宿堡垒主机型的区别是，堡垒主机有两块网卡，一块连接内部网络，一块连接路由器，如图 4-12 所示。双宿堡垒主机在应用层提供代理服务，与单宿型相比更加安全。

前面介绍的几种防火墙结构可根据应用需求来选用合适的方式。目前市面上的防火墙产品种类很多，既有软件产品，也有硬件产品，还有软硬件结合产品。可根据 Intranet 的规模和业务量选用合适的产品，来构建自己的防火墙系统。

4.4.3　构建个人防火墙

对于广大的个人用户，使用网关、路由器等设备来保护个人的计算机一般说来是不太可能的。因此，个人用户只能使用应用级防火墙。这种防火墙一般都是使用包过滤和协议过滤等技术实现的，能有效地防止用户数据直接暴露在 Internet 中，并记录主机和 Internet 数据交换的情况，从而保证了用户的安全。下面以“天网防火墙”为例来介绍如何构建个人防火墙。

“天网防火墙”能有效地防止黑客入侵，抵御来自外部网络的攻击，保证内部系统的资料不被盗取；在防止不法分子入侵的同时，“天网防火墙”还能保证用户安全高速地访问全球公共资源。天网防火墙可以从很多网站（例如 http://www.sky.net.cn/）下载，而且其安装也非常简单。当安装成功并重新启动计算机后，启动天网防火墙，如图 4-14 所示。

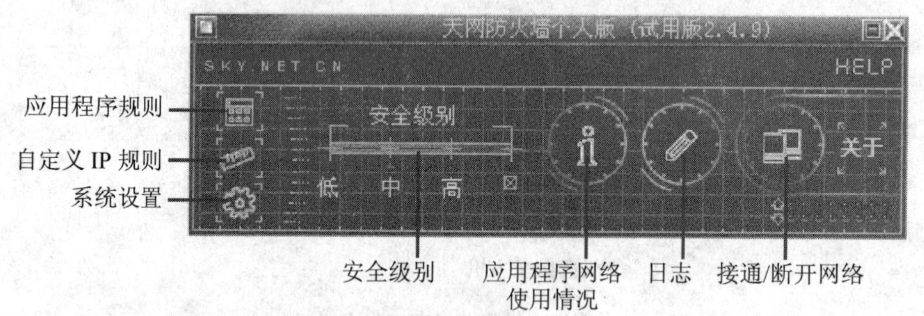

图 4-14 天网防火墙主界面

在天网防火墙的主界面中有一些按钮，主要包括：应用程序规则、自定义 IP 规则、系统设置、安全级别、应用程序网络使用情况、日志、接通/断开网络等。

1. 天网防火墙的设置

在使用天网防火墙时，用户应该根据计算机的配置和使用情况灵活地配置防火墙，使之适合用户的使用规则，使防火墙的效率达到最高。天网防火墙的常规设置如下：

（1）单击主界面上的“系统设置”按钮，出现系统设置对话框，如图 4-15 所示。

（2）若选择“开机后自动启动防火墙”，那么每次开机后，防火墙会自动启动。

（3）“防火墙自定义规则”中的“重置”按钮主要用于把程序本身所提供的默认规则覆盖掉当前的规则。如果用户把安全规则调乱了，可以用这个功能恢复系统默认规则。

（4）单击“浏览”按钮，选择报警时的声音文件，在用户设置的规则中有报警设置时，将会以这个声音文件报警。单击“重置”按钮，可以将报警声音文件恢复成系统默认文件。

2. 安全规则设置

安全设置是系统最重要的，也是最复杂的地方。如果用户不熟悉网络，最好不要调整它，而是直接使用程序设计好的默认规则。但是，如果用户熟悉网络，可以非常灵活地设计适合的使用规则。

（1）启动天网防火墙。

（2）单击主界面上的“自定义 IP 规则”图形按钮，打开如图 4-16 所示的对话框。这里列出了所有规则的名称，该规则所对应的数据包的方向，该规则所控制的协议。在列表的左边为该规则是否有效的标志，如果标记为勾表示规则有效，否则表示无效。

（3）用户可以单击“自定义 IP 规则”后面的按钮来完成增加、修改、删除、保存 / 应用、上移、下移等操作。按钮图标的具体说明如图 4-17 所示。

有些用户可能要在计算机上设置特殊的防护措施来防止一些黑客的特殊攻击手段，天网防火墙可以为用户添加新的规则。

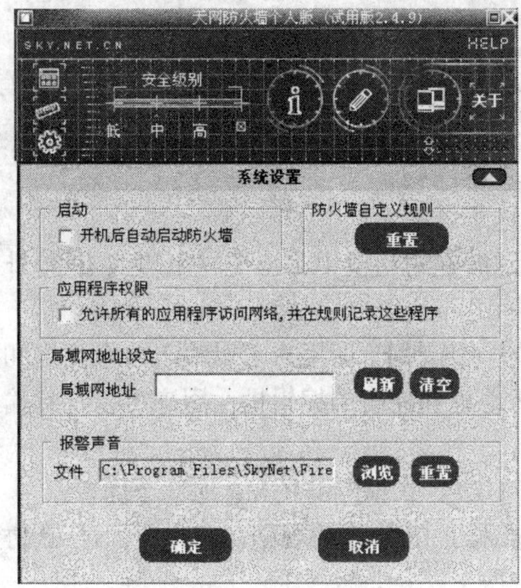

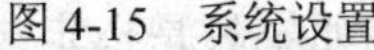

图 4-15　系统设置

图 4-16　自定义 IP 规则

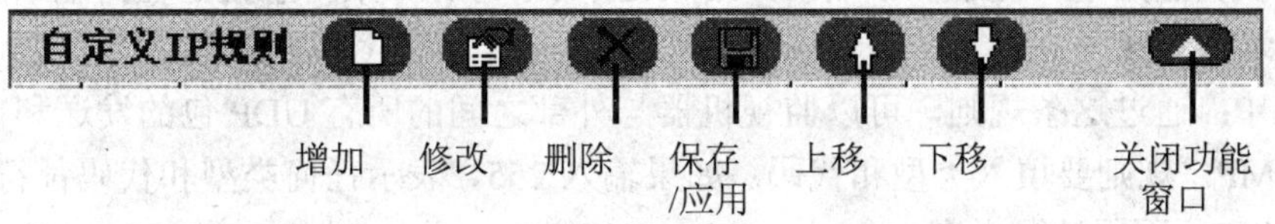

图 4-17　工具条的使用

（1）从图 4-16 所示的列表框中选择要修改的规则，然后，单击工具条上的“修改”按钮，出现如图 4-18 所示的“IP 规则修改”对话框。

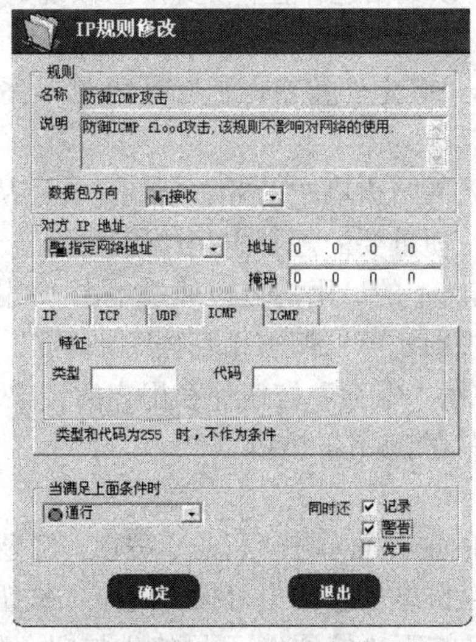

图 4-18　IP 规则修改

（2）首先输入规则的“名称”和“说明”，以便于查找和阅读。

（3）通过“数据包方向”列表框，选择该规则来决定对进入计算机的数据包还是输出计算机的数据包有效，用户可以选择“接收”、“发送”和“接收或发送”三种规则。

（4）通过“对方的IP地址”框，用户可以确定选择数据包从哪里来或是到哪里去，有4种设置。

- 任何地址：指数据包从任何地方来，都适合本规则。
- 局域网网络地址：指数据包来自和发向本地局域网。
- 指定地址：用户可以自己输入一个地址，这时在对话框中将出现一个输入IP地址的编辑框，用户可以在此输入IP地址。
- 指定的网络地址：用户可以设置一个连续的网络地址，即用户可以输入一个网络和掩码，这时，在对话框中将出现一个输入IP地址和掩码的编辑框，用户可以在此输入IP地址和掩码。

（5）设置该规则所对应的协议，有IP、TCP、UDP、ICMP和IGMP这5个面板。

- IP：协议不用填写内容，注意，如果用户录入了IP协议的规则，一定要保证IP协议规则的最后一条的内容是对方地址。
- TCP：协议要填入本机的端口范围和对方的端口范围，如果只是指定一个端口，那么可以在起始端口处录入该端口，结束处，录入0。如果不想指定任何端口，只要在起始端口都录入0。
- UDP：通过这条规则，可以监视机器与外部之间的所有UDP包的发送和接受过程。
- ICMP：规则要填入类型和代码。如果输入255，表示任何类型和代码都符合本规则。
- IGMP：不用填写内容。

（6）设置对数据包采取的行动。

- 通行：指让该数据包畅通无阻地进入或输出。
- 拦截：指让该数据包无法进入或输出。
- 继续下一规则：指不对该数据包作任何处理，由该规则的下一条规则来确定对该包的处理。

（7）当设置完毕后，单击“确定”按钮，返回到如图4-16所示的“自定义IP规则”的界面。

在图4-16所示的界面中，天网防火墙中的各种规则是按照从上而下的顺序依次起作用的，用户可以自行调整规则的次序，使重要的规则先起作用。

（1）由于规则判断是由上而下的，用户可以通过单击“规则上下移动”按钮调整规则的顺序（注意：只有相同协议的规则才可以调整相互顺序）。

（2）当调整好顺序后，可按“保存”按钮保存用户的修改。当规则增加或修改后，为了让这些规则生效，还要单击“保存/应用”按钮。

3. 其他设置

（1）日志。在天网防火墙的主界面单击“日志”按钮，将显示日志记录，如图4-19所示。用户可单击“保存”按钮来保存日志信息，也可按“清空”按钮清空日志。

（2）接通/断开网络连接。按下“接通/断开网络”按钮，那么用户的计算机就完全与网络断开了，就好像拔下了网线一样。没有任何人可以访问用户的计算机，并且用户也不可以访问网络。

（3）应用程序网络状态。按下“应用程序网络状态”按钮，打开应用程序网络状态的窗口，如图 4-20 所示，以显示当前用户的计算机上应用程序所使用的协议及所占用端口的情况。

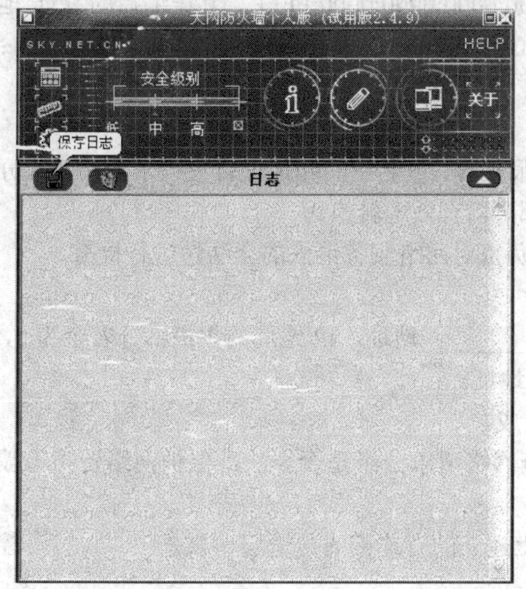

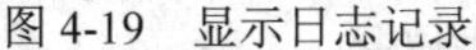
图 4-19　显示日志记录

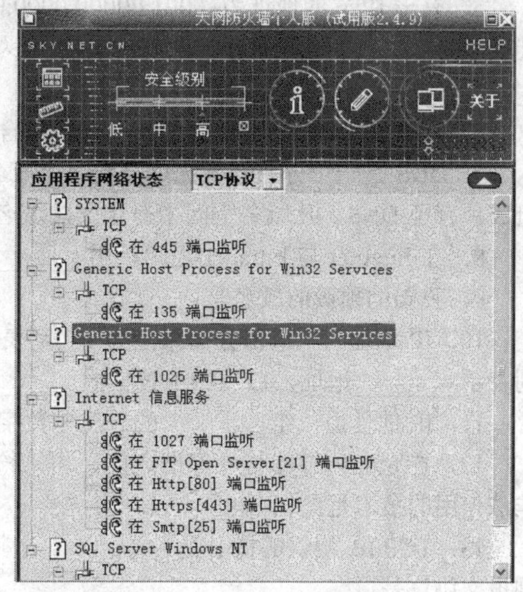

图 4-20　应用程序网络状态

本章小结

本章首先介绍了一些关于广域网的基础知识，使读者对于广域网的形成以及如何划分有一个明确的认识。同时对广域网所使用的 TCP/IP 协议作了比较详细的介绍，如 IP 地址的分类、子网的划分、实际应用中如何对 TCP/IP 协议进行安装设置，以及如何对 TCP/IP 协议进行测试，这些都是在实际的网络管理中经常会遇到的。另外，在本章还介绍了在广域网中对域名是如何进行管理的，即在网络的实际通信中使用的是 IP 地址，但其非常难以记忆，所以采用一种有意义的名字来代替（叫做域名），这样就存在一种从域名到 IP 地址的转换关系，这种转换是由 DNS 服务器来完成的，在后续章节中会介绍构建 DNS 服务器的方法。最后，在本章还介绍了计算机网络的安全，即如何保护网络内部的安全。

习题四

一、填空题

1．在子网掩码为 255.255.255.192 的 202.115.203.0 IP 网络中，最多可分割成________个子网，每个子网内最多可连接________台主机。

2．某一网络的子网掩码是 255.255.224.0，其对应的网络前缀是________。

3．一个以太网数据帧中的数据部分的最小长度是________，最大长度是________。在 IP 数据报中首部长度字段的最小值是________，最大值是________。

4．没有子网情况下，IP 地址为 170.122.18.36，它属于________类网络；网络 ID 是________；

主机 ID 是________，子网掩码是________。

5．有一 IPv6 的地址为：0012:0000:0000:0000:0000:0000:0000:FFFF，其压缩后的 IPv6 地址表示为：________。如有一个 IPv4 的地址为 202.115.203.22，其用 IPv6 的地址方法表示为：________。

6．TCP 和 UDP 报头有________字段包含在 TCP 头中而不包含在 UDP 头中。

7．DNS 是一个分布式数据库系统，由域名服务器、域名空间和地址转换请求程序三部分组成。有了 DNS，凡域名空间中有定义的域名都可以有效地转换为________。

8．在 Internet 与 Intranet 之间，由________负责对网络服务请求的合法性进行检查。

9．我国的顶级的域名是________。

10．IP 地址的主机部分如果全为 1，则表示________地址，IP 地址的主机部分若全为 0，则表示________地址，127.0.0.1 被称做________地址。

11．IP 地址由一组________的二进制数字组成。

12．在企业内部网与外部网之间，用来检查网络请求分组是否合法，保护网络资源不被非法使用的技术是：________。

13．TCP/IP 协议的核心是________，在其上建立的有连接的传输层协议是________，控制报文协议是________。

14．在以太局域网中，将以太网地址映射为 IP 地址的协议是________。

15．当数据报在物理网络中进行传输时，IP 地址被转换成________地址。

二、选择题

1．下面（ ）不是 C 类地址。

A．211.85.193.10　　B．192.85.193.60
C．224.24.193.67　　D．223.98.254.222

2．以下各项中，不是数据报操作特点的是（ ）。

A．每个分组自身携带有足够的信息，它的传送是被单独处理的
B．在整个传送过程中，不需建立虚电路
C．使所有分组按顺序到达目的端系统
D．网络节点要为每个分组做出路由选择

3．一个网络有几个子网，其中的一个已经分配了子网掩码 211.85.193.54/28，试问下列网络前缀中的（ ）不能再分配给其他的子网。

A．211.85.193.10/27　　B．211.85.193.60/29
C．211.85.193.80/28　　D．211.85.192.1/26

4．某单位分配一个 B 类地址，计划将内部分成 16 个子网，将来还要增加 12 个子网，每个子网的主机数接近 800 台，其可行的掩码方案是（ ）。

A．255.255.248.0　　B．255.255.252.0
C．255.255.254.0　　D．255.255.255.0

5．IP 地址中的网络号部分用来识别（ ）。

A．路由器　　B．主机　　C．网卡　　D．网段

6．检查网络连通性的应用程序是（ ）。

A．PING　　B．ARP　　C．BIND　　D．DNS

7．一个 C 类地址，最多能容纳的主机数目为（　）。

A．64516　　B．254　　C．64518　　D．256

8．如果接收端的 IP 的数据部分，封装的是 TCP 和 UDP 数据报。IP 是通过报文的（　）部分来判断用 TCP 还是 UDP 来解析。

A．TCP 的首部　　B．UDP 的首部

C．IP 的标识字段　　D．IP 的协议字段

9．合法的 IP 地址是（　）。

A．202.256.11.234　　B．211:231:34:22

C．211.85.193.152　　D．202.102.68

10．下列 IP 地址中属于 A 类地址的是（　）。

A．126.87.1.20　　B．191.100.100.100

C．203.120.10.10　　D．127.0.0.1

11．当前 IPv4 采用的 IP 地址位数是（　）。

A．16 位　　B．32 位　　C．64 位　　D．128 位

12．通常路由器不进行转发的网络地址是（　）

A．101.1.32.7　　B.192.178.32.2　　C．172.16.32.1　　D.172.35.32.244

13．IP 地址 127.0.0.1 是一个（　）地址。

A．A 类　　B．B 类　　C．C 类　　D．测试

14．使用缺省的子网掩码，IP 地址 201.100.200.1 的主机网络编号和主机编号分别是（　）。

A．201.0.0.0 和 100.200.1　　B．201.100.0.0 和 200.1

C．201.100.200.0 和 1　　D．201.100.200.1 和 0

15．C 类地址的缺省子网掩码是（　）。

A．255.255.255.128　　B．255.255.255.0

C．255.255.0.0　　D．255.0.0.0

三、判断题

（　）1．127.120.113.22 是 B 类地址。

（　）2．DNS 是主机名到 MAC 地址的转换。

（　）3．防火墙只能用路由设备来实现。

（　）4．127.0.0.12 不是 A 类地址，是回传地址。

（　）5．在数据链路层上的网络互联设备称为交换机。

（　）6．IPv6 的 IP 地址是 128 位的。

（　）7．防火墙是一类防范措施的总称。

（　）8．主机名到 IP 地址转换从一开始就使用 DNS。

（　）9．子网掩码是一个 48 位地址。

（　）10．默认网关是指与远程网络互联的路由器的 IP 地址。

四、思考题

1．网络互联的意义以及网络互联所要解决的主要问题有哪些？

2．请辨别以下IP地址属于哪一类网络地址，并写出其网络ID和主机ID各为多少？

（1）192.168.0.25

（2）12.129.15.185

（3）120.156.78.68

3．某单位分配到一个B类IP地址，其网络地址为：130.25.0.0，该单位有1万台左右的计算机，并且分布在16个不同的地点，每个地点的计算机大致相同，试给每一个地点分配一个子网号码，并给出每个地点主机号码的最大值和最小值。

4．如何测试你的计算机已经正确地安装了TCP/IP协议？

5．Internet中DNS的域名结构是如何进行划分的？

6．在数据链路层中使用硬件地址、网际层中使用IP地址、运输层中使用端口地址，请说明这几种地址各是多少位的地址？以及这几种地址在网络数据传输中的各自作用。

7．某单位局域网通过Internet服务提供商提供的宽带线路与Internet相连，Internet服务提供商分配的公网 IP 地址为 202.117.12.32/29，局域网中一部分计算机通过代理服务器访问Internet，而另一部分计算机不经过代理服务器直接访问Internet，其网络连接方式与相关的网络参数如图4-21所示。

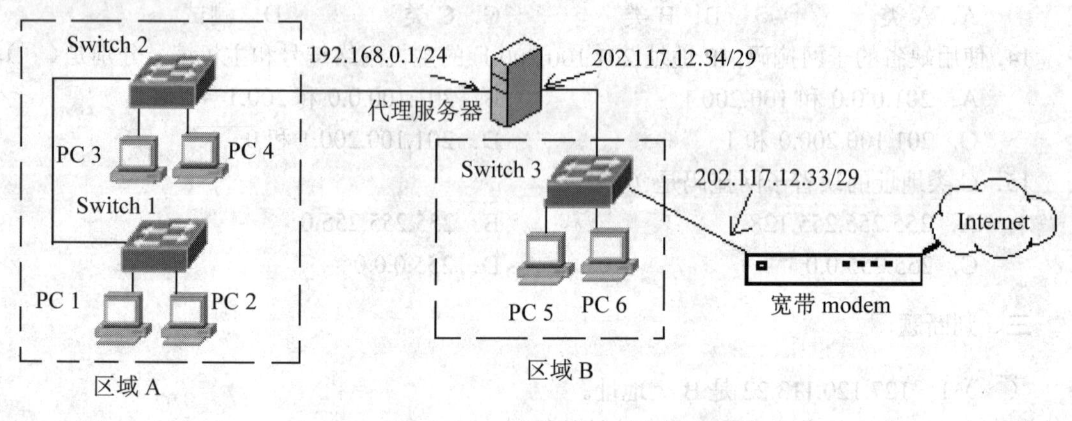

图4-21

【问题1】

根据图4-21所给出的网络连接方式及相关的网络参数，区域A与区域B中计算机的网络参数配置（如图4-22所示）为：

（1）区域A计算机的IP地址范围从 ________ 到 ________。

（2）区域A计算机的子网掩码是：________。

（3）区域A计算机的默认网关是：________。

（4）区域B计算机的IP地址范围从 ________ 到 ________。

（5）区域B计算机的子网掩码是：________。

（6）区域B计算机的默认网关是：________。

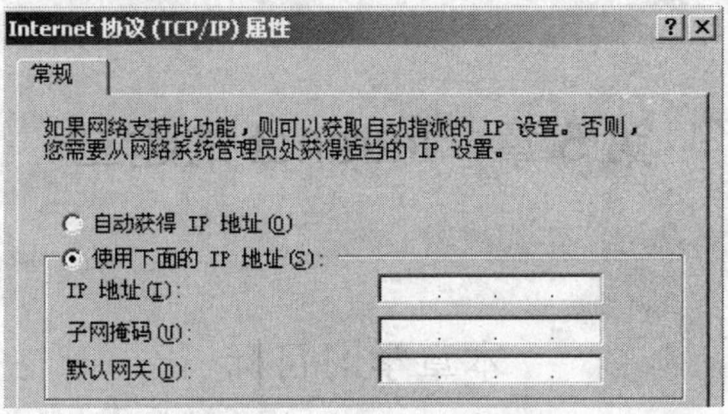

图 4-22

【问题 2】

图 4-21 中代理服务器还可以用何种网络连接设备实现？

五、协议分析

下面是从网络中捕获的一组数据（以 16 进制表示），包括以太网帧、IP 层和运输层。

```
01 35 e2 00 00 00 00 e2 46 e1 07 85 08 00 45 00
00 64 19 c0 00 00 80 11 e2 5c d3 55 cb d7 d3 55
cb ff 04 01 00 a1 00 3a be 22 80 06 01 10 00 01
```

1．请说明在以太网帧中：

（1）源 MAC 地址：____________。目的 MAC 地址__________________。

（2）类型字段的值：____________。表示的含义是什么？

2．在 IP 层中使用的是 IP 协议。其分组格式中：

（1）数据首部长度：______字节。数据包的总长度：__________字节。

（2）协议字段的值：____________________。

（3）该数据包是否是最后一个数据包？该数据包是否允许再分片？

3．在运输层中使用的是__________协议。其分组格式中：

（1）源端口地址：________________。目的端口地址：____________。

（2）这个用户数据报是从客户发到服务器还是服务器到客户？

（3）这个服务器程序是什么？

第5章　Intranet 的建立

本章学习目标

本章主要讲解计算机网络中各种应用服务器的架设方法，这些服务器包括：DNS 服务器、DHCP 服务器、WWW 服务器、FTP 服务器、E-mail 服务器、代理服务器。通过对本章的学习，读者应该掌握以下主要内容：

- 应用层协议的一些基本的概念
- 各种应用服务器的架设方法

5.1　Intranet 简介

5.1.1　认识 Intranet

WWW 服务的日益增长和浏览器的广泛使用，使计算机技术人员更加关注企业内部的计算机网络，并开始考虑将稳定可靠的 Internet 技术，特别是 WWW 服务同内部计算机网络结合起来的问题。于是一种特殊的内部网络 Intranet 出现了。

5.1.2　Intranet 的功能

企业和政府部门使用 Intranet 能实现以下功能：

（1）对内可提供一个灵活、高效、宽松、快速、廉价、可靠的信息交流、信息共享和企业管理的理想环境。真正实现企业管理的电子化、科学化和自动化，大大提高工作效率，提高企业的竞争力。

（2）对外可全面展示企业的形象，宣传和发布产品信息，保持与客户和伙伴的密切联系。

（3）可连接到 Internet 上，企业领导人可实践各种先进的企业管理方法，进行体制创新，确保企业立于不败之地。

5.1.3　Intranet 的新发展——Extranet

1997 年初，正当 Intranet 热潮到来之际，报刊杂志上不断出现 Extranet 一词。Extranet 正在成为最火爆的概念之一。什么是 Extranet？Extranet 与 Intranet 的联系和差异何在？Extranet 一词来源于 Extra 和 Network，顾名思义，即外网。由于 Extranet 是对 Intranet 的扩展和外延，因此，Extranet 可翻译为企业外部网、外部网等。

1. Extranet 的由来

21 世纪全球化浪潮迅猛兴起。面对企业经营的全球化和兼并重组浪潮，不仅要求企业信息网络对内能高效运作，而且要求与贸易合作伙伴共享企业信息，保持密切的协作，促进共同的发展和繁荣。由于 Intranet 仅适用企业内部，能不能将 Intranet 扩展到贸易合作伙伴？让贸易合作伙伴共享企业的有关信息，充分地交流信息保持密切协作，这就是 Extranet 的基本思想。

企业外部网一般可看作企业网络的一部分，使用防火墙技术来隔离企业的保密信息。因此，企业外部网使得重要客户和贸易合作伙伴能获取以前只供内部网员工使用的重要信息。

Internet 专家们评价 Extranet：“Extranet 是一种以最简单、最安全、最有效的形式扩展 Internet 的解决方法”。例如，1997 年 5 月，Tandem 计算机公司推出一种外部网，可使经销商和制造商通过 Web 浏览器和 Internet，访问 6000 多种产品和库存信息。

2. Extranet 的关键技术

Intranet 所关心的主要问题是如何组织企业内部的信息、信息交流和信息共享，如何按企业的管理模式设计 Extranet 系统。Extranet 主要关心的是如何保持核心信息数据的安全。安全总是 Extranet 的核心问题。

本章将以 Windows 2000 Server 为服务器、Windows 98 为客户机，介绍架设企业 Intranet 网络的几种常用服务的方法。

5.2 域名服务器 DNS

5.2.1 DNS 概述

1. 什么是域名服务

从技术上讲，域名只是一个 Internet 中用于解决地址对应问题的一种方法。人们习惯记忆一个有意义的名字（即域名），但机器间互相只认 IP 地址，域名与 IP 地址之间是一一对应的，它们之间的转换工作称为域名解析，域名解析需要由专门的域名解析服务器来完成，整个过程是自动进行的。例如：一个域名“www.whpu.edu.cn”，其对应的 IP 地址是 211.85.192.1，当用户在浏览器中输入这个域名时，DNS 服务器会自动把该域名解析成 IP 地址。

2. DNS 的工作原理

每个 DNS 服务器在进行域名到 IP 地址的解析时，如果对某个域名不能解析，则该 DNS 服务器能够知道到什么地方去找别的 DNS 服务器进行解析。域名服务器分为三类：

（1）本地域名服务器。一般在客户机上设置 DNS 服务器的 IP 地址时，这个 DNS 服务器一般都是指向本地域名服务器。

（2）根域名服务器。当一个本地域名服务器不能解析一个域名时，该域名服务器就以 DNS 客户的身份向某个根域名服务器进行查询。

（3）授权域名服务器。每一个主机都必须在授权域名服务器处注册登记。通常，一个主机的授权域名服务器就是它的本地 ISP（Internet 服务提供商）的一个域名服务器。

在每一个 DNS 服务器中都有一个高速缓存区（Cache），这个缓存区的主要作用是将该 DNS 服务器所查询出来的名称及相对的 IP 地址记录在该缓存区中，这样当下一次还有另外一个客户端再到服务器上去查询相同的名称时，DNS 服务器就不用再到其他主机上去寻找，而可以直接从缓存区中找到该记录，传回给客户端，加速客户端对域名的查询速度。

下面举例说明，假设网络中的某一台主机要查询 Internet 网络中的一台主机，其名称为

www.whpu.edu.cn，从此名称可看出这台主机在中国（CN），而且要找的是组织名称 whpu.edu.cn 网域下的 www 主机，以下为域名解析过程的步骤：

（1）在 DNS 的客户端发出查询主机 www.whpu.edu.cn 名称的指令。

（2）该指令所生成的报文会首先被送到指定的 DNS 服务器（本地域名服务器）进行查询，看是否属于该网域下的主机名称，如果查出该主机名称并不属于该网域范围，然后再查询高速缓存区的记录，查是否有此机名称。

（3）查询后发现缓存区中没有此记录资料，会和根域的其中一台服务器发出查询 www.whpu.edu.cn 的请求。

（4）在根域名服务器中记录了各顶级域名分别是由哪些 DNS 服务器负责，所以返回最近的 cn 根域名服务器。

（5）根域名服务器返回本地域名服务器告之哪个域名服务器负责.cn 这个域，然后本地域名服务器再向该域名服务器发出查询 www.whpu.edu.cn 的名称请求。

（6）在.cn 的 DNS 服务器上没有找到此名称的记录，但会返回最近的控制 edu.cn 网域的 DNS 服务器主机。

（7）本地域名服务器再向 edu.cn 的网域的 DNS 服务器发出查询 www.whpu.edu.cn 主机的请求。

（8）edu.cn 的网域中，被指定的 DNS 服务器上没有找到此名称的记录，所以会返回最近的控制 whpu.edu.cn 网域的 DNS 主机。

（9）本地域名服务器会向 whpu.edu.cn 网域的 DNS 服务器发出请求查找 www.whpu.edu.cn 主机的 IP 地址，该服务器会返回 www.whpu.edu.cn 的 IP 地址的响应报文。

（10）本地域名服务器收到该响应报文后，把 www.whpu.edu.cn 到 IP 地址的响应结果返回到 DNS 的客户端，同时也把该结果记录在 DNS 的高速缓存中。

5.2.2 Windows 2000 下的 DNS 服务器的构建

本节主要讲解在 Windows 2000 下如何安装 DNS，以及 DNS 服务器的相关设置，最后说明客户端如何验证 DNS 服务器设置是否正确。本节的实例是设置域名 www.liubing.com 和 ftp.liubing.com 分别对应 IP 地址 211.85.203.22 和 211.85.193.152。

1. DNS 服务器的安装

在进行 DNS 服务器设置之前，首先要在 Windows 2000 下安装 DNS 服务器，其安装步骤如下：

（1）依次选择“开始→设置→控制面板→添加/删除程序→添加/删除 Windows 组件→网络服务”，打开“网络服务”对话框，如图 5-1 所示。

（2）在图 5-1 中选中“域名系统（DNS）”复选框，然后单击该对话框的“确定”按钮。

在这个安装过程中，Windows 2000 系统会提示用户插入 Windows 2000 的安装光盘，如图 5-2 所示，然后单击“确定”按钮，这样，DNS 服务器就安装成功。

2. DNS 服务器的设置——新建区域

（1）打开 DNS 控制台。依次选择“开始→程序→管理工具→DNS”，打开 DNS 管理对话框，如图 5-3 所示。

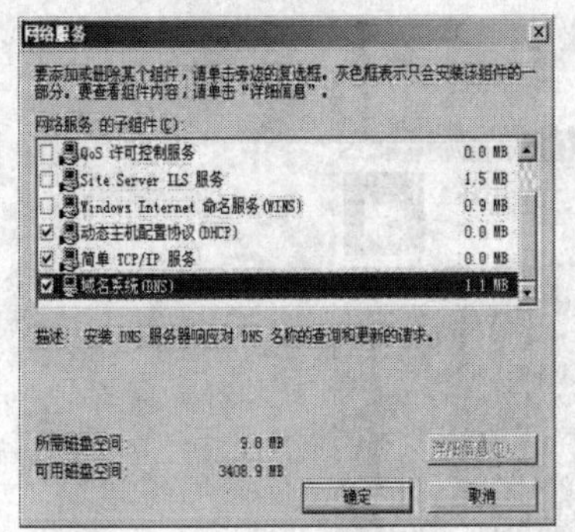

图 5-1　网络服务

图 5-2　提示插入安装盘

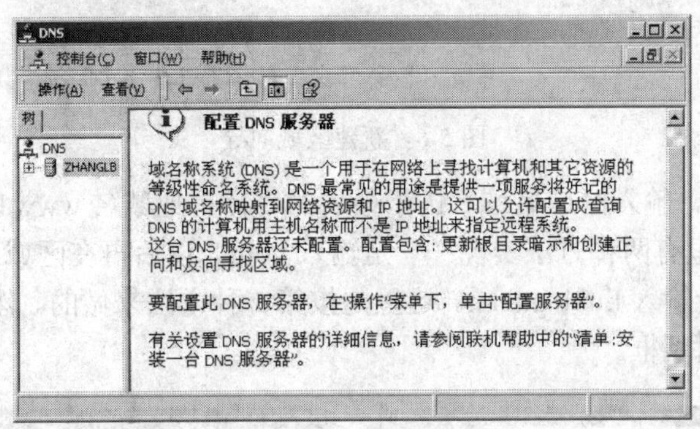

图 5-3　DNS 控制台

（2）双击图 5-3 中 DNS 控制台中的服务器名，该图中是“ZHANGLB”，展开的结果如图 5-4 所示。

（3）在“正向搜索区域”右击，如图 5-5 所示。在弹出的快捷菜单中选择“新建区域”，这样会弹出“新建区域向导”对话框，如图 5-6 所示。

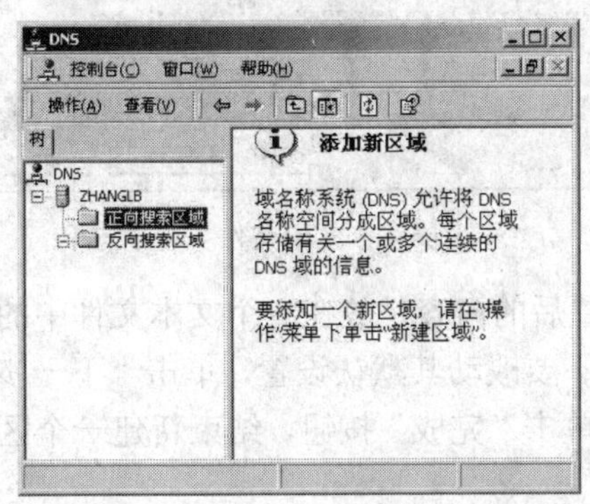

图 5-4　展开服务器

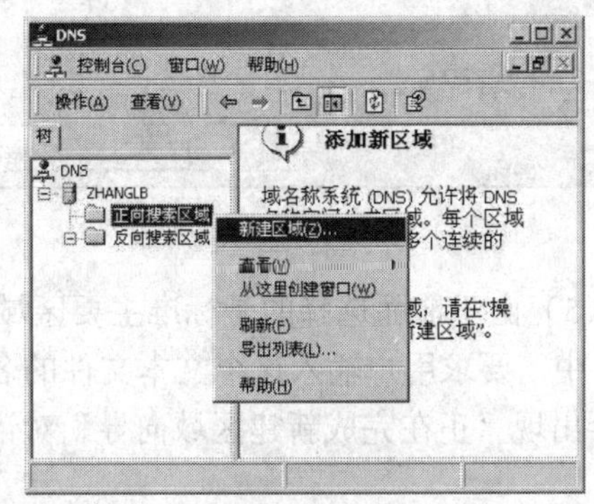

图 5-5　快捷菜单

在图 5-6 中，“标准主要区域”存于文本文件中，且是可读写的；“标准辅助区域”复制标准主要区域的内容，它是只读的，主要作用是分布负荷；“Active Directory 集成的区域”只能在活动目录的域控制器上创建，且存于活动目录中，随活动目录复制时自动更新。

这里由于做本书实验的计算机并未升级成域控制器，所以不能选择“Active Directory 集成的区域”，但以后可以与标准主要区域之间进行切换。所以本书这里选择“标准主要区域”，并单击“下一步”按钮，打开图 5-7 所示对话框。

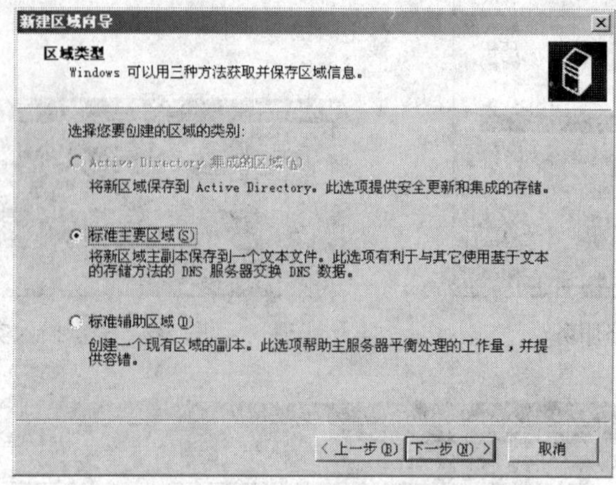

图 5-6　新建区域向导

（4）在图 5-7 中，输入区域名称。由于最后的目标是把域名 www.liubing.com 对应 IP 地址 211.85.203.22，这里有两种方法实现：一是输入 com，以后再在区域 com 下再建立子区域 liubing；另一种是直接输入 liubing.com。这里是按第二种方法来做的。然后单击“下一步”按钮，打开图 5-8 所示对话框。

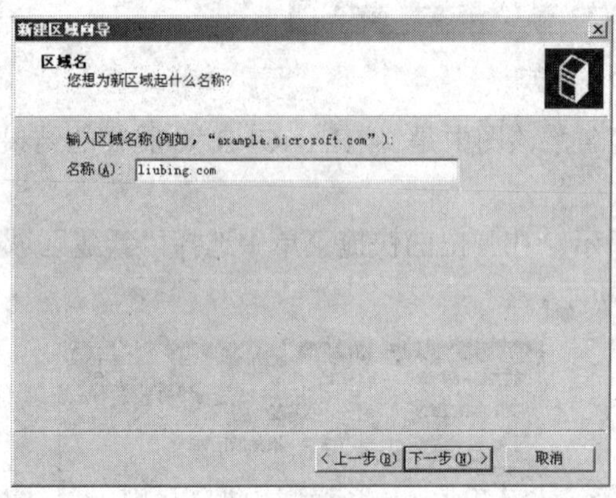

图 5-7　区域名

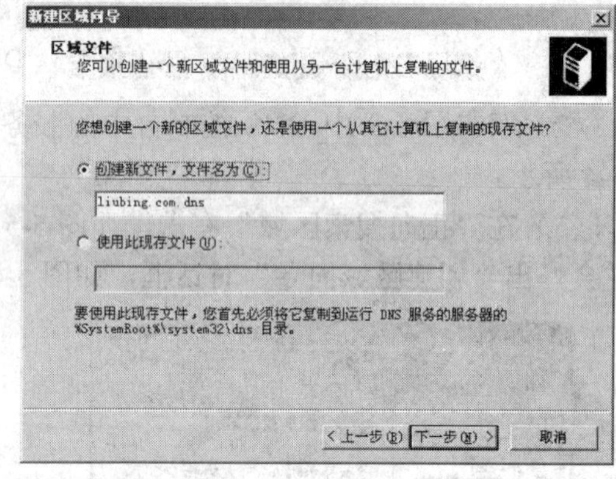

图 5-8　区域文件

（5）由于前面选择的是标准主要区域，那么设置后的内容是放在一个文本文件中的，在图 5-8 中，要求用户输入这个文本文件的名字。这里不要改动其默认设置，单击“下一步”按钮，会出现“正在完成新建区域向导”对话框，直接单击“完成”按钮，结束新建一个区域的工作。

按照这个方法可以在这个 DNS 服务器上建立很多个区域。

3. DNS 服务器的设置——新建主机

当一个区域建立之后，就可在这个区域上再建立子区域，如果要建立 computer.liubing.com 区域，那么就可在上面新建立的 liubing.com 区域下建立子区域 computer，子区域下又可再建立新的子区域。

当区域建立完成之后，就可在区域之上再新建主机了。这里建立一个“www”的主机，当建立成功之后，域名 www.liubing.com 就完成了，方法如下：

（1）在新建的区域右击，如图 5-9 所示，在弹出的快捷菜单上选中“新建主机”，打开图 5-10 所示的对话框。

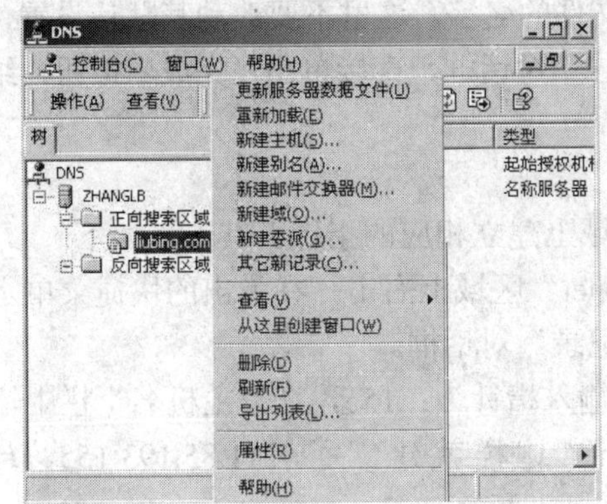

图 5-9 “新建主机”快捷菜单

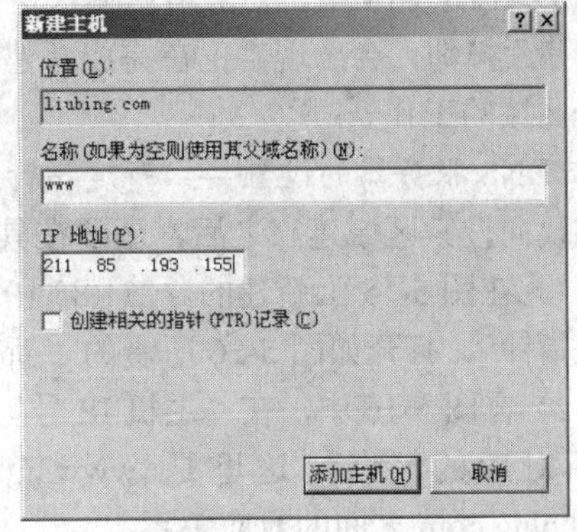

图 5-10 “新建主机”对话框

（2）在图 5-10 中的“名称”栏中输入主机名 www，在“IP 地址”栏中输入对应主机的 IP 地址，然后单击“添加主机”按钮，将出现创建成功的对话框，如图 5-11 所示。

图 5-11 DNS 创建成功

4．DNS 服务器的设置——新建反向搜索区域

反向搜索区域是指建立一种通过 IP 地址来找到其域名的一种方法，例如，建立成功之后，可通过输入 IP 地址：211.85.193.155，来找到其域名：www.liubing.com，设置方法如下：

（1）图 5-12 的左边，在“反向搜索区域”条目上右击，在弹出的快捷菜单上选择“新建区域”，打开如图 5-13 所示的对话框。

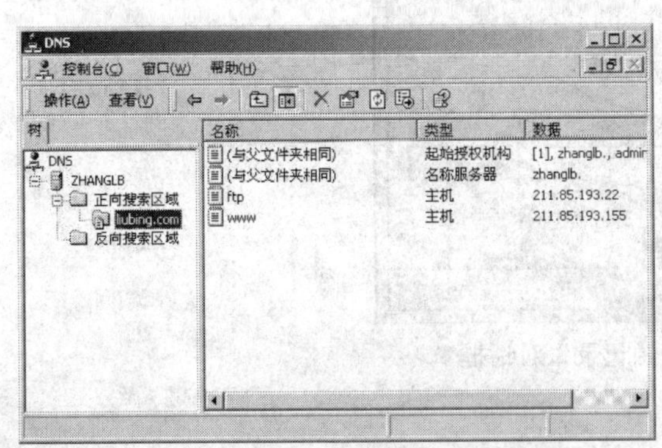

图 5-12 主机建好之后的 DNS 控制台

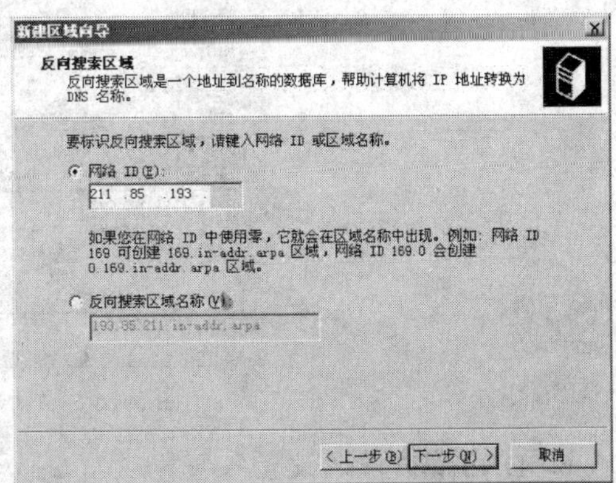

图 5-13 新建反向区域

（2）请详细阅读图 5-13 的相关信息。这里在“网络 ID”栏中输入 IP 地址的前三个字节作为区域：211.85.193。然后，单击“下一步”按钮，会出现如图 5-14 所示的“区域文件”对话框。

（3）在图 5-14 中，要求用户输入这个文本文件的名字。这里不要改动其默认设置，单击“下一步”按钮，会出现“正在完成新建区域向导”对话框，直接单击“完成”按钮，结束新建一个区域的工作。

5. DNS 服务器的设置——新建指针

当反向搜索区域建立之后，还要在具体的区域上建立相应的指针。其方法如下：

（1）在图 5-15 上新建的“211.85.193.X Subnet”区域上右击，在弹出的快捷菜单上选择“新建指针”，打开如图 5-16 所示的“新建资源记录”对话框。

（2）在图 5-16 中，在“主机 IP 号”栏中，输入指针为：155，在“主机名”栏中输入该指针所对应的域名，这里是 www.liubing.com。这样就建立了 211.85.193.155 转换为 www.liubing.com 之间的对应关系。

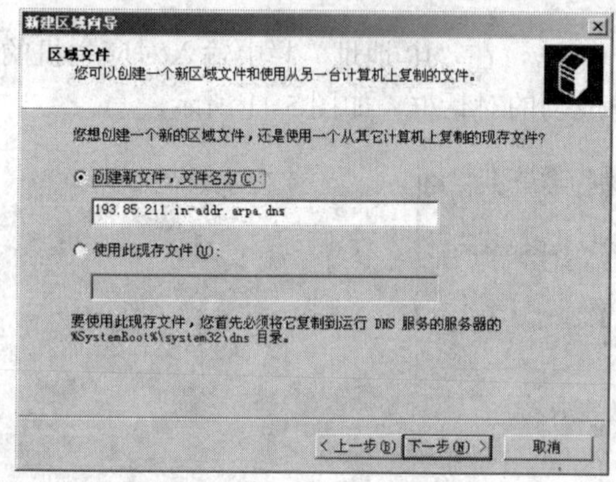

图 5-14　区域文件

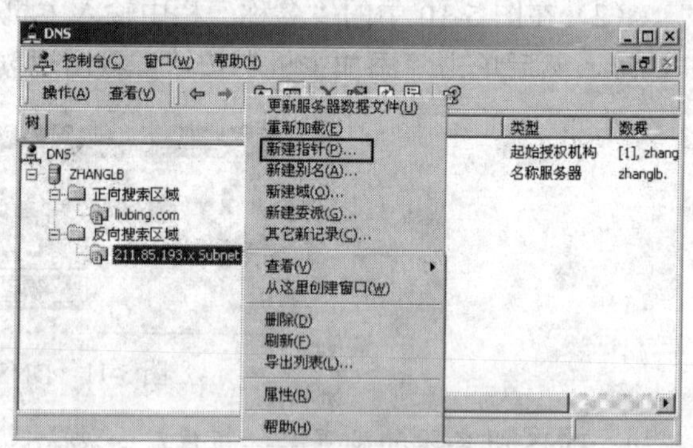

图 5-15　“新建指针”快捷菜单

（3）在图 5-16 中输入完数据后，单击“确定”按钮，完成“反向搜索区域”的设置。

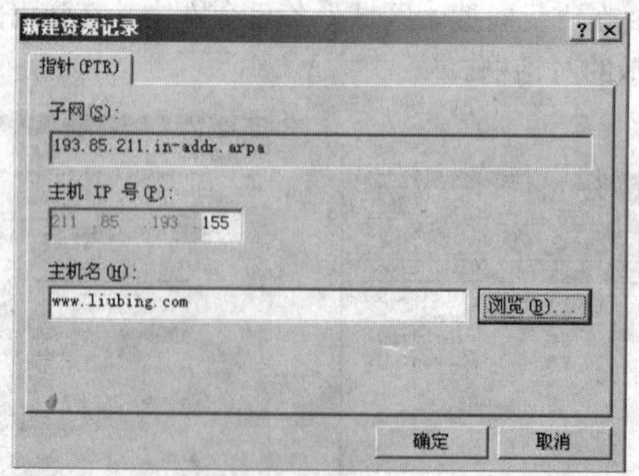

图 5-16　“新建资源记录”对话框

6. DNS 客户端的设置

当建立了一个 DNS 服务器之后，要想使网络中的其他主机（也叫 DNS 客户机）也能通过这个 DNS 服务器进行解析，还必须在这些 DNS 客户机上进行一些设置才行，即要告诉这些客户机，网络上进行域名解析的服务器是谁，告诉的方法就是通过在客户机设置 DNS 服务器的 IP 地址。这里以一个 Windows 2000 的客户机为例，说明设置方法。其 IP 地址为 211.85.193.188，而前面设置的 DNS 服务器的 IP 地址为：211.85.193.155。方法如下：

（1）依次单击“开始→设置→控制面板”，在“控制面板”对话框中双击“网络”图标，在打开的网络对话框中，双击所使用的网卡，并单击“属性”按钮，打开如图 5-17 所示的对话框。

（2）在图 5-17 中，选中“Internet 协议（TCP/IP）”并单击“属性”按扭，打开如图 5-18 所示的对话框。

（3）在图 5-18 中，“IP 地址”栏中输入 211.85.193.188，在“首选 DNS 服务器”栏中输入 211.85.193.155，然后单击“确定”按钮，设置完成。

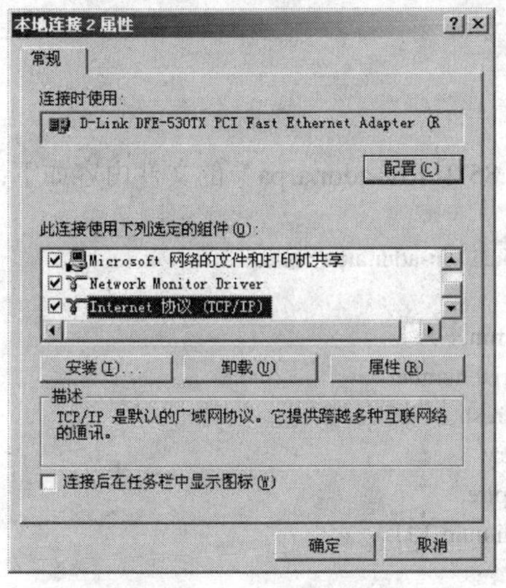

图 5-17　网卡属性框

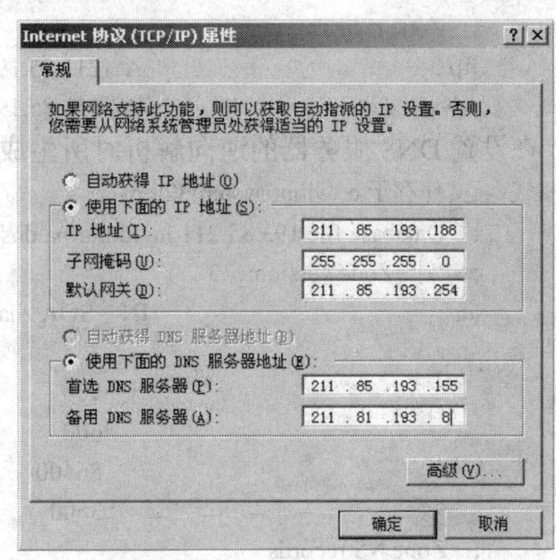

图 5-18　Internet 协议属性框

7. DNS 的验证

在 DNS 的客户机上，可通过由 Windows 所提供的 nslookup 命令来验证所有的 DNS 设置是否正确。方法如下：

（1）依次单击“开始→运行”，并在弹出的文本框中输入 nslookup 命令，打开一个“命令提示符”对话框，如图 5-19 所示。

（2）在图 5-19 中，输入 www.liubing.com 后，按 Enter 键，可显示出该域名所对应的 IP 地址 211.85.193.155；也可输入 IP 地址，可显示出所对应的域名，如图 5-20 所示。

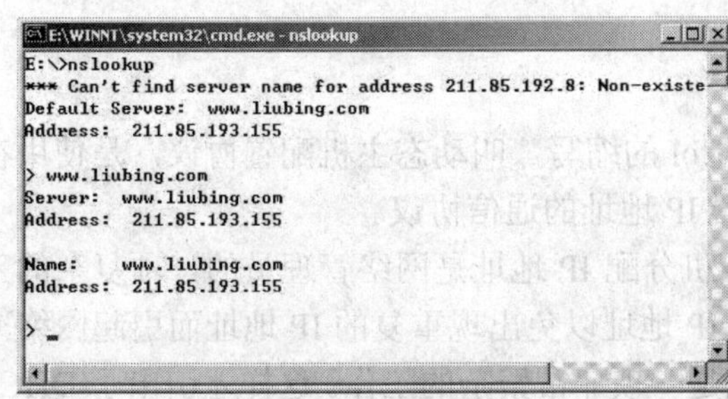

图 5-19　正向解析

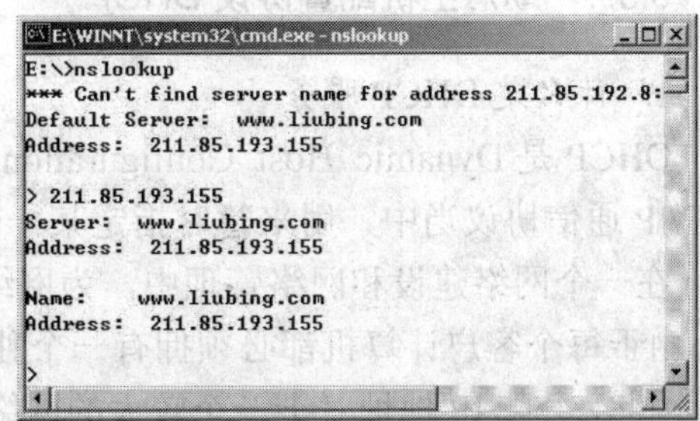

图 5-20　逆向解析

8. DNS 服务器的文本文件内容

在设置 DNS 服务器的正向解析时所生成的文件“liubing.com.dns”的内容如下：

```
;文件存于 c:\winnt\system32\dns
;   Database file liubing.com.dns for liubing.com zone.
;          Zone version:   3
@                              IN   SOA zhanglb.    admin. (
                                    3                   ; serial number
                                    900                 ; refresh
                                    600                 ; retry
                                    86400               ; expire
                                    3600             ) ; minimum TTL
;   Zone NS records
@                              NS   zhanglb.
;   Zone records
ftp                            A    211.85.193.22
www                            A    211.85.193.155
```

在设置 DNS 服务器的逆向解析时所生成的“193.85.211.in-addr.arpa”的文件内容如下：

```
;文件存于 c:\winnt\system32\dns
;   Database file 193.85.211.in-addr.arpa.dns for 193.85.211.in-addr.arpa zone.
;          Zone version:   3
@                              IN   SOA zhanglb.    admin. (
                                    3                   ; serial number
                                    900                 ; refresh
                                    600                 ; retry
                                    86400               ; expire
                                    3600             ) ; minimum TTL
;   Zone NS records
@                              NS   zhanglb.
;   Zone records
155                            PTR  www.liubing.com.
22                             PTR  ftp.liubing.com.
```

以上两个文件中的各个参数所代表的含义，请读者查找有关资料。

5.3 DHCP 服务器

5.3.1 动态主机配置协议 DHCP

1. 什么是 DHCP 服务

DHCP 是 Dynamic Host Configuration Protocol 的缩写，叫动态主机配置协议，是使用在 TCP/IP 通信协议当中，用来暂时指定某一台机器 IP 地址的通信协议。

在一个网络建设和网络管理中，为网络客户机分配 IP 地址是网络管理员的一项复杂的工作。由于每个客户计算机都必须拥有一个独立的 IP 地址以免出现重复的 IP 地址而引起网络冲突，因此，分配 IP 地址对于一个较大的网络来说是一项非常繁杂的工作。这样才引出了 DHCP

服务，DHCP 服务器的主要作用便是为网络客户机分配动态的 IP 地址。这些被分配的 IP 地址都是 DHCP 服务器预先保留的一个由多个地址组成的地址集，而且，它们一般是一段连续的地址。当网络客户机请求临时的 IP 地址时，DHCP 服务器便会查看地址数据库，以便为客户机分配一个仍没有被使用的 IP 地址。使用 DHCP 服务器动态分配 IP 地址，不但可节省网络管理员分配 IP 地址的工作，而且可确保分配地址不重复。另外，客户计算机的 IP 地址是在需要时分配，所以提高了 IP 地址的利用率。

2. DHCP 协议的工作过程

DHCP 使用客户—服务器方式进行工作。使用 DHCP 时必须在网络中有一台 DHCP 服务器，而其他计算机执行 DHCP 客户端。DHCP 客户端需要获得一个 IP 地址时，就向 DHCP 服务器广播发送一个发现报文（DHCP DISCOVER），该报文中的目的 IP 地址设置为全 1（即 255.255.255.255），发送广播报文是因为还不知道 DHCP 服务器在什么地方，因此还要发现 DHCP 服务器的 IP 地址；由于该 DHCP 客户机还没有自己的 IP 地址，所以该数据包中的源 IP 地址设为全 0。这样，本地网络上的所有主机都能够收到这个广播报文，但只有 DHCP 服务器才对此报文进行应答。DHCP 先在其数据库中查找该计算机的配置信息，若找到，则返回找到的信息；若找不到，则从服务器的 IP 地址池（address pool）中取一个地址分配给该计算机。DHCP 服务器的回答报文叫提供报文（DHCP OFFER）。

DHCP 服务器分配给 DHCP 客户的 IP 地址是临时的，因此，DHCP 客户只能在一段有限的时间内使用这个分配到的 IP 地址。DHCP 协议称这段时间为租用期（lease period），但并没有具体规定租用期应取为多长或至少为多长，这个数值应由 DHCP 服务器自己决定，例如，校园网的 DHCP 服务器的租用期设定为 8 个小时。

5.3.2　Windows 2000 下的 DHCP 配置

1. DHCP 服务器的安装

在进行 DHCP 服务器设置之前，首先要在 Windows 2000 下安装 DHCP 服务器，其步骤如下：

（1）依次选择“开始→设置→控制面板→添加/删除程序→添加/删除 Windows 组件→网络服务”，打开“网络服务”对话框，如图 5-21 所示。

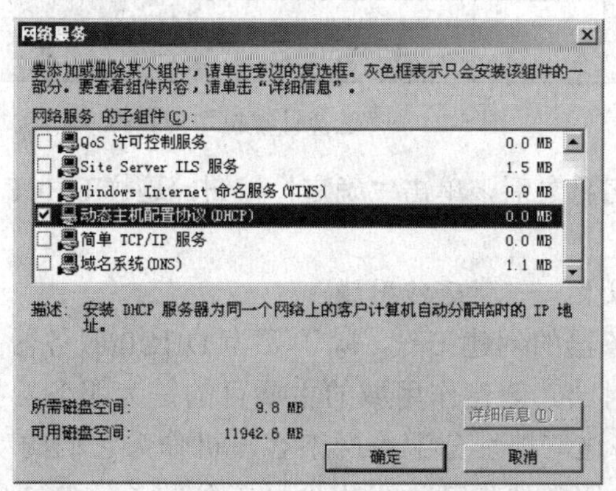

图 5-21　网络服务

（2）在图 5-21 中选中“动态主机配置协议（DHCP）”复选框，然后单击该对话框的“确定”按钮。

在这个安装过程中，Windows 2000 系统会提示用户插入 Windows 2000 的安装光盘。这样，DHCP 服务器就安装成功。

2. DHCP 服务器的设置——添加 DHCP 服务器

（1）依次选择“开始→程序→管理工具→DHCP”命令，打开“DHCP 控制台”窗口，如图 5-22 所示。

（2）右击“DHCP 控制台”窗口左窗格中的 DHCP 图标，从打开的菜单中选择“添加服务器”命令，打开“添加 DHCP 服务器”对话框，如图 5-23 所示。

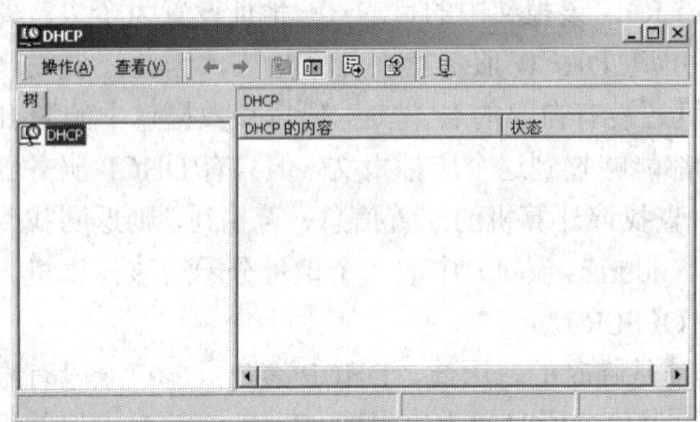

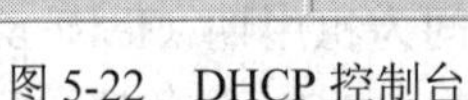
图 5-22　DHCP 控制台

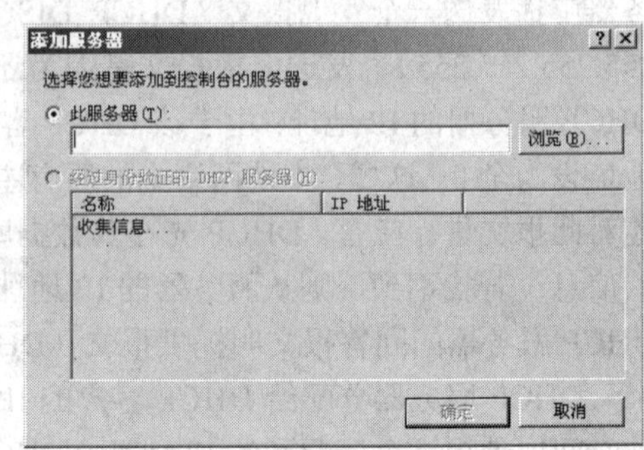

图 5-23　添加服务器

（3）在图 5-23 中，单击“浏览”按钮，打开“选择计算机”对话框，如图 5-24 所示。在该图中可通过选中“名称”栏中的计算机名字来确定用作 DHCP 服务器的计算机。

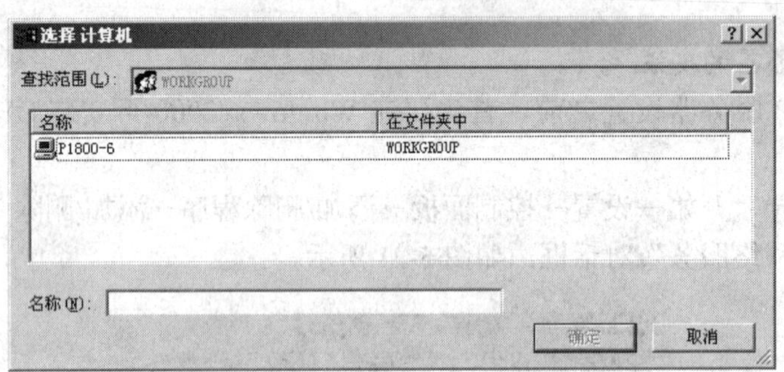

图 5-24　“选择计算机”对话框

（4）选中计算机的名称之后，单击“确定”按钮，这样 DHCP 服务器就添加成功了，如图 5-25 所示。

3. DHCP 服务器的设置——新建作用域

完成一台 DHCP 服务器的创建工作，除了要为 DHCP 服务器指定一台计算机，还需要为该服务器创建一个作用域。创建作用域的主要目的是为服务器指定一段连续的 IP 地址集，DHCP 服务器正是将这些地址分配给网络客户机作为它们的动态 IP 地址。因此，没有预先保留的地址，DHCP 服务器也就无可用地址能分配了。要创建 DHCP 作用域，可使用如下步骤：

（1）在图 5-25 中的 DHCP 窗口中，右击左窗格中 DHCP 服务器“p1800-6[211.85.193.254]”，如图 5-26 所示，从弹出的快捷菜单中选择“新建作用域”命令，打开“新建作用域”对话框，如图 5-27 所示。

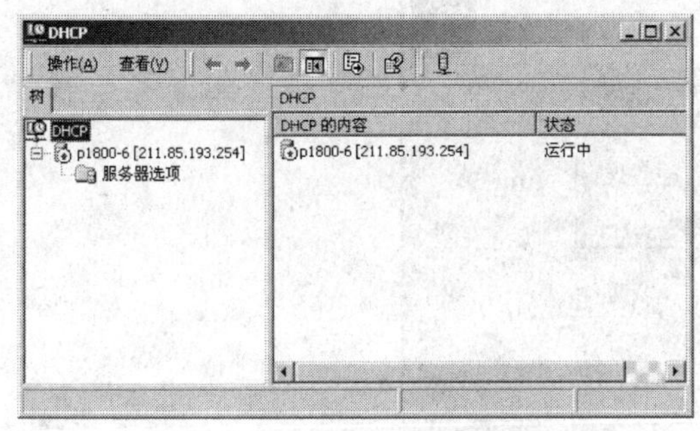

图 5-25　快捷菜单

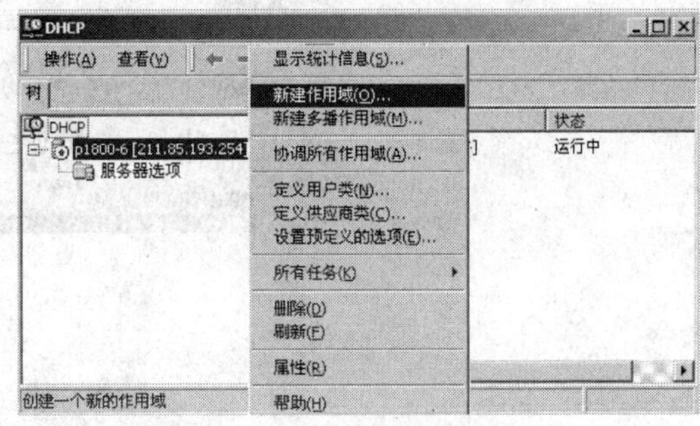

图 5-26　DHCP 服务器添加成功

（2）在图 5-27 中，输入作用域的名称和说明，然后单击“下一步”按钮，打开“IP 地址范围”对话框，如图 5-28 所示。

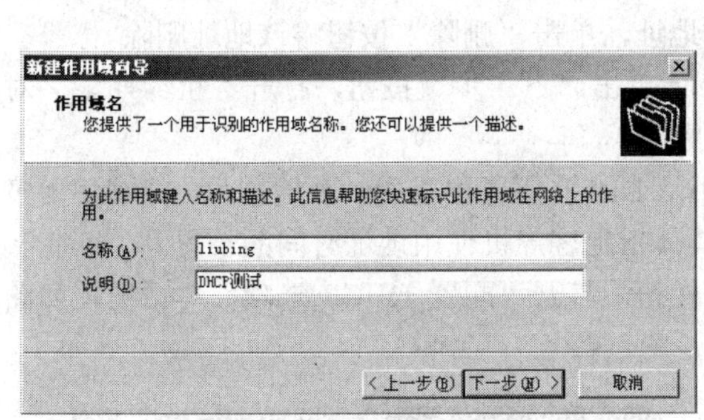

图 5-27　新建作用域向导

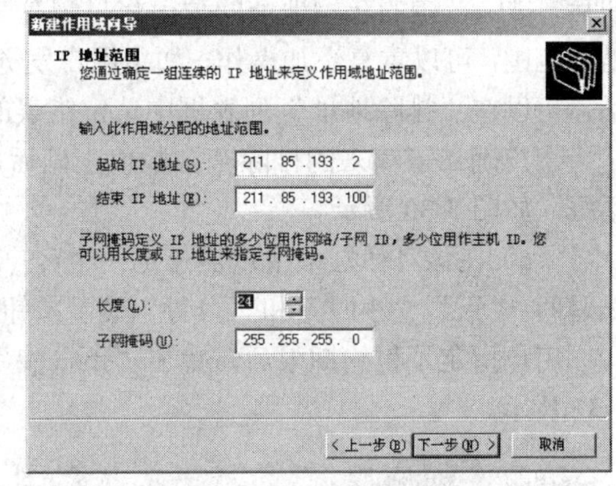

图 5-28　IP 地址范围

（3）在图 5-28 中，用户必须输入作用域的起始 IP 地址和子网掩码，以便确定一组连续的 IP 地址使 DHCP 服务器拥有可分配的 IP 地址。用户需要在“起始 IP 地址”和“结束 IP 地址”中键入这个作用域将分配的 IP 地址范围。在下面的“长度”文本框和“子网掩码”文本框中，用户既可以输入一个长度数值来指定相应的子网掩码，也可以直接输入子网掩码。

说明：在 IP 地址的 4 组数字当中，总是保留最后一个数字为 0 的网络地址，而最后一位数字 255 则用来作为广播地址（发出信息给网络上所有计算机），所以每一类的网络中，都有两个地址不能使用，例如在 C 类网络中 211.85.193.0 代表网络地址，而 211.85.193.255 则代表网络上所有的计算机。因此，用户在输入 IP 地址范围时，需要保留 IP 地址中作为计算机 ID 的数字全为 0 和全为 1 的地址，即在 IP 地址范围中，不能包括 211.85.193.0 和 211.85.193.255 这两个地址。

（4）单击“下一步”按钮，打开“添加排除”对话框，如图 5-29 所示。

（5）如果用户或者是管理员希望将前面指定的地址范围中的部分地址保留下来，即服务器不将这部分地址分配给客户端计算机时，用户或管理员可以在“排除范围”选项区域中的“起始地址”文本框中输入想要排除范围的起始的 IP 地址，在“结束地址”文本框中输入结束的 IP 地址。

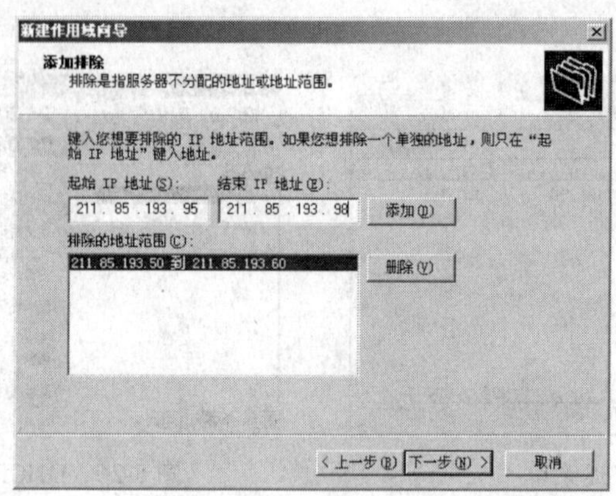

图 5-29　添加排除

在输入了起始和结束地址后，对话框中的“添加”按钮将被激活。用户单击“添加”按钮后，排除范围的起始地址的数值将显示在“排除地址”列表框中。如果用户还要排除另外的地址范围，可以重复添加操作。如果用户发觉输入的地址范围有误，需要重新指定排除范围的话，可以在“排除地址”列表框中选定错误的地址，单击“删除”按钮将该地址删除。

用户确认了输入的排除范围数值正确后，请单击“下一步”按钮，打开“租约期限”对话框，如图 5-30 所示。

（6）在该对话框中用户需指定一个客户机从 DHCP 服务器租用一个地址后，能够使用多长时间。“天”、“小时”和“分钟”调节按钮具体指定客户机使用地址时间的长短。

用户指定了租约期限后，单击“下一步”按钮，打开“配置 DHCP 选项”对话框，如图 5-31 所示。

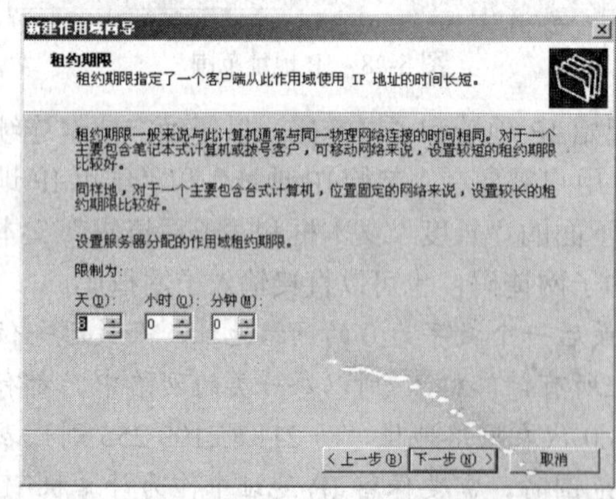

图 5-30　租约期限

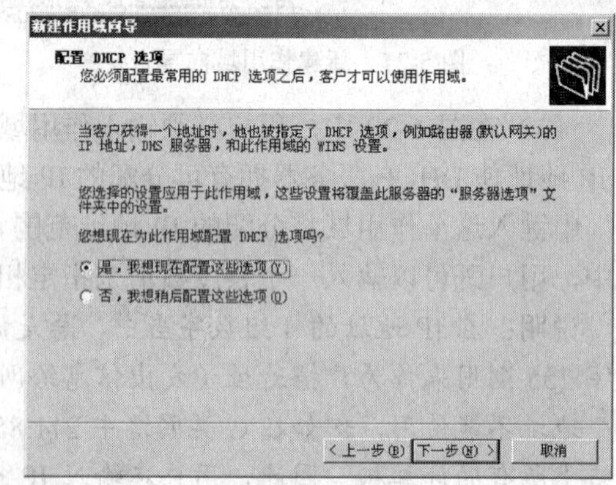

图 5-31　配置 DHCP 选项

（7）如图 5-31 所示对话框中向导提示用户，DHCP 服务器给客户机分配 IP 地址的同时还会将相关的诸如网关、DNS 服务器和 Windows Internet 命名服务器设置提供给客户机。如果用户想立即配置最常用的 DHCP 选项，可选定“是”单选按钮。如果用户准备以后再进行配置的话，可选定“否”单选按钮。建议用户选择立即进行配置，然后单击“下一步”按钮，打开“路由器（默认网关）”对话框，如图 5-32 所示。

（8）用户可在“网关地址”文本框输入与前面配置 TCP/IP 协议和安装活动目录时一致的网关地址，然后单击“添加”按钮，网关地址将添加到“网关”列表框中。对于输入有误的网关或不想再使用的网关，用户可以在“网关”列表框中选定需要删除的网关，单击“删除”按钮将其删除。这里输入的网关地址为：211.85.193.1。

说明：用户可以为 DHCP 服务器创建多个作用域。在创建过程中，用户可以为每个作用域指定一个或多个网关和路由器。

输入完相应的默认网关，单击“下一步”按钮，打开“域名称和 DNS 服务器”对话框，如图 5-33 所示。

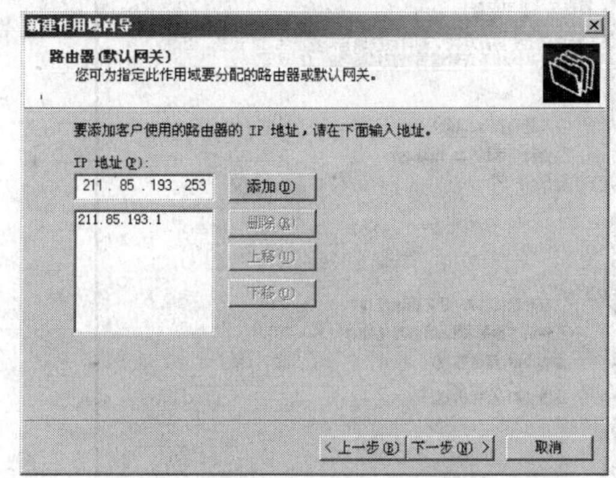

图 5-32　“路由器（默认网关）”对话框

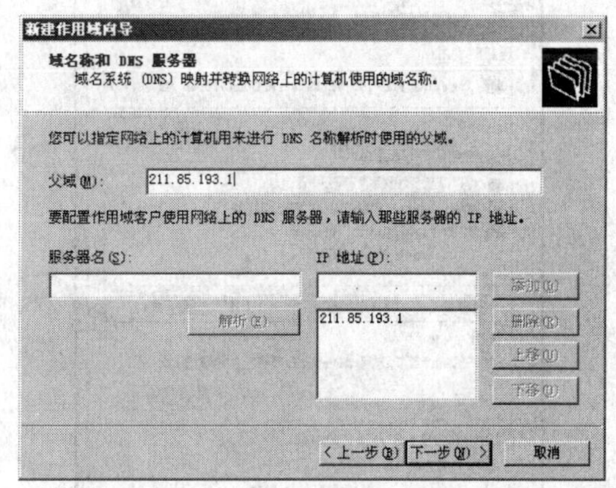

图 5-33　域名称和 DNS 服务器

（9）在如图 5-33 所示对话框中，在“DNS 服务器地址”文本框中，用户应输入所在网络的 DNS 服务器的地址，如果正在配置的 Windows 2000 Server 已经是一台 DNS 服务器的话，则需输入设定好的 DNS 地址。这里本机输入的地址是：211.85.193.1。单击“添加”按钮，新添加的 DNS 服务器的地址会显示在“DNS 服务器”列表框中。用户也可以选定“DNS 服务器”列表框中的地址选项，然后单击“删除”按钮将选定地址删除。单击“下一步”按钮，打开“激活作用域”对话框，如图 5-34 所示。

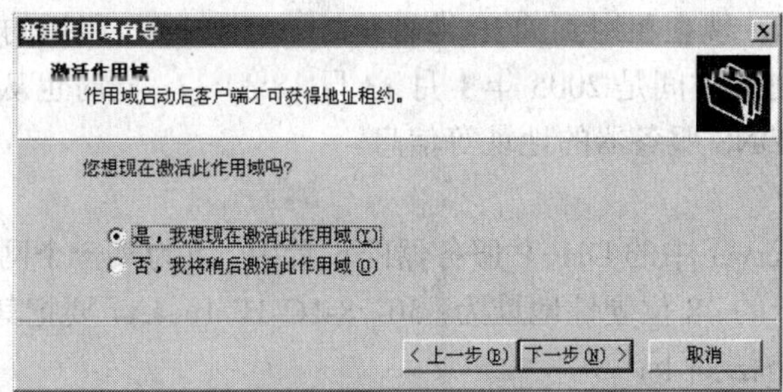

图 5-34　激活作用域

（10）在如图 5-34 所示对话框中，单击“下一步”，弹出完成“创建作用域向导”对话框，单击“完成”按钮。

这样，新建作用域设定完成。

4. DHCP 客户端的设置

在 DHCP 服务器所在网络的任何一台计算机，可以进行设置使该计算机成为 DHCP 的客户机，并从 DHCP 服务器获得 IP 地址。其方法如下：

（1）依次单击“开始→设置→控制面板”，在“控制面板”窗口中双击“网络”图标，在打开的网络对话框中，双击所使用的网卡，并单击“属性”按钮，打开如图 5-35 所示的对话框。

（2）在图 5-35 中，选中“Internet 协议（TCP/IP）”并单击“属性”按扭，打开如图 5-36 所示的对话框。

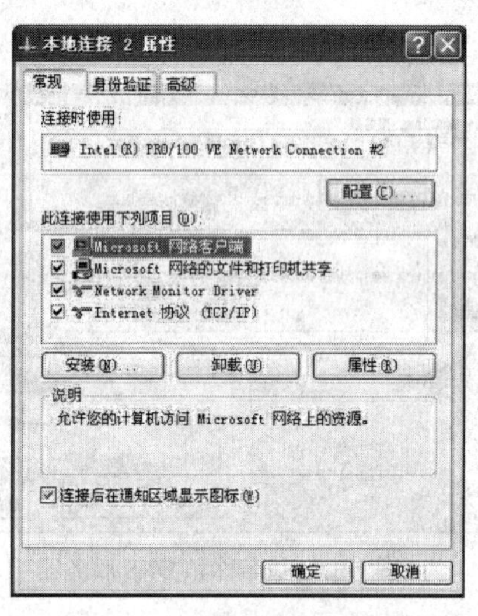

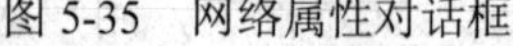
图 5-35 网络属性对话框

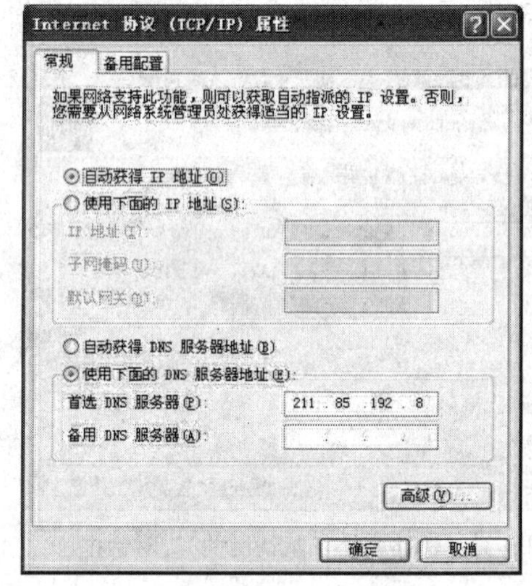

图 5-36 Internet 协议属性

（3）在图 5-36 中，选中“自动获得 IP 地址”单选按钮，然后单击“确定”按钮，设置完成。

那么，如何知道该客户机所获取的 IP 地址是什么，可使用的方法为：依次单击“开始→运行”，并在弹出的文本框中输入 cmd，在打开的命令提示符窗口中，输入 ipconfig/all 命令，显示结果如图 5-37 所示。

从图 5-37 中可看出，现在租用到的 IP 地址是 211.85.193.3，租用的时间是 2005 年 1 月 5 日 18:37:37，该地址的过期时间是 2005 年 1 月 13 日 18:37:37，同时也从 DHCP 服务器获取了子网掩码、默认网关、DNS 服务器的地址等信息。

5. 保留 IP 地址

在 Windows 2000 Server 中的 DHCP 服务器的设置中，可为某一个网卡设定一个固定的 IP 地址，例如，有一个网卡的 48 位硬件地址为：50-78-1C-1F-16-4A，要把其上的 IP 地址固定为：211.85.193.88。其设置方法如下：

（1）在 DHCP 服务器控制台对话框中，右击“保留”条目，弹出一个快捷菜单，如图 5-38 所示。

（2）在快捷菜单中选择“新建保留”，打开“新建保留”对话框，如图 5-39 所示。在“新建保留”后的文本框中输入一个名称，这里输入的是 liubing；在“IP 地址”后的文本框中输入：211.85.193.88；在“MAC 地址”后的文本框输入：50-78-1C-1F-16-4A；在“支持的类型”

组合框选中“仅 DHCP”单选按钮。当上面这几个都输入或者选择正确后，单击“添加”按钮。

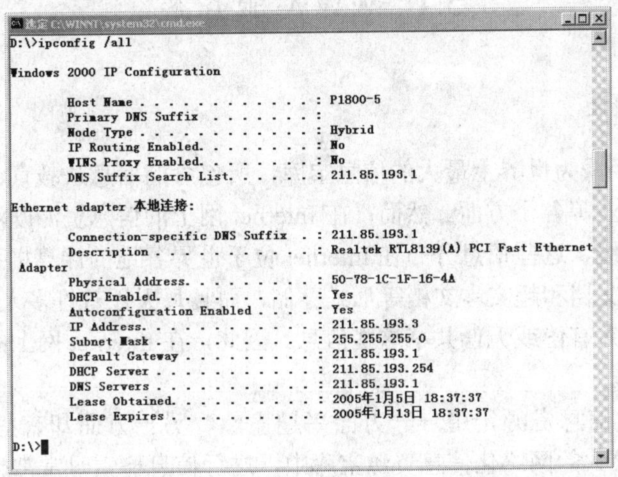

图 5-37　查看 DHCP 客户端的 IP 地址

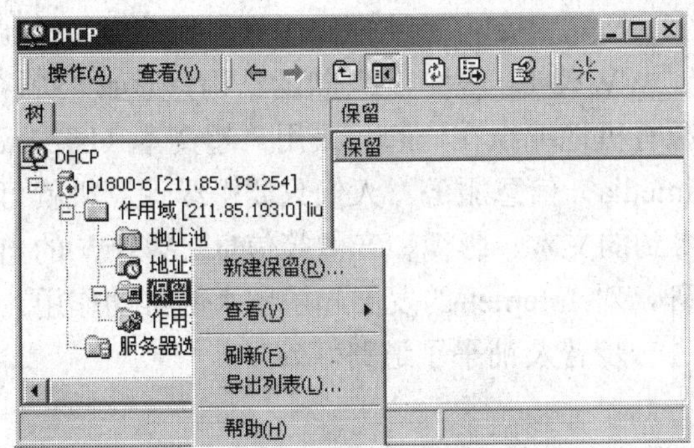

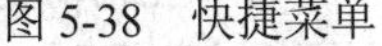

图 5-38　快捷菜单

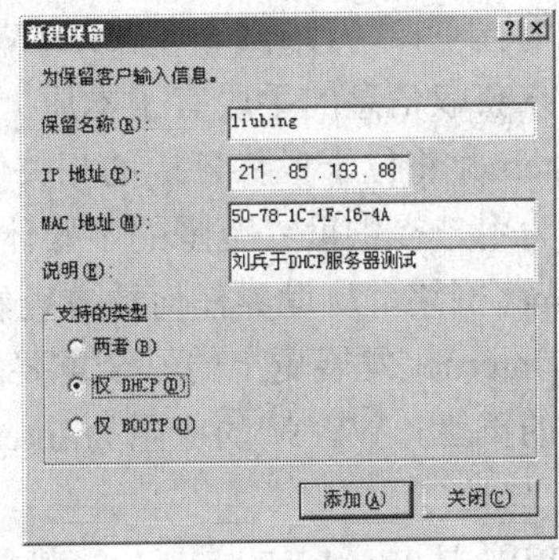

图 5-39　新建保留

这样保留 IP 地址就设定完成了，以后只要该 MAC 地址登录到网络，其从 DHCP 服务器上所获得的 IP 地址就是：211.85.193.88。其验证结果如图 5-40 所示。

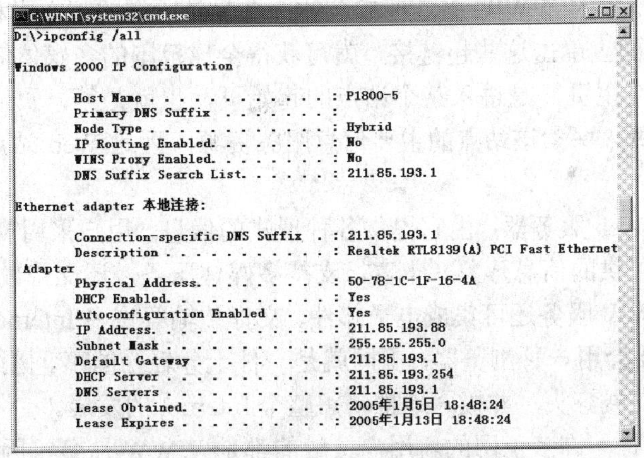

图 5-40　验证指定 IP 地址

5.4 WWW服务器

5.4.1 WWW概述

Internet现在已经成为世界上最大的信息宝库，所包含的信息从教育、科技、政策、法规到艺术、娱乐以及商业等各个方面。然而，在Internet网上的信息资源既没有统一的目录，也没有统一的组织和系统，这些信息分布在Internet位于世界各地的计算机系统中，以文件、数据库、公告板、目录文档和超文本文档等形式存储，而且每天还有许多人在利用Internet对外发布信息，以便让别人有偿或无偿共享这些信息。因此，在Internet网上的信息资源几乎每时每刻都在增加和更新。

面对如此丰富的信息资源，用户一方面兴趣盎然，另一方面却有些望而生畏。因为在Internet这个世界上最大的网络化信息资源宝库中，进行信息检索时常常感到无从下手。人们为了充分利用Internet网上的信息资源，迫切需要一种更加方便、快捷的信息浏览和查询工具，在这种情况下，“万维网”WWW（World Wide Web，Web）诞生了。它的出现使Internet上的网络用户获取信息的手段有了本质上的改善。WWW是一种“网”状的结构，形如“蜘蛛网”，通过Internet将位于世界各地的相关信息资源有机地编织在一起，采用“超文本（hypertext）”方式，为用户提供世界范围的多媒体（multimedia）信息服务。人们只要操纵计算机就可以通过Internet网络，从世界任何地方查看希望得到的文本、影视和音像等信息。WWW的出现被认为是Internet发展史上的一个重要的里程碑，对Internet的发展起了巨大的推动作用，做出了重大的贡献，WWW的应用为Internet的进一步普及铺平了道路。

1. 概述

WWW是Word Wide Web的英文缩写，译为“万维网”或“全球信息网”，是Internet上的一种比较年轻的服务形式。WWW服务的基础是Web页面，每个服务站点都包括若干个相互关联的页面，每个Web页即可展示文本、图形图像和声音等多媒体信息，又可提供一种特殊的链接点。这种链接点指向一种资源，可以是另一个Web页面、另一个文件、另一个Web站点，这样可使全球范围的WWW服务连成一体，这就是所谓的超文本和超链接技术。用户只要用鼠标在Web页面上单击这些超链接，就可获得全球范围的多媒体信息服务。

每个站点都有一个主页，是进入某个站点的起始页，也就是第一页，相当于这个站点的窗口。一般是通过主页来探索该站点的主要信息服务资源，因此Web站点的主页一般都设计得很精美，很有特色。

WWW的核心是Web服务器，由它提供各种形式的信息，用户采用Web浏览器软件来使用这些服务。WWW提供的信息形象、丰富，支持多媒体服务，还支持最新的虚拟现实技术，仿真三维场景。用WWW服务还可集成电子邮件、文件传输等许多Internet服务形式，大大方便了用户的使用，只要会用一种浏览器，上网就是一件十分轻松的事。因此WWW一经推出，就呈现出一日千里的发展势头，并极大地推动了整个Internet的发展。

由于WWW的流行，许多上网的新用户接触的都是WWW服务，因而把WWW服务与Internet混为一谈，甚至产生WWW就是Internet的误解。其实WWW只是Internet的一部分，Internet还拥有许多种类的服务资源。

2. Web 浏览器的工作原理

WWW 是基于客户机/服务器模式，Web 浏览器将请求发送到 Web 服务器，服务器响应这种请求，将其所请求的页面或文档传送给 Web 浏览器，浏览器获得 Web 页面，这就是所谓的下载过程，Web 浏览就是一个从服务器下载页面的过程。图 5-41 示意了 Web 浏览器从 Web 服务器获得 Web 页面的过程。

用户输入不同的域名地址，如 www.whpu.edu.cn，可以打开特定的 Web 服务器的相应文档，下载到浏览器上，浏览器解释 HTML 所描述的动画、声音、文本和图形图像，以及需要进一步链接的 URL，展现给用户的是极其丰富的超文本信息。

Web 浏览器最基本的功能是解释 HTML 文档，它并不能处理各种类型的文件，当遇到不能处理的某类文件时，就检查是否有这类文件的帮助程序，常见的帮助程序有 JPEG 观察器、MPEG 播放器、声音播放器以及动画、图像观察器等，这样无论在 Web 站点上浏览什么类型的文件，浏览器几乎都能解释。

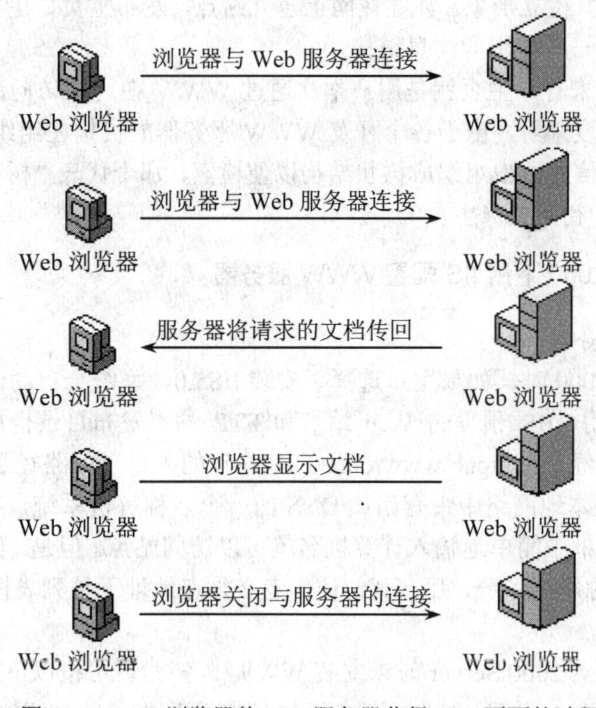

图 5-41　Web 浏览器从 Web 服务器获得 Web 页面的过程

3. 超文本传输协议

超文本传输协议 HTTP（Hyper Text Transfer Protocol）从 1990 年开始应用于 WWW，它可以简单地被看成是浏览器和 Web 服务器之间的会话。由于通过该协议在网络上查询的信息中，包含了用户可以实现进一步查询的链接，因此，用户可以只关心要检索的信息，而无需考虑这些信息存储在什么地方。

为了从服务器上把用户需要的信息发送回来，HTTP 定义了简单事务处理程序，由以下 4 个步骤组成：

（1）客户机与服务器建立连接。

（2）客户机向服务器递交请求，在请求中指明所要求的特定文件。

（3）如果请求被接纳，那么服务器便发回一个应答。在应答中至少应当包括状态编号和该文件内容。

（4）客户机与服务器断开连接。

HTTP 协议提供了一种简单算法，使得服务器能迅速为客户机作出应答。为此 HTTP 协议应当是一个无状态协议，即从一个请求到另一个请求不保留任何有关连接的信息。另外，每次连接，HTTP 只完成一个请求，在一次请求完成以后，服务器与客户机之间的连接便断开。

4. 主页

主页（Home Page）就是用户在访问 Internet 网上的某个站点时，首先显示在浏览器中的第一个页面，也称为 WWW 的“初始页”。在 Internet 上，用户经常需要了解一个机构或一个企业的基本情况，有时需要了解全部情况，有时只想查询某个部门的情况。这样，网上的一些单位为了便于用户查询，树立形象，往往在网上建立站点，发布主页，在主页上显示本单位的各种信息和图像，列出一些常用的信息链接。

从信息查询的角度来看，主页就是用户本次通过 WWW 在连接访问超文本各类信息资源的根；从信息提供的角度来看，由于各个开发 WWW 服务器的机构在组织 WWW 信息时是以信息页为单位的，这些信息页被组织成树状结构以便检索，那个代表“树根”信息页的超文本就是该 WWW 服务器的初始页（主页）。

5.4.2 Windows 2000 下用 IIS 配置 WWW 服务器

1. 安装 WWW 服务器

在安装 Windows 2000 时，如果用户选择了安装 IIS5.0，系统会自动创建一个 HTTP 站点和一个 FTP 站点供使用。IIS 预设的 Web 站点和 FTP 站点发布目录也被称之为主目录，且 Web 站点的主目录的路经是\Inetpub\wwwroot，FTP 站点的主目录的路径是\Inetpub\ftproot。对于 Web 站点来说，如果本地网络中带有诸如 DNS 的一个名称解析系统，那么其他访问者只需在浏览器地址下拉列表框中简单地输入计算机名就可以访问站点。但是，如果本地网络中没有带诸如 DNS 的一个名称解析系统，那么其他访问者必须在地址下拉列表框中输入计算机的 IP 地址才能访问。

如果在安装 Windows 2000 Server 时未安装 WWW 服务器，可按以下方法进行安装：

（1）依次选择“开始→设置→控制面板→添加/删除程序”，打开“添加/删除程序”窗口。

（2）然后单击“添加/删除 Windows 组件”按钮，打开“Windows 组件向导”对话框，如图 5-42 所示。

（3）在“Windows 组件向导”对话框中，选中“Internet 信息服务（IIS）”。单击“详细信息”按钮，打开“Internet 信息服务（IIS）”对话框，如图 5-43 所示。

（4）在“Internet 信息服务（IIS）”下，单击“World Wide Web 服务器”，然后单击“确定”按钮。

（5）安装程序开始复制文件。当文件复制完毕之后，IIS 中的 WWW 服务器也就安装成功了。

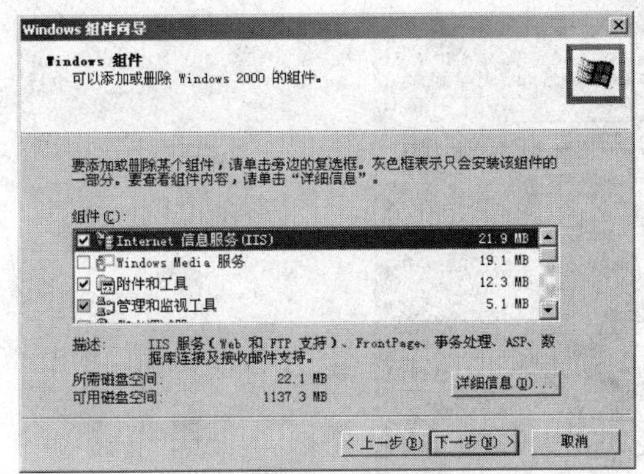

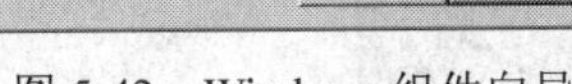
图 5-42　Windows 组件向导

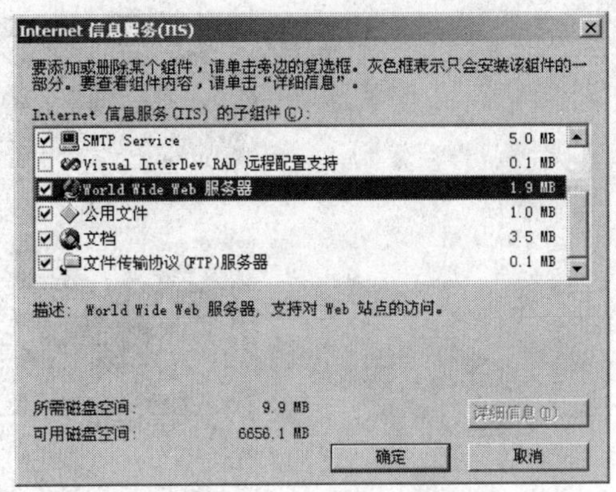

图 5-43　Internet 信息服务

2. 打开 IIS 管理器控制台

打开 IIS 管理器控制台的方法是依次选择"开始→程序→管理工具→Internet 服务管理器"，如图 5-44 所示。

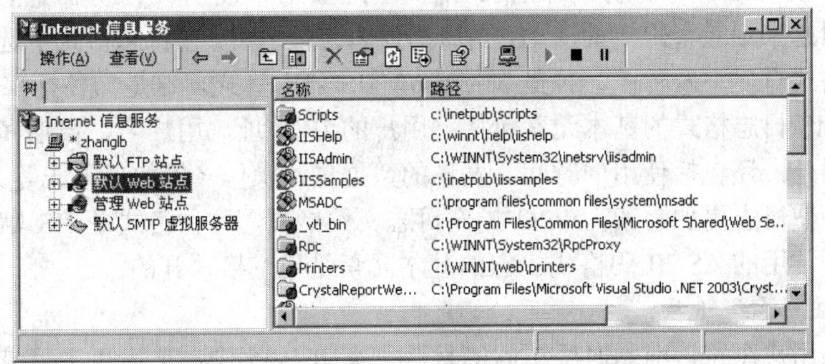

图 5-44　IIS 管理器控制台

在图 5-44 上，双击左边根节点"Internet 信息服务"下的"zhanglb"，可以看到系统已经建立了"默认 Web 站点"。用户输入域名地址（如 www.liubing.com）后，能够直接打开所设置的主页内容，则必须修改此"默认 Web 站点"的属性。

3. 修改"默认 Web 站点"的属性

在图 5-44 上右击"默认 Web 站点"，从弹出的快捷菜单上选择"属性"选项，打开如图 5-45 所示的对话框。

图 5-45 中，"Web 站点标识"组合框中的"说明"栏可以使用任意的名字来命名这个 Web 服务器，这个名称主要是为了方便管理员识别和管理服务器；"IP 地址"栏可选择一个可用的 IP 地址作为 Web 服务器的 IP 地址；"TCP 端口"默认值是 80。也可以改变端口号，但必须通知客户端，这样才能正常访问，否则客户端浏览器就无法与该 Web 服务器进行连接。

图 5-45 中，连接区域中的"无限"表示对同时连接到服务器的数目没有限制；"限制到"是进行设置同时连接到服务器的最大数目；"连接超时"是客户端在一定时间内没有活动，服务器会自动断开连接，这样可以保证当 HTTP 没有成功地与客户端断开连接时，连接仍旧能够正常地断开。

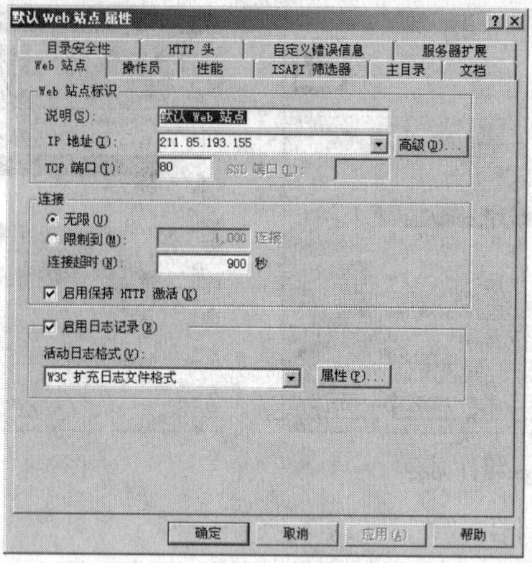

图 5-45 默认 Web 站点属性

图 5-45 中，如果选择“启动日志记录”这项功能，可以使 Web 服务器开启日志。这样可以用各种格式日志来记录客户端的活动。当启动日志记录之后，在日志格式中选取一种日志的格式。日志的格式有以下两种：一种是 Microsoft IIS 日志格式，这是一种标准的 ASCII 码格式。Microsoft IIS 日志格式的基本元素包括：用户的 IP 地址、用户名、日期和时间以及接收的信息量等。另外，还包括使用的时间、发送的数据量、操作（例如：下载等）。这些元素之间用逗号隔开，使日志更加易读；W3C 扩充日志文件格式，这种格式是 IIS 默认的日志文件格式，也是一种常用的 ASCII 码格式。它的基本元素是用空格隔开的。

4. 设置“主目录”选项

主目录是当用户浏览该网站时所访问的目录。在图 5-45 中，单击“主目录”选项卡，打开主目录设置对话框，如图 5-46 所示。其设置内容如下：

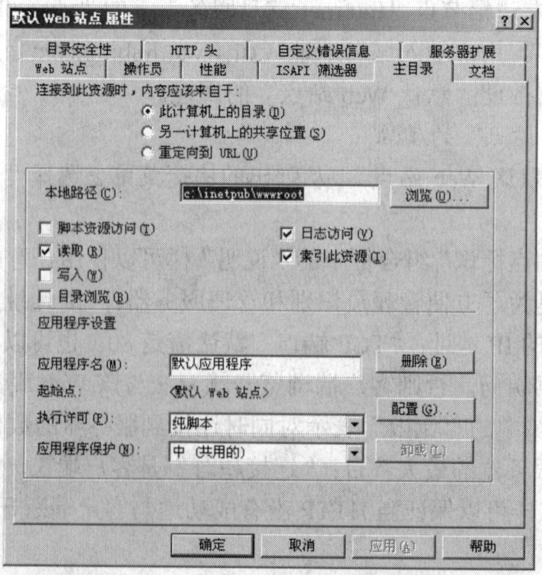

图 5-46 “主目录”选项卡

（1）在“主目录”选项卡中，用户通过三个单选按钮可以选择主目录内容来自的位置。如果要用本地计算机上的内容作为主目录的目录内容，选择“此计算机上的目录”单选按钮；如果要从网络上的其他计算机上查找目录内容作为主目录的内容，选择“另一计算机上的共享位置”单选按钮；如果要将主目录的目录内容重定向到 Internet 上的某个 Web 站点，选择“重定向到 URL”单选按钮。为了便于介绍方便，这里选择“此计算机上的目录”单选按钮。

（2）在“本地路径”文本框中，输入主目录在本地计算机上的路径。如果用户不知道目录的确切路径，可单击“浏览”按钮，打开“浏览文件夹”对话框进行选择。

（3）通过启用和禁用复选框来设置主目录的访问权限，例如，禁用“索引此资源”复选框，则不允许其他访问者对该主目录进行资源索引。

如果“目录浏览”一项被选中，则在浏览器中对网站进行访问时输入 http://域名（或 IP 地址），而在主目录中又没有“默认文档”存在时，则会显示出此目录下所有的文件和目录；如果不选择此选项，则在此情况下则会出现错误提示。

（4）在“应用程序设置”选项区域中，单击“删除”按钮可删除目录中的默认应用程序，禁止客户对默认应用程序的访问。如果没有删除应用程序，可在“执行许可”下拉列表框中选择执行许可权限，包括“无”、“纯脚本”和“脚本和程序执行”；在“应用程序保护”下拉列表框中选择应用程序保护级别。

（5）目录路径、权限及应用程序设置好之后，单击“确定”按钮即可完成主目录的设置。

5. 设置“文档”选项

在图 5-46 上选择“文档”选项卡，打开如图 5-47 所示的对话框。

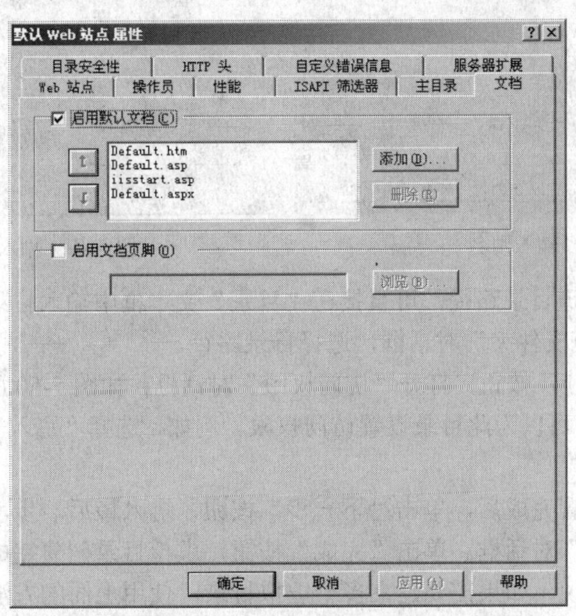

图 5-47　“文档”设置选项卡

如果用户用不带文件名（例如 http://www.whpu.edu.cn/）的 URL 发送请求，由 WWW 服务将返回指定的默认文档。在每一个目录中都可以建立这样一个默认的文档，因为如果没有默认文档，用户用不带文件名的 URL 访问 Web 服务器时，WWW 服务器将返回错误。在 WWW 的“文档”属性页（如图 5-47 所示）中，将“启用默认文档”选中，此时在站点的根目录中应包含以下至少一个文件：default.htm、default.asp、iisstart.asp、default.aspx，否则会出错。如果在站点的根目录中包含了图 5-47 所示的两个以上的文件时，WWW 服务器会按照列表的名称顺序在目录中搜索默认文档。服务器将返回发现的第一个文档。要更改搜索顺序，请在图 5-47 中选定要改顺序的文档，然后单击上下箭头。

6. 创建虚拟目录

虚拟目录是指除了主目录以外的其他站点发布目录。在客户浏览器中，虚拟目录就像位于主目录中一样，但在物理上可能并不包含在主目录中。

如果站点要求很复杂，或决定在网页中使用脚本或应用程序，就需要为要发布的内容创建虚拟目录。要创建虚拟目录，可参照下面的步骤：

（1）在图 5-44 的 IIS 管理器中，右击“默认 Web 站点”节点，在弹出的快捷菜单中选择“新建→虚拟目录”命令，打开“虚拟目录创建向导”对话框，然后单击“下一步”按钮，打开“虚拟目录别名”对话框，如图 5-48 所示。

（2）在“别名”文本框中输入用于获得此 Web 虚拟目录访问权限的别名，例如，office。输入别名后，单击“下一步”按钮，打开“网站内容目录”对话框，如图 5-49 所示。

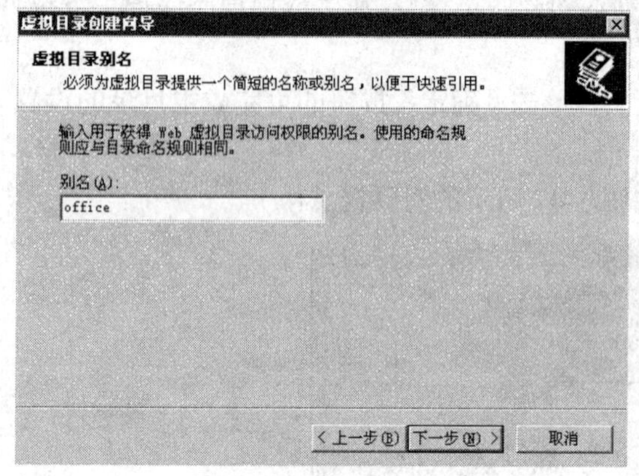

图 5-48 输入别名

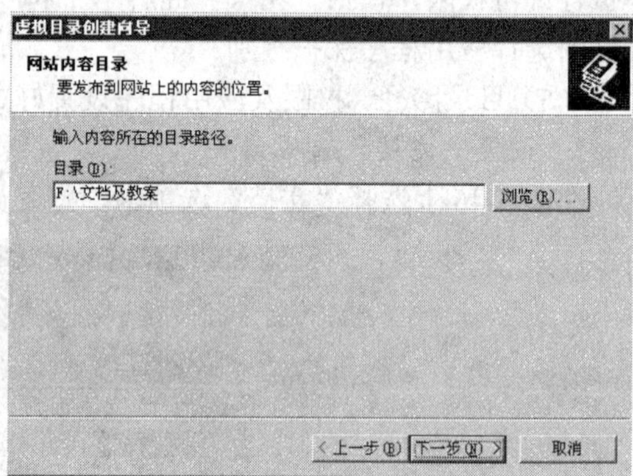

图 5-49 输入目录路径

（3）如果用户知道目录路径，可直接在“目录”文本框中输入目录路径。或者单击“浏览”按钮，打开“浏览文件夹”对话框，选择目录路径。

（4）单击“下一步”按钮，打开“访问权限”对话框，如图 5-50 所示。在“允许下列权限”选项区域中，用户可以为此目录设置访问权限。例如，选择“写入”复选框，即允许访问者修改目录内容。

（5）访问权限设置完成后，单击“下一步”按钮，进入最后一步，打开“您已成功完成‘虚拟目录创建向导’”对话框。单击“完成”按钮，虚拟目录创建完成。

对于 Web 站点来说，如果需要建立多个虚拟目录，使用上面的方法就显得不太方便。这时，用户可以直接通过设置文件的 Web 共享属性来快速创建虚拟目录，具体操作步骤如下：

（1）打开“我的电脑”或“资源管理器”窗口，右击要共享的文件夹，从弹出的快捷菜单中选择“属性”命令，打开文件夹属性对话框。然后单击“Web 共享”选项卡，如图 5-51 所示。

（2）选择“共享文件夹”单选按钮，此时会弹出“编辑别名”对话框，如图 5-52 所示。

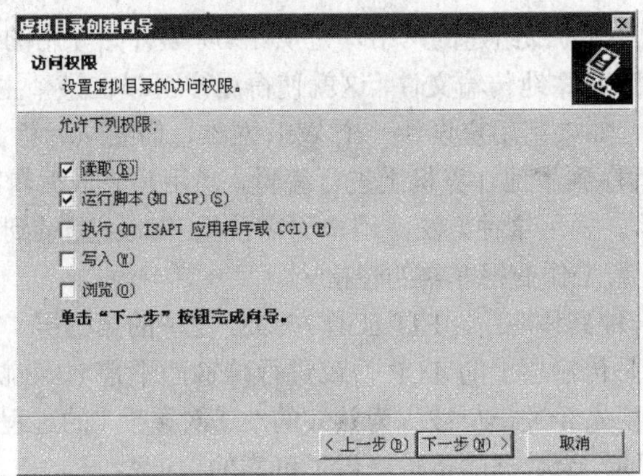

图 5-50　设置目录访问权限

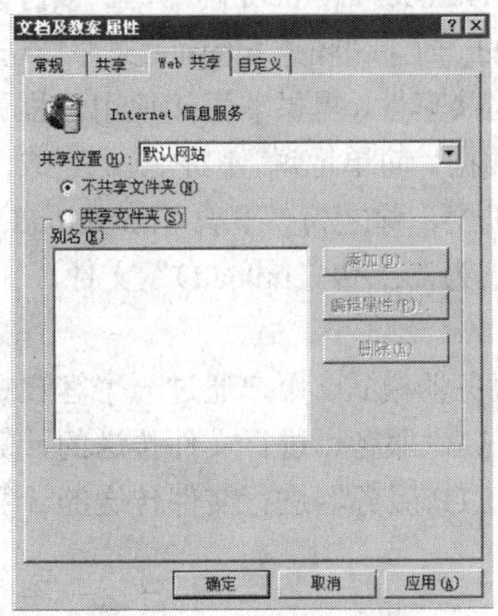

图 5-51　文件夹属性对话框

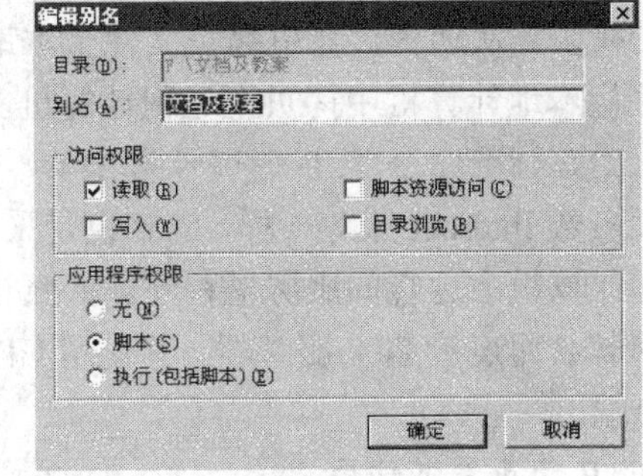

图 5-52　“编辑别名”对话框

（3）在“别名”框中输入该目录的别名。按照默认规定，如果没有更改信息，计算机将指定该目录名为匿名。在“访问权限”选项区域中，通过启用复选框来设置虚拟目录的访问许可，例如启用“脚本资源访问”复选框，则允许访问者访问脚本资源。

（4）在“应用程序权限”选项区域中，通过选择单选按钮来设置目录中的应用程序许可权限，例如选择“执行（E）（包括脚本）”单选按钮，则允许访问者执行目录中的应用程序及其脚本。

（5）设置完毕，单击“确定”按钮保存设置并返回到共享文件夹属性对话框，再单击“确定”按钮即可。

5.5　FTP 服务器

5.5.1　FTP 的工作原理

1．FTP 概述

起初，FTP 并不是应用于 IP 网络上的协议，而是 ARPANET 网络中计算机间的文件传输协议，ARPANET 是美国国防部组建的网络，是从 1969 年开始使用的网络。在当时，FTP 的主要功能是在主机间高速可靠地传输文件，这就使得用户可以在某个主机上工作，而将文件存储在其他主机上。例如，如果某用户设计一个 Web 网站，需要从远程 Web 服务器的主机上下载 HTML 文件和 CGI 程序到本地计算机上进行编辑，当用户完成编辑工作后，可使用 FTP 将文件传回到 Web 服务器。采用这种方法，用户无需使用 Telnet 登录到远程主机进行工作，这样就使 Web 服务器的更新工作变得非常的轻松。

FTP 是 TCP/IP 的一种具体应用，FTP 工作在 OSI 模型的第七层，TCP 模型的第四层上，即应用层，FTP 使用的是传输层上的 TCP 协议进行传输而不是 UDP 协议，这样 FTP 客户在和服务器建立连接前就要先经过一个被广为熟知的“三次握手”的过程，其意义在于客户与服务器之间的连接是可靠的，为数据的传输提供了可靠的保证。

2. 什么是 FTP 协议

FTP 是 TCP/IP 协议族中的一个协议，是英文 File Transfer Protocol 的缩写。该协议定义的是在远程计算机系统和本地计算机系统之间传输文件的一个标准，是 Internet 文件传送的基础。FTP 由一系列的规格说明文档组成，目标是提高文件的共享性，提供非直接使用远程计算机文件的方法，使存储介质对用户透明和可靠高效地传送数据。简单地说，FTP 就是完成两台计算机之间的拷贝，从远程计算机拷贝文件至本地的计算机上，称之为“下载（download）”文件。若将文件从本地计算机中拷贝至远程计算机上，则称之为“上传（upload）”文件。在 TCP/IP 协议中，FTP 标准命令 TCP 端口号为 21。

同大多数 Internet 服务一样，FTP 也是采用客户/服务器模式。用户通过一个客户机程序连接到远程计算机上运行的服务器程序。依照 FTP 协议提供服务，进行文件传送的计算机就是 FTP 服务器；而连接 FTP 服务器，并使用 FTP 协议与 FTP 服务器进行文件传送的计算机就是 FTP 客户端。

3. FTP 的基本工作原理

文件传送协议 FTP 只提供文件传送的一些基本的服务，它使用 TCP 可靠的运输服务。FTP 的主要功能是减少或消除在不同操作系统下处理文件的不兼容性。

一个 FTP 服务器进程可同时为多个客户进程提供服务。FTP 的服务器进程由两大部分组成：一个是主进程，负责接受新的请求；另外有若干个从属进程，是负责处理单个请求。主进程工作步骤如下：

（1）打开熟知端口（端口号为 21），使客户进程能连接上。

（2）等待客户进程发起建立连接请求。

（3）启动从属进程来处理客户进程发来的请求。从属进程对客户进程的请求处理完毕后即终止，但从属进程在运行期间根据需要还可能创建其他一些子进程。

（4）回到等待状态，继续接受其他客户进程发来的请求。主进程与从属进程的处理是并发地进行。

FTP 的工作情况如图 5-53 所示。在进行文件传输时，FTP 的客户和服务器之间要建立两个连接：“控制连接”和“数据连接”。

控制连接发起方是 FTP 客户，数据连接发起方是 FTP 服务器。客户发起连接建立时，首先寻找服务器进程的熟知端口（端口 21），同时告诉服务器进程自己的一个端口号码，用于建立连接，连接建立时，控制进程和控制连接随之创建。控制进程在接收到 FTP 客户发送过来的文件传输请求后就创建数据传送进程和数据连接。服务器进程用传输数据的熟知端口（端口 20）与客户进程所提供的端口号建立数据传输连接。由于 FTP 使用了两个不同的端口号，所以数据连接与控制连接不会发生混乱。

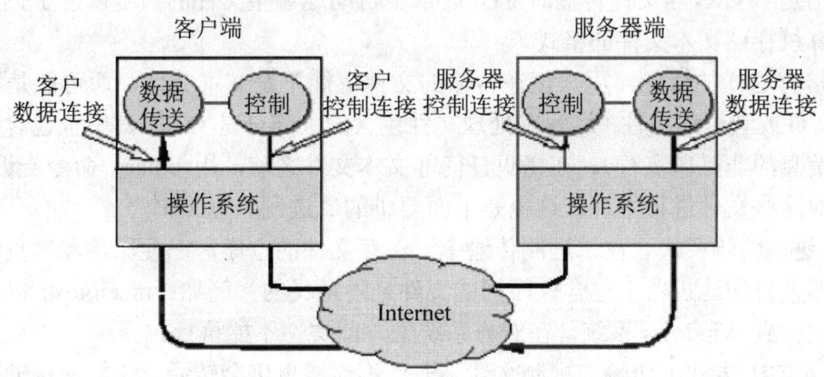

图 5-53　FTP 使用的两个 TCP 连接

4. FTP 用户授权

要使用 FTP 服务器，必须要拥有该 FTP 服务器的授权账号，也就是说只有在有了一个用户标识和一个口令后才能登录到 FTP 服务器，享受 FTP 服务器提供的服务。FTP 地址如下：

ftp://用户名：密码@FTP 服务器 IP 或域名：FTP 命令端口/路径/文件名

上面的参数除了 FTP 服务器 IP（或域名）为必要项外，其他项都是可选项。如以下地址都是有效 FTP 地址：

ftp://ftp.whpu.edu.cn

ftp://lb:123456@ ftp.whpu.edu.cn

ftp:// lb:123456@ ftp.whpu.edu.cn

ftp:// lb:123456@ ftp.whpu.edu.cn:2005/soft/demo.doc

互联网中大多数 FTP 服务器都支持“匿名”（Anonymous）登录。这类服务器的目的是向公众提供文件拷贝服务，不要求用户事先在该服务器进行登记注册，也不用取得 FTP 服务器的授权。

Anonymous（匿名账号）能够使用户与远程主机建立连接并以匿名身份从远程主机上拷贝文件，而不必是该远程主机的注册用户。用户使用特殊的用户名“anonymous”登录到 FTP 服务，就可访问远程主机上的公开文件。许多系统要求用户将 Emai1 地址作为匿名账号的口令，以便更好地对访问进行跟踪。匿名 FTP 一直是 Internet 上获取信息资源的最主要方式，在 Internet 上有成千上万的匿名 FTP 主机，在这些主机中存储着大量的文件，这些文件包含了各种各样的信息。人们只要知道特定信息资源的主机地址，就可以用匿名 FTP 登录获取所需的信息资料。虽然目前使用 WWW 环境已取代匿名 FTP 成为最主要的信息查询方式，但是匿名 FTP 仍是 Internet 上传输分发软件的一种基本方法。

5. FTP 的传输模式

FTP 协议的任务是从一台计算机将文件传送到另一台计算机，它与这两台计算机所处的位置、连接的方式、是否使用相同的操作系统无关。假设两台计算机通过 FTP 协议进行对话，并且能访问 Internet，可以用 FTP 命令来传输文件。每种操作系统在使用上有一些细微差别，但是每种协议基本的命令结构是相同的。FTP 的传输有两种模式：一种是 ASCII 传输模式，另一种是二进制数据传输模式。

（1）ASCII 传输方式。假定用户正在拷贝的文件包含简单 ASCII 码文本，如果在远程机器上运行的不是 UNIX，当文件传输时 FTP 通常会自动地调整文件的内容以便于把文件解释成另外那台计算机存储文本文件的格式。

但是常常有这样的情况，用户正在传输的文件可能不是文本文件，而可能是程序、数据库、字处理文件或者压缩文件（尽管字处理文件包含的大部分是文本，其中也包含有指示页尺寸，字库等信息的非打印字符）。在拷贝任何非文本文件之前，用 binary 命令告诉 FTP 逐字拷贝，不要对这些文件进行处理，这也是下面要讲的二进制传输。

（2）二进制传输模式。在二进制传输中，保存文件的位序，以便原始和拷贝的是逐位一一对应的。即使目的地机器上包含位序列的文件是没意义的。例如，macintosh 以二进制方式传送可执行文件到 Windows 系统，在对方系统上，此文件不能执行。

如果在 ASCII 方式下传输二进制文件，即使不需要也仍会转译。这会使传输稍微变慢，也会损坏数据，使文件变得不能用。在大多数计算机上，ASCII 方式一般假设每一字符的第一有效位无意义，因为 ASCII 字符组合不使用它。如果传输二进制文件，所有的位都是重要的。如果知道这两台机器是同样的，则二进制方式对文本文件和数据文件都是有效的。

5.5.2　Windows 2000 Server 下的 FTP 服务器配置

Windows 2000 Server 的 IIS5.0 提供了 FTP 配置服务，但该服务器的管理功能比较有限，下面来说明 Windows 2000 Server 下的 FTP 服务器配置方法。

1．FTP 服务器的安装

如果在安装 Windows 2000 Server 时，未安装 FTP 服务器，可采用下面的方法进行安装：

（1）依次选择“开始→设置→控制面板→添加/删除程序→添加/删除 Windows 组件”，在“Windows 组件”对话框中打开“Internet 信息服务（IIS）”详细信息列表，如图 5-54 所示。

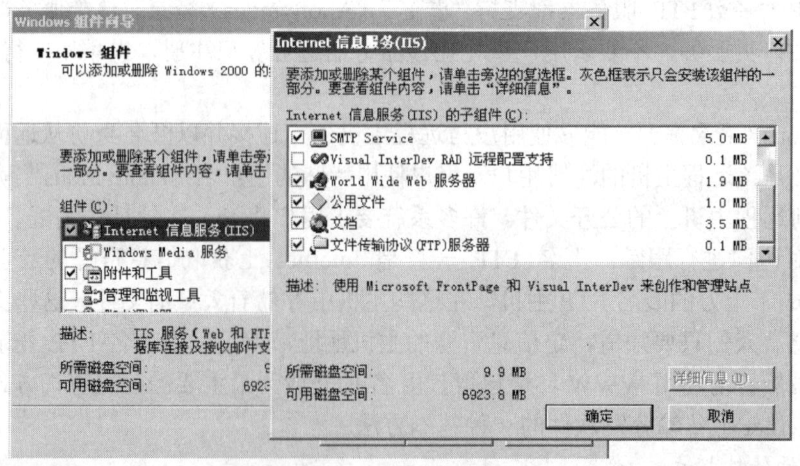

图 5-54　Internet 信息服务

（2）在图 5-54 中，选中“文件传输协议（FTP）服务器”，然后单击“确定”按钮，并在“Windows 组件”对话框中，单击“下一步”进行安装。在安装的过程中，会提示用户插入 Windows 2000 Server 系统安装光盘，只要按提示插入光盘即可完成安装。

2. FTP 服务器的设置

（1）依次选择“开始→程序→管理工具→Internet 服务管理器”，在“Internet 信息服务”管理器中，右击“Internet 信息服务”下的“默认 FTP 站点”，如图 5-55 所示。

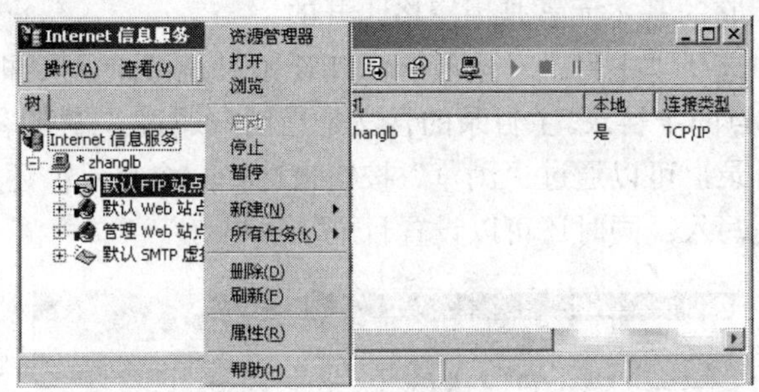

图 5-55 Internet 信息服务

（2）在图 5-55 中弹出的快捷菜单上，选择“属性”选项即可打开服务器属性配置对话框，如图 5-56 所示。在这个选项卡中不需要进行设置。

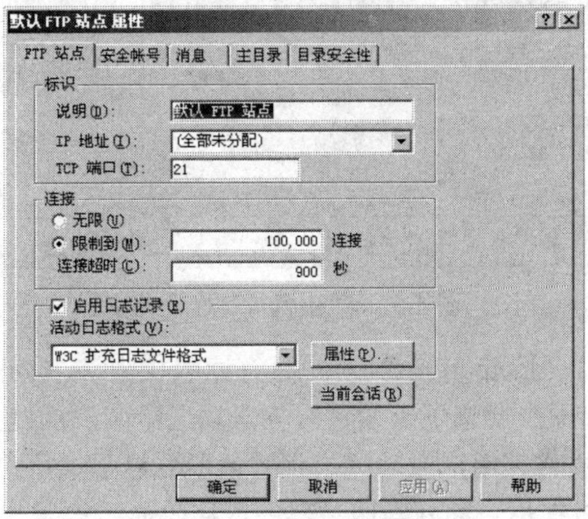

图 5-56 默认 FTP 站点

图 5-56 中，标识区域中的说明栏可以使用任意的名字来命名这个 FTP 服务器，这个名称主要是为了方便管理员识别和管理服务器；IP 地址栏可选择一个可用的 IP 地址作为 FTP 服务器的 IP 地址；TCP 端口：默认值是 21，也可以改变端口号，但必须通知客户端，这样才能正常访问，否则客户端就无法与该 FTP 服务器进行连接，并且如果输入了一个新的端口号，那么必须重新启动计算机，所进行的设置才能生效。

图 5-56 中，“连接”区域中的“无限”表示对同时连接到服务器的数目没有限制；“限制到”是进行设置同时连接到服务器的最大数目；“连接超时”是客户端在一定时间内没有活动，服务器会自动断开连接，这样可以保证当 HTTP 没有成功地与客户端断开连接时，连接仍旧能够正常地断开。

图 5-56 中，如果选择启动日志记录这项功能，可以使 FTP 服务器开启日志。这样可以用各种格式日志来记录客户端的活动。当启动日志记录之后，在日志格式中选取一种日志的格式。

日志的格式有以下两种：一种是 Microsoft IIS 日志格式，是一种标准的 ASCII 码格式，Microsoft IIS 日志格式的基本元素包括：用户的 IP 地址、用户名、日期和时间以及接收的信息量等。另外，还包括使用的时间、发送的数据量、操作（例如：下载等）。这些元素之间用逗号隔开，使日志更加易读；W3C 扩充日志文件格式，这种格式是 IIS 默认的日志文件格式，也是一种常用的 ASCII 码格式。它的基本元素是用空格隔开的。

（3）在图 5-56 中选择“主目录”选项卡，打开如图 5-57 的对话框。通过“主目录”选项卡，可以设置 FTP 站点的主目录。主目录的含义是当用户通过 FTP 的客户端程序登录到 FTP 服务器后所能看到的目录，可以通过“浏览”按钮来选择一个目录；还可设置 FTP 客户对该目录的权限是读取还是写入；同时还可以设置目录的风格。

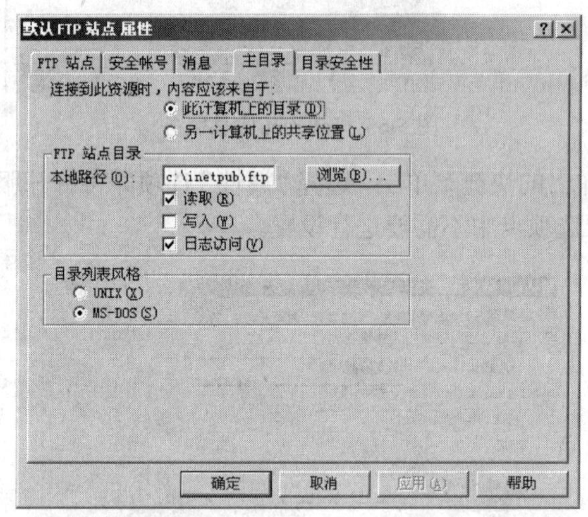

图 5-57 “主目录”选项卡

这里设置本地路径是“c:\inetpub\ftp”，客户只有读取权限，即客户只能下载不能上传文件。

（4）设置“消息”选项。此选项卡设置服务器发送给用户的信息。在“欢迎信息”编辑框内输入欢迎信息，此信息将在用户成功登录到服务器后显示给用户的。同样，在“退出”编辑框内填入信息，此信息将在用户切断与服务器的连接时显示给用户。最多连接数是设置同时访问站点的人数，这个可以根据服务器性能来决定，如果性能较好，则这个数可以大点，否则小点，当然也可以不作设置，表示不限制最大的连接数。这里设置成 100，其结果如图 5-58 所示。

（5）设置“安全账号”选项。在 FTP 服务器属性窗口中单击“安全账号”，进入“安全账号”选项卡，如图 5-59 所示。在此选项卡可以控制访问 FTP 站点的用户以及管理员账号。设置匿名访问是指允许 FTP 客户以“anonymous”用户登录，用户名使用系统默认的 IUSR_ZHANGLB 账户。如果只允许部分特殊的用户才能使用该 FTP 服务器，则将此选项置为无效。这里按默认允许匿名连接；设置操作员是由于 IIS 用的是 Windows 自带的用户库，所以如果要增加操作员首先要在 Windows 中新建用户，然后在这里单击“添加”按钮，将新建用户添加到 FTP 操作员中。默认的情况下，系统已经设定为 Windows 2000 Server 的系统管理员账号 Administrator。如果没有特殊需要，这里可以不作任何的修改。

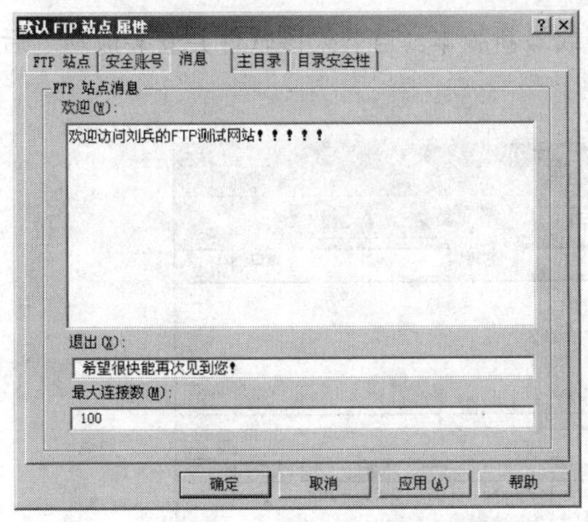

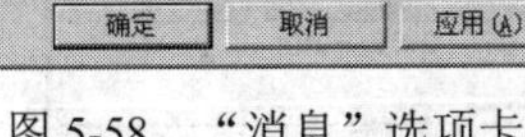

图 5-58 “消息”选项卡

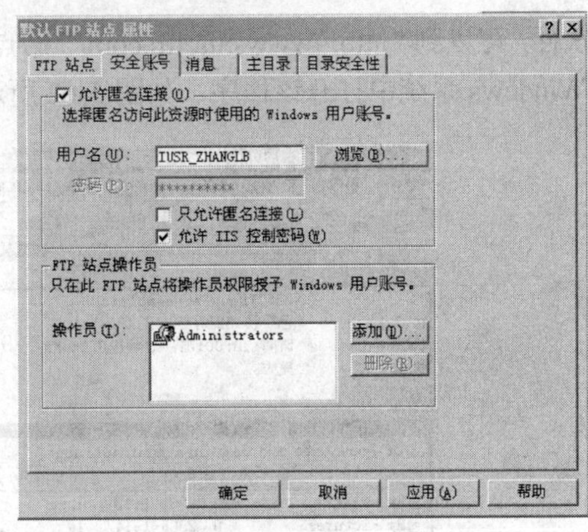

图 5-59 “安全账号”选项卡

（6）设置“目录安全性”选项卡，如图 5-60 所示。这里可以通过限制某些 IP 地址来控制访问 FTP 服务器的计算机。通过选择“授权访问”或“拒绝访问”来调整如何处理这些 IP 地址。假如要设定除了来自“211.85.203.22”外的其他所有 IP 地址都允许访问此 FTP 服务器，则可以选中“授权访问”，在下面的列表框中单击“添加”将此 IP 地址添加进去；假如要设定只允许来自本局域网的用户才能访问此 FTP 服务器，则选中“拒绝访问”，单击“添加”按钮，按如图 5-61 所示填写一组计算机将其添加到列表中即可。

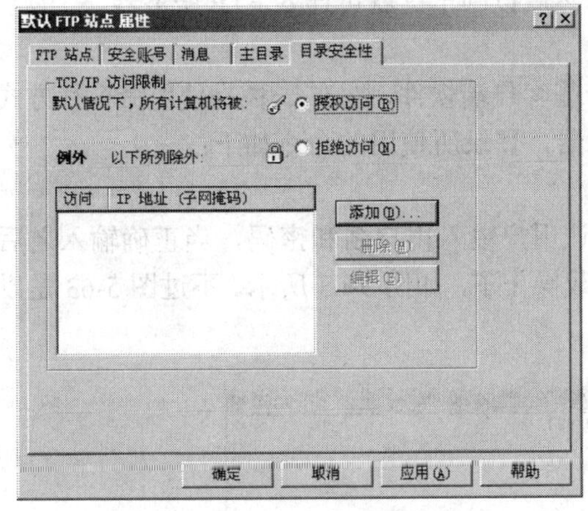

图 5-60 “目录安全性”选项卡

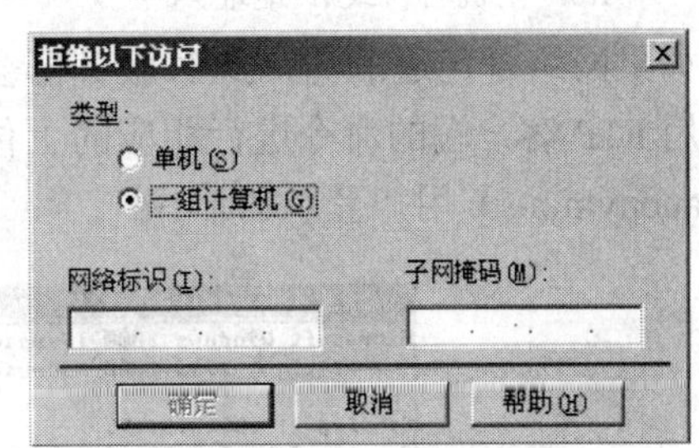

图 5-61 添加一组计算机

3. FTP 客户端——CuteFTP 软件实现上传下载

Windows 系统下的 FTP 客户端软件有很多种，但一般常用的是 CuteFTP。CuteFTP 采用交互式界面与 FTP 服务器建立连接，连接成功之后允许用户进行上传或下载文件，CuteFTP 是目前市场上比较优秀的一种 FTP 客户端软件，使用 CuteFTP 不再需要记忆一些 FTP 的命令，是一种非计算机专业人员连接 FTP 服务器的一种最佳途径。

CuteFTP 具有很多强大的功能，例如支持断点续传、上传文件和下载文件等功能。另外还有站点切换方便、使用简便快捷、操作界面友好等优点，本节就以该软件为例来说明如何连接到前面建立的 IP 地址为 211.85.193.155 的 FTP 服务器。在使用 CuteFTP 之前，若用户没有这种软件，可以到“http://www.cuteftp.com/”站点下载最新版本。当下载该软件并安装成功之后，在 Windows 系统中打开该程序，如图 5-62 所示。

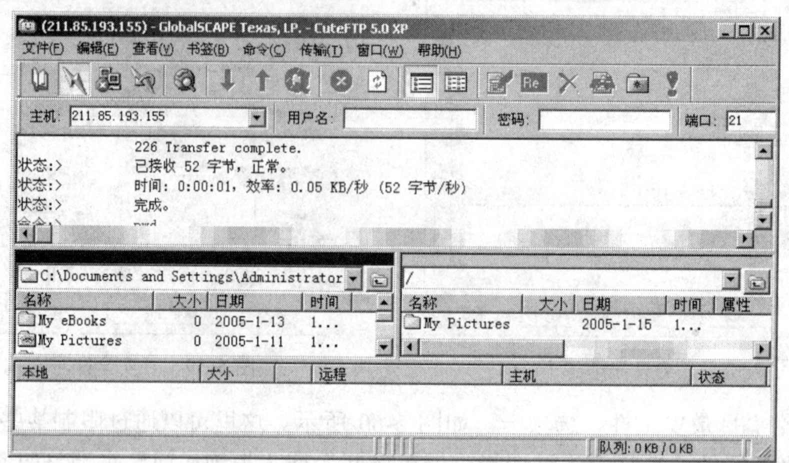

图 5-62 FTP 客户端软件——CuteFTP

在图 5-62 的工具条中，按下“快速连接”按钮，然后在主机的文本框中输入“211.85.193.155”；在用户名后输入 FTP 服务器所允许的客户，本例中输入用户名使用匿名用户登录，此处输入 anonymous；在密码后正确输入相应的用户密码，匿名用户可使用 E-mail 地址；在端口号后输入 FTP 的默认端口号 21，然后按回车键就可连入 FTP 服务器。

4. FTP 客户端——DOS

FTP 客户端连接 FTP 服务器一种是使用一些客户端软件，另外一种是使用命令行方式。要使用 FTP 的命令行必须首先登录到 FTP 服务器，登录所使用的命令如下：

ftp 主机名（或 IP 地址）

如果网络是连通的话，此时服务器会提示让用户输入用户名和密码，当正确输入之后就可使用 FTP 客户端的命令进行相应的上传和下载操作了，如图 5-63 所示。不过图 5-63 是以匿名（anonymous）用户登录的。

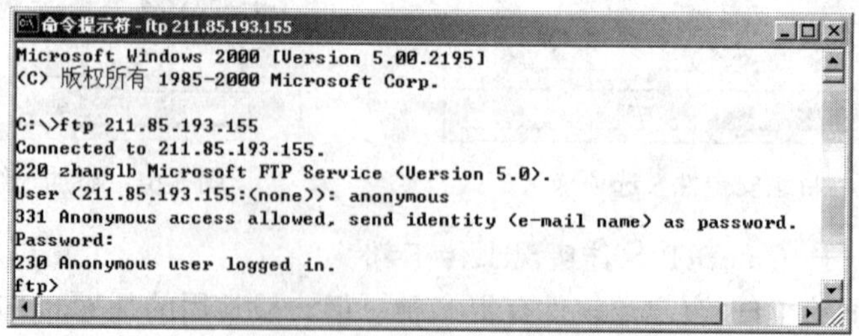

图 5-63 登录到 FTP 服务器

下面来介绍一些 FTP 客户端的常用命令。

（1）与某个 FTP 服务器建立连接。这里以登录在上一节建立的 211.85.193.155 的 FTP 服务器为例，介绍使用 FTP 客户端命令与 FTP 服务器建立连接的另一种方法。在命令提示符下，输入 ftp 命令，此时终端的提示符变成 ftp>，执行 open 211.85.193.155，在提示“name:”的后面，输入 anonymous（即用匿名用户登录）；在提示“password:”后面输入用户的电子邮件地址，格式只要为“xx@xx.xxx”即可（x 表示为任何字符）。如果出现 230 Login successful，表示成功。如图 5-64 所示。

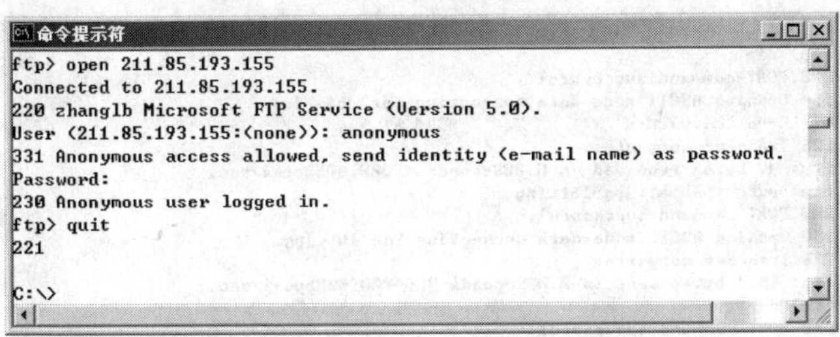

图 5-64　登录 ftp 服务器的另一种方法

（2）列出 FTP 服务器上的目录。在提示符 ftp>下，执行 ls 或 dir 命令后，屏幕会显示当前目录下的文件或子目录。

（3）改变当前目录。在提示符 ftp>下，执行 cd 或 pwd 命令，可以查看当前目录；执行 cd..命令可以进入上一级目录；执行“cd 子目录名”命令，可以进入子目录，例如，输入 cd mail，表示进入当前目录下的“mail”子目录。

（4）一般文件传送。文件传送是 FTP 命令的最基本应用。以“211.85.193.155”FTP 服务器中 mail 目录下的文件为例说明如何上传下载文件。

1）下载单个文件。get 命令能从远程计算机上下载一个文件，其命令格式为：

```
get　源文件名　目标文件名
```

其中，源文件名代表用户想拷贝的文件；目标文件代表用户为目标文件取的名，如果省略目标文件名，则拷贝的文件就用原文件名。例如，执行 get k1.jpg c:\lb\k1.jpg 命令，下载结束后，下载的文件存于 C 盘的 lb 文件夹下。操作过程如图 5-65 所示。

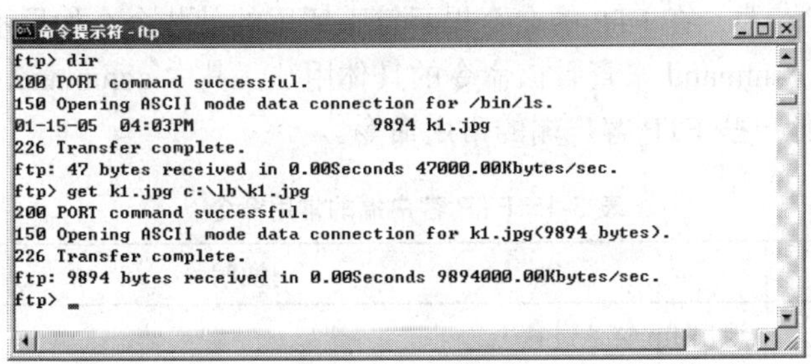

图 5-65　下载一个文件

2）下载多个文件。mget 命令是从远程计算机取多个文件。命令格式为：

```
mget 源文件列表
```

在源文件列表中的各文件名之间以空格隔开或文件名中包含通配符。例如，输入命令 mget conn_db.*，其中命令中的“*”表示任意字符，整个命令的含义是：下载所有文件名为 conn_db 且后缀为任意字符的文件，例如 conn_db.inc，conn_db.txt 等文件。

3）上传单个文件。将本地计算机的文件传送到远程计算机上，其命令格式为：

```
put　源文件名　目标文件名
```

例如，执行 put c:\lb\k1.jpg lb1.jpg 命令。需要说明的是，匿名用户一般是不允许上传文件的。FTP 服务器一般只允许匿名用户下载文件，而不允许匿名用户上传文件，但如果 FTP 服务器开放了匿名用户上传或创建文件夹的权限，则匿名用户就可以使用 put 命令上传文件或创建新的文件夹。操作过程如图 5-66 所示。

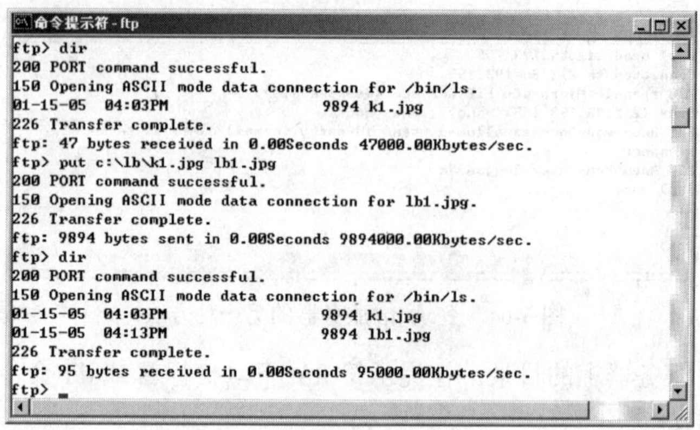
```
ftp> dir
200 PORT command successful.
150 Opening ASCII mode data connection for /bin/ls.
01-15-05  04:03PM                 9894 k1.jpg
226 Transfer complete.
ftp: 47 bytes received in 0.00Seconds 47000.00Kbytes/sec.
ftp> put c:\lb\k1.jpg lb1.jpg
200 PORT command successful.
150 Opening ASCII mode data connection for lb1.jpg.
226 Transfer complete.
ftp: 9894 bytes sent in 0.00Seconds 9894000.00Kbytes/sec.
ftp> dir
200 PORT command successful.
150 Opening ASCII mode data connection for /bin/ls.
01-15-05  04:03PM                 9894 k1.jpg
01-15-05  04:13PM                 9894 lb1.jpg
226 Transfer complete.
ftp: 95 bytes received in 0.00Seconds 95000.00Kbytes/sec.
ftp> _
```

图 5-66 上传一个文件

4）上传多个文件。mput 命令可以将本地计算机的多个文件一起送到远程主机。其命令格式为：

```
mput  文件名列表
```

例如，执行 mput　b*.*命令，此命令表示在当前用户目录下的所有以 b 开头的文件都上传到 FTP 服务器上。

另外，在使用 mget 和 mput 命令时，还应当注意两个问题：①由于是传送多个文件，所以不能对目标文件指定名字，在命令行上的所有文件都被看作源文件；②不能用 mget 和 mput 命令拷贝目录，只能用它们拷贝文件。

（5）退出。执行 close 命令来关闭连接；执行 quit 命令退出 FTP 程序。

（6）命令的帮助信息。在 FTP 的命令提示符下所用的某些命令如果不知其具体的使用方法可以使用命令 help command 来查看该命令的具体用法，其中 command 是指要查询的命令。在表 5-1 中列出了其他一些 FTP 客户端的常用命令。

表 5-1 FTP 客户端的常用命令

FTP 客户端的命令	说明
bye	退出 ftp 会话过程
delete remote-file	删除远程主机文件
disconnection	同 close
glob	设置 mdelete，mget，mput 的文件名扩展，缺省时不扩展文件名，同命令行的 -g 参数
lcd	将本地工作目录切换至 dir
literal	传送任一 ftp 命令
mdelete	删除远程主机文件
mdir	与 dir 类似，但可指定多个远程文件
mkdir	在远程主机中建一目录
mls	显示远程主机目录的清单并存入本地硬盘，可指定多个文件名

续表

FTP 客户端的命令	说明
prompt	设置多个文件传输时的交互提示
quote arg1，arg2…	将参数逐字发至远程 ftp 服务器
Recv	同 get，将远程主机的文件传至本地硬盘
rhelp	请求获得远程主机的帮助
rename	更改远程主机文件名
rmdir dir-name	删除远程主机目录
send	同 put，将本地文件传送至远程主机
status	显示当前 ftp 状态
trace	设置包跟踪
type	设置文件传输类型为 type-name，默认为 ascii
.user user-name	向远程主机表明自己的身份，需要口令时，必须输入口令，如：user root passwd 表明自己是 root，passwd 是自己的密码

5.6　E-mail 服务器

5.6.1　E-mail 服务器的概述

电子邮件将邮件发送到收信人的邮箱（mail box）中，收信人可随时读取邮件。电子邮件不仅使用方便，而且还具有传递迅速和费用低廉的优点。以从武汉到北京的邮件为例，如采用传统邮件方式，单程送达最快也需要一天的时间，而通过电子邮件方式进行传递，发送操作仅需要一至两秒钟即可；并且从武汉到北京的普通标准邮件价格需要 8 角钱（但时间要几天），特快专递需要十几元，而通过电子邮件发送几乎没什么费用。另外电子邮件不仅可传送文字信息，而且还可附上声音和图像等多媒体信息文件。

电子邮件有非常高的效率。例如把一个文件同时传送给多个用户，只要知道这些用户的电子邮件地址，就可以利用电子邮件的抄送功能将相同的一封信同时寄送给在世界不同地方的人，所花时间和费用与将一封信发给一个人没有什么差别。邮件接收者可以自由决定什么时间在哪一台连接到 Internet 网络上的计算机上读取信件，也可以方便地保留或删除任意一封已收到的信件。电子邮件的安全性也非常高，可以采用加密的办法来传输邮件，即使被人截获，也不能轻易破译。目前，还可以通过手机来读取或发送电子邮件。

1．E-mail 的工作原理

如同现实生活中的传统邮件要有邮政系统才能准确而及时地将信件从发信人手中传递到收信人手中一样，电子邮件同样也要有支撑的服务系统才能完成使命。电子邮件系统所采用的数据交换技术与大多数计算机网络采用的数据交换技术一样，即“存储转发”技术。一个电子邮件从发送端计算机发出，在网络传输的过程中，经过多台计算机中转，最后到达目的计算机，送到收信人的电子信箱，在这个过程中，进行中转的计算机就像普通邮政系统中的邮局，这些 Internet 上的“邮局”叫邮件服务器，并且这些邮件服务器之间要遵循同样的规则才能正确地互相转达信息，这样的规则被称为协议。

电子邮件的实际传递过程要比一封普通信件的传递过程复杂得多。在Internet网上，一封电子邮件的实际传递过程如下：

（1）由发送方计算机（客户机）的邮件管理程序将邮件进行分拆，即把一个大的信息块分成一个个小的信息块，并把些小的信息块封装成传输层协议（TCP层）下的一个或多个TCP邮包。

（2）TCP邮包又按网际层协议（IP层）要求，拆分成IP数据包（分组），并在上面附上目的计算机的地址（IP地址）。

（3）根据目的计算机的IP地址，确定与哪一台计算机进行联系，与对方建立TCP连接。

（4）如果连接成功，便将IP数据包送上网络。IP数据包在Internet的传递过程中，将通过对路径的路由选择，经过许许多多路由器存储转发的复杂传递过程，最后到达接收邮件的目的计算机。

（5）在接收端，电子邮件程序会把IP数据包收集起来，取出其中的信息，按照信息的原始次序还原成初始的邮件，最后传送给收信人。

如果在传输过程中发现IP数据包丢失，目的计算机会要求发送端重发。至于传输过程中可能出现的误码等问题，TCP 邮包将采用一种“检验和”的办法处理。即如果一个邮包在传输前后的“检验和”不一致，则表明传输有错，这种邮包必须舍弃重发。从上述的过程可以看出，尽管电子邮件的具体传递过程比较复杂，但是TCP/IP协议采取了各种措施保证邮包的可靠传递。一般来说，电子邮件总能从发送端计算机可靠地传递到目的计算机。

这里，读者可能会提出这样一个问题：如果目的计算机未开机或者机器本身暂时出现故障，电子邮件如何进行传递？在TCP/IP软件的电子邮件系统中，提供了一种所谓“延迟传递”（delayed delivery）的机制，有了这种机制，在远端的目的计算机暂时不能被访问的情况下，发送端的计算机会把邮件存储在缓冲存储区中。客户机将会记下发送时间，并由后台进程周期性地检测缓冲存储区，每当发现有未发送邮件或者用户传来新邮件时，便立即启动发送程序进行发送。当发现某一个邮件很长时间都发送不出去时，客户机便把它退回发送者的信箱。这种功能在TCP/IP软件中称为“spooling”的缓冲存储技术。

上面是Internet网中E-mail的工作原理和过程。此外，电子邮件在发送和接收的过程中还要遵循一些基本的协议和标准，如 SMTP、POP3、MIME 等，这样一份电子邮件才能顺利地被发送和接收。目前，绝大多数的 E-mail 客户端软件都支持上述协议和标准，这些协议和标准能保证电子邮件在各种不同的系统之间进行传输。

（1）SMTP协议。SMTP（Simple Mail Transfer Protocol，简单邮件传输协议）是Internet上基于TCP/IP应用层的协议，适用于主机之间电子邮件交换。使用SMTP时，收信人可以是和发信人连接在同一个本地网络上的用户，也可以是 Internet 上其他网络的用户，或者是与Internet相连但不是TCP/IP网络上的用户，因为它只规定了电子邮件如何在Internet网中通过发送方的 TCP 协议连接传送，而对其他操作，特别是前台的操作，如与用户的交互、邮件的存储、邮件系统发送邮件的时间间隔、用多快的速度来发送邮件等问题均未做出规定。由于SMTP采用客户/服务器模式，因此负责发送邮件的SMTP进程是SMTP客户，而负责接收邮件的 SMTP 进程就是服务器。客户和服务器双方的 SMTP 协议相互配合，将电子邮件从发送方的主机送到接收方的信箱。在传送邮件的过程中，需要使用TCP协议进行连接。

（2）POP3。POP3（Post Office Protocol version 3，邮局协议版本3）是TCP/IP的基本

协议之一。在一般情况下，如果把一台服务器设置成存放用户邮件的“服务器”以后，用户就可以利用 POP3 协议来访问该服务器上的邮件信箱，接收电子邮件。基于 POP3 协议的电子邮件软件为用户提供了许多的方便，允许用户在不同的地点访问服务器上的电子邮件，并决定是把电子邮件存放在服务器邮箱上，还是存入在本地邮箱内。这一点对于使用免费邮箱的用户特别有好处，因为 POP3 协议提供了 POP 服务器收发邮件，电子邮件软件就会将免费邮箱内的所有电子邮件一次性地下载到用户自己的计算机中，以供慢慢查阅，从而节约大量的联机阅读时间。

（3）MIME。MIME（Multipurpose Internet Mail Extensions，多用途 Internet 邮件扩展协议）是一种编码标准，解决了 SMTP 协议仅能传送 ASCII 码文本的限制。MIME 定义了各种类型的数据，例如，声音、图像、表格、二进制数据等编码格式。人们通过对这些类型的数据进行编码，并将它们作为电子邮件中的附件进行处理，就可以保证这些内容完整和正确地传输。因此，MIME 协议增强了 SMTP 协议的功能，统一了编码规范。目前，MIME 协议和 SMTP 协议已广泛应用于各种 E-mail 系统中。

2. E-mail 的地址

电子邮件系统中使用了许多传统办公室中的术语和概念。在电子邮件发送前，每个用户必须被赋以一个电子邮箱，一个电子邮箱包括一个被动存储区，像传统的邮箱一样，只有电子邮箱的所有者才能检查或删除邮箱信息。电子邮箱通常与一个计算机账户相关联，拥有多个计算机账户的人就可以拥有多个邮箱。每个电子邮箱有一个惟一的电子邮件地址（E-mail address）。当人们发送备忘录时，使用电子邮件地址来说明接收方。完整的电子邮件地址由两部分组成，第一部分为计算机上的邮箱，第二部分为计算机。一种广泛使用的格式是用“@”隔开两部分，例如：

```
lb@whpu.edu.cn
```

这里 lb 是一个指明用户邮箱的字符串，而 whpu.edu.cn 是一个指明邮箱所在的计算机的字符串（即域名）。

将电子邮件地址划分为两个部分是很重要的，这样做有两个主要目的：①这种划分允许每个计算机系统规定自己邮箱的标识，不同的计算机可以使用不同的邮箱标识机制，也可以使用相同的邮箱标识机制；②这种划分允许任意计算机系统上的用户交换电子邮件信息。发送方的电子邮件软件使用第二部分来选择目的地，接收方的电子邮件软件使用第一部分来选择指定邮箱。

3. E-mail 邮件格式

电子邮件信息的格式很简单。信息由 ASCII 文本组成，包括两个部分，中间用一个空行分隔。第一部分是一个头部（header），包括有关发送方、接收方、发送日期和内容格式等文本；第二部分是正文（body），包括信息的文本，这部分是让用户自由撰写。

虽然信息的正文可以包含任意文本，但电子邮件软件在收发信息时仍使头部保持标准形式。每个头部行首先是一个关键字，一个冒号，然后是附加的信息。关键字告诉电子邮件软件如何翻译该行中剩下的内容。

有些关键字在电子邮件头部是必须的，另一些是可选的。例如，每个头部必须包含以 To 开头的行，说明一个接收方的列表。这行中 To 和随后的冒号之后的内容包含了一个或多个电子邮件地址，每个地址对应一个接收方。电子邮件软件在电子邮件的头部放置一个以 From 开头的行，其后跟随的是发送方的电子邮件地址。图 5-67 是一个电子邮件信息的实例。

```
From:lbliubing@sina.com
To:lbliubing@whou.edu.cn
Cc:jljiangli@163.net
Subject:hello!
Date: Fri,18,Oct. 2002 10:18:0
刘老师：
    这是一封测试邮件。
                liubing
```

图 5-67 一个电子邮件信息的实例

头部的行由关键字和冒号开始，头部和正文由空行分隔。图 5-67 中显示了两个附加的行，包括信息发出的日期及信息的主题。这两个都是可选的，发送方的电子邮件软件选择是否包含它们。下面来介绍一下邮件头部所包括的一些关键字的含义：

- “From：”是表示发信人的电子邮件地址。这一项一般是由邮件系统自动填入。
- “To：”后面填入一个或多个收信人的电子邮件地址。在电子邮件软件中，用户将经常通信的对象姓名和电子邮件地址写到地址簿中。当撰写邮件时，只需要打开地址簿，单击收信人的名字，收信人的电子邮件地址就会自动地填入到合适的位置上。
- “Cc：”是“Carbon copy”的简写，意思是留下一个“复写副本”，表示应给某人发送一个邮件副本。
- “Date：”是电子邮件的发送日期。这一项一般是由邮件系统自动填入。
- “Subject：”是电子邮件的主题。它反映了邮件的主要内容。主题便于用户查找邮件。
- “Reply-To：”是对方回信地址。这个地址可以与发信人发信时所用的地址不同。这一项是事先设置好的，不需要在每次写信时都进行设置。

有些邮件系统允许用户使用关键字 Bcc（ Blind carbon copy）来实现一个或多个盲复写副本。这是使发信人能将邮件的副本送给某人，但不希望此事被收信人知道。Bcc 又称暗送。

5.6.2 用 MDaemon 构建 E-mail 服务器

网络上做为 E-mail 服务器的软件有很多，如著名的 Microsoft Exchange Server 和 IMail Server，但大多数 E-mail 服务器软件有一个共同的弱点就是 Web E-mail 方面功能稍差，这里将要介绍的 MDaemon 不但是一个性能相当出色的世界级邮件服务器软件，而且在 Web E-mail 方面的功能也是非常强大的，非常适合中小企业利用它来配置邮件服务器。本节主要介绍 MDaemon 软件的安装、配置的方法，并将着重介绍其在 Web E-mail 方面的功能。在本节讲解中采用 MDaemon 最新的简体中文正式版 7.12。在计算机名为 zhanglb、IP 地址为 211.85.203.22 的 DNS 服务器上，解析域名为 liubing.com。操作系统环境为 Windows XP。

1. 安装 MDaemon

MDaemon 是一个共享软件，可以从其官方站点 http://www.altn.com/直接下载获得其 30 天试用版，也可以从国内各软件站点下载获得。MDaemon 支持从 Windows 95 以后的所有的 Windows 操作系统。下载完后可直接运行安装程序，即双击下载的安装文件 md712_sc.exe，开始 MDaemon 的安装工作，并进入安装向导的欢迎对话框。其安装步骤如下：

（1）从安装向导欢迎对话框开始的每一个对话框，都使用默认值，即直接单击“下一步”，直到进入填写域名对话框，如图 5-68 所示。

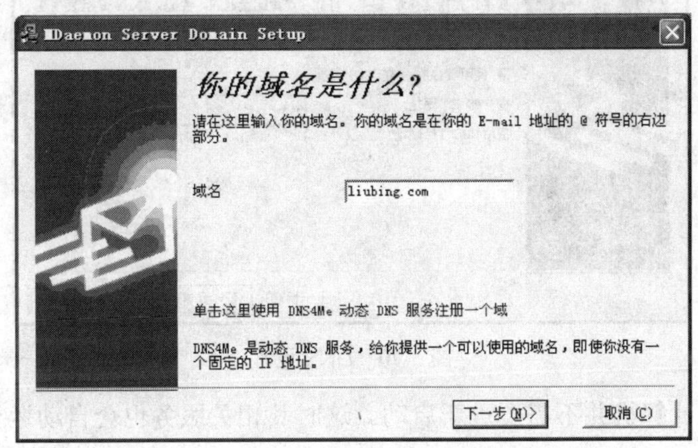

图 5-68　填写域名

（2）安装过程中需要填写邮件服务器的域名，其默认值为 company.mail，本例中填写的域名是 liubing.com。填写完毕单击“下一步”进入账号设置对话框，如图 5-69 所示。

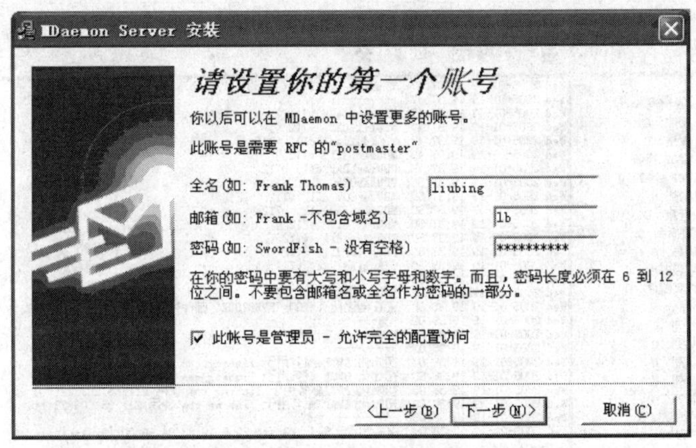

图 5-69　账号设置

（3）在 5-69 所示的对话框中，可以设置该服务器的第一个邮箱账号，在“全名”处可以随便填写，而在“邮箱”处则填入邮箱的用户名，然后输入密码。默认的情况下，所设置的账号一般用作邮箱管理员。当然也可以在这里设置普通账号，这就要将下面的那个多选项的钩去掉才行，这样就建立了第一个邮箱管理员账号。单击“下一步”进入 DNS 设置，如图 5-70 所示。

（4）如果在 Windows 系统的 TCP/IP 属性中已经正确填写了 DNS 服务器的地址，这里只要选中“使用 Windows 的 DNS 设置”即可。如果没有在 Windows 中进行正确填写，则可以在这里填写主 DNS 服务器 IP 地址和备份 DNS 服务器 IP 地址。

（5）在图 5-70 中，单击“下一步”进入操作模式对话框，选择“高级”模式，再单击“下一步”按钮，后面所出现的对话框全部都选用默认选项，都直接单击“下一步”按钮，直到完成。

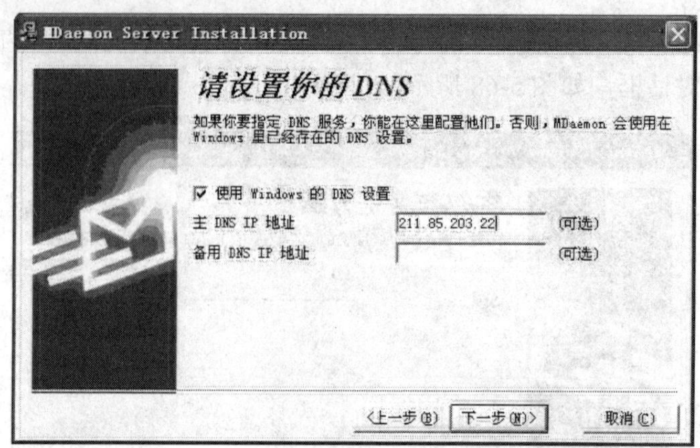

图 5-70　DNS 设置

安装完成后，计算机并不需要重新启动。这时其相关服务也会自动运行，并会自动打开 MDaemon 的管理器，如图 5-71 所示，并在任务栏的左下角出现了一个信封状的小图标，以后可以通过它很方便地打开管理器，启动或关闭服务器，甚至直接配置服务器。

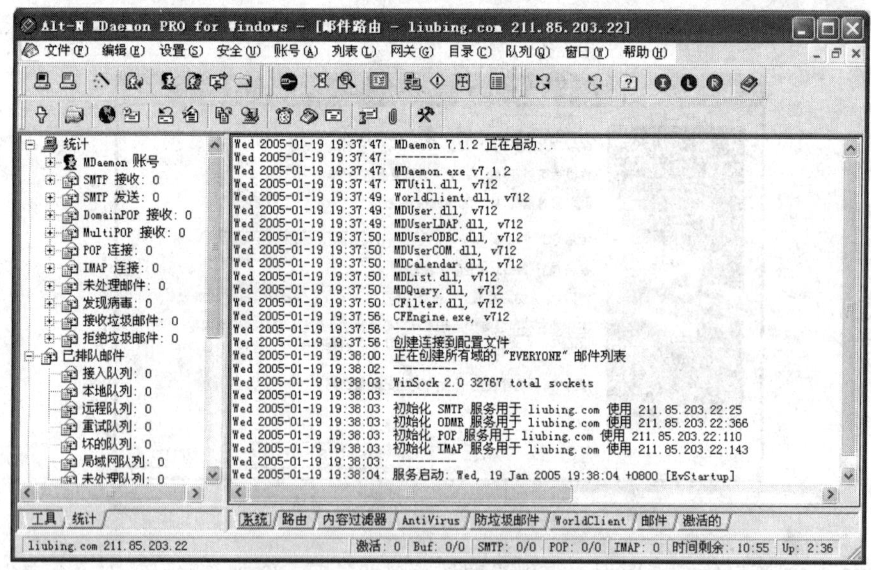

图 5-71　MDaemon 的管理器

2. 配置 MDaemon 邮件服务器

在这一部分只介绍一些常用的邮件服务器的功能，包括新建用户账号、开启 Web 收发邮件功能、自动回复、远程管理服务器。

（1）新建用户账号。新建的邮件用户账号分成两类：普通用户账号、管理员账号。下面先说明普通用户账号的建立方法：

1）在图 5-71 的 MDaemon 的管理器中，依次选择“账号→新建账号”选项，进入“账号编辑器”对话框，如图 5-72 所示。

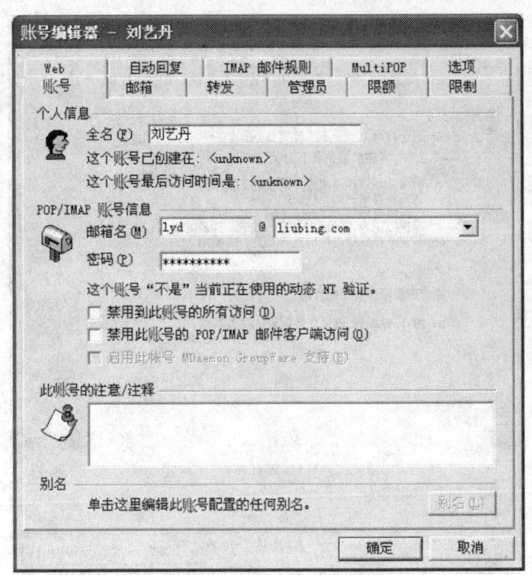

图 5-72 账号编辑器

2）在“账号编辑器”对话框中，“全名”栏可填写任意内容；而“邮箱名”处即为邮件的用户名，本书这里填入“lyd”，并确保其后的邮件主机名为 liubing.com；然后在用户密码处设置相应账号密码，最后单击“确定”按钮即完成了普通邮件用户的创建。

如果想把这个新建立的普通用户账号升级成管理员账号的话，使用以下步骤：

1）在图 5-71 的 MDaemon 的管理器中，依次选择“账号→账号管理”选项，打开如图 5-73 所示的“账号管理器”对话框。

2）在图 5-73 所示的“账号管理器”对话框中，先选中要升级成管理员的账号，这里选择新建立的账号“lyd”；然后单击“编辑”按钮，也可直接双击新建立的账号 lyd 进入编辑该账号的对话框，如图 5-72 所示，再选择“管理员”选项卡，如图 5-74 所示。

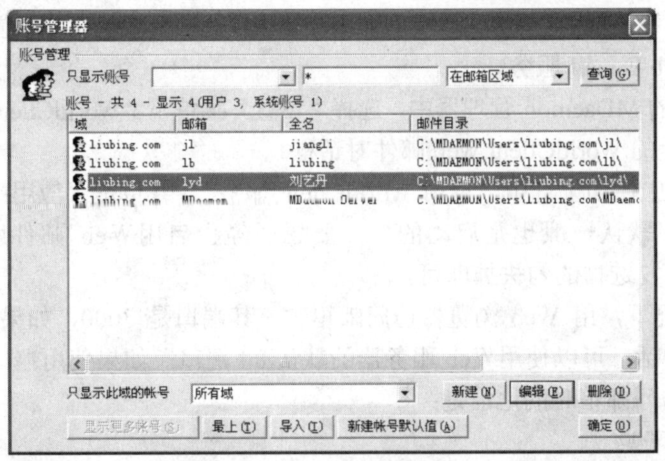

图 5-73 账号管理器

3）在“管理员”选项卡中，选中“这个账号是‘全局’管理员”前的复选框，然后单击“确定”按钮，则该账号就成为了管理员账号。

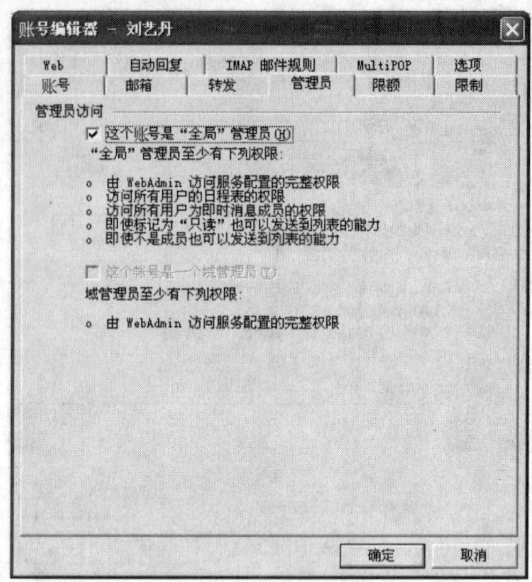

图 5-74 账号编辑器——管理员选项卡

另外在图 5-72 中还有一些其他的选项卡，这些选项卡的说明如下：

1）“邮箱”选项卡：主要是设置用户保存邮件的目录路径。

2）“转发”选项卡：用来设置此信箱的转发信件的策略。 如转发的同时保留信件、转发的同时是否还在原信箱中保留一份。

3）“限额”选项卡：对此用户的邮箱空间大小和账号有效期以及邮件的清理作出设置。其默认都为“0”，表示不受限制。

4）“限制”选项卡：用来限制此用户的接收和发送的邮件地址。可以设置来自哪些地址的邮件不接收，哪些地址不能让该用户发信。

5）“Web”选项卡：用来设置是否允许Web方式登录邮箱，Web远程配置的权限。

6）“自动回复”选项卡：如果选中“启用此账号自动回复”则可以设置自动回复。

（2）配置 Web E-mail 服务。

1）在图 5-71 的 MDaemon 管理器中，选择“设置”菜单下“WorldClient Web 邮件”选项，打开如图 5-75 所示的 WorldClient Web 邮件对话框。

2）在图 5-75 中，如果选中“启用 WorldClient 服务”，并单击“应用”就可以用 Web 方式来收发邮件了。默认一般也是启动的。如要想要停止启用Web 邮件服务，则将“启用 WorldClient 服务”复选框的勾去掉即可。

3）默认的情况下，用 Web 浏览器访问邮箱时，其端口是 3000，如果在此服务器上没有其他Web 服务器的话，可以使用Web 服务器的默认 80 端口。如果使用端口号是 3000 的话，则用 Web 浏览器访问邮箱时的地址是：

http://域名:3000/

例如： http://www.liubing.com:3000/

如图 5-76 所示。要求用户输入用户名和密码。

4）在图 5-75 中，选择“选项”选项卡，如图 5-77 所示。在这里可以进行 Web 邮件客户端邮箱风格的设置。设置的方法是在“主题栏”中选择喜欢的邮箱风格，如选择了 Standard

风格，如图 5-78 所示。

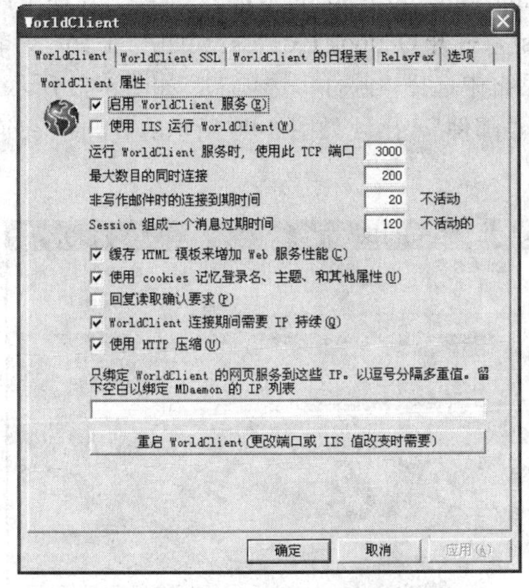

图 5-75　WorldClient 对话框

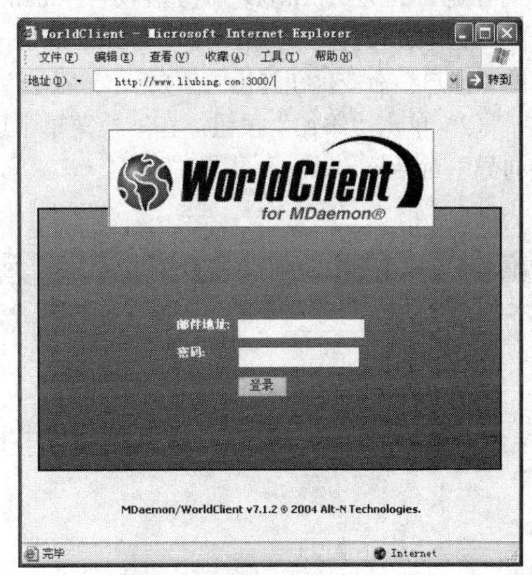

图 5-76　Web 邮件方式主页

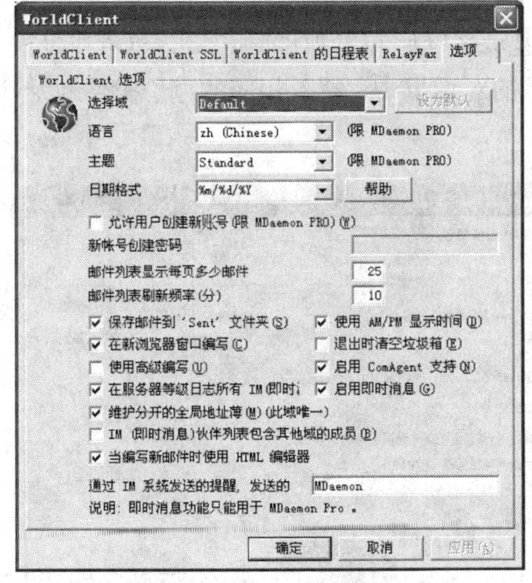

图 5-77　“选项”选项卡

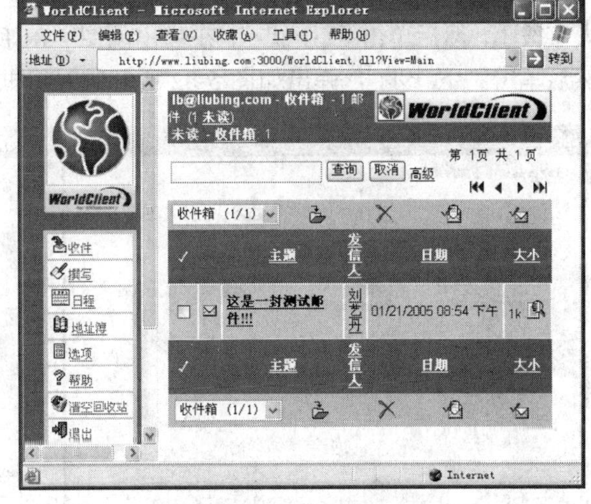

图 5-78　Web 客户端标准风格

5）在图 5-77 中，如果选中“允许用户创建新账号”前的复选框，可以允许用户进行在线申请邮箱。如果不想让任何人都可以申请邮箱，则可以在“新账号创建密码”后的文本框中输入一个密码，这样只有知道这个密码的人才能在线申请邮箱。

正是由于这个功能，才使得这种邮件服务器非常流行。

3. 使用 Outlook Express 连接 MDaemon 邮件服务器

在使用 Outlook Express 连接 MDaemon 邮件服务器之前，必须要知道一些必要的信息，包括电子邮件地址、密码、POP3 邮件服务器（邮件接收服务器）地址、SMTP 服务器（邮件发送服务器）地址。这里使用的信息是这样的：

电子邮件地址：lyd@liubing.com；密码：11223344；POP3 邮件服务器域名：mail.liubing.com（或者是 IP 地址）；SMTP 服务器域名：mail.liubing.com（或者是 IP 地址）。连接方法如下：

（1）依次选择“开始→程序→Outlook Express”，打开 Outlook Express。单击“工具”菜单下的“账户”命令，在弹出的“Internet 账号”对话框中选择“邮件”选项卡，如图 5-79 所示。

（2）单击“添加”按钮，在下拉菜单中选择“邮件”，出现如图 5-80 所示的“Internet 连接向导”对话框。

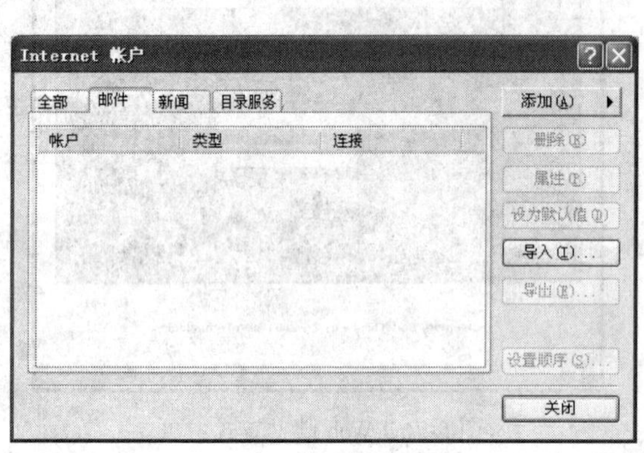

图 5-79 “Internet 账户”对话框

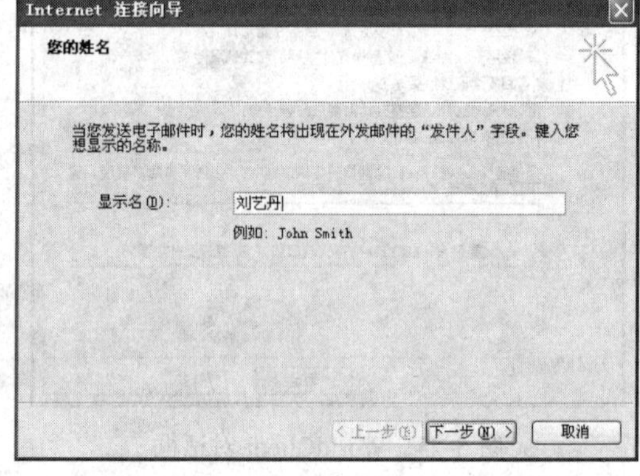

图 5-80 “Internet 连接向导”对话框（1）

（3）在显示名后面的文本框中填入姓名，这个显示名以后在发邮件时，将会显示在发送人字段上。然后单击“下一步”，在弹出的图 5-81 所示的对话框中，填入相应的电子邮件地址，然后单击“下一步”，弹出如图 5-82 所示的对话框。

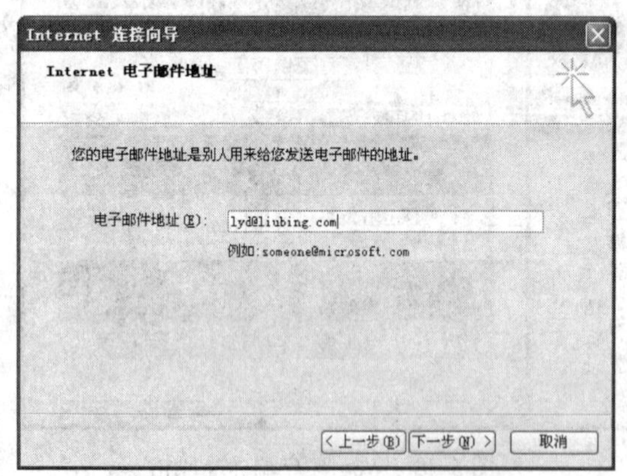

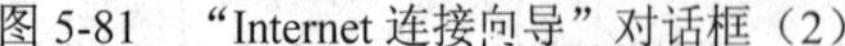

图 5-81 “Internet 连接向导”对话框（2）

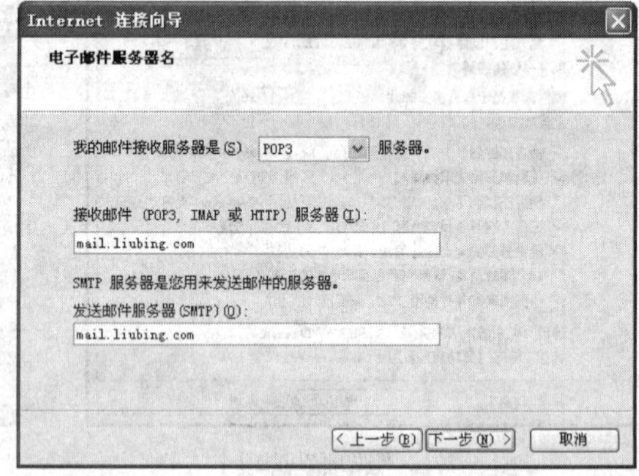

图 5-82 “Internet 连接向导”对话框（3）

（4）在邮件接收服务器类型的下拉列表中选择邮件接收服务器的类型，这里选择 POP3。然后填好邮件接收、发送服务器域名或者 IP 地址，这里填写的是：mail.liubing.com，单击“下一步”，弹出如图 5-83 所示的对话框。

（5）填入用户名和密码，单击“下一步”按钮，在弹出的对话框中显示成功设置了账号，单击“完成”按钮。

这样 Outlook Express 连接 MDaemon 邮件服务器就完成了，可以发一封邮件进行测试 Outlook Express 设置是否正确，如图 5-84 所示。

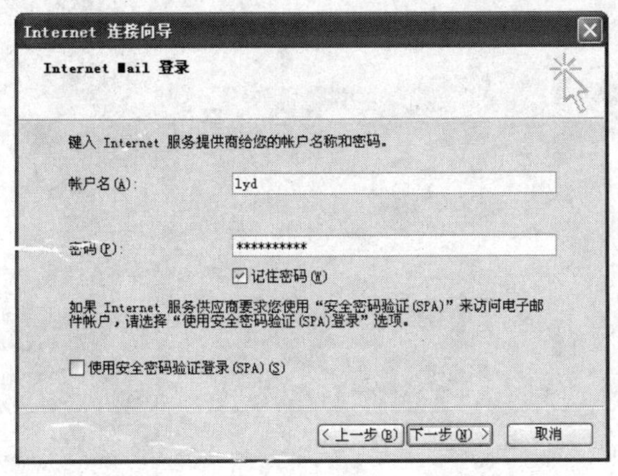
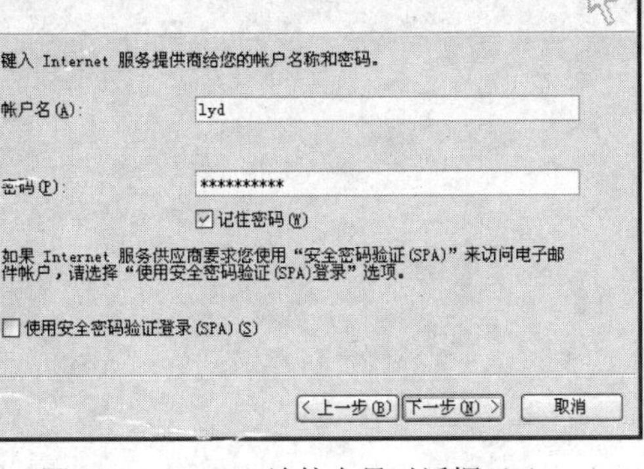

图 5-83　Internet 连接向导对话框（4）

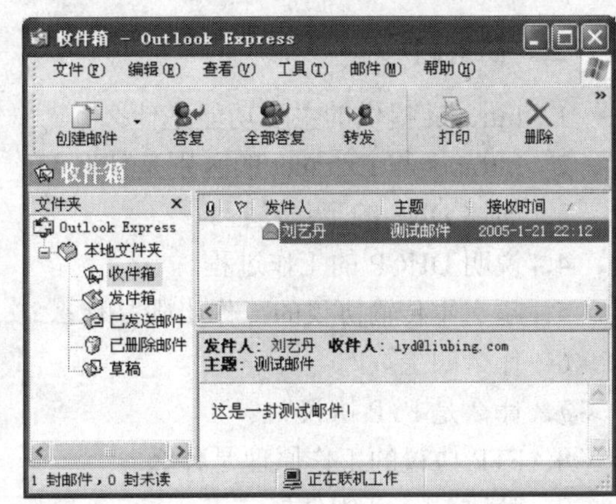

图 5-84　Outlook Express 控制台

本章小结

本章围绕 Intranet 网络技术，以 Windows 2000 为服务器平台、Windows XP 为客户端，介绍了 DHCP、DNS、Web、FTP、E-mail 等几种常用服务器的构建。这对于读者理解网络上的应用是大有帮助的。

本章的内容注重实际的应用，读者通过本章的学习便能轻松构建本企业的 Intranet 网络。

习题五

一、填空题

1．把运行 DNS 服务器程序的计算机称为________。

2．DNS 域名服务器分为三类，分别是________、________和________。

3．在每一个 DNS 服务器中都有一个________，其主要作用是将该 DNS 服务器所查询出来的名称及相对的 IP 地址进行记录，以加快 DNS 的转换速度。

4．DHCP 叫________，是使用在 TCP/IP 通信协议当中，用来暂时指定某一台机器________的通信协议。

5．WWW 是________的英文缩写，译为“万维网”或“全球信息网”。WWW 的核心是________，由它提供各种形式的信息，用户采用 Web 浏览器软件来使用这些服务。

6．超文本传输协议 HTTP（Hyper Text Transfer Protocol）从 1990 年开始应用于 WWW，它可以简单地被看成是________和________之间的会话。

7．FTP 工作在 OSI 模型的第________层，TCP/IP 模型的第________层上，FTP 使用的是传输层上的________协议进行传输。

8．WWW 使用的端口号是________；FTP 使用的端口号是________。

9．SMTP 协议是用于发送邮件的协议；POP3 是用于________的协议。

10．完整的电子邮件地址由两部分组成，第一部分为________，第二部分为________。

二、简答题

1．Intranet 提供的主要功能是什么？

2．Intranet 与 Extranet 的区别是什么？

3．简述 DNS 的工作过程。

4．说明 DHCP 的工作过程。

5．超文本传输协议的工作步骤是什么？

6．什么叫主页？

7．什么是 FTP 协议？

8．FTP 协议的工作原理是什么？

9．简述 E-mail 邮件格式。

10．说明一封电子邮件的实际传递过程。

三、实验操作题

1．DNS 服务器的配置，实验要求如下：

DNS 服务器的 IP 地址设为 192.168.1.254，DNS 客户机的 IP 地址为 192.168.1.22，域名的起法请用你的姓名拼音缩写+学号。例如："刘艺丹"同学的学号为：0506007，则所设的域名为：www.lyd0506007.com 和 ftp.lyd0506007.com。

2．DHCP 服务器的配置，实验要求如下：

（1）域的地址范围：192.168.1.25——192.168.1.200，且去除其中 192.168.1.100——192.168.1.130 和 192.168.1.150——192.168.1.160。

（2）把某一个 DHCP 客户机的绑定成一个固定的 IP 地址：192.168.1.188。

DHCP 服务器的 IP 地址手工设置，网络中的其他 DHCP 客户机的 IP 地址采用自动获取方式。

3．建立一个 WWW 服务器。要求：

（1）在一个 Web 服务器上建立两个 Web 站点，一个是默认 Web 站点，端口号是 80，另一个端口号是 8080，并分别显示两个不同的主页，通过浏览器能分别访问。

（2）建立一个虚拟目录，显示另一个 Web 页。

（3）对某些 IP 地址不允许访问。

（4）设置不同的主文档。

4．使用 IIS 的建立 FTP 服务器。实验要求如下：

FTP 的地址使用在 DNS 实验中所建立的并使用匿名用户账号进行登录。登录方式有浏览器方式、命令提示符方式、CuteFTP 方式三种，并分别能进行上传和下载文件。

5．使用 MDaemon 构建 E-mail 服务器。具体要求如下：

（1）建立一个邮件服务器，域名为姓名缩写+学号，如 mail.lyd050211.com。要求能在 DNS 服务器进行解析。

（2）建立两个邮箱，如 lb 和 liubing。

（3）用 Web 方式再建立一个邮箱。

（4）利用 outlook express 能进行两个客户之间收发邮件，邮件要带附件。

（5）利用 Web 方式能进行两个客户之间收发邮件，邮件要带附件。

（6）建立邮件自动回复。

第 6 章　Internet 接入技术

本章学习目标

本章主要让读者了解在使用 Internet 之前如何将计算机接入 Internet。通过对本章的学习，读者应该掌握以下主要内容：

- 各种 Internet 接入技术
- 如何通过 ADSL 接入 Internet
- 如何采用路由器接入 Internet 共享上网

要想使本地计算机能够接入 Internet，应该进行什么样的准备工作呢？

首先，要准备相应的硬件设备。对一般性的上网而言，对计算机的要求并不是很高。如果采用电话线上网，就一定要有调制解调器；如果采用局域网接入 Internet，就要有网卡；如果想要使用网络电话、听网上音乐，计算机就需要配置声卡；如果想要通过网络打可视电话或开视频会议，还需要配置视频采集卡和摄像头。

第二，要准备相应的软件。现在个人计算机的主流操作系统 Windows 2003/XP 上内置了上网所必须的大部分软件，如 Internet Explorer（用来浏览各种网站信息）、Outlook Express（用来收发电子邮件）、Netmeeting（可进行实时交流信息，如网上视频会议、聊天等）。另外，如果想在网上听音乐或看电影，还要安装相应的播放软件，如 RealPlayer；由于 Internet 没有国界的限制，那么在网上会有各种各样的语言文字信息，这时就要安装相应的软件进行转换，如 RichWin for Internet。除此之外，在处理 Internet 网上信息时还会用到一些工具软件：网络下载工具（如网络蚂蚁、网际快车、BT 下载等）；网上聊天工具（如 QQ、MSN 等）；压缩/解压缩的工具（如 WinZip 等）；防止病毒工具（如瑞星杀毒软件等）；个人防火墙（如天网防火墙等）等。

第三，随着 Internet 的爆炸式发展，在 Internet 上的商业应用和多媒体等服务也得以迅猛推广。要享受 Internet 上的各种服务，还必须要向 ISP（Internet Services Provider，因特网服务提供商）申请以某种方式接入网络，为了实现用户接入网的数字化、宽带化，提高用户上网速度，光纤到户是今后发展的必然方向，但由于光纤用户网的成本过高，在今后的十几年甚至几十年内大多数用户网仍将继续使用现有的铜线环路。目前主流的上网方式包括 N-ISDN、Cable Modem、ADSL（非对称数字用户环路）和局域网等方式，其中 ADSL 是最具前景及竞争力的一种，将在未来十几年甚至几十年内占主导地位。

如果在一个寝室或一个家庭要使多个计算机共享 ADSL 连接到 Internet，有两种解决方式：一种方式是通过网关软件（如：Wingate）代理上网；另一种方式是通过购买一个路由器共享上网。

6.1 Internet 接入技术

6.1.1 申请接入 Internet

ISP（Internet Service Provider，Internet 服务提供商）就是为用户提供 Internet 接入和 Internet 信息服务的公司和机构。由于接入国际互联网需要租用国际信道，其成本对于一般用户是无法承担的。而 ISP 提供接入服务的中介，需投入大量资金建立中转站，租用国际信道和大量的当地电话线，购置一系列计算机设备，通过集中使用，分散压力的方式，向本地用户提供接入服务。从某种意义上讲，ISP 是全世界数以亿计的用户通往 Internet 的必经之路。

1. ISP 的选择

随着 Internet 在我国的迅速发展，越来越多的单位和个人开始想得到 Internet 所提供的各项服务，于是提供 Internet 接入服务的 ISP 也越来越多。选择一个好的 ISP，应从以下几个方面进行选择：

（1）入网方式。入网方式对于个人用户而言，目前有几种上网方式可供选择，如拨号上网、ISDN、Cable Modem、ADSL、千兆以太网，这几种上网方式的上网速度各不相同，并且初装费、使用费也各不相同，用户可根据实际情况和使用要求来选择用户的入网方式。

（2）出口速率。ISP 的出口速率是指 ISP 直接接入 Internet 骨干网的专线速率，目前在我国只有少数几个 ISP 有专线，如邮电 CHINANet、教育 CERNet、吉通 CHINAGBN、科学 CSTNet 等，其他则是通过这些 ISP 的出口专线转接入网。

（3）服务项目。Internet 可提供的服务项目种类很多，每个 ISP 提供的项目又各不相同。有的提供了 Internet 全部服务项目，有的只提供电子邮件、文件传输、远程登录三项 Internet 基本服务项目。有的还提供一些特殊服务类型，如经济信息查询、人才信息查询、教育服务、电子购物、本地 BBS 站、Internet 电话和传真等，大大地丰富了 Internet 服务项目。

（4）收费标准。收费问题是用户最关心的。目前各 ISP 的收费标准各不相同，一般包括入网费（初装费）和使用费等，收费差别主要在使用费，有的采用登录服务器的时间计算，有的采用通信的信息量收费，有的采用占用 ISP 的存储空间计费，有的使用包月制等。

必须了解 ISP 是否收取额外费用，如超过每月规定的小时数以后，如何加收附加费；下载软件是否需要另外付费；发送大的邮件是否也需要另外收费；连接到一些特殊的网点，浏览特殊的信息资源是否额外收费等。

（5）服务管理。ISP 是否为用户安装 Internet 上网软件，是否为用户开办 Internet 基本操作培训，能否及时为用户排除上网故障，能否及时向用户讲解服务项目，能否向用户通报费用细目，以及 ISP 的设备是否可靠，是否提供全天候 24 小时服务，存放在 ISP 服务器上的用户私人信息是否安全保密等，都是用户关心的。

2. ISP 应提供的信息

如果用户已经选定 ISP 并向 ISP 申请入网，那么 ISP 应该向用户提供一些信息，采用不同的接入技术提供的信息不同，以采用 Modem（调制解调器）拨号为例需提供的信息有：

（1）ISP 入网服务电话号码（Modem 接入时呼叫的电话号码）。

（2）用户账号（用户名，ID）。

（3）密码。

（4）ISP 服务器的域名。

（5）所使用的域名服务器的 IP 地址。

（6）ISP 的 SMTP 服务器地址（邮件服务器的 IP 地址）。

这些信息是接入 Internet 的必需信息，在以后安装配置使用 Internet 软件工具时需要用到这些信息。

6.1.2　各种 Internet 连接技术

网络接入方式的结构，统称为网络的接入技术，其发生在连接网络与用户的最后一段路程，网络的接入部分是目前最有希望大幅提高网络性能的环节。对本地环路网来说这是一个瓶颈，全球拥有上亿条用户接入线，因其功能有限阻碍着网络用户业务的发展，而与用户线路另一端的高性能设备形成了鲜明的反差。随着电子技术和光电技术的迅速发展，数字电子系统（从个人计算机到网络交换机或路由器）以及信息传输设备性能都在快速稳步地增长，为解决这一环路瓶颈提供了广阔的发展前景。

目前，Internet 接入技术有很多种，按大类分为窄带接入和宽带接入。采用 Modem 通过电话线拨号接入和采用 ISDN（Integrated Service Digital NeTwork，综合业务数字网，俗称一线通）通过电话线和网络终端 NT1 接入一般认为属于窄带接入。随着 Internet 的迅猛发展，人们对远程教学、远程医疗、视频会议等多媒体应用的需求大幅度增加，电子商务更是网络应用的典型热点。同时，人们对网络带宽及速率也提出了更高的要求，促使网络由低速向高速、由共享到交换、由窄带向宽带方向迅速发展。因此宽带接入技术也日益成熟，并成为 Internet 接入的主流技术，所以本章后续章节只针对宽带接入进行介绍。宽带接入，一般接入速率是普通拨号上网的几十至几百倍，目前宽带接入技术分为以下几种：

（1）ADSL（Asymmetrical Digital Subscriber Line，非对称数字用户线路）是一种能够通过普通电话线提供宽带数据业务的技术，是目前极具发展前景的一种接入技术。ADSL 因其下行速率高、频带宽、性能优、安装方便、不需交纳电话费等特点而深受广大用户的喜爱，成为继 Modem、ISDN 之后的又一种全新的、更快捷、更高效的接入方式。

（2）以太网是在 20 世纪 80 年代发展的一种局域网技术，其带宽为 10Mb/s，最初是共享型，需要防止碰撞或冲突，这就限制了其使用效率和传输距离。20 世纪 90 年代发展了交换型以太网，解决了上述问题，并先后推出了快速以太网 Fast Ethernet（100Mb/s）和千兆以太网 Gigabit Ethernet（1000Mb/s）。以太网由于具有使用简单方便、价格低、速度高等优点，很快成为局域网的主流。随着因特网的快速发展，以太网被大量使用，目前全世界有 6 亿个以太网端口。随着千兆以太网 GbE 的成熟和万兆以太网 10GbE（10Gb/s）的出现，以及低成本在光纤上直接架构 GbE 和 10GbE 网技术的成熟，以太网开始进入城域网 MAN 和广域网 WAN 领域。目前，10GbE 已经成为宽带 IP 城域网的首选方案，也已经开始用于 WAN。现在宽带入驻小区，就是采用这种接入方式。在国内宽带接入商通常做法是先为小区免费布线，网络开通前的一切费用都由接入商支付，接入商的想法就是首先得到小区用户资源，这类设备包括服务器、交换机、各种光纤电线等。并且中国电信也表示不愿放弃这部分市场。由于电信控制接入因特网带宽，这一带宽属于稀缺资源，全部由中国电信及各省市分公司垄断，宽带小区接入商们总要租赁电信的带宽来接入因特网，有些电信公司就以此控制接入商，同时拓展自己的宽带接入业务。

（3）HFC（Hybrid Fiber Coaxial，光纤同轴电缆混合网），它是一种新型的宽带网络，采用光纤到服务区，而在进入用户的最后一段采用同轴电缆。最常见的就是有线电视网络，它比较合理有效地利用了当前的先进成熟技术，融数字与模拟传输为一体，集光电功能于一身，同时提供较高质量和较多频道的传统模拟广播电视节目、较好性能价格比的电话服务、高速数据传输服务和多种信息增值服务，还可以逐步开展交互式数字视频应用（俗称三网合一）。Cable Modem（电缆调制解调器，或称线缆调制解调器），是一种将数据终端设备（计算机）连接到有线电视网（Cable TV），以使用户能进行数据通信，访问 Internet 等信息资源的设备。它是近几年随着网络应用的扩大而发展起来的，主要用于有线电视网进行数据传输。用户可以通过有线电视宽带网（即 HFC 网络）接入有线电视数据网，有线电视数据网再和 Internet 高速相连，用户即可在家中高速连入 Internet。尽管它依靠现有的有线电视网络，但是它必须对现有的有线电缆进行双向改造后才能实现对 Internet 的上传。利用 Cable Modem 接入 Internet 可以实现 10Mb/s～40Mb/s 的带宽，下载速度可以轻松超过 100Kb/s，有时甚至可以高达 300Kb/s，用它可以非常舒心地享受宽带多媒体业务，而且 Cable Modem 可以绑定独立的 IP。

（4）DDN（Digital Data Network，数字数据网）是利用光纤、数字微波或卫星等数字信道，提供永久或半永久性电路，以传输数据信号为主的信号网络。它区别于传统模拟电话专线，其显著特点是数字专线，传输质量高，时延小，通信速度可以根据需要在 2.4Kb/s 到 2Mb/s 之间选择。用 DDN 方式接入 Internet，传输速率可以达到 64Kb/s 至 2Mb/s。DDN 是采用数字传输信道传输数据信号的通信网，可提供点对点、点对多点透明传输的数据专线，为用户传输数据、图像、声音等信息。数字数据网是以光纤为中继干线网络，组成 DDN 的基本单位是节点，节点间通过光纤连接，构成网状的拓朴结构，用户的终端设备通过数据终端单元（DTU）与就近的节点机相连。DDN 专线就是市内或长途的数据电路，电信部门将它们出租给用户做资料传输使用后，它们就变成用户的专线，直接进入电信的 DDN 网络，因为这种电路是采用固定连接的方式，不需经过交换机房，所以称之为固定 DDN 专线。现在常见的固定 DDN 专线按传输速率可分为 14.4K、28.8K、64K、128K、256K、512K、768K、1.544M（就是常说的 T1 线路）及 44.763M（T3）9 种目前 DDN 可达到的最高传输速率为 155Mb/s，平均时延≤450μs。因为 DDN 的主干传输为光纤传输，采用数字信道直接传送数据，所以传输质量高。采用专线连接的方式而不必选择路由，直接进入主干网络，所以时延小，速度快。采用点对点或点对多点的专用数据线路，特别适用于业务量大、实时性强的用户。

（5）帧中继（Frame Relay）是在 OSI 的第二层上用简化的方法传送和交换数据单元的一种网络互联技术。它的传输率从 19.2Kb/s 到 2Mb/s。帧中继主要运用在企业局域网之间的互联，以及局域网联入 Internet，帧中继是一种经济、方便、灵活、投资少的企业级的网络解决方案。帧中继是在分组交换网的基础上，结合数字专线技术而产生的数据业务网络。在某种程度上帧中继可被认为是一种“快速分组交换网”。它是当前数据通信中一项重要的业务网络技术。用户的 LAN 一般通过网关路由器接入帧中继网；若路由器不具有标准的帧中继 UNI 接口规程，则在路由器和帧中继网间还需增加帧中继拆/装设备。

（6）无线接入技术是指在终端用户和交换局间的接入网部分全部或部分采用无线传输方式，为用户提供固定或移动的接入服务的技术。作为有线接入网的有效补充，无线接入技术有系统容量大，语音质量与有线一样，覆盖范围广，系统规划简单，扩容方便，可加密码或用 CDMA 增强保密性等技术特点，可解决边远地区、难于架线地区的信息传输问题，是当前发展最快的接入网之一。目前，无线接入技术已较为广泛地应用于农村、城镇，在水利电力、工矿等专网中也得到一定程度上的应用。无线接入的方式有很多，如微波传输技术（包括一点多址微波）、卫星通信技术、蜂窝移动通信技术（包括FDMA、TDMA、CDMA和S-CDMA）、CTZ、DECT、PHS集群通信技术、无线局域网（WLAN）、无线异步转移模式（WATM）等，尤其是WLAN以及刚刚兴起的WATM将成为宽带无线本地接入（WWLL）的主要方式。与有线宽带接入方式相比，虽然无线接入技术的应用还面临着开发新频段、完善调制和多址技术、防止信元丢失、时延等方面的问题，但它以其特有的无须敷设线路、建设速度快、初期投资小、受环境制约不大、安装灵活、维护方便等特点成为接入网领域的新生力量。

从以上接入技术来看，宽带接入需求旺盛、新技术不断涌现。无论采用何种接入技术，只有最大程度地满足用户的需求，才能有效占领市场，而且毋庸置疑的是，现行的各种技术方案终将过渡到一个理想的阶段——光纤到户。

6.2 通过ADSL连接Internet

6.2.1 ADSL的基本概念

1. 什么是ADSL

ADSL是英文Asymmetric Digital Subscriber Line的缩写，翻译为非对称数字用户线，是一种利用现有用户的电话线，在不影响语音信号的基础上传输高速数字信号的技术，该技术是对现有的市话铜线资源的充分利用。

在网络中，把从用户到网络的数据传递叫上行，把从网络到用户的数据传递叫下载。一般在大量家庭上网用户在进行下载软件、浏览网页等网络活动时，所使用的下载数据比较多，更多注重的是下载的速度，而上传数据的情况相对很少，因此把上行数据信道和下载数据信道不做成等带宽的数据信道，即在有限的带宽里，减少上行带宽，增加下行带宽，这样便最大程度地利用了原有电话线路资源。这就是ADSL中所谓的“非对称”，ADSL的下载为高速传输，可以达到8Mb/s；上行为低速传输，速率可达1Mb/s。

ADSL的传输速率与传输距离的关系是，传输距离越远，传输速率越低；反之，传输距离越近，传输速率就越高。有效传输距离在3～5km范围以内。

2. ADSL的技术特点

ADSL是利用现有的用户电话线来传送高速数据，但由于ADSL的频带与话音业务4kHz的频带是分开的，因此不会影响话音业务的正常应用。这样可以经济方便地为用户提供诸如高速Internet接入、VOD、可视电话等多种业务，并对现有用户的网络不做变动。ADSL技术特点具体体现在如下几个方面：

（1）高传输速率。ADSL能提供上、下行不对称的传输带宽。下行速度最高达8Mb/s，上行速度最高达1 Mb/s。

（2）上网和打电话互不干扰。ADSL数据信号和电话音频信号以频分复用原理调制于各自频段互不干扰。上网的同时可以使用电话，避免了拨号上网的烦恼。

（3）独享带宽安全可靠。Cable Modem下行虽然可达到20Mb/s，但由于是一种粗糙的总线型广播网络，结点下的成千上万用户抢20Mb/s的带宽，其效果就可想而知了；更为严重的是由于总线型网络先天的广播特性，造成了信息传输的不安全性。ADSL 利用中国电信深入千家万户的电话网络，先天形成星型结构的网络拓扑构造，骨干网络采用中国电信遍布全国的光纤传输，各结点采用 ATM 宽带交换机处理交换信息，可独享 2Mb/s～8Mb/s 带宽，信息传递快速可靠安全。

（4）费用低廉。目前 ADSL 业务资费大多采用包年或者包月制，当申请开通了 ADSL 业务后，只需按月或者按年缴纳网络使用费，即可随时上网冲浪，无需计时，不受上网时间长短的限制。

（5）安装快捷方便。用户安装 ADSL，可直接利用现有用户的双绞电话线，只需在用户侧安装一台 ADSL Modem（调制解调器），无需更改和添加线路。

（6）支持多业务。ADSL 能支持多种应用业务，如 VOD、在线游戏、远程教育、Voice over IP、视频通信、EMAIL、QQ 等。

3. ADSL 的调制技术

目前被广泛采用的 ADSL 调制技术有 3 种：QAM（Quadature Amplitude Modulation）正交幅调制、CAP（Carrierless Amplitude Phasemodulation）无载波幅相调制、DMT（Discrete Multitone）离散多音频调制，其中 DMT 调制技术被 ANSI 标准化小组 T1E1.4 制订的国家标准所采用。

DMT（Discrete MultiTone）离散多频调制技术，以 4.3125KHz 频宽为基本单位，把 1MHz 的频带分为 256 个子信道，而原本普通的 POTS（Plain Old Telephone Service，普通老式电话业务）业务在电话线上占用的频带大致为 300Hz～4kHz，再加上隔离效果等因素，在 DMT 技术中把 0～25kHz 的频带都留给话音业务使用，也就是前面的 6 个子信道，实际用来作为数字业务传输的子信道为 250 个。

DMT 技术中的每个信道都采用 QAM 技术（除去前面用于话音业务的子信道），然后把每个子信道的输出波形再叠加（因为每个子信道的频率不一样）后输入到线路上；对端接收端再根据频率先分解成各子信道的输入波形，各子信道再采用 QAM 解调过程解出传送的比特数据。

250 个子信道用于传送 ADSL 数据业务，其中 0～31（前面 6 个不可用）是分给上行（用户端到局端），下行（局端到用户端）有两种分配方案。一种是分配全部的 0～255 子信道，重叠使用上行业务占用的子信道，但前提必须采用回波抵消技术；另一种就是分配 32～255 子信道，这时上下行频带没有重叠，所以无需回波抵消技术。

4. ADSL2+技术概念与 ADSL1 的区别

近年来，国内 ADSL 用户数呈爆炸式增长趋势，ADSL 由于覆盖范围有限，有时无法满足边远用户的需求，现有速率和网络诊断问题已经开始对宽带业务的拓展产生影响。ADSL2+的推出很好地弥补了 ADSL 技术的不足，为更好地发展大带宽的业务打下了基础。2002 年 7 月，ITU（International Telecommunication Union，国际电讯联盟）公布了 ADSL 的两个新标准（G.992.3 和 G.992.4），即 ADSL2。2003 年 3 月，在第一代 ADSL 标准的基础上，ITU 制定了 G.992.5，也就是 ADSL2plus（ADSL2＋）。在下行方面，ADSL2+在 5000 英尺的距离上达到了 20Mb/s 的速率，是 ADSL 下行 8Mb/s 的 2.5 倍，并且 ADSL2+和 ADSL2 也保证了向下兼容。在存在窄带干扰的情况下，ADSL2 可以提高速率，在长距离上达到比 ADSL 更优的性能。ADSL2+解决方案传输距离可达 6km，完全能满足宽带智能化小区的需要，突破了以前 ADSL

技术接入距离只有 3.5km 的缺陷，可覆盖 90%以上现有的用户。从常见的宽带上网应用来看，虽然网页浏览、即时聊天、一般的网络游戏、音频点播等网络活动使用 2Mb/s 的带宽就能满足需求。但如果要在网络上流畅地进行视频点播、视频网校、IPTV/SDTV（交互式网络电视/标准数字电视）数字电视应用、大型网络游戏，没有 4Mb/s 的带宽根本就不能保证流畅。对于网络下载用户来说，4～8Mb/s 或更高的带宽带来的下载速度，肯定是 512Kb/s～2Mb/s 宽带无法比拟的。除了高速的速率以外，ADSL2+的另一个优点就是减少 CO（中心局）与 RT（远程终端）之间的线路串扰，ADSL2+系统采用频分复用技术，打电话、传真和上网同时进行，不会互相干扰。

5. ADSL 的普通上网业务

根据用户上网所获得的 IP 地址的方式不同，可以分为动态 IP 和静态 IP 两种方式。

（1）动态 IP 方式（虚拟拨号业务）。所谓动态 IP 方式是用户在上网时根据网通公司提供的用户名和密码，通过虚拟拨号连接，向局端设备发起上网请求，局端设备收到请求后，与 Radius 服务器配合利用 PAP、CHAP 等协议进行 PPP 用户识别、鉴权，当用户名和密码通过身份验证后，设备从地址池中为用户随机分配一个 IP 地址，用户获得 IP 地址后即可正常上网。当用户下网断开拨号连接时，系统将自动收回分给用户的 IP 地址，再分配给其他用户使用。这样充分利用了有限的 IP 地址资源，提高了 IP 地址的利用率，避免资源浪费。此方式为大多数用户上网所采取的方式。

该技术采用的核心协议是 PPPOE（Point-To-Point Protocol Over Ethernet），PPPOE 是将 PPP（Point-To-Point Protocol）承载到以太网之上，在共享介质的网络上提供一条逻辑上的点到点链路，提供以太网中的每个上网用户与局端宽带接入服务器之间的一条逻辑 PPP 连接。宽带接入服务器可对这些逻辑 PPP 连接分别进行管理，通过一个 PPP 连接建立和释放的会话过程，可对用户上网业务分别进行时长和流量的统计并提供各种计费方式所需要的信息。

（2）固定 IP（ADSL 专线业务）。与动态 IP 方式不同的是用户端的 IP 地址是由 ISP 静态分配的，用户需要将 IP 地址、网关、掩码及 DNS 手动设定到终端上，该地址为用户长期使用。此类方式非常适合网吧等商业用户及中小企业使用。由于用户独享 IP 地址资源，要收取相应的 IP 地址使用费。

6.2.2　ADSL 的安装与设置

1. ADSL 的申请和安装

ADSL 接入 Internet 有两种主要方式：一种是专线接入，另一种是虚拟拨号。本节主要介绍家庭用的虚拟拨号方式的 ADSL 接入。以武汉电信为例，只要安装有固定电话，即可带机主身份证去电信局申办 ADSL 宽带接入。

申办完成后，电信局的工作人员会给用户一个密码封，里面有用户名的密码；然后几天内就会有安装人员上门安装，而用户的计算机必须配有网卡或者有空闲的 USB 接口，分别使用以太网口的 ADSL Modem 和 USB 口的 ADSL Modem。下面主要介绍使用以太网口的 ADSL Modem 的安装和设置。

如图 6-1 所示，安装人员安装一个 ADSL Modem 的滤波分离器（又叫滤波器）。这个信号分离器是用来将电话线路中的高频数字信号和低频语音信号分离的。低频语音信号由分离器接电话机，用来传输普通语音信息；高频数字信号则接入 ADSL Modem，用来传输上网信息和

VOD视频点播节目等。这样，用户在使用电话时，就不会因为高频信号的干扰而影响用户的话音质量，同时也不会使打电话所使用的语音信号串入而影响上网的速度。

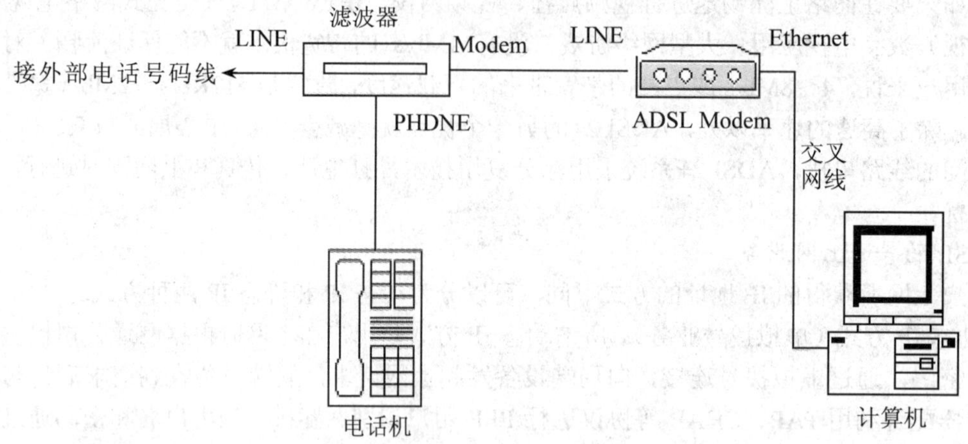

图6-1 ADSL硬件连接示意图

安装时先将来自电信局端的电话线接入信号分离器的输入端，然后再用一根电话线的一头连接信号分离器的语音信号输出口，另一端连接用户的电话机。此时电话机应该已经能够接听和拨打电话了。用另一根电话线的一头接信号分离器的数据信号输出口，另一端连接ADSL Modem的Line（外线）接口上；然后再用一根五类双绞线，这是一根交叉双绞线，一头连接ADSL Modem的Ethernet接口，另一头连接计算机网卡中的网线接口。这时候打开计算机和ADSL Modem的电源，如果两边连接网线的接口所对应的灯都亮了，那么硬件连接也就成功了。

2. ADSL软件概述

当完成硬件的连接之后，还需进行必要的软件设置。虚拟拨号方式是以PPPoE形式接入网络，因此与所使用的PPPoE软件有很大关系，所以要先确定所使用的PPPoE软件，这里需要说明的是，由于虚拟拨号方式入网的用户都遵守PPPoE协议，所以可以不使用ISP所提供的PPPoE软件，而由用户自行选定一种PPPoE软件，目前使用在Windows上的PPPoE软件主要有EnterNet 300、EnterNet 500、WinPoET、RasPPPoE、NetVoyager等，下面分别介绍这几种虚拟拨号软件。

（1）EnterNet。在众多的PPPoE虚拟拨号软件中，以EnterNet最为流行，很多宽带服务供应商都把这种软件作为官方的上网拨号软件。EnterNet有多种版本，300为标准版，具有较强的功能，500是专业版。EnterNet最大的特点在于不需要依赖Windows系统本身的拨号网络功能。安装过程中EnterNet会在系统中添加一张虚拟的PPPoE网卡，所有网络接入程序及PPPoE功能都会交由这张虚拟网卡处理。安装完成后，EnterNet会通过对ADSL Modem的自动搜索列出可用的接入系统。EnterNet的功能较多，例如其高级选项功能可以详细列出所有封包记录资料及详细的路由选择表。另外程序中内建有Ping功能以便即时分析网络线路的回应时间，更可配合封包记录找出宽带网络事故的问题所在，适合不熟悉系统指令的用户。

（2）WinPoET。WinPoET的优点在于安装方便，简单易用，纯粹作为Windows PPPoE程序强化版。WinPoET在程序的核心上改用Windows原有的拨号网络系统，而不是完全独立形式操作。安装过程中，WinPoET会在系统网络中新增一个虚拟网卡，作为中央管理系统以模拟VPN

方式运作。其设计以简单为主，基本上没有太多的设定可供用户选择，适合初级 ADSL 用户。

（3）RasPPPoE。RasPPPoE 为德国出品，主要在 Windows 原有的拨号网络功能上增加了对 PPPoE 的通信协议的支持。不过由于 RasPPPoE 并没有安装程序，要安装得花一番功夫才行。虽然是免费软件，但在登录网络的反应速度上，比其他 PPPoE 软件好得多。而且纯协议设计，与其他网络资源相冲突的概率较低，尤其适合一些装有多种网络的用户使用，所以不少宽带用户改用 RasPPPoE 代替服务商提供的拨号程序。笔者建议大家到其官方网站 www.rasPPPoE.com 下载 RasPPPoE 的正式版本，它提供了自动安装及设定功能，只需运行安装程序就可以代为在网络上架设 PPPoE 功能。但对于 Windows 2000/XP 的用户来说仍有弊端，因为其没有将 RasPPPoE 加入 Services 之内，所以不能在进入 Windows 系统之后自动连线上网。假如希望在 Windows 2000/XP 中加入 Services 的最好选用其他拨号程序，该软件适合装有多种网络的用户。

（4）NetVoyager。NetVoyager 是韩国的一个免费 PPPoE 程序，名气远没有 RasPPPoE 大，但其功能及方便程度较 RasPPPoE 有过之而无不及。它跟 RasPPPoE 一样都是在原有的拨号网络功能上增加了对 PPPoE 协议的支持，但它却在 Windows 拨号网络之外加设了一个连接程序，可以自动分析选用哪一块网卡连接，对于装有多块网卡的用户相当适用。其次，其连接程序可用于设定 MTU value、防断线、自动连线，而其速度调整系统可以将速度提升到最佳状态。更重要的是 NetVoyager 采用“一按式”安装模式，只要安装后程序就会自动进行设定，并在重新开机后自动连线上网。若讲到宽带上网的话，NetVoyager 相信会是目前众多 PPPoE 拨号程序中最好的一个，既简单又不失对宽带上网高级设置功能的支持，该软件适合装有多块网卡的用户。

（5）Windows 7 内置 PPPoE 软件。ADSL 用户不需要安装任何其他 PPPoE 软件，直接使用 Windows 7 的连接向导就可以轻而易举地建立 ADSL 虚拟拨号上网文件，实际使用效果完全和 Windows 9x/Me/NT/2K/XP 下的其他 PPPoE 一样，由于与操作系统更加紧密结合，使用更方便。不少宽带服务提供商建议用户直接使用 Windows 7 操作系统内置的 PPPoE 功能上网。但是其功能也有先天不足：即 Windows 7 内置的 PPPoE 功能只可支持 MTU 1480，在优化宽带的时候就会显得无能为力，也会导致网络较不稳定。

针对安装 ADSL 时 ISP 的推荐，下面以 Windows 7 下使用内建的 PPPoE 为例讲解如何接入 Internet。

3. Windows 7 下使用内置的 PPPoE

（1）依次选择“开始→控制面板”，打开“控制面板”对话框，如图 6-2 所示。

（2）在“控制面板”对话框中选择“网络和 Internet”下的“连接到 Internet”，打开如图 6-3 所示连接到 Internet 对话框，在此对话框中选择以什么方式连接到 Internet。由于要使用 ADSL 方式连接使用，所以在此对话框中单击“宽带（PPPoE）”，打开如图 6-4 所示的对话框。

（3）在图 6-4 中，需要输入 Internet 服务提供商（ISP）所提供的用户名和密码。复选框“显示字符”的含义：指密码是以明文方式显示在密码框还是以密文方式显示；复选框“记住此密码”的含义：指是否记住此密码，如果记住此密码则用户下次连接互联网时不用输入密码直接连接即可；另外“连接名称”是指在用户桌面上显示的连接到互联网的名称，默认名称是“宽带连接”。如果以上所有信息输入正确之后，单击“连接”按钮，打开如图 6-5 所示的成功连接到 Internet 对话框，此时就可以在 Internet 网络上进行畅游。

图 6-2 控制面板

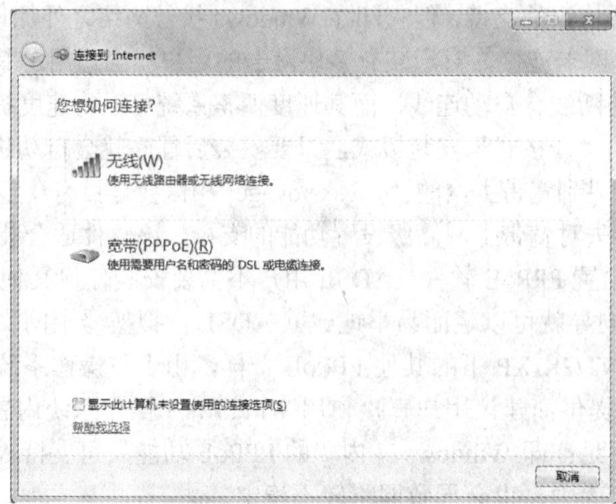

图 6-3 连接 Internet

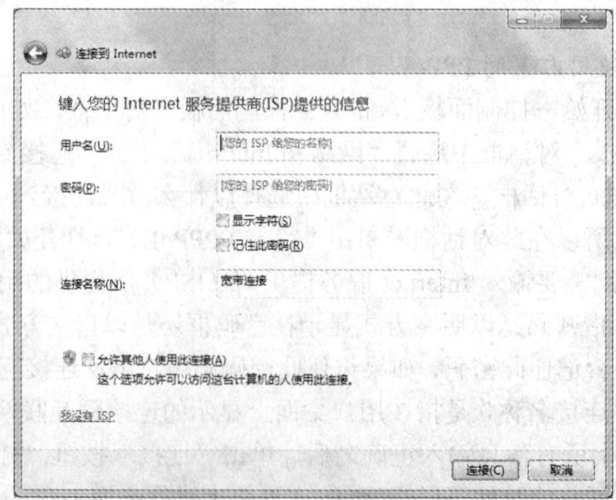

图 6-4 输入上网用户名和密码

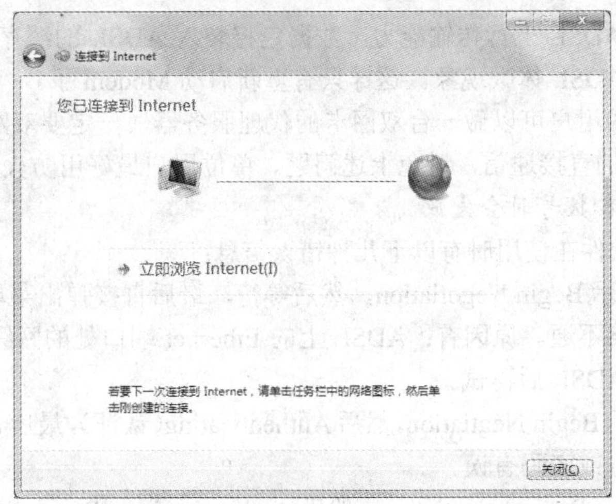

图 6-5　连接成功

（4）当上面的软件配置成功之后，再一次重新开机后，如果连接到互联网，要首先进行宽带连接。当打开浏览器时，会自动弹出如图 6-6 所示的连接 ADSL 对话框，在此对话框中输入用户名和密码，然后单击“连接”按钮，即可连接到 Internet。

图 6-6　拨号连接上网

6.2.3　使用 ADSL 时的常见故障及解决方法

下面说明使用 ADSL 接入 Internet 时的常见故障及解决方法。

1. 为什么 ADSL 的指示灯都正常也会掉网

原因：ADSL 的指示灯中，最重要的灯是 LINK 指示。在 ADSL 线路没问题的时候，该指示灯应该是绿色的。但是有些用户在 LINK 指示灯正常的时候也会掉线，然而重新启动 Modem 就好了。这种情况多发生在没有做代理服务器、没有做防火墙或路由器的网络用户身上。因为 ADSL Modem 有个 Ethernet 口，这个口是接局域网的，实际上是个 HUB 口，但是 ADSL 的上行带宽只有几百 Kb/s。如果用户局域网内部是 ADSL 直接接 HUB，HUB 再接下面的客户机，网络内的许多与 ADSL 无关的数据包将占用 ADSL 上行通道，ADSL 也无法控制局域网内的广播风暴，如果超过 ADSL 上行传输能力，数据包将装入 ADSL 的缓存，如果数据量继续增大，缓存溢出，造成 ADSL 休眠现象。这样只有重新启动 Modem 了。

解决办法：一般的用户可以做一台双网卡的代理服务器（一定要双网卡），这样可以隔断 Modem 与局域网之间的直接通信，避免上述问题。单位用户最好用防火墙或路由器。

2. 为什么有时虚拟拨号时会失败

ADSL 虚拟拨号软件在使用时有以下几种错误信息：

（1）拨号窗口显示 Begin Negotiation，然后等待，最后直接弹出菜单 time out。

这种情况表明网络不通。原因有：ADSL 上的 Ethernet 端口处的网线没有连接好；ADSL 网络不通，可以重启 ADSL 后再试。

（2）拨号窗口显示 Begin Negtiation，然后 Authenticating（认证），最后 Authentication Failed。

这种情况表明账号或密码有误。

（3）拨号窗口显示 Begin Negotiation，然后 Authenticating，Receiving Network Parameter，最后弹出菜单 time out。

这种情况表明拨号 IP 地址已经被占满，请稍后再拨。

3. 为什么数据流量大时出现死机

一般情况下，这是因为网卡的品质或者兼容性不好所引起的，特别是老式 ISA 总线网卡，由于 PPPoE 是比较新的一项技术，这类网卡兼容性可能会有问题，并且速度较慢，造成冲突，最终线路锁死，甚至死机。

解决方法：更换一块质量好的网卡。

4. ADSL Modem 上的 LINK 灯为什么会变红，怎样尽量避免

ADSL 上的 LINK 灯是 ADSL 最为重要的指示灯，它是判断 ADSL 能否通讯的第一步。LINK 灯有几种状态：

- LINK 灯如果长绿，表明用户端的 Modem 与电信局端的 Modem 已经建立好了物理上的连接，这叫作“同步”，这是 ADSL 正常工作的第一步，是最为重要的一步。
- LINK 灯如果变成红色，表明用户端的 Modem 与电信局端的 Modem 的物理连接已经断开，这叫作“失步”。
- LINK 灯如果正在闪烁，表明用户端的 Modem 与电信局端的 Modem 正在试图建立连接，也就是说同步进行中。

当用户将 ADSL Modem 加上电源几十秒后，LINK 灯就从“红色——绿色闪烁——长绿”变化，这就是建立同步的过程。

如果 ADSL Modem 正在使用中出现 LINK 指示灯变红的现象，就说明电话线路上有强干扰；或是电话线路上某个接头没接好，有松动现象；或是线路故障。

解决办法及注意事项如下：

（1）ADSL 线路上不能并分机，电话只能从分离器 PHONE 端口引出，否则会引起 ADSL 失步。

（2）线路上的接头一定要接好，特别是用户房屋内部的接头。

（3）如果从电信局分线盒内出来的电话线太长，应将平行线换成双绞线，提高线路抗干扰能力。

（4）ADSL 有时会受到天气原因的干扰，比如大雨等，用户等几个小时就会自然恢复。

5. 为什么装了 ADSL 和 EnterNet 300 以后浏览网页特别慢

原因：这是由于 Windows 的 Internet 连接向导给 IE 指定的访问互联网接口错误引起的，EnterNet 300 使用的是局域网类型虚拟拨号，而 IE 缺省使用普通拨号，浏览的时候 IE 首先寻找拨号接口，找不到拨号以后就找局域网里面有没有代理服务器，最后才会找到 EnterNet 300 这个接口，所以会很慢。

解决方法：只需要重新运行一遍 Internet 连接向导，选择局域网方式，并取消自动搜索代理服务器就可解决。

6. 为什么 PPPoE 软件安装不正常

要从以下几个方面检查，网卡的驱动程序是否正确安装，安装之前其他 PPPoE 软件是否卸载干净，系统中是否安装有其他网络软件（例如共享上网软件），如果有最好卸载，PPPoE 软件安装以后再安装其他网络软件，对于 WinPoET（RASPPPoE）还需要检查操作系统拨号网络组件是否正确安装。

7. 为什么使用 USB 接口的 ADSL Modem，拨号无法接通

一般来说，出现这种情况是由于 USB Modem 是通过 USB 接口供电，刚启动时间比较短，网络设备没有被激活或者线路没有被激活的原因，即 ADSL Modem 没有被激活而导致线路不通。可以耐心地等待 30s 至几分钟，再尝试连接，有时候一开机就可以连上，而有的时候要激活几分钟或者重新启动才可能连上。

8. 为什么使用 ADSL 上网速度慢

造成 ADSL 访问速度慢的原因主要有：

（1）如果访问国外站点，访问会受到出口带宽及对方站点配置情况等因素的影响。

（2）如果只是打开个别站点慢的话，网络没有问题。

（3）可能是拨号软件和操作系统之间的兼容性问题，尝试更换拨号软件。

（4）ADSL 技术对电话线路的质量要求较高，且目前采用的 ADSL 是一种 RADSL（速率自适应 ADSL），如果电话局所在楼到用户间的电话线路在某段时间受到外在因素的干扰，RADSL 会根据线路质量的优劣和传输距离的远近动态地调整用户的访问速度。

6.3 共享上网

6.3.1 什么是共享上网

当组建好了一个局域网，并开通了各种服务，如 WWW 服务、FTP 服务、E-mail 服务等，即形成内部的 Intranet。但经过一段时间的使用会发现网上的信息资源实在太少了。这是为什么呢？因为该网络与外界尚没有任何联系，处在一个信息孤岛上。如果不仅想访问 Internet 上的各种信息资源，还想把 Intranet 内的某些信息公开发布到 Internet 上，那么通过什么方法把局域网连入到 Internet 上，使得局域网络中的每个用户都能使用 Internet 上的网络资源呢？

如果在局域网中必须为每台计算机提供访问 Internet 的方式，从经济实用的角度出发，让局域网中所有计算机共享一个账号上网是一种比较好的方式，这就是共享上网。

这种共享上网可通过路由器来完成，但需另外购置路由器，如果不愿增加硬件投入，一般通过相应的软件也可达到同样的目的。

目前用于小规模局域网共享上网的软件大体分为两类：一类是代理服务器（Proxy Server）软件；另一类是网关类（Gateway）软件。如 SyGate 就是网关类软件。尽管都能达到多机共用一个账号同时上网的目的，但以上两种软件工作时所扮演的角色是不一样的。这点从对网络和浏览器的使用设置就可以看出。网关类软件一定要在网络中设置网关，并且在浏览器中禁止 Proxy；代理服务器类软件则刚好相反。网关类软件的设置比较简单，代理服务器类软件的设置和使用相对来说要复杂一些，但其功能更为强大。

6.3.2 路由器共享上网设置

在市场经济条件下，只要有需求就必定会有人制造出相应的产品以满足消费者的需要。精明的厂商早已制造出带有路由功能的 ADSL Modem，只要用户能够正确配置相关参数就可以路由共享，根本不需要外添设备。国内 ADSL 服务提供商所提供的调制解调器大部分都内置了路由功能，不过由于技术上的原因，少量 ADSL 调制解调器虽然在硬件上设计了路由功能，但调制解调器随机软件并不能支持在 PPPoE 虚拟拨号接入方式下使用该功能，只有拥有固定 IP 地址的专线用户才可以使用路由功能，或者需要服务商局端设备同为该品牌的产品才能够支持在 PPPoE 接入方式下使用，这时需要升级调制解调器的软件后才可以使用内置的路由功能，使用户能方便实现 ADSL 的共享上网。

但是笔者前面已经提到过，现在安装 ADSL，ISP 就会赠送一台 ADSL Modem 就没有路由功能。那么就需要另外购置一台路由器，而且现在家庭中常常除了台式机外，还有笔记本、手机、平板电脑等，所以所购置的路由器还应具有无线路由功能。

下面以 TP-LINK 的 150M 无线宽带路由器为例，说明路由器的配置。TL-LINK 的路由器价格低廉，功能丰富，采用 Web 管理界面，集成了动态域名客户端软件，还具备发射功率调节、动态 IP 分配及监控、静态路由、防火墙及上网规则制定等实用性网管功能。由于有 DHCP 功能，所以其他主机只须设置自动获得 IP 即可，无须进一步设置即可实现与 Internet 网络的互联，这对于目前无线设备（如安卓、苹果系列的手机和平板电脑）越来越多的现实环境，具有非常大的实用价值。这种方式的一个最大的特点就是设置简单，无须人工配置 IP、掩码、网关等参数，是新手共享上网最好的方法。

图 6-7 是 TP-LINK 路由器与其他硬件设备连接的示意图。一般的家用 TP-LINK 路由器上有两种接口：一种是一个连接 ADSL 调制解调器的 WAN（Wide Area Network，广域网）接口，另一种是四个有线以太网接口，这四个有线以太网接口可以连接 PC 机或者交换机；另外有两个按钮：一个是 POWER（电源）按钮，如果要使 TP-LINK 正常工作，首先要按下该钮让路由器通电；另一个是 RESET（复位）按钮，该按钮的作用是当用户对 TP-LINK 路由器进行相关设置后，造成一些设置错误，而又无法改正过来，此时可长按 RESET 按钮 5 秒钟以上，则路由器会恢复到出厂设置状态，用户又可以进行重新设置路由器。同时该路由器还可支持 200 多个笔记本、手机、平板电脑等无线数码设备连接到互联网。

1. 硬件线路连接

在没有路由器之前，一般是通过计算机直接连接宽带到 Internet 网络。现在要使用路由器共用宽带上网，就需要用路由器来连接宽带。因此要做的第一步工作是连接线路，把 ADSL Modem 出来的双绞线连到路由器（WAN 口）上，然后再把计算机连接到路由器上的 LAN 接口，如图 6-7 所示。

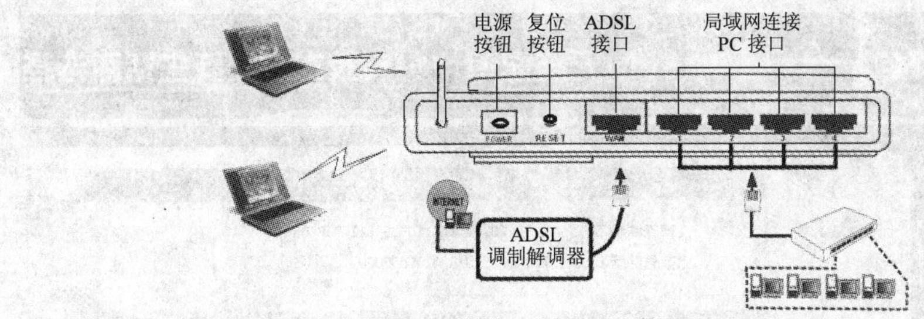

图 6-7　TP-LINK 路由器的示意图

把路由器通电之后，路由器正常工作的系统指示灯是闪烁的。线路连好后，路由器的 WAN 口和连接计算机的端口指示灯都会常亮或闪烁，如果相应端口的指示灯不亮或电脑的网卡图标显示红色的叉，则表明线路连接有问题，尝试检查网络连线连接是否正确或者更换一根网线。

2. 设置路由器上网

（1）打开浏览器，在地址栏中输入“http://192.168.1.1/”打开路由器的登录界面，如图 6-8 所示。一般的路由器的 Web 管理界面地址都是“http://192.168.1.1/”。

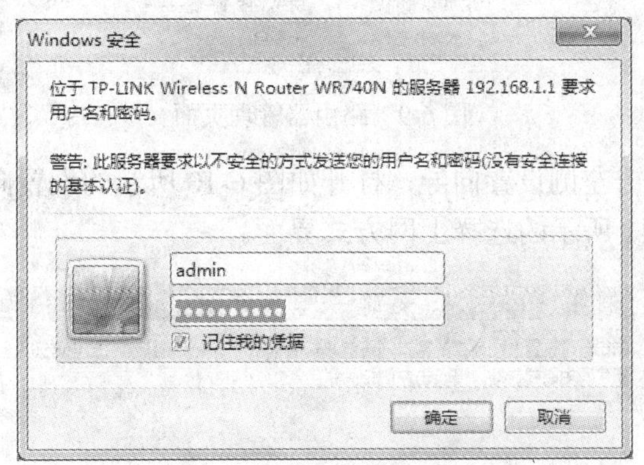

图 6-8　路由器控制台登录对话框

（2）在弹出的路由器登录框中输入路由器的管理账号和密码。一般路由器的初始用户名是 admin，初始密码也 admin。当账号和密码输入完成之后，单击“确定”按钮。

需要说明的是如果无法打开路由器的管理界面，有几种可能情况：

- 请检查在地址栏输入的 IP 地址是否正确或者尝试重新打开一次。
- 检查物理连线是否正确，即检查 PC 机网卡的连通性，或者路由器上的对应接口灯是否连接正常。
- 路由器是否通电。
- 若仍然不能登录，需要把与设置路由器相连接的 PC 机 IP 地址设置为“192.168.1.x”，其中 x 为 2～254 之间的任意值，即把要管理设置路由器的 PC 机的 IP 地址与路由器的 IP 地址设在同一个网段，再次进行登录。

（3）启动路由器并成功登录路由器管理页面后，浏览器会显示管理员模式的界面，如图 6-9 所示。在该界面左侧菜单栏中，有以下几个菜单：运行状态、设置向导、网络参数、无线设置、DHCP 服务器、转发规则、安全设置、路由功能、动态 DNS 和系统工具。单击某个菜单项，即可进行相应的功能设置。

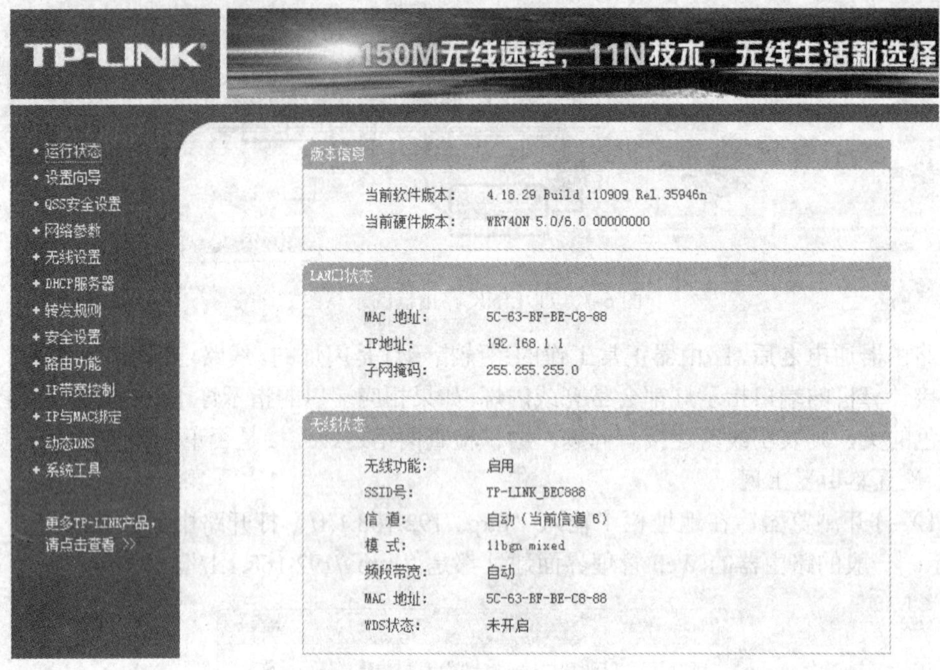

图 6-9 路由器管理页面

（4）在图 6-9 中单击左侧设置向导，打开如图 6-10 所示的设置向导，并直接单击“下一步”按钮，打开如图 6-11 所示的选择上网方式界面。

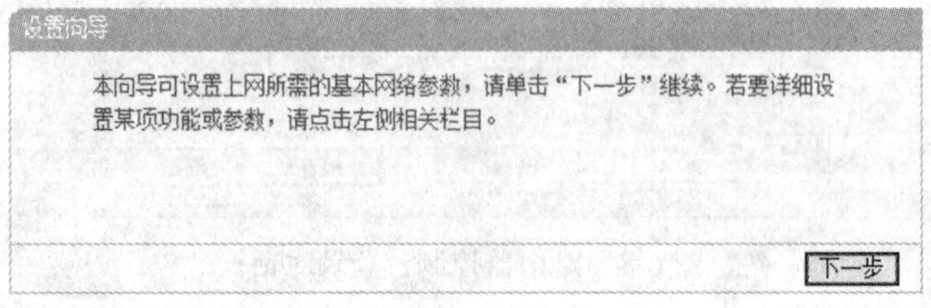

图 6-10 设置向导

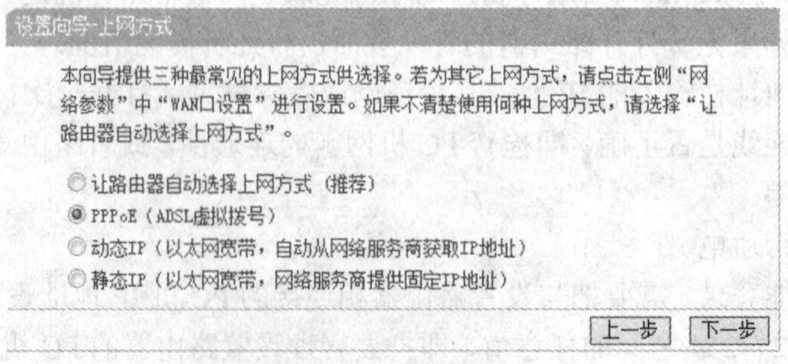

图 6-11 选择上网方式

（5）选择“上网方式”。常见上网方式有 PPPoE、动态 IP 地址、静态 IP 地址三种，请根据具体情况选择对应的上网方式。其中：

- PPPoE：拨号上网，单机（不使用路由器）的时候使用 Windows 系统自带的来拨号，有一个用户名和密码，是最常见的上网方式，ADSL 线路一般都是该上网方式。需要说明的是很多用户上不了网是因为输入了错误的用户名密码，请仔细检查输入的宽带用户名和密码是否正确，注意区分中英文输入、字母的大小写、后缀是否完整输入等。

- 静态 IP 地址：运营商提供了一个固定的 IP 地址、网关、DNS 等等参数，在一些光纤线路上有应用。
- 动态 IP：不需要进行任何设置，不用拨号，也不用设置 IP 地址等就能上网的，是动态 IP 地址上网方式，在小区宽带、校园网等环境会有应用。

此处由于说明使用路由器通过 ADSL 拨号上网，所以选择 PPPoE 上网方式。然后单击“下一步”按钮，打开如图 6-12 所示的上网账号和密码输入页面。

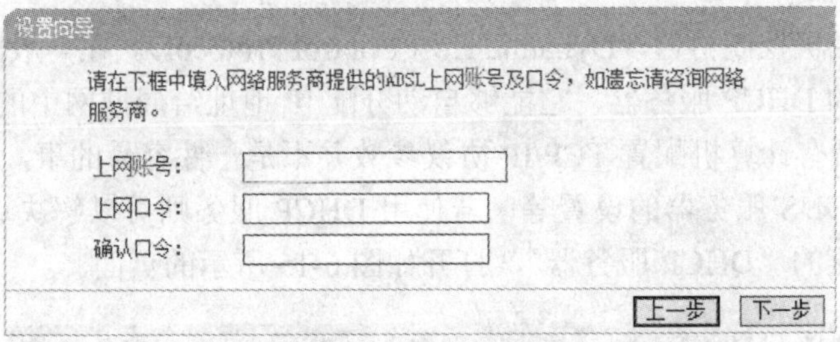

图 6-12　输入上网账号和密码

（6）在图 6-12 中输入在电信 ISP 所提供的用户名和密码，注意密码和确认密码是一样，如果输入不同，则无法连接到 Internet。正确输入完成后单击“下一步”按钮，打开如图 6-13 所示的无线设置。

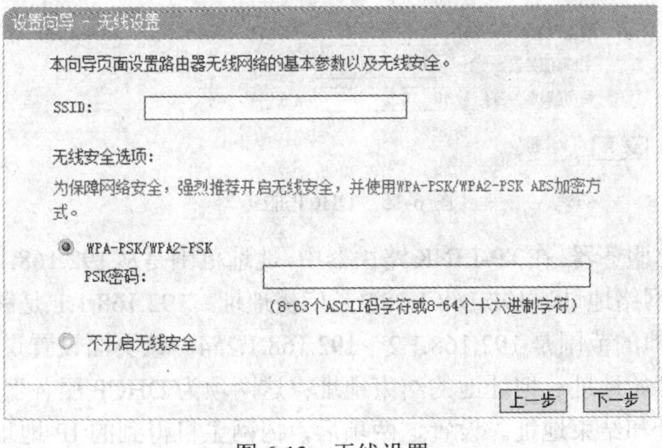

图 6-13　无线设置

（7）设置无线名称和密码。SSID 是路由器的无线网络名称，即用户使用无线设备能看到的无线路由的名称，可以自行设定（此处设定的名称是 TP-LINK_BEC888），建议使用字母和数字组合的 SSID。选择无线安全选项，密码用于连接无线网络时输入验证，能保护路由器的无线安全，以防止别人使用此无线网络，这样只有知道 PSK 密码的用户才能使用该无线网络，此处的密码输入“123456”，目的是后面演示无线设备连接时使用该路由器和无线密码连接无线网络。正确输入之后单击“下一步”按钮，打开设置完成页面，如图 6-14 所示。

（8）在图 6-14 中，确认前面设置正确完成后，可以直接单击“完成”按钮。

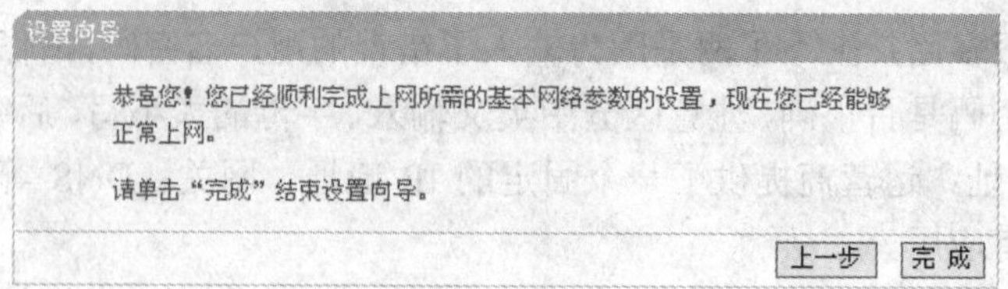

图 6-14　设置向导完成界面

如果在 PC 机、平板电脑、手机等有线和无线设备进行简单的客户端设置，就可以通过上面的路由器进行互联网的连接。

3．设置 DHCP 服务

DHCP 指动态主机控制协议（Dynamic Host Control Protocol）。在一般的家用 TP-LINK 路由器都有一个内置的 DHCP 服务器，它能够自动分配 IP 地址给局域网中的计算机。对用户来说，为局域网中的所有计算机配置 TCP/IP 协议参数并不是一件容易的事，包括 IP 地址、子网掩码、网关、以及 DNS 服务器的设置等，若使用 DHCP 服务则可以解决这些问题。在图 6-9 所示页面中单击右侧的“DHCP 服务器”，打开如图 6-15 所示的页面。

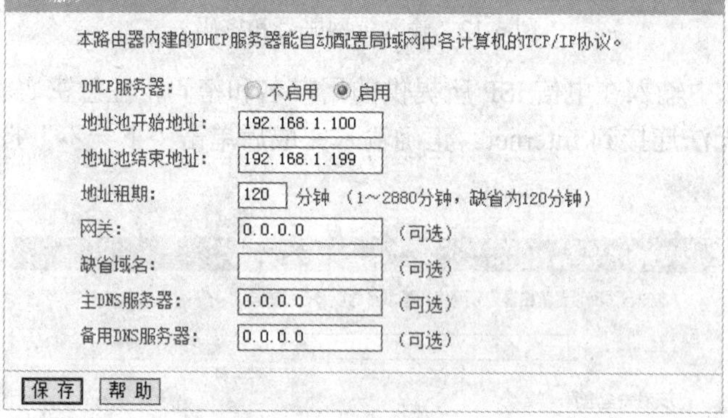

DHCP服务
本路由器内建的DHCP服务器能自动配置局域网中各计算机的TCP/IP协议。
DHCP服务器：　○不启用　◉启用
地址池开始地址：　192.168.1.100
地址池结束地址：　192.168.1.199
地址租期：　120　分钟（1～2880分钟，缺省为120分钟）
网关：　0.0.0.0　（可选）
缺省域名：　（可选）
主DNS服务器：　0.0.0.0　（可选）
备用DNS服务器：　0.0.0.0　（可选）
保存　帮助

图 6-15　DHCP 服务器

（1）启用 DHCP 服务器。在 TP-LINK 路由器中，地址范围是从 192.168.1.0 到 192.168.1.255，其中 192.168.1.0 是网络地址、192.168.1.255 是广播地址、192.168.1.1 是路由器地址。所以路由器的可用 IP 地址池的范围是 192.168.1.2～192.168.1.254。该页面设置说明如下：

- 地址池的开始地址、地址池的结束地址：这两项为 DHCP 服务器自动分配 IP 地址时的起始地址和结束地址。设置这两项后，内网主机得到的 IP 地址将介于这两个地址之间。
- 地址租期：该项指 DHCP 服务器给客户端主机分配的动态 IP 地址的有效使用时间。在该段时间内，服务器不会将该 IP 地址分配给其他主机。
- 网关：此项应填入路由器 LAN 口的 IP 地址，缺省是 192.168.1.1。
- 缺省域名：此项为可选项，应填入本地网域名（默认为空）。

此处设置的地址池的开始地址是 192.168.1.100，地址池的结束地址是 192.168.1.199，地址租期是 120 分钟。

（2）选择菜单 DHCP 服务器→客户端列表，可以查看所有通过 DHCP 服务器获得 IP 地址的主机的信息，单击“刷新”按钮可以更新表中信息，打开如图 6-16 所示的页面，其中：

- 客户端名：该处显示获得了 IP 地址的客户端计算机的名称。
- MAC 地址：该处显示获得了 IP 地址的客户端计算机的 MAC 地址（或者叫网卡地址、或者叫物理地址）。
- IP 地址：该处显示 DHCP 服务器分配给客户端主机的 IP 地址。
- 有效时间：该项指客户端主机获得的 IP 地址离到期的时间，每个 IP 地址都有一定的租用时间，客户端软件会在租期到期前自动续约。

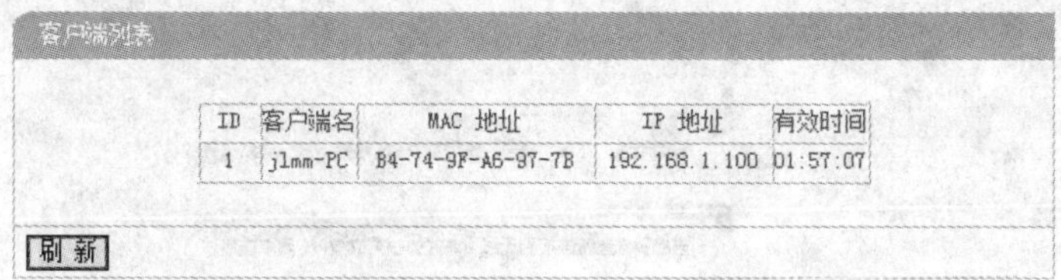

图 6-16 客户端列表

6.3.3 客户端设置

1. PC 机有线设置

（1）依次选择“开始→控制面板→网络和 Internet”，打开如图 6-17 所示的“网络和 Internet”对话框。

图 6-17 网络和 Internet

（2）在图 6-17 中，单击“网络和共享中心”打开如图 6-18 所示的页面。

（3）在图 6-18 中，单击左侧的“更改适配器设置”打开如图 6-19 所示的“网络连接”对话框。在此对话框中右击“本地连接”，在弹出的快捷菜单中选择“属性”选项，弹出如图 6-20 所示的对话框，然后双击“Internet 协议版本 4（TCP/IPv4）”打开如图 6-21 所示的对话框。

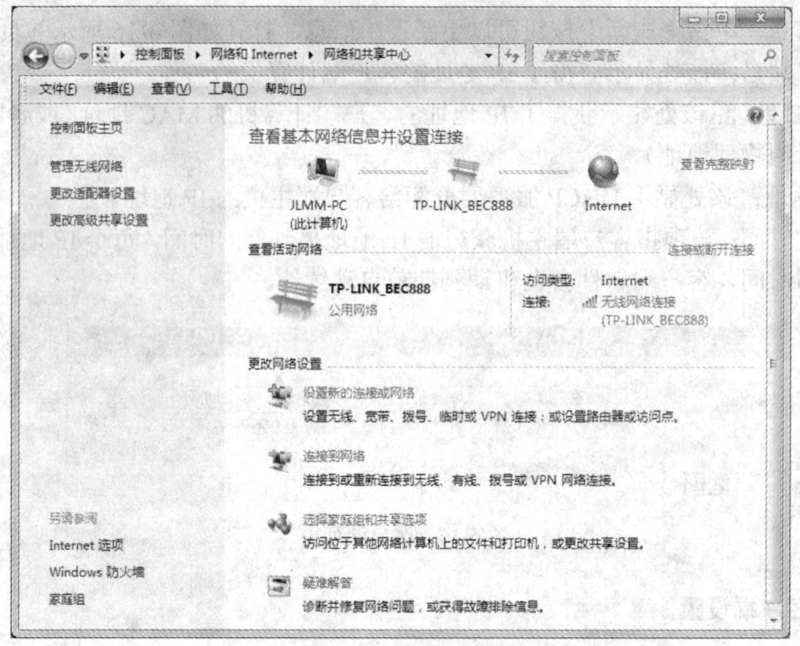

图 6-18　网络和共享中心

图 6-19　网络连接

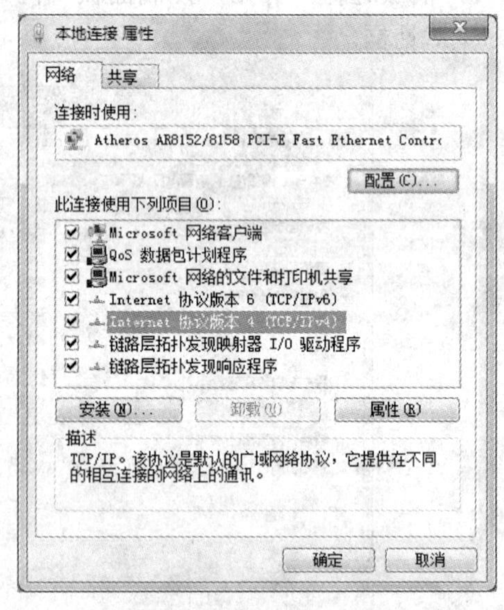

图 6-20　本地连接

（4）在图 6-21 中，选择“自动获得 IP 地址”和“自动获得 DNS 服务器地址”，即所有的参数都从路由器上的 DHCP 服务器上获取。选择完毕之后单击“确定”按钮完成 PC 机的共享上网设置。

2. PC 机的无线设置

若要使用计算机无线来连接路由器，首先要保证计算机配有无线网卡并能正常工作，对不同操作系统的计算机，其搜索并连接无线信号的方法略有不同，下面以 Windows 7 为例说明 PC 机的无线连接设置。

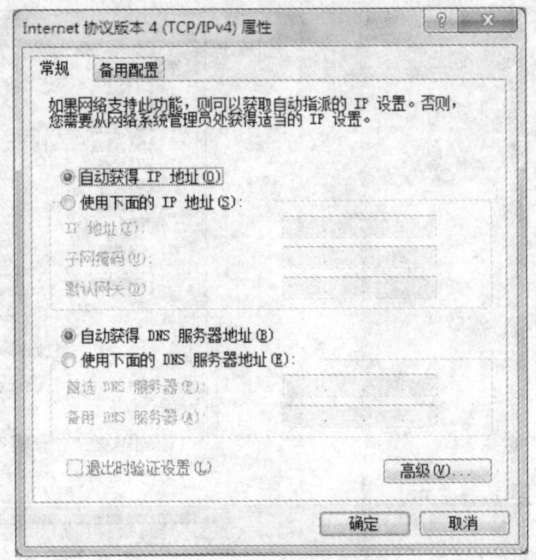

图 6-21　Internet 协议配置

（1）如果 PC 机的无线网卡工作正常，请单击桌面托盘上的 Internet 访问图标，如图 6-22 所示的红色矩形方框内的图标，弹出图 6-23 所示的无线网络可连接的路由器，如果没有找到希望连接的无线路由器，可单击图 6-23 右上角的 刷新图标，重新列出可能连接的路由器名称。

图 6-22　未连接网络

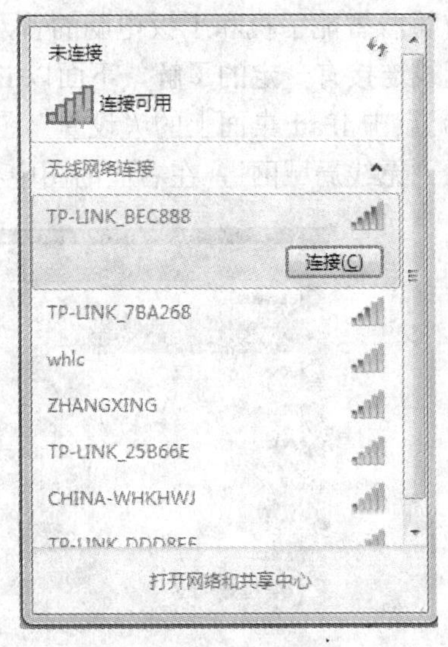

图 6-23　连接网络

（2）在图 6-23 中，单击希望连接路由器的名称（此处单击“TP-LINK-BEC888”），会在该路由器名称下多出一个“连接”按钮，单击该按钮，弹出如图 6-24 所示的密钥输入对话框（此处输入在图 6-13 所设置的密钥：123456），然后单击“确定”按钮。

至此 PC 机无线设置就完成。在图 6-19 中双击“无线网络连接”，打开如图 6-25 的无线网络连接属性。在该对话框中显示了当前无线网络连接的情况，主要包括 SSID 名称、持续时间、速度、已发送和已接收数据的多少等网络参数。

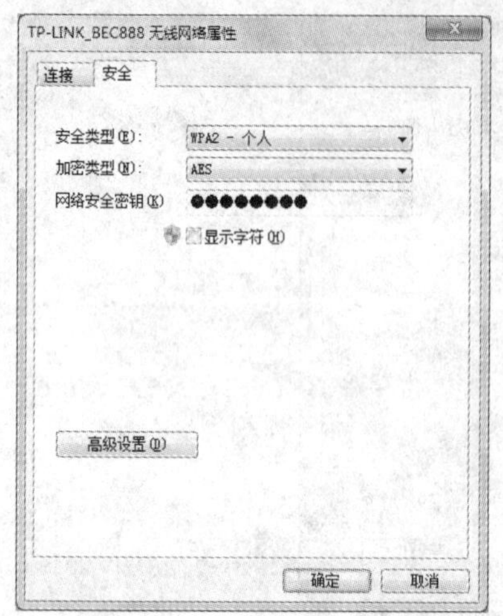

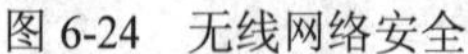

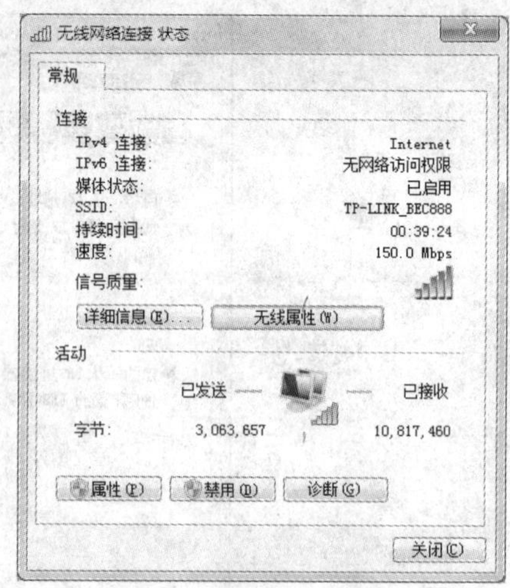

图 6-24　无线网络安全　　　　图 6-25　网络连接详细信息

如果成功登录无线路由器一次之后，下次如果再次连接到同一路由器时，就无需再次输入无线网络密码。但如果该路由器修改了密码，那就需要修改无线的登录密码，方法是在图 6-25 中单击“属性”按钮，打开如图 6-24 所示的对话框。在“安全”选项卡中，网络安全密钥后的对话框中内容就是在图 6-13 所设置的 PSK 密码。

3. 手机、平板电脑的无线连接

目前随着智能手机和平板电脑的普及，无线网络连接的需求日益频繁，就需要对这些数码设备无线连接有一定的了解，下面以 iPad 平板电脑为例说明其无线连接的方法。

（1）点击 iPad 桌面上的“设置”图标，打开图 6-26 所示的窗口。在此窗口中，点击窗口左面的“无线局域网”，在右面的图中会显示无线局域网的设置界面。

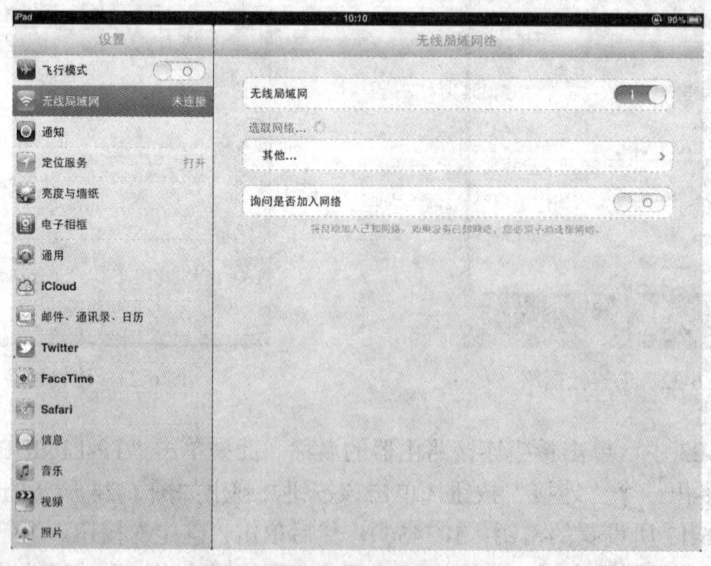

图 6-26　打开无线局域网

（2）打开图 6-26 右面的无线局域网滑块移动到右测，表示打开无线局域网，如图 6-27 所示。

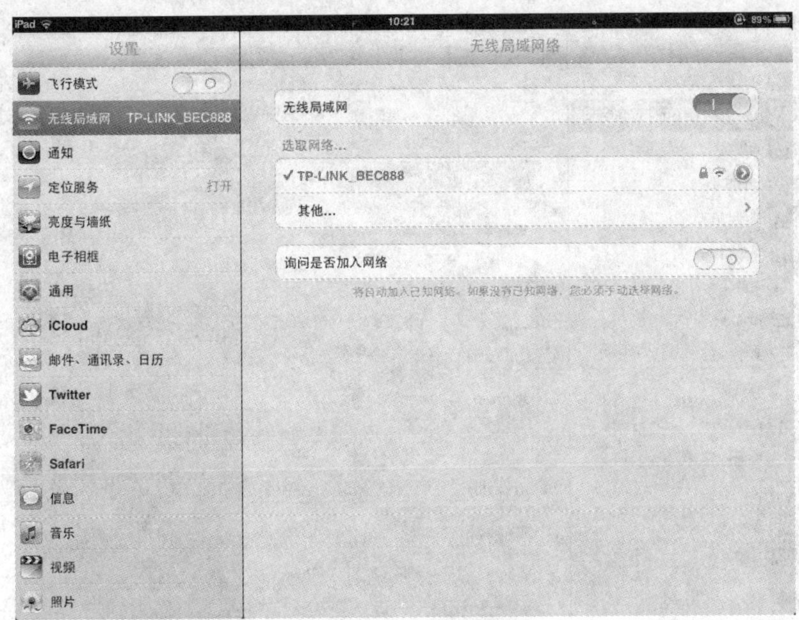

图 6-27　选择无线路由

（3）在图 6-27 所列出的无线路由器选择需要接入的路由器名称（此处选择名称为“TP-LINK-BES888”的路由器），选择之后会弹出需要接入路由器所设置的密码，如图 6-28 所示。

图 6-28　输入路由器上网密码

（4）在图 6-28 中输入路由器所设置的密码。输入完成之后单击“加入”按钮，如果密码输入正确，会连接到指定路由器，并能连接到互联网。

（5）连接成功后，单击图 6-27 中所连接的路由器，打开如图 6-29 所示的连接情况，包括 IP 地址、子网掩码、路由器、DNS 等网络参数。

（6）如果所连接路由器的上网密码被修改，可以单击图 6-29 右侧上方的“忽略此网络”按钮，此时会弹出如图 6-30 所示的确认对话框，单击“忽略”对话框，就可以重新输入路由器密码，重新获取网络参数。

6.3.3　使用集线器（HUB）或交换机（Switch）和代理软件共享上网

如果采用集线器（HUB）或交换机（Switch）构建局域网，又不愿添置路由器，还可以通过使用服务器和软件来实现局域网的共享上网功能。

服务器方式共享上网的实现思路是以一台计算机担任服务器，向其他计算机提供网络共享服务，实现此方式主要有两种方案，一个是采用代理（Proxy）服务器方案，另一个是采用网址转换方案（NAT）。

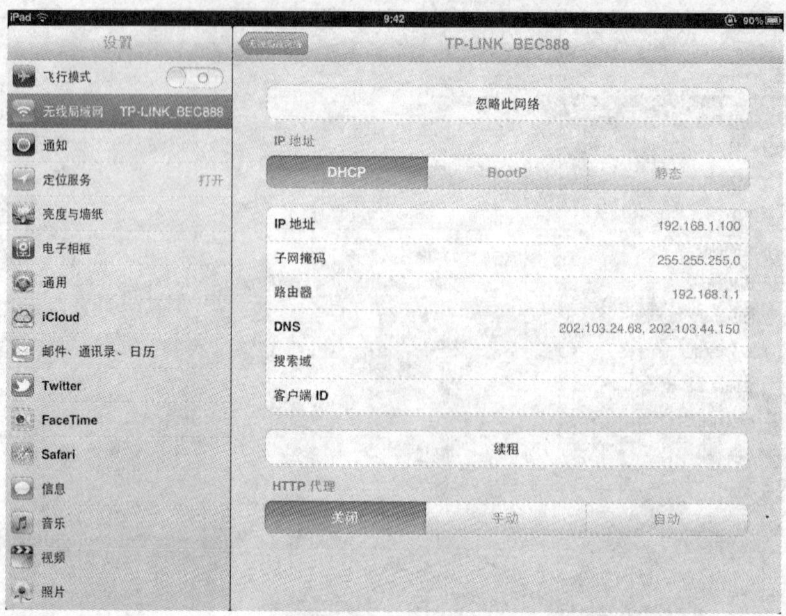

图 6-29 网络参数

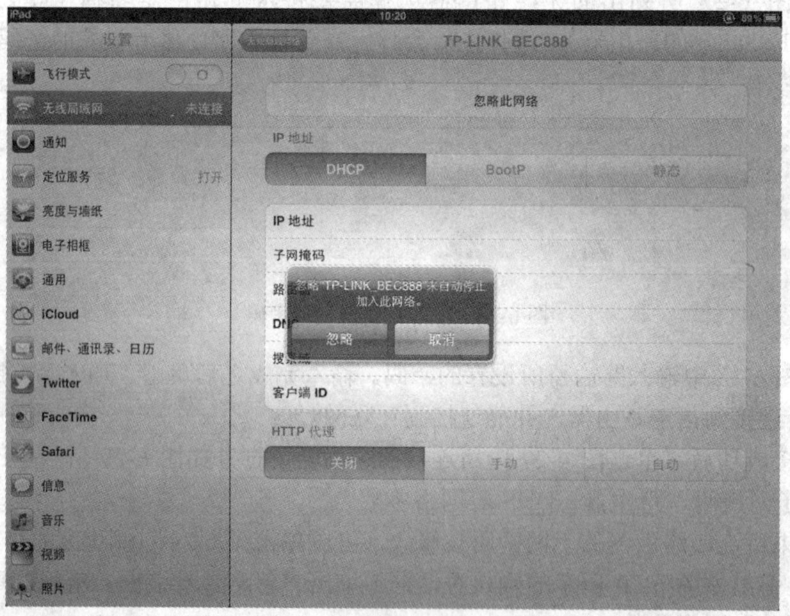

图 6-30 重新获取网络参数

以集线器和单网卡代理服务器为例，用网线将集线器与 ADSL Modem 连接起来，如图 6-31 所示。

其中有一台代理服务器，它连接 Internet 和局域网。运行代理服务器的这台计算机上也可以有两个网络适配器，其中一个连接局域网，具有属于内部网的 IP 地址；另一个连接 Internet，即和 ADSL Modem 相连，拥有 Internet 上的公开地址，一般这个地址是自动获得的。

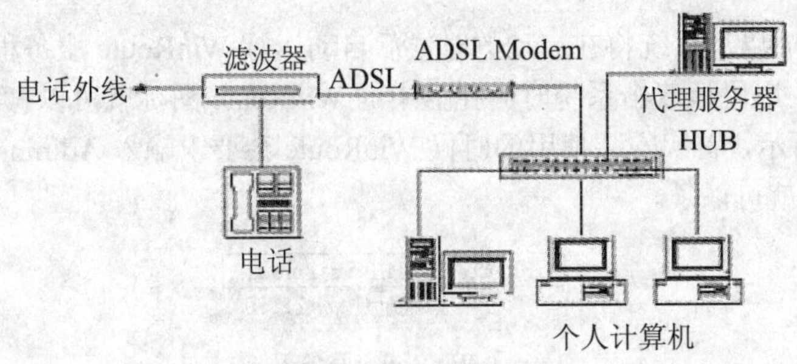

图 6-31　使用集线器的局域网采用 ADSL 接入的连接结构图

安装代理服务器首先要确定局域网的 TCP/IP 方案。目前有些代理服务器（如 WinGate）都带有 DHCP 服务功能，能动态分配 IP 地址。

在安装完代理服务器软件之后，首先要配置和测试局域网的 TCP/IP 是否畅通，这可以在每台客户机上用 Ping 命令来 Ping 代理服务器的内部 IP 地址，然后测试代理服务器与 Internet 能否连通，这同样可以用 Ping 命令，比如 Ping www.yahoo.com。

局域网上的用户能够通过代理服务器享受的 Internet 服务必须要在代理服务器上进行设置，否则用户是无法使用该项服务的。不同的代理服务器软件提供的服务项目不完全相同，但主要的服务都是一样的。最后要配置用户使用的客户端软件，比如浏览器、FTP 客户端程序等。

代理服务器其实是一台位于客户机与 Internet 服务器之间的服务器，客户机需要访问互联网服务必须先向代理服务器发出请求，代理服务器收到客户机请求后便向 Internet 服务器发出相应的请求，并将 Internet 服务器的返回信息放入缓存并转发给客户机。如果再有客户机向代理服务器发出请求，代理服务器会先检查自己的缓存，看是否拥有相关的数据并检查是否为最新版本。若是最新版本，就无须向 Internet 服务器请求，直接将数据发给客户机。使用代理服务器的好处是访问速度快（代理服务器拥有很大的缓存），管理方便（代理服务器可以对不同的服务进行监控与管理）；但存在配置麻烦的缺点（客户机需要对每个应用程序进行有关代理服务器的设置）。常用的代理软件有 WinGate、WinProxy 等。

网址转换技术是一种高效率、方便的方法，它通过对底层数据包的转换，把 TCP/IP 数据包中包含的私有 IP 转换成服务器的公共 IP 实现使用一个公共 IP 多机共享上网的目的。由于它工作在较底层，因此对上层应用程序是透明的。各客户机只须将网关指向服务器就能正常工作了，但也存在监控与管理能力比较弱的缺点。常用的 NAT 软件有 WinRoute、Sygate、Windows 的 ICS（Internet Connection Share）、Windows 2000 Server 的路由与远程访问等。

WinRoute Pro 最新版本是 4.2.1，是一套集路由、超强 NAT、防火墙、增强缓存的代理服务器、邮件服务器、DHCP 和 DNS 服务器软件，是一个最终解决 Internet 路由器—防火墙的完整方案。它可以轻松实现局域网内的所有电脑共享一个 Internet 连接（电话拨号连接，ADSL，ISDN，DDN 专线，或是 DirectPC）。

在安装 WinRoute 之前需要首先确认两件工作已经完成：①作为服务器的那台计算机可以正常连接 Internet；②整个局域网已连接完成并且能正常工作，另外，所有计算机都已经安装了 TCP/IP 网络协议。

（1）MODEM 拨号和 ISDN 拨号上网情况下安装与设置服务器。在作为共享服务器的计算机上运行 WinRoute 安装程序，不需要什么手工设定就可以很快完成安装并且重新启动

Windows。安装完成以后系统将在启动的时候后自动运行 WinRoute 服务程序。

在图 6-32 中，用鼠标双击系统时间托盘中的 WinRoute 图标就可以打开 WinRoute 的主控程序，如图 6-33 所示，首次安装使用的时候 WinRoute 会要求输入 Admin 系统管理员的密码，直接单击 OK 按钮就可以了。

图 6-32 Windows 托盘

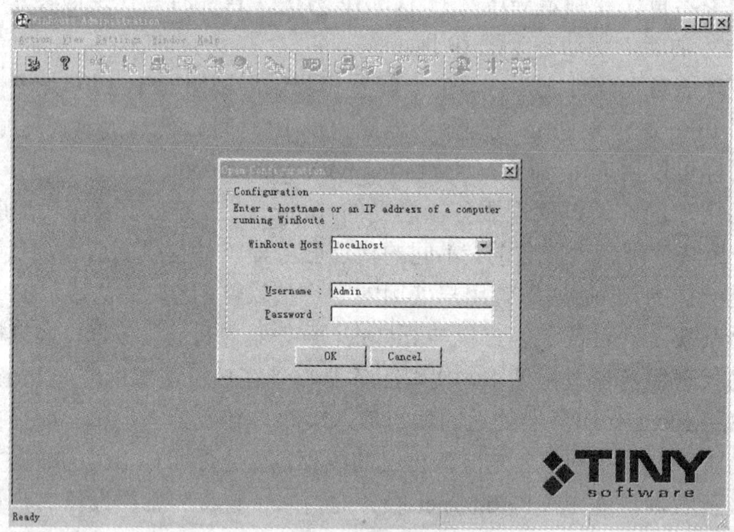

图 6-33 WinRoute 的主控程序

WinRoute 有很多参数设置选项，涉及网络配置和管理的方方面面，下面需要对 WinRoute 服务器进行正确的设置，这样才能充分发挥它的功能。

通常装有 WinRoute 软件的计算机需要有两个 IP 地址，也就是说需要有两个接口来实现内外网络的连接，一个是局域网内部的互联网非法 IP 地址，一个是用来与外部因特网连接的真实的合法 IP 地址，给连接局域网的网卡设置一个 IP 地址 192.168.1.1，用于内部连接。

接下来设置 WinRoute 的外部连接，这里外连接就是拨号网络适配器，由于在服务器上已经建立了上网拨号文件，所以安装 WinRoute 以后它将自动找到这个连接接口，用鼠标单击 WinRoute 程序菜单中的 View→Setting 菜单项，并从其下拉菜单中选择 InterfaceTable（接口表）命令选项，程序将会打开一个标题为 Interfaces/NAT 的对话框，如图 6-34 所示。

从该对话框中选择 RAS 后，单击 Properties…按钮后，程序将会打开拨号属性对话框来查看拨号网络的属性，再在弹出的对话框中单击 RAS 选项卡，如图 6-35 所示。

该对话框可以分为三个设置栏，其中 Settings 栏是用来选择所需要的拨号连接的，用户只要用鼠标单击 RAS Entry 后面的下拉按钮，并从下拉列表中选择一个自己需要的已经建立好的拨号连接服务，如果对拨号连接的其他参数要重新设置，可以直接用鼠标单击 RAS Entry 列表框后面的 Settings 按钮，来打开拨号网络的设置对话框。选定了拨号连接后，用户接着必须在

Username 文本栏中输入拨号连接的用户名，在 Password 文本栏处输入密码。在 Connection 栏处有 4 个单选项，其中 Manual 表示手动进行连接，On Demand 表示当有互联网访问需求时自动连接，Persisten 表示永久连接，发生意外断线后也自动恢复连接，Custom 表示用户根据自己需要自行定制连接，程序默认选中手工连接方式。

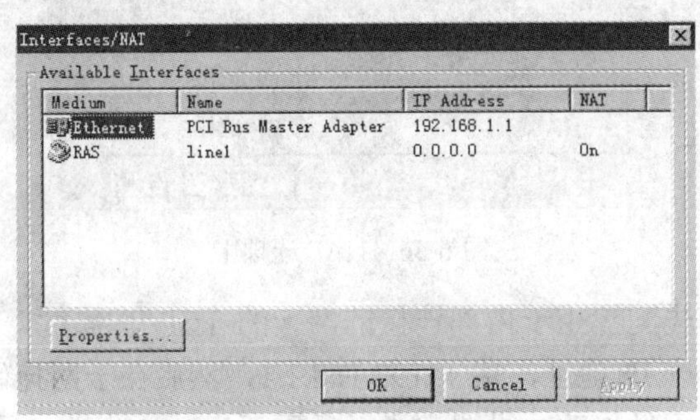

图 6-34　Interfaces/NAT 对话框

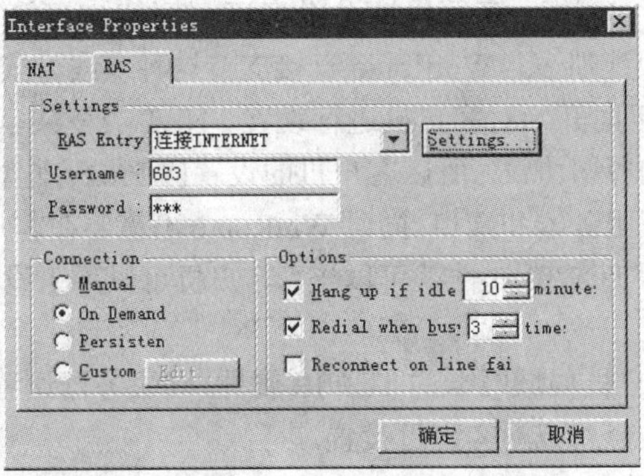

图 6-35　拨号属性对话框

在 Options 设置栏下方有三个复选项，如果用户选中第一个 Hang up if idle…复选项，可以调整该时间让 WinRoute 监测互联网连接空闲多少时间后自动断线，如果用户不想让调制解调器自动断线，请将此选项前面的勾去掉，选择第二项 Redial when busy…，用户可以在随后的设置框中设定一个需要的数值，让 WinRoute 在拨号网络出现占线时重拨几遍，第三项表示断线后是否重新连接。最后单击"确定"按钮，这样就完成了拨号参数的设置，以后就可以直接通过 WinRoute 菜单中的 ACTION/DIAL 单选项来拨号，当然用户仍然可以用手工方式进行拨号。

如图 6-36 所示，在所列接口属性的 NAT 选项卡中有一项很重要，它就是确定哪一个接口是连接互联网的接口，并通过这个接口进行局域网数据的 NAT 转换，这里很明显就是拨号网络接口用于 NAT 转换，所以要把这个接口的 Perform NAT with the IP address of this interface on all communication passing 选项选中，否则将无法使局域网用户共享互联网连接，另外用于内部连接的接口必须把选中状态去掉，不然也不能正常工作。

到这里 WinRoute 服务器端的基本设置就完成了，另外 WinRoute 还具有邮件服务、DNS 服务等，这里就不具体介绍了。

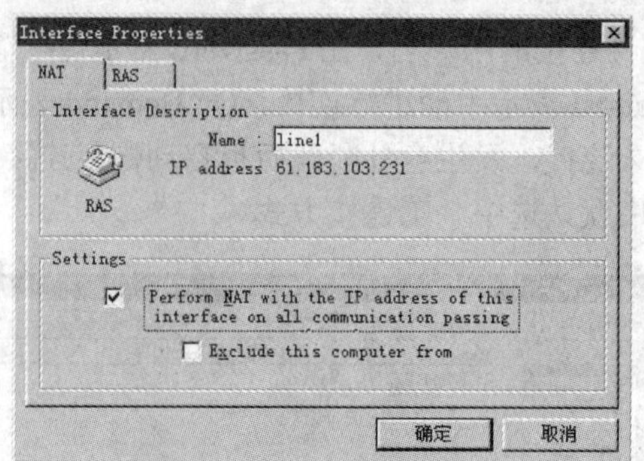

图 6-36　NAT 选项卡

（2）专线方式。首先配置用于内部连接的网卡的 TCP/IP 属性，内部连接网卡的“IP 地址”，与拨号相似指定一个 IP 地址，填入 192.168.1.1，然后在子网掩码中填入 255.255.255.0，其他的 TCP/IP 设置面板不做修改。设置完成以后重新启动计算机。另外一块用于外部连接的网卡，则按照 ISP 的专线方式上网设置办法进行设置即可。然后打开 WinRoute 的 Interface Table（接口表）找到外部连接的网卡，在其属性设置 NAT 选项卡中打开它的 NAT 功能即可。专线方式的 ADSL 不需要修改注册表，WinRoute 直接支持这种专线方式的 ADSL 上网。

（3）设置客户机。下面开始对客户机进行设置。NAT 类型共享上网通过前面的介绍知道它不依赖于客户机所用的应用协议，所以客户机的设置比 Proxy 类型简单很多，不需要对每一种应用软件设置它的代理服务器和端口。同时 WinRoute 不需要在客户端安装任何客户端软件，只需要正确设置客户端的 TCP/IP 属性就可以了。客户机可以手工设置，也可以通过 WinRoute 的 DHCP 来设置。

1)手工设置。进入客户机局域网卡的 TCP/IP 属性，同服务器设置类似。打开网卡的 TCP/IP 属性进行设定，依次为各台局域网客户机设置。

IP 地址：192.168.1.X（X= 2、3、4…，各台客户机的 IP 地址不能相同）

子网掩码：255.255.255.0

网关添加设置为 WinRoute 服务器的 IP 地址，这里就是 192.168.1.1。

DNS 设置为“启用 DNS”并且 DNS 服务器设置为 WinRoute 服务器的 IP 地址，即 192.168.1.1，其他项目都不作设置，如图 6-37 所示，完成以后重新启动计算机。

下面测试客户机和服务器的连接状况。在各工作站上进入 MS-DOS（命令提示）方式，输入：Ping 192.168.1.1，如果出现 replyfrom…的提示，证明与服务器连接成功，如出现 request time out 的提示，则说明有问题，需再检查网络连接和 TCP/IP 的设置。

2）DHCP 方式。如果 WinRoute 服务器设置了局域网 DHCP 服务，那么在客户机上就可以不用设置网关和 DNS 服务器的地址，只需要在客户端计算机的 IP 地址处选择为“自动获取 IP 地址”就可以了，然后通过 DHCP 把网关、DNS 等参数发布给客户机。

为了能方便地给局域网中的每一台计算机分配 IP 地址、网关、DNS 等参数，WinRoute 提供了 DHCP（动态 IP 地址分配）服务功能，通过该功能用户可以自动配置局域网上的每台计算机上的网络相关参数。DHCP 服务的具体设置方法如下：

首先从菜单栏中选择 Settings 菜单项，并单击其下拉菜单中的 DHCP Server 命令，程序将会弹出一个如图 6-38 所示的对话框。

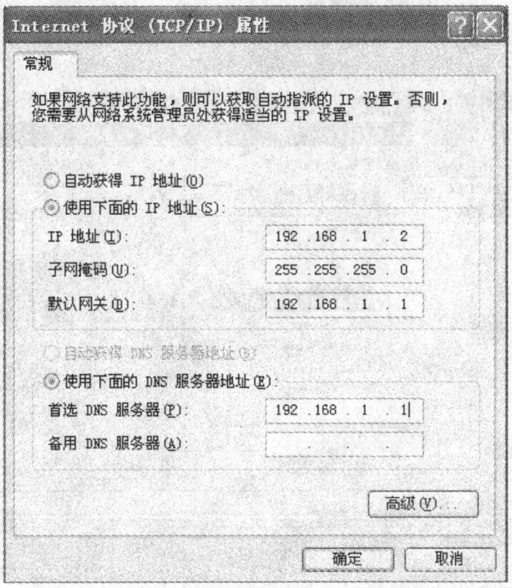

图 6-37　客户机 TCP/IP 设置

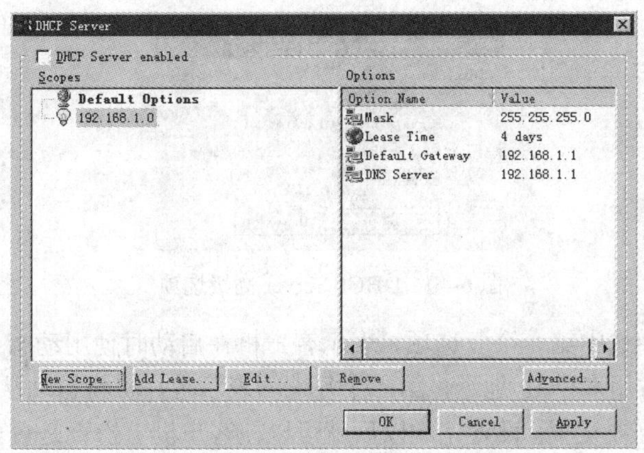

图 6-38　设置动态 IP 地址范围

在弹出的对话框中首先应该选中 DHCP Server enabled，以使 WinRoute 的 DHCP 服务激活，接着用鼠标选中 Default Options（默认选项），然后单击 Edit 按钮，程序将打开一个标题为“Changc Dcfault Options（修改默认选项）”的对话框，该对话框共提供了 4 个复选项，如果选中 DNS Server 表示启用 DNS 域名解析参数发布功能，同时用户可以在右边的 Specify 文本栏中输入默认的局域网 DNS 参数发布所使用的 DNS 服务器地址，这里就是 WinRoute 服务器地址 192.168.1.1。另外用户还必须选中 Lease Time 项来指定 IP 地址的释放时间，一般改成 12 小时就足够了。对默认选项设置修改后，单击 OK 按钮。

单击 New Scope 按钮，在弹出如图 6-39 所示的对话框中设置一个 DHCP 服务器上的动态 IP 地址分配范围，用户可以在 From 文本框中填入一个起始地址，在 To 文本框后填入结束地址，在 Mask 文本框中输入掩码的 IP 地址，通常为 255.255.255.0，然后选中 Option 选项中的 DNS Server 和 Default Gatway（默认网关），并且在 Specify value 中设置 DNS 服务器地址为 WinRoute 服务器地址 192.168.1.1 和默认网关地址为 192.168.1.1，这样就能在 DHCP 分配 IP 地址的同时把 DNS 和网关参数发送给客户机。单击 OK 按钮就完成了 DHCP 有关的参数单击

Advanced（高级）按钮，弹出如图 6-40 所示的对话框。

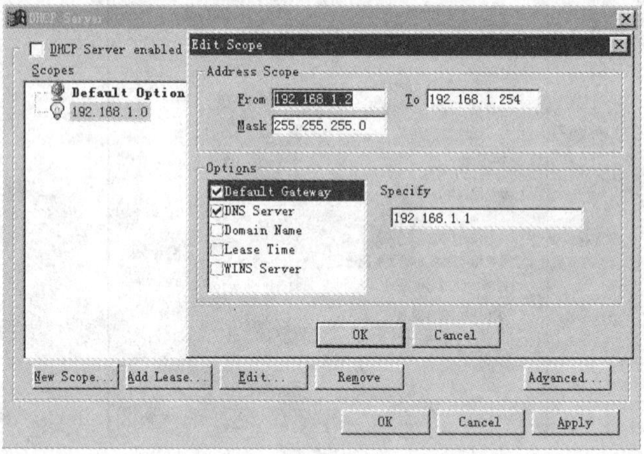

DHCP Server
DHCP Server enabled
Scopes
Default Option
192.168.1.0
Edit Scope
Address Scope
From 192.168.1.2
To 192.168.1.254
Mask 255.255.255.0
Options
Default Gateway
DNS Server
Domain Name
Lease Time
WINS Server
Specify
192.168.1.1
OK
Cancel
New Scope...
Add Lease...
Edit...
Remove
Advanced...
OK
Cancel
Apply

图 6-39　DHCP Server

DHCP Server - Advanced
Settings
Enable dynamic IP allocation (from a scope) for BOOTP clients
Enable dynamic IP allocation (from a scope) for RAS servers
OK
Cancel

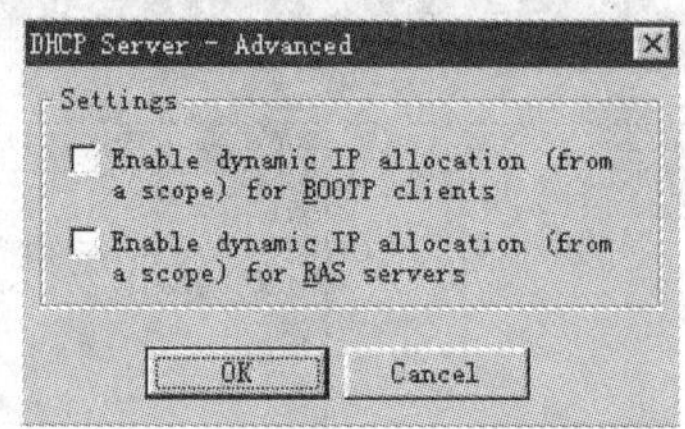

图 6-40　DHCP Server 高级选项

在弹出的对话框中选中第一个复选项，表示客户机在启动时使用动态 IP 表，这样客户机重新启动的时候就不会占用多个 IP 地址，第二个复选项表示客户机将自动从远程服务器上获得动态的 IP 地址，一般不需要设置。设置完成以后就可以在客户机上检查是否获得了正确的 IP 地址和网关、DNS 参数，在 Windows 2000/XP 上可以用 ipconfig 命令来检查，如图 6-41 所示。

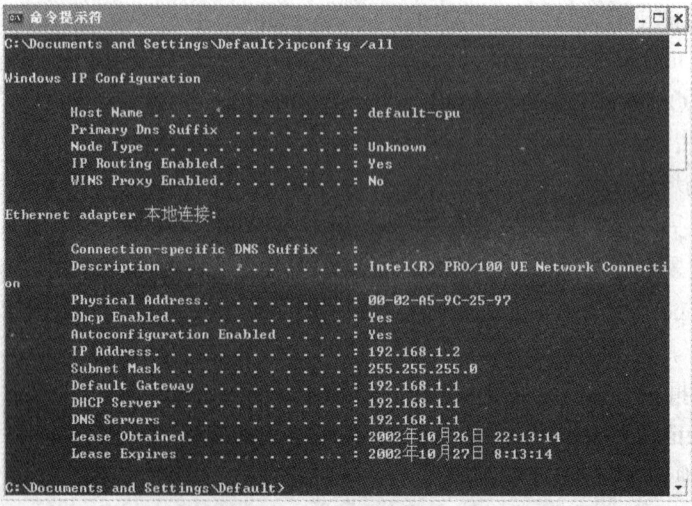

命令提示符
C:\Documents and Settings\Default>ipconfig /all
Windows IP Configuration
Host Name . . . . : default-cpu
Primary Dns Suffix . . . . :
Node Type . . . . : Unknown
IP Routing Enabled. . . . . : Yes
WINS Proxy Enabled. . . . . : No
Ethernet adapter 本地连接:
Connection-specific DNS Suffix . :
Description . . . . : Intel(R) PRO/100 VE Network Connection
Physical Address. . . . . : 00-02-A5-9C-25-97
Dhcp Enabled. . . . . : Yes
Autoconfiguration Enabled . . . . : Yes
IP Address. . . . . : 192.168.1.2
Subnet Mask . . . . : 255.255.255.0
Default Gateway . . . . : 192.168.1.1
DHCP Server . . . . : 192.168.1.1
DNS Servers . . . . : 192.168.1.1
Lease Obtained. . . . . : 2002年10月26日 22:13:14
Lease Expires . . . . : 2002年10月27日 8:13:14
C:\Documents and Settings\Default>

图 6-41　ipconfig 测试命令

Windows NT 和 Windows 2000 通过 NetStat 命令来检查。设置无误以后让服务器连接上互联网，客户机就可以直接使用各种互联网软件，就好像局域网直接连接互联网一样。

WinRoute 另外自己还带有 DNS、MAIL、Proxy 等服务功能，因为这里主要介绍 NAT 共享功能，所以其他这些服务功能就不具体介绍，读者可以自行查找有关资料。

本章小结

本章从实际出发，介绍了将个人计算机接入 Internet 的各种技术，重点介绍了 ADSL 的安装设置方法，同时还说明了 ADSL 虚拟拨号软件的选择。另外，对 ADSL 的常见故障和解决方法也进行了一些简单的介绍。最后介绍了如何使局域网的多个用户共享 ADSL 接入 Internet 的方法。本章是对前几章所学网络知识的实际应用，如 IP 地址的设置与分配，网关的设置等，只有在读者对这些概念充分理解的基础之上才能进行正确设置。

习题六

一、填空题

1. 对一般性的上网而言，对计算机的要求并不是很高。如果采用电话线上网，就一定要有________；如果采用局域网接入 Internet，就要有________；如果想要使用网络电话、听网上音乐，计算机就需要配置________；如果想要通过网络打可视电话或开视频会议，还需要配置________。

2. 如果在一个寝室或一个家庭要使多个计算机共享 ADSL 连接到 Internet，有两种方式解决：一种是通过________（如 Wingate）代理上网；另一种方式是通过购买一个________共享上网。

3. ________就是为用户提供 Internet 接入和 Internet 信息服务的公司和机构。

4. Internet 接入技术有很多种，按大类分为________和________。

5. ADSL 的英文全称是________________________。

6. ADSL 与以往调制解调技术的主要区别是________。

7. ADSL 接入 Internet 有两种主要方式，即________和________。

8. 目前在 Windows 上使用的 PPPoE 软件主要有________、________、________和________。

9. 用一根网线将 ADSL Modem 的________接口和路由器的________端口连接，然后用网线将计算机或者集线器/交换机和路由器的局域网端口连接。如果计算机是使用无线网卡的，就不用连线。

10. 服务器方式共享上网的实现思路是以一台计算机担任服务器，向其他计算机提供网络共享服务，实现此方式主要有两种方案，一个是采用________方案，另一个是采用________方案。

二、选择题

1. 采用 ADSL 技术时，电话线上将产生（　）个信息通道。

A．2 B．3

C．4 D．5

2．以下不属于Internet宽带接入技术的有（ ）。

A．ADSL B．DDN

C．ISDN D．HFC

3．ADSL的传输速率（ ）。

A．上行和下行速率一样快 B．上行速率快于下行速率

C．下行速率快于上行速率 D．上行和下行速率不一定哪个快

4．（ ）不是服务器方式共享上网常用的代理软件。

A．GateWay B．SyGate

C．WinGate D．WinRoute

5．ISP的中文意思是表示（ ）。

A．Internet内容提供商 B．Internet服务提供商

C．电信部门 D．Internet门户

6．网络终端NT1是（ ）接入技术需要使用的设备。

A．ADSL B．DDN

C．ISDN D．HFC

7．HFC（Hybrid Fiber Coaxial，指光纤同轴电缆混合网），它是一种新型的宽带网络，采用光纤到服务区，而在进入用户的最后一段采用同轴电缆，最常见的就是（ ）。

A．有线电视网络 B．电话网

C．小区宽带 D．数字数据网

8．帧中继（Frame Relay）是在OSI的第（ ）层上用简化的方法传送和交换数据单元的一种网络互联技术。

A．1 B．2

C．3 D．4

9．无线接入的方式有很多，如微波传输技术（包括一点多址微波）、卫星通信技术、蜂窝移动通信技术（包括FDMA、TDMA、CDMA和S-CDMA）、CTZ、DECT、PHS集群通信技术、无线局域网（WLAN）、无线异步转移模式（WATM）等，尤其是（ ）将成为宽带无线本地接入（WWLL）的主要方式。

A．蜂窝移动通信技术 B．WLAN和WATM

C．微波传输技术 D．卫星通信技术

10．以下（ ）接入技术不是使用电话线作为传输介质。

A．ADSL B．DDN

C．ISDN D．Modem

三、判断题

（ ）1．要想使本地计算机能够接入Internet需要相应的硬件和软件。

（ ）2．ISP的出口速率是指ISP直接接入Internet骨干网的专线速率。

（ ）3．以太网是在20世纪80年代发展的一种局域网技术，最初是交换型，需要防止

碰撞或冲突，这就限制了其使用效率和传输距离。20 世纪 90 年代发展了共享型以太网，解决了上述问题。

（　）4．Cable Modem（电缆调制解调器，或称线缆调制解调器），是一种将数据终端设备（计算机）连接到有线电视网（Cable TV），以使用户能进行数据通信，访问 Internet 等信息资源的设备。

（　）5．ADSL 是一种 Internet 窄带接入技术。

（　）6．使用 ADSL 时不可以同时打电话。

（　）7．ADSL 是总线型广播网络。

（　）8．家庭申请 ADSL 一般都是采用专线接入方式，由 ISP 提供静态 IP 地址、主机名称、DNS 等入网信息。

（　）9．如果在局域网中必须为每台计算机提供访问 Internet 的方式，从经济实用的角度出发，让局域网中所有计算机共享一个账号上网是一种比较好的方式，这就是共享上网，希望共享上网必须购买路由器。

（　）10．WinGate 属于采用网址转换方案（NAT）的软件。

四、简答题

1．Internet 接入技术有哪些？各有什么特点？

2．对 ISP 的选择要考虑哪些因素？

3．什么是 ADSL？申办 ADSL 前需做什么准备工作？

4．ADSL 的工作流程是怎样的？

5．ADSL 的优点有哪些？

6．ADSL 虚拟拨号软件有哪些？如何选择？

7．使用 ADSL 的常见故障有哪些？怎么解决？

8．局域网采用 ADSL 接入技术有几种共享上网的方式？分别如何实现？

9．目前用于小规模局域网共享上网的软件大体分为哪两类？

10．服务器方式共享上网常用的代理软件主要有哪些？各有什么特点？

第 7 章　Internet 常用软件的使用方法

本章学习目标

本章主要讲解 Internet 常用软件的使用方法，包括基础知识和使用技巧。通过本章的学习，读者应该掌握以下内容：

- Internet Explorer 浏览器的使用方法
- Outlook Express 收发邮件
- QQ 软件的使用方法
- 利用 FlashGet、BT 和 eMule 软件下载文件
- 在 Internet 上快速查找信息
- 网络视听软件的使用方法
- 博客的申请和维护

7.1　Internet Explorer 浏览器

当计算机连接到 Internet 之后，就需要一些软件，将来自 Internet 的信息位和字节解释出来，然后将其转换为图像、文本或文件的形式输出。各种 Internet 组件均有自己的数据传输协议，所以应由一些应用程序来处理文件传输协议、新闻组、电子邮件和浏览网页。Internet Explorer 是由 Microsoft 公司提供的网络浏览器，是处理 Internet 信息功能齐全的应用程序软件包。

7.1.1　Internet Explorer 浏览器窗口简介

要使用 Internet Explorer（简称 IE）浏览器浏览网页，用户首先应知道如何打开 IE 浏览器。要打开 IE 浏览器窗口，可执行以下任一操作：

（1）双击桌面上的 Internet Explorer 快捷图标。

（2）依次选择“开始→程序→Internet Explorer”命令，如图 7-1 所示。

（3）单击快速启动栏的“启动 Internet Explorer 浏览器”按钮，如图 7-2 所示。

启动浏览器后，打开 Internet Explorer 浏览器窗口，如图 7-3 所示，下面对其界面说明如下：

- 标题栏：显示当前正在浏览的网页名称或当前浏览网页的地址，标题栏显示当前浏览 Web 页面的标题或页面的文档文件名称。在标题栏的最右端有“最小化”、“最大化”和“关闭”按钮。在标题栏的最左端有系统菜单按钮，单击该按钮，将弹出系统下拉菜单。单击标题栏的任何地方并按住鼠标左键不放，便可以随意拖动整个窗口。

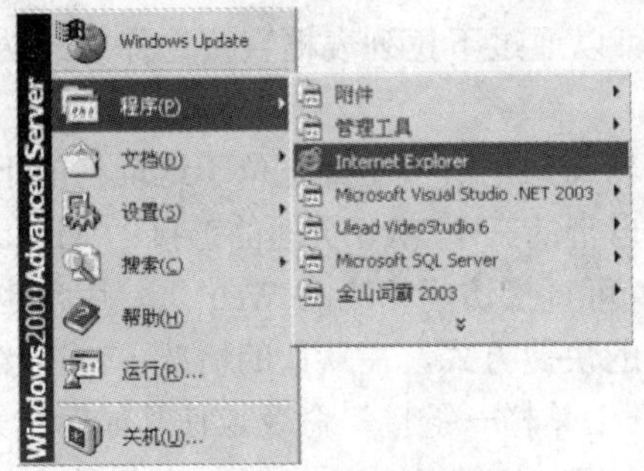

图 7-1　打开 IE 浏览器

图 7-2　打开 IE 浏览器

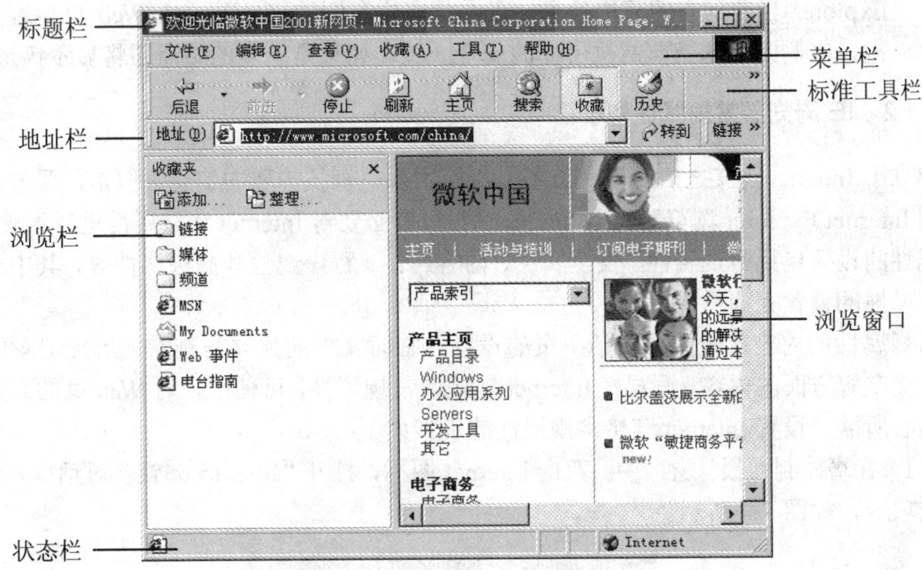

图 7-3　Internet Explorer 浏览器窗口

- 菜单栏：Internet Explorer 浏览器窗口的菜单栏中有“文件”、“编辑”、“查看”、“收藏”、“工具”和“帮助”这几个菜单项，包括 Internet Explorer 中需要的几乎所有命令。利用这些菜单命令可以浏览网页、查找相关内容、脱机工作、实现 Internet 自定义等。
- 标准工具栏：Internet Explorer 浏览器窗口的工具栏有用户在浏览 Web 页时所常用的工具按钮，包括“后退”、“前进”、“停止”、“刷新”、“主页”、“搜索”、“收藏”、“历史”和“邮件”等按钮，这些按钮的功能，通过选取菜单栏中的菜单项也可以完成，但使用工具栏中的按钮更方便快捷。另外，Internet Explorer 允许用户根据自己的需要自定义工具栏。
- 地址栏：Internet Explorer 浏览器窗口的地址栏位于工具栏的下方，包括一个“地址”下拉列表框和一个“转到”按钮。使用地址栏可以查看当前打开的 Web 页面的地址，也可查找其他 Web 页。在地址栏中输入地址后，再回车或者单击“转到”按钮，就可以访问相应的 Web 页。例如，在地址栏中输入 http://www.whpu.edu.cn 并回车之后就可以访问武汉工业学院主页。用户还可以通过下拉列表框直接选择曾经访问过的Web地址，进而访问该Web页。

- “链接”工具栏：Internet Explorer浏览器窗口的链接工具栏位于地址栏的下方，其中给出了Internet Explorer中文版浏览器自带的三个Web页面的链接：Windows、免费的Hotmail和自定义链接，单击它们就可直接访问相应的Web页。用户也可以向链接工具栏添加链接，建立访问Web页的快捷方式。在默认的情况下，链接工具栏不被显示出来，用户可通过选择“查看→工具栏→链接”命令来使其显示出来。
- 浏览栏：显示网页内容的窗口，是Internet Explorer中文版浏览器的主窗口。用户从网上下载的所有内容都将从该窗口显示，也是对用户来说最感兴趣的地方。
- 状态栏：Internet Explorer浏览器窗口的状态栏位于Web窗口下面，显示了关于Internet Explorer当前状态的有用信息，查看状态栏左侧的信息可了解Web页地址的下载过程，右侧则显示当前网页所在的安全区域，如果是安全的站点还将显示锁形图标。

7.1.2 IE浏览器常规属性的设置

建立了Internet连接之后，用户就可以浏览网页，查找想要的信息。但是，要想安全有效地使用Internet Explorer浏览器查看Internet信息，有必要对Internet连接属性进行设置。Internet连接属性的设置包括常规属性、安全属性、内容属性、程序属性和高级属性等，其中安全属性和内容属性的设置尤为重要。

常规属性的内容比较多，包括主页的设置、临时文件的建立与删除、历史记录的处理以及语言文字等方面的内容。设置好Internet连接的常规属性，可使用户对Web页的查看和处理更加随心所欲。设置Internet连接常规属性的步骤如下：

（1）在“控制面板”窗口中，双击Internet图标，打开“Internet属性”对话框，选择“常规”选项卡，如图7-4所示。

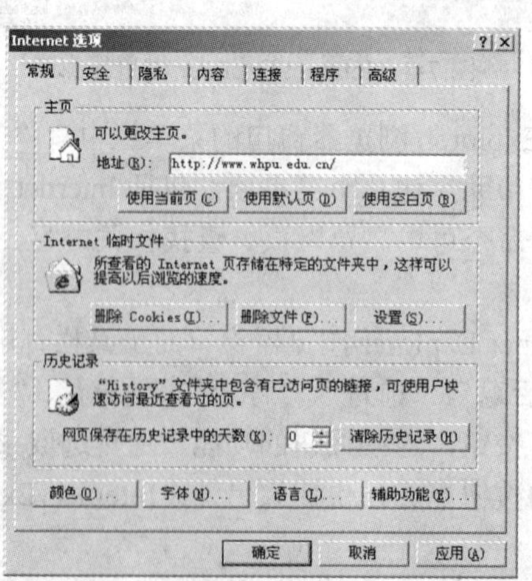

图7-4 “Internet属性”对话框

（2）单击“使用默认页”按钮，Internet Explorer将把默认Web页作为主页。单击“使用空白页”按钮，将以空白页作为主页。如果单击“使用当前页”按钮，则将当前Internet Explorer窗口中打开的Web页作为主页。这样用户再打开IE浏览器，就直接打开用户所设定的主页。

（3）Internet Explorer 可在用户上网时建立临时文件，把所查看的 Internet 页存储在特定的文件夹中，这就可以大大提高了以后浏览的速度。单击“设置”按钮，打开“设置”对话框，如图 7-5 所示，通过该对话框，可进行临时文件管理，例如查看文件、移动文件夹和确定是否检查所存网页的较新版本等。

（4）在“常规”选项卡中，单击“删除文件”按钮可打开“删除文件”对话框并启用“删除所有脱机内容”复选框，可删除临时文件夹中所有的文件内容。

（5）在“历史记录”选项区域中，调整“历史记录”选项区域中的微调器，可改变网页保存在历史记录中的天数，例如将其值调整为 20，网页将在历史记录中保存 20 天，20 天后将被自动删除。单击“清除历史记录”按钮，可将历史记录清除。

（6）单击“语言”按钮，打开“语言首选项”对话框，如图 7-6 所示，单击“添加”按钮，打开对话框后选择自己查看 Web 页时经常使用的语言，Internet Explorer 系统会自动根据优先级对语言进行处理，以便用户查看 Web 页的内容。

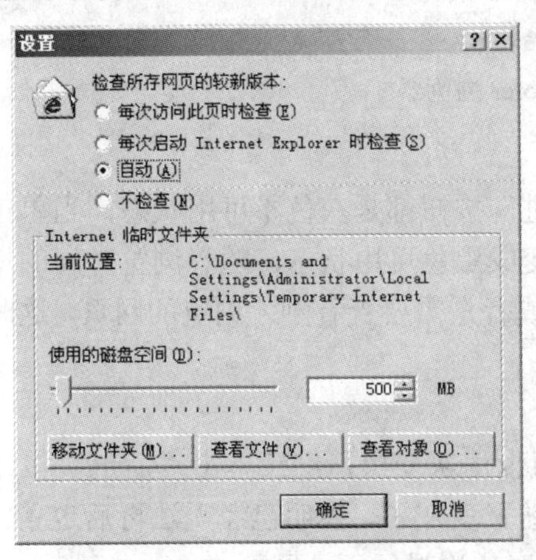

图 7-5　“设置”对话框

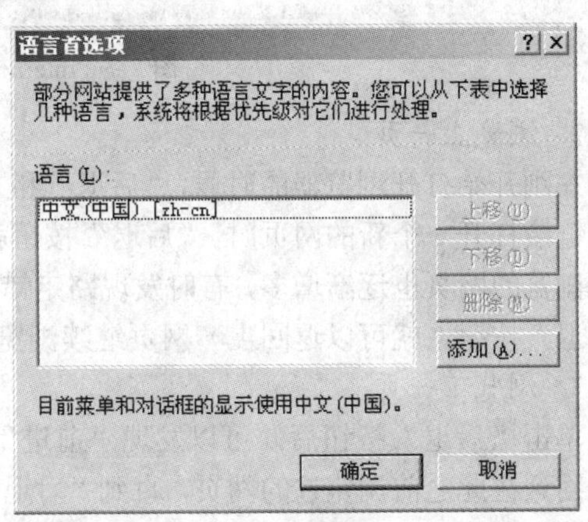

图 7-6　“语言首选项”对话框

（7）单击“颜色”、“字体”和“辅助功能”按钮，可对所访问的 Web 页进行颜色、字体和样式等方面的设置。

7.1.3　Internet Explorer 的基本使用方法

Internet Explorer 是将个人计算机和 Internet 相集成的软件套件，使人们在 Web 上寻找信息比以前更加容易。

1. 输入网址

首先打开 Internet Explorer 浏览器，在地址栏输入 http://www.whpu.edu.cn/，然后按下回车键，如图 7-7 所示。将鼠标指针指向打开的网页中的某一幅图像或者文字时，如果看到鼠标指针变成了手形，表明此处是一个超级链接。在上面单击鼠标左键，就会转到相应的网页。用户在浏览过程中可以试试使用一下标准工具栏上的导航按钮(即第一道分隔线左边的 5 个按钮)。其功能说明如下：

- 后退：回到最近一次浏览过的网页。
- 前进：前进到最后一次后退之前的网页。
- 停止：停止载入当前正在下载的网页。

- 刷新：重新载入当前正在浏览的网页以保证该网页最新。
- 主页：显示主页。

图 7-7 Internet Explorer 浏览器

2. 浏览上一页

在刚开始打开浏览器的时候，“后退”和“前进”按钮都是灰色不可用状态。当单击某个超级链接打开一个新的网页时，“后退”按钮就会变成黑色可用状态，随着浏览时间的增加，用户浏览的网页也逐渐增多，有时发现路走错了，或者是需要查看刚才浏览的网页，这时单击“后退”按钮，就可以返回上一网页继续浏览。

3. 浏览下一页

单击“后退”按钮后，可以发现“前进”按钮也由灰变黑，继续单击“后退”按钮，就依次回到在此之前浏览过的网页，直到“后退”按钮又变灰了，表明已经无法再后退了。此时如果单击“前进”按钮，就又会沿着原来浏览的顺序依次显示下一网页。

4. 快速返回浏览过的页面

在“后退”和“前进”这两个按钮旁边有个“▾”按钮。直接单击“后退”或“前进”按钮每次只能后退或前进一个页面，若单击它们旁边的“▾”按钮，则会弹出一个下拉菜单，在菜单中列出了可以前进或后退到的页面。单击其中某一菜单项即可快速地转到相应的页面。

5. 返回起始网页

在不同的场合，“主页”的含义可能不太一样。在 Internet Explorer 浏览器中，“主页”代表的是每次打开浏览器时所看到的第一个网页，或称起始页。而当用户访问某个网站时，首先显示的网页称为该网站的主页，通过主页提供的链接，用户可以方便快捷地访问该网站的其他页面（或称为信息资源）。

Internet Explorer 浏览器默认的主页是 http://www.microsoft.com/china/，但可将常访问的网页设置为访问 Internet 网的起始页。

6. 中断链接和刷新当前网页

在浏览一些比较慢的站点，或是网页中想看的信息已经下载并显示出来了，而浏览器还在下载网页的其他内容时，为了节省时间，也可以用“停止”按钮中断操作。

有时候在传送过程中，可能会在网络的某些环节发生错误，使网页不能正确显示出来，或是没有下载完就中断了，甚至可能是误操作，不小心按下了“停止”按钮，使得网页不能完全显示出来，此时可以单击工具栏的“刷新”按钮，浏览器会和服务器重新取得联系，并显示当前网页的内容。

如果长时间地在网上浏览，先前浏览的网页可能已经被更新，特别是一些提供实时信息的网页，例如，浏览的是一个有关股市行情的网页，可能这个网页的内容已经更新了。这时为了得到最新的网页信息，可通过单击“刷新”按钮来实现网页的更新。

7. 自定义 Internet Explorer 窗口

用户可根据需要来设置在 Internet Explorer 窗口中显示的内容。

（1）打开 Internet Explorer，在“查看”菜单中选择“工具栏”子菜单，可以设置工具栏中显示的工具，包括标准按钮、地址栏、链接、电台和自定义。除“自定义”外的其他 4 项复选框选中为显示，如图 7-8 所示的快捷菜单可设置“标准按钮”、“地址栏”、“链接”和“电台”工具按钮是否显示。

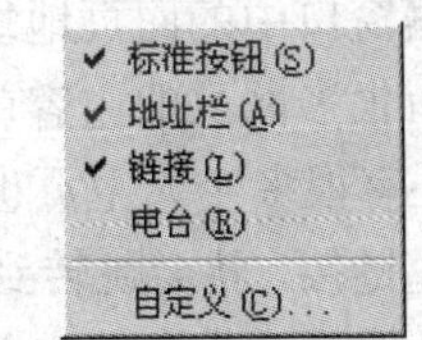

图 7-8　工具栏下拉子菜单

（2）执行“自定义”命令，将弹出如图 7-9 所示的“自定义工具栏”对话框。在该对话框中可以根据需要编辑在工具栏中显示的工具，可以将右边窗格（其中为正在窗格中显示的工具）中的工具从工具栏中删除，或将左边窗格（其中为可供选择的工具）中的工具添加到工具栏中显示。还可以在下面的“文字选项”下拉列表框中选择是否显示文字标签或选择性地将文字置于右侧，在“图标选项”下拉列表框中，选择使用大图标或是小图标。编辑完成后单击“确定”按钮即可。

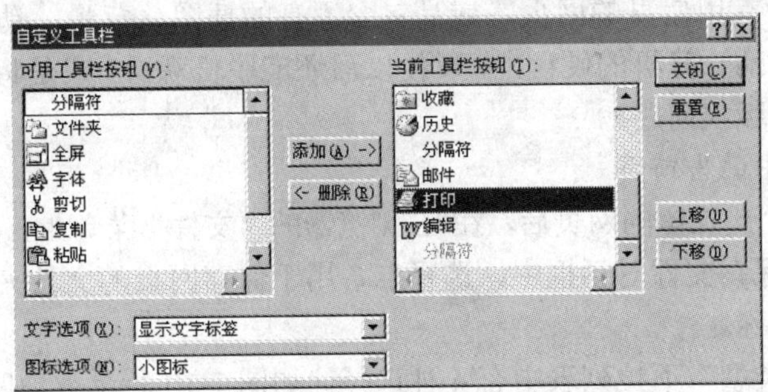

图 7-9　“自定义工具栏”对话框

（3）在 Internet Explorer 的“查看”菜单中选择“浏览器栏”子菜单，设置在浏览器栏的内容，浏览器栏内可显示“搜索”、“收藏夹”、“历史记录”、“文件夹”和“每日提示”中的一项，如果浏览器栏内没有内容，浏览栏将不显示。状态栏设置是否在主浏览窗口下部显示状态栏。

8. 全屏浏览网页

IE 提供了全屏幕显示方式，全屏幕显示可以隐藏掉所有的工具栏、桌面图标以及滚动条和状态栏，以增大页面内容的显示区域，减少页面滚动的次数，这在浏览一些内容比较多、网页面积比较大的网页时很有用。

在“显示”菜单下选择“全屏”或单击工具栏上的“全屏”按钮（或按功能键 F11），即可切换到全屏幕页面显示状态，此时，屏幕上除了页面显示区域外，还有一个工具栏，可以再次按工具栏上的“全屏”切换按钮（或按功能键 F11），关闭全屏幕显示，切换到原来的浏览器窗口。

9. 开多个浏览窗口

浏览 Web 页时经常会感觉到网页下载的速度很慢，面对一个网页经常要等待很长时间才见其全貌，这是多方面因素造成的。一个主要的原因是网络下载的速度问题，为了提高上网效率，一般应多开几个浏览窗口，同时浏览不同的网页，可以在等待一个网页的同时浏览其他网页，来回切换浏览窗口，充分利用网络带宽。

在已经打开浏览器并正在下载一个网页时，可以选择“文件”菜单中的“新建”项，在弹出的子菜单中选择“窗口”，就会打开一个新的浏览器窗口，而且会在地址栏中填充原来的浏览器窗口中的网页地址。

有很多网页的内容就是其他 Web 页的超链接，最典型的例子就是通过搜索引擎得到的结果，还有很多个人主页也都有某个专题的“友情链接”、“酷站推荐”等，如果直接单击其中的一个超链接，就会跳转到该网页，而为了能浏览其他链接的主页，可能要通过重复使用“后退”按钮，这样会浪费很多时间。

另外一个方法是在超链接的文字上右击，在弹出的菜单中选择“在新窗口中打开链接”项，IE 就会打开一个新的浏览窗口，并在地址栏中填充超链接所指向的网页地址，和相应的 Web 服务器连接，而不会影响原来的包含多个超链接的网页窗口。

7.1.4 保存网上资源

如果浏览到包含有用信息的网页，或是包含漂亮的插图、背景、动画的网页，可以及时将这些内容保存到本地计算机的硬盘上，以便以后还能脱机观看，或是将图像用在网页制作中（不过这样做要注意版权问题）。

1. 保存浏览器中的当前页

（1）当打开某个想保留的网页后，在 IE 浏览器的“文件”菜单上，单击“另存为”选项。

（2）在弹出的保存文件对话框中，选择准备用于保存网页的文件夹。在“文件名”文本框中，输入该页的名称。

（3）在“保存类型”下拉列表中有 4 种选择，如图 7-10 所示。说明如下：

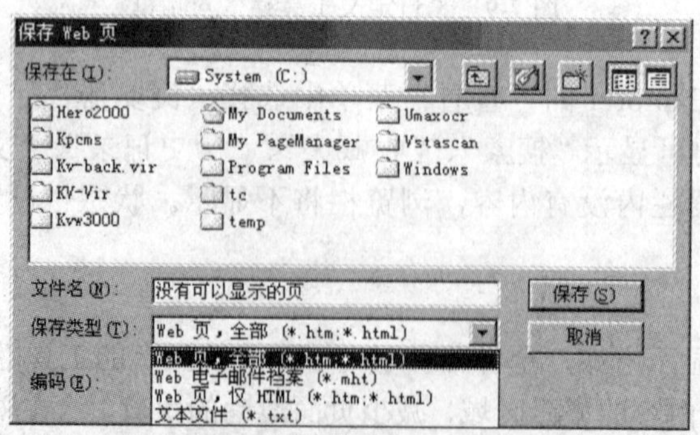

图 7-10 在 IE 中保存网页

- “Web 页，全部”：保存网页的 HTML 文件和网页中的图像文件、背景文件，以及其他嵌入网页的内容，其他文件会被保存在一个和 HTML 文件同名的子目录中。

注意：保存网页全部内容的功能只在 IE 5.0 及更高版本中才有，而在 4.0 及以前的版本中，只能保存 Web 页上的文本信息，而不包括图形，即不能一次性地将文本与图像同时保存。

- “Web 电子邮件档案”：把显示该 Web 页所需的全部信息保存在一个 MIME 编码的文件中。该选项将保存当前 Web 页的可视信息。

注意：该选项仅在安装了 Outlook Express 5.0 或更高版本后才能使用。

- “Web 页，仅 HTML”：只保存网页的文字内容，存为一个“.html”文件。
- “文本文件”：将网页中文字内容保存为一个文本文件。

（4）选择一种保存类型后，单击“保存”按钮。

2. 保存超链接指向的网页或图片

如果想直接保存网页中超链接指向的网页或图像，暂不打开并显示，可进行如下操作：

（1）右击所需项目的链接。

（2）在弹出菜单中选择“目标另存为”命令，弹出 Windows 保存文件标准对话框。

（3）在“保存文件”对话框中选择准备保存网页的文件夹，在“文件名”框中，输入这一项的名称，然后单击“保存”按钮。

3. 保存网页中的图像、动画

有时遇到网页中比较理想的图像或动画，也可以保存在本地硬盘中，以便以后欣赏、使用。方法如下：

（1）右击网页中的图像或动画。

（2）在弹出的快捷菜单中选择“图片另存为”命令，弹出 Windows 保存图片标准对话框。

（3）在“保存图片”对话框中选择合适的文件夹，并在“文件名”文本框中输入图片名称，然后单击“保存”按钮。

网页中的背景是将一个图像文件无缝地重复平铺在浏览器窗口的用户区中。方法如下：

（1）右击网页中没有插图也没有超链接的任意区域。

（2）在弹出菜单中选择“背景另存为”命令，弹出 Windows 保存图片标准对话框。

（3）在“保存图片”对话框中选择合适的文件夹，并在“文件名”文本框中输入图片名称，然后单击“保存”按钮。

4. 使用收藏夹

在浏览 Web 的过程中，可能会有一些要经常浏览的网址。单纯保存文字和图像并不够，因为网页的内容是不断更新的。如 些新闻和杂志站点，尤其是电子版的报纸和杂志，它们的网页内容可能每月更新，或是每日更新。为了获取最新的信息，可能每天都要上网浏览一下。还有，像 Hotmail 这样的免费电子邮件网站，只能通过 Web 浏览的方式接收邮件，所以，为了查看自己的邮件，也要经常浏览。

在 IE 中，可以把经常浏览的网址储存起来，称为“收藏夹”，收藏夹就像是给 Web 网页加上书签。可以将一些要经常访问的网址加入收藏夹，这些网址就会出现在浏览器的“收藏夹”菜单下，如同 Windows 的“开始”菜单。要快速找到这些网页，可以从“收藏夹”中单击。将网址添加到收藏夹的方法如下：

（1）进入到要收藏的网页/网站，单击菜单栏中的“收藏”，执行“添加到收藏夹”命令，打开如图 7-11 所示的“添加到收藏夹”对话框。

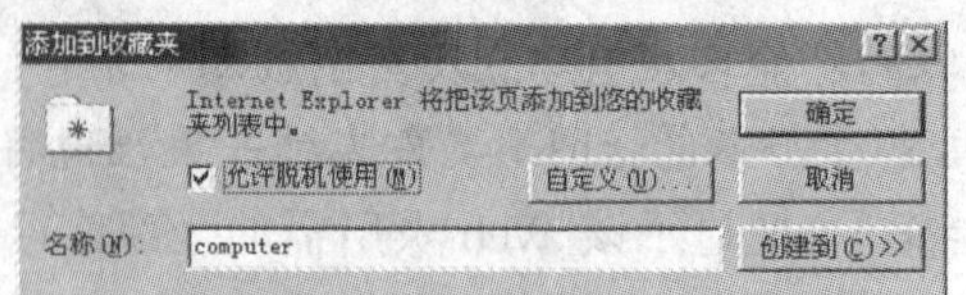

图 7-11　“添加到收藏夹”对话框

（2）在“名称”文本框中填入要保存的名称，单击“确定”按钮即可将当前网页保存到收藏夹中，如果要将网页保存到本地硬盘中，便于离线后再阅读，只需选中“允许脱机使用”复选框即可。

以后如果想打开此网页，只需要启动 IE，单击“收藏”菜单，就会看到下拉框中多了 Computer 一栏。再单击此栏可直接链接到 Computer 网页。

5. 设置起始网页

对于几乎每次上网都要浏览的网页，可以直接将它设置为启动 IE 后自动打开的主页。

（1）打开 IE“工具”菜单，执行“Internet 选项”命令，打开如图 7-12 所示对话框。

（2）可以选择或填入 IE 启动时的起始位置，例如空白页或某个主页，还可以恢复为默认主页。

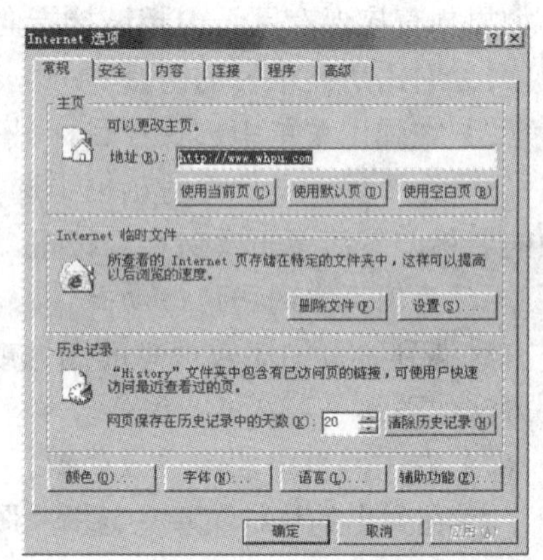

图 7-12　设置起始主页

但如果选择了“C:\”之类的本地盘符地址，下次启动时会有一点麻烦。由于 IE 将本地某个位置作为起始位置，使得 IE 的界面看起来就像是资源管理器一样，各菜单里与网络有关的选项也没有了，“工具”菜单里也没有了“Internet 选项”这一项。这样，就无法在脱机的状态下通过调整“起始主页”的位置将 IE 恢复原样了。这时就需要从“控制面板”里打开“Internet”，找到包含 6 张选项卡的“Internet 选项”，和在 IE 里打开的是完全一样的。在主页选项里，将起始页位置改成空白页即可。再次启动 IE，一切恢复正常，网络功能也正常了。有时，在 IE 中打开了本地的文件夹，菜单里的网络内容也会消失，但工具栏没有消失，只要单击“主页”按钮即可返回启动时的主页，恢复各菜单里的网络内容。

（3）单击“确定”按钮确认，完成主页设置。

6. 管理收藏夹

收藏夹和 Windows 的文件夹的组织方式是一致的，也是树型结构。默认状态下，新添加的收藏网址都放在收藏夹的根目录下，如果加入收藏夹的内容太多而又不做整理，将会使得收藏夹比较混乱，而不利于快速访问。所以，应定期地整理收藏夹的内容，保持比较好的树型结构。

组织收藏夹时，可以参考一些搜索引擎，如 Yahoo 按内容分类的组织结构。这样管理收藏夹，可以使得在浏览过程中较容易找到想要的收藏地址。当然，如果收藏的网址不多，也不必分类太多、太细，否则反而不利于快速选择。

在添加收藏时，如果默认的主页标题不合适，如“xxxx 欢迎访问”之类，可以根据自己的喜好进行修改，原则是简明、清楚，便于以后辨认。要避免取“游戏主页”等过于笼统的名字，而应取“中国象棋—网络版”之类比较有特征的名字。

对于不需要的网址要及时删除。如果主页太多，反而无从选择。事先犹豫不定而记录下来的收藏网页地址，事后确实觉得无用，就删除掉。也可以在收藏夹中新建一个“回收箱”文件夹，将一些举棋不定的网址暂时放入“回收箱”保存，以防日后万一可能还会用到。

选择“收藏”菜单下的“整理收藏夹”，打开“整理收藏夹”对话框，如图 7-13 所示。

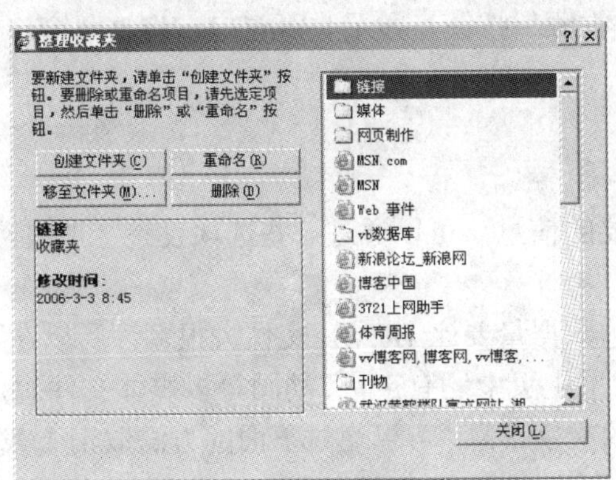

图 7-13　“整理收藏夹”对话框

单击“整理收藏夹”对话框左边的“创建文件夹”按钮，可以新建一个文件夹。可以将窗口按内容分类，分别放在类似“体育”、“音乐”等文件夹下。

选中一个文件夹或网址标签后，可以用整理收藏夹窗口中的“重命名”、“移至文件夹”、“删除”按钮完成相应的功能。

7. 导入和导出收藏夹

如果在多台计算机上安装了 IE，那么可以通过收藏夹的导入和导出功能，在这些计算机上共享收藏夹的内容。

单击 IE 菜单的“收藏”下的“整理收藏夹”，打开“整理收藏夹”对话框，单击“导出”按钮，将收藏夹的内容保存成一个 HTML 文件，将此文件复制到另一计算机中，然后，单击整理收藏夹对话框的“导入”按钮，将复制过来的收藏夹文件导入到这台计算机中的 IE 中。

如果其他计算机中没有安装 IE，不能导入收藏夹，也可以用浏览器直接打开导出为 HTML 文件的收藏夹，相当于一个网页，收藏夹中的站点就是一个一个的超链接，单击这些超链接就可以浏览。

8. 浏览收藏夹中的网址

选择浏览器的“收藏”菜单，在菜单条下面显示的是收藏夹中的内容，显示的层次方式很像是 Windows 的“开始”菜单。选择其中的网址，就会直接转到此网址，下载和显示其网页内容。

也可以按下浏览器工具栏中的“收藏”按钮，会在浏览器窗口的左侧显示一个收藏子窗口，其中显示的是收藏夹中的所有内容。单击一个文件夹，会打开它，显示此文件夹下的内容，单击一个收藏的网址，就会转到此网页。

另外，可以在此子窗口中，以拖曳的方式移动收藏夹中的内容，但不能新建文件夹。

9. 添加链接栏

选中“查看”菜单下的“工具栏”的“链接”前面的复选标识，使得链接栏显示在浏览器上方。链接栏中的按钮相当于快捷方式，按下后可以直接转到指向的网页。可以向链接栏中添加一些网址，快速浏览网页。有以下几种方式将超链接加入链接栏：

（1）将网页图标从地址栏拖拽到（按下鼠标不放）链接栏，可以将当前网页的地址加入链接栏。

（2）将Web页中的链接拖到链接栏，可以将网页中的超链接加入链接栏。

（3）按下工具栏的“收藏”按钮，显示收藏窗口，将收藏窗口中的链接拖到其中的“链接”文件夹中。

7.1.5 加快浏览速度

为了快速地得到所需要的信息，可以通过一些选项设置，加快网页显示的速度。

1. 快速显示网页

一般来说，图像文件的数据量要比HTML文件大很多，所以在下载有图像的文件时，会使主页下载速度很慢。而如果主页中还有声音、动画等多媒体文件时，会使下载的数据量更大。如果只是为了取得主页中的文字信息，可以通过下面的方法取消下载主页中的多媒体文件，加快显示主页的速度。

（1）选择“查看”菜单中的“Internet选项”，打开“Internet选项”对话框。

（2）选中“高级”选项卡。

（3）在“多媒体”区域，清除“显示图片”、“播放动画”、“播放视频”和“播放声音”等全部或部分多媒体选项复选框选中标志，如图7-14所示。这样，在下载和显示主页时，只显示文本内容，而不下载数据量很大的图像、声音、视频等文件，加快了显示速度。

即使在此清除了“显示图片”或者“播放视频”等复选框，在浏览主页时也可以通过右击相应图标，然后在弹出菜单中选择“显示图片”，以在Web页上显示单幅图或单个动画等。

2. 快速显示以前浏览过的网页

（1）选择“查看”菜单中的“Internet选项”，打开选项设置对话框。

（2）在“常规”选项卡的“临时文件”区域中，单击“设置”按钮，打开临时文件设置对话框，如图7-15所示。

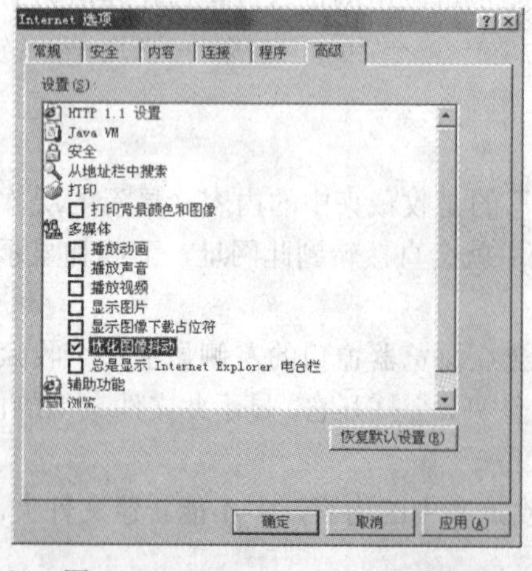

图7-14 “Internet选项”对话框

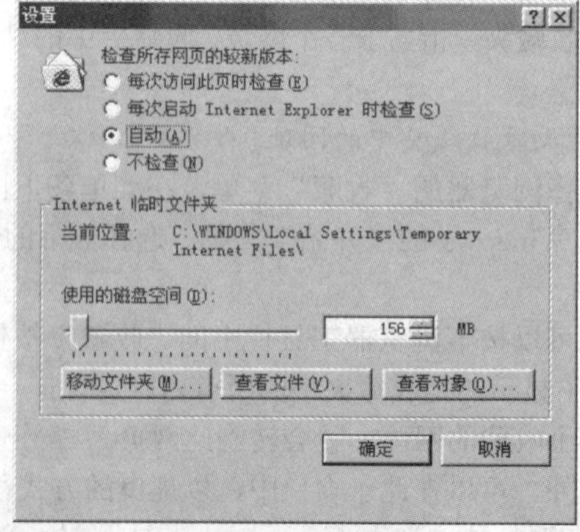

图7-15 设置临时文件

（3）将滑块向右移，适当增大保存临时文件的空间。这样，访问一些刚刚访问过的网页，如果临时文件夹中保存有这些内容，就不必再次从网络上下载，而是直接显示临时文件夹中保存的内容。

另外，为了防止 IE 更新 Temporary Internet Files 文件夹中的网页，选中对话框中的“不检查”单选按钮，不让 IE 检查这些网页的内容是否已经更新过，而再次从网络上下载新的内容。当然，这样也使得显示的内容可能不是 Web 服务器上的最新内容。

7.1.6　网页中乱码的解决方式

在浏览网页时，尤其是访问中国台湾或海外某些中文网页时，经常会看到如图 7-16 所示的情况，这些无法理解的字符被称为“乱码”。造成乱码的原因是多种多样的，但一般来说在网页中遇到乱码是由于汉字编码的差异造成的。

计算机中的数据通常是以字节为单位计算的。一个字节就是 8 位二进制数，从 00000000 到 11111111 可以表示 0～255 这 256 个不同的数字。其中，英文字符、数字和常用符号组成了 127 个 ASCII 码，这是计算机早期使用最广泛的字符集，也成为计算机实际的基本字符的编码标准。ASCII 码字符可以用计算机内存中的一个字节表示。

而汉字的个数有几万个，即使是常用的也有六千左右。只用单个字节显然是不能满足要求的。为了能在计算机中表示汉字，就要采用多字节编码，一般采用双字节编码——在内存中用两个字节数据表示一个汉字。

中国的大陆和台湾地区使用两套不同的汉字编码方案，使得中文主要有国标（GB，大陆使用）和大 5 码（Big5，中国台湾地区使用）两种不同的编码方案，这两套编码之间没有函数映射关系，而相互转换只能靠查找一一对应的码表。即使这样也因文化背景差异，存在一些不能完全对等的汉字。

例如，6578 这个编码在 GB 中表示一个“大”（这里只是一个示意，6578 不是“大”字真正的国标编码）字，但这个编码可能在 Big5 中表示一个“江”字。由此可以看出，当用 Big5 编码所设计的网页，用简体中文版的 Windows 的 IE 浏览器显示时，就会出现乱码。另外，Big5 编码的很多文字在国标码中对应于一些非中文字符，如日文。

所以，在图 7-16 中仅需要把汉字的编码方式改变成“繁体中文”，即 Big5 编码方式，操作方法如下：

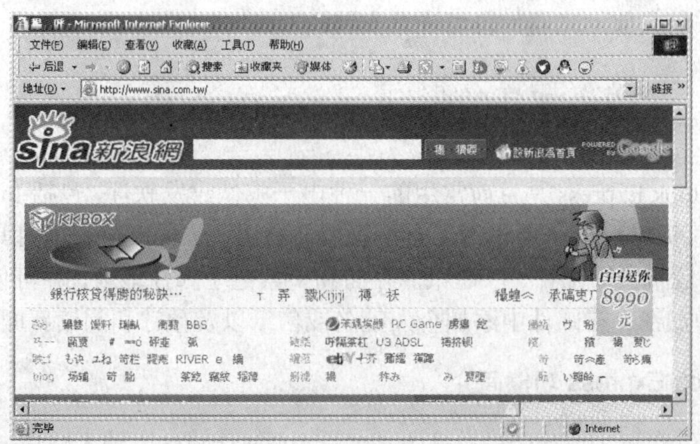

图 7-16　网页中的乱码

（1）在图 7-16 中，选择“查看→编码”，如图 7-17 所示。

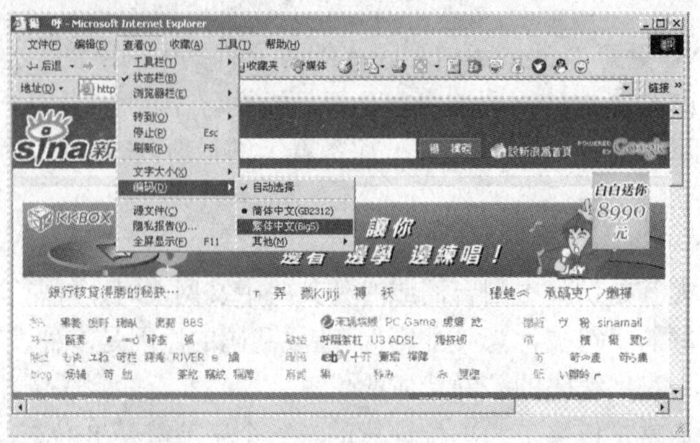

图 7-17　选择转换文字

（2）单击下拉菜单的“繁体中文（Big5）”命令，这时网页就显示正常了，如图 7-18 所示。

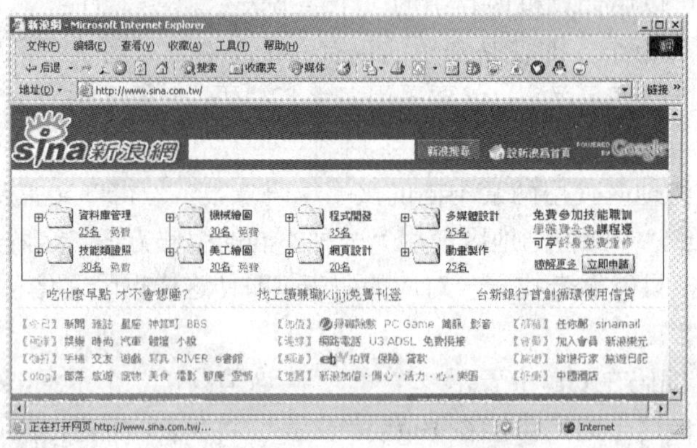

图 7-18　转换后显示的页面

当用 IE 浏览器浏览一些 Big5 编码的网页时，如果用户的浏览器没有安装支持显示 Big5 编码的文件，IE 会提示下载。如果用户是拨号上网，可能需要较长的时间才能下载完毕，因为这个支持文件很大；如果用户是宽带接入，那就不成问题了。如果用户不上网，可把安装 Windows 系统的安装盘放入光驱，也可进行安装。

7.2　邮件的收发——Outlook Express

Microsoft Outlook Express 是目前常用的一种电子邮件收发软件，包括 Internet 邮件客户程序、新闻阅读程序和 Windows 通讯簿。它不仅方便易用、界面友好，而且具有可管理多个邮件和新闻账号、可脱机撰写邮件、以通讯簿存储和检索电子邮件地址，并可使用数字标识对邮件进行数字签名和加密、在邮件中添加个人签名或信纸以及预订和阅读新闻组等多种功能。

7.2.1　Outlook Express 功能简介

Outlook Express 提供了方便的信函编辑功能，在信函中可随意加入图片、文件和超级链接，如同在 Word 中编辑文档一样；多种发信方式，可立即发信，延时发信，信件暂存为草稿等方式；同时可管理多个 E-mail 账号；可通过通讯簿存储和检索电子邮件地址；提供信件过滤功能。

Windows XP 安装完成后在桌面上就有一个 Outlook Express 图标。如果在操作系统中没有安装 Outlook Express，Outlook Express 的安装也很简单，步骤为：依次选择“我的电脑→控制面板→添加/删除程序”，选中“Windows 安装程序”，在“组件”中选中“Microsoft Outlook Express”，然后按下“从磁盘安装”，插入系统光盘并选定所在目录，单击“确定”按钮，并选择好文件夹即可完成安装。

1. 认识 Outlook Express 窗口

双击桌面上的 Outlook Express 图标，打开 Outlook Express 之后，会出现一个如图 7-19 所示的主窗口，窗口从上而下分别是：

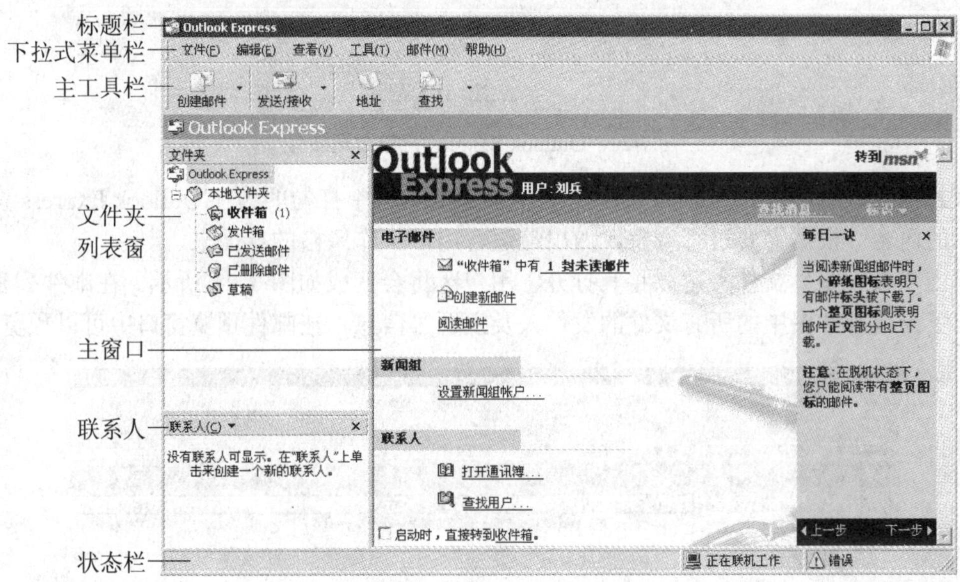

图 7-19　Outlook Express 主界面

（1）标题栏：显示标题。

（2）下拉式菜单栏：有文件、编辑、查看、转到、工具、撰写、帮助等多项功能的选择。

（3）主工具栏：以图形和文本的方式列出常用工具：

- 创建邮件：创建一个新邮件。
- 发送/接收：发送或接收新的邮件。
- 地址：显示联系人列表。
- 查找：根据给定条件查找邮件。

（4）文件夹列表窗：用于选择所操作的文件夹。

（5）主窗口：显示当前文件夹内容。

（6）联系人：显示已保存的联系人信息。

（7）状态栏：显示 Outlook Express 的工作状态。

2. 定制 Outlook Express 窗口

为了满足不同用户的习惯和需要，Outlook Express 窗口的布局可以改变或者自定义，方法如下：

（1）打开“查看”下拉式菜单，执行“布局”菜单命令，打开如图 7-20 所示的对话框。

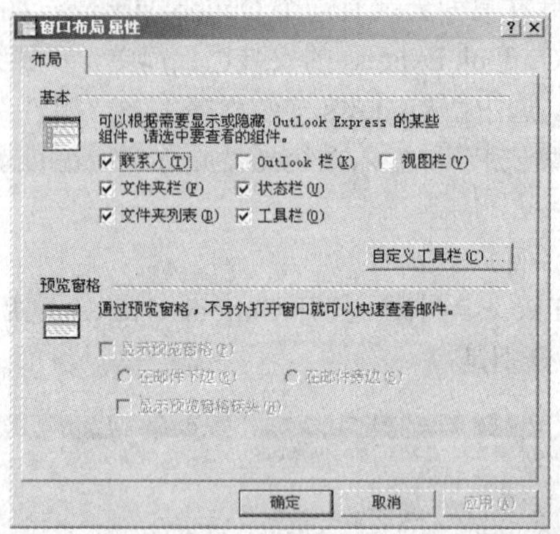

图 7-20　Outlook Express 窗口布局属性

（2）设置 Outlook Express 的布局，其中前面复选框中打勾的为在 Outlook Express 窗口中要显示的内容。根据需要进行调整，做出最适合用户工作风格的界面来。

单击“收件箱”文件夹可以将其打开，用户区将会变成如图 7-21 所示。在邮件列表窗格中列出了当前邮件夹中的所有文件的发件人及主题等信息，在邮件预览窗口中可以预览邮件。

图 7-21　“收件箱”窗口

7.2.2　设置邮箱账号

如果没有邮箱账号，就无法使用 Outlook Express 发送和接收邮件；如果没有新闻账号，就不能使用 Outlook Express 的新闻组功能。因此，在使用这两项功能前就需要配置邮箱与新闻账号。

配置邮箱账号之前，必须要知道一些必要的信息，包括用户名、密码、电子邮件地址、POP3 邮件服务器（邮件接收服务器）地址、SMTP 服务器（邮件发送服务器）地址。

1．添加邮件账号

如果在 Outlook Express 中还没有邮箱账号，就需要添加一个邮箱账号。具体添加步骤如下：

（1）打开 Outlook Express，单击“工具→账户”命令，如图 7-22 所示，在弹出的“Internet 账户”对话框中选择“邮件”选项卡，如图 7-23 所示。

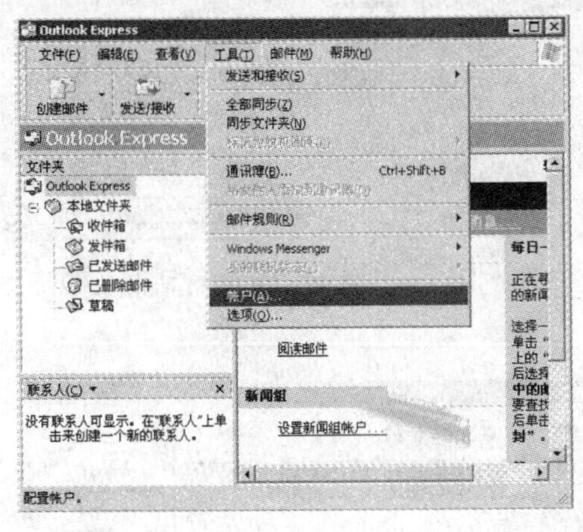
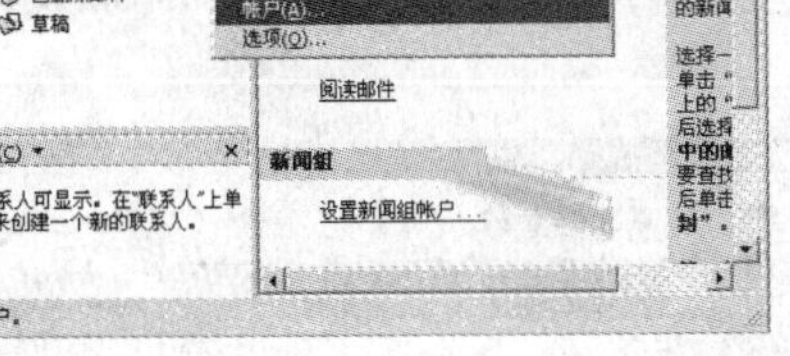

图 7-22　Outlook Express 主窗口

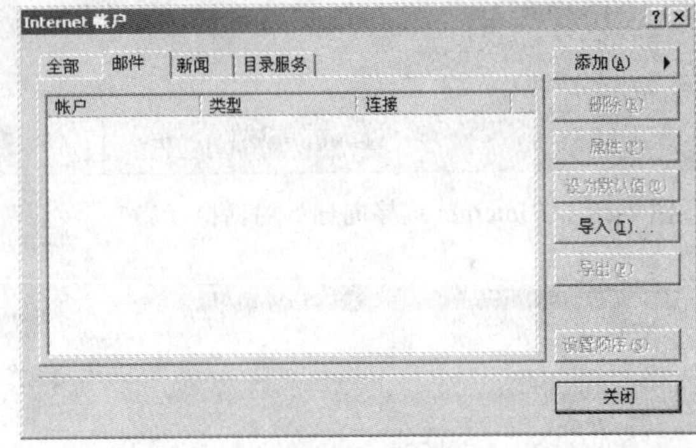

图 7-23　“Internet 账户”对话框

（2）单击“添加”按钮，在下拉菜单中选择“邮件”，出现如图 7-24 所示的“Internet 连接向导”对话框。

（3）在“显示名”文本框中填入姓名，然后单击“下一步”按钮，在弹出的如图 7-25 所示的对话框中填入相应的电子邮件地址，然后单击“下一步”按钮，弹出如图 7-26 所示的“Internet 连接向导”对话框。

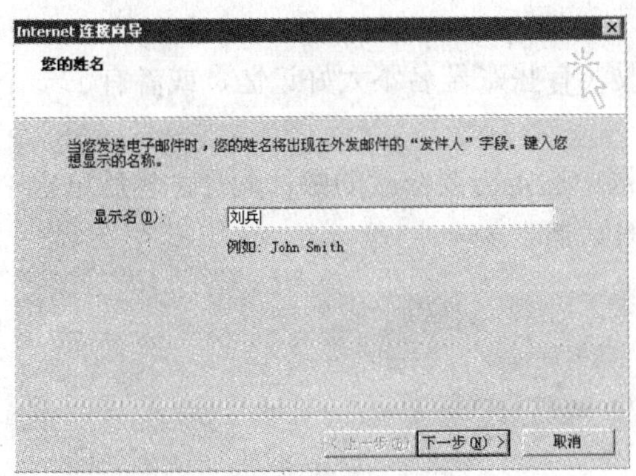

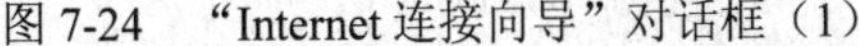

图 7-24　“Internet 连接向导”对话框（1）

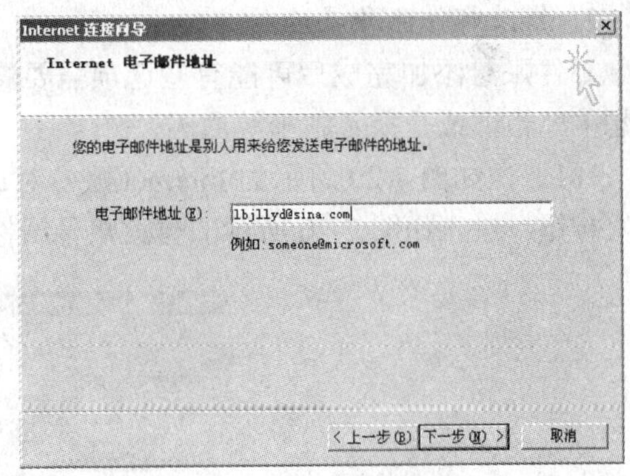

图 7-25　“Internet 连接向导”对话框（2）

（4）在邮件接收服务器类型的下拉列表中选择邮件接收服务器的类型（如果不知道自己所使用的邮箱相应的邮件接收、发送服务器的类型，可以在申请邮箱的网站查找）。然后填好邮件接收、发送服务器（此处填入新浪的 SMTP 发信服务器地址：smtp.sina.com.cn；POP3 收信服务器地址：pop3.sina.com.cn），单击“下一步”按钮，弹出如图 7-27 所示的对话框。

（5）填入账户名和密码，单击“下一步”按钮，在弹出的如图 7-28 所示的对话框中显示成功设置了账号，单击“完成”按钮。

此时回到如图 7-23 所示的“Internet 账户”对话框，不同的是此时多了一条邮件账号，如图 7-29 所示。

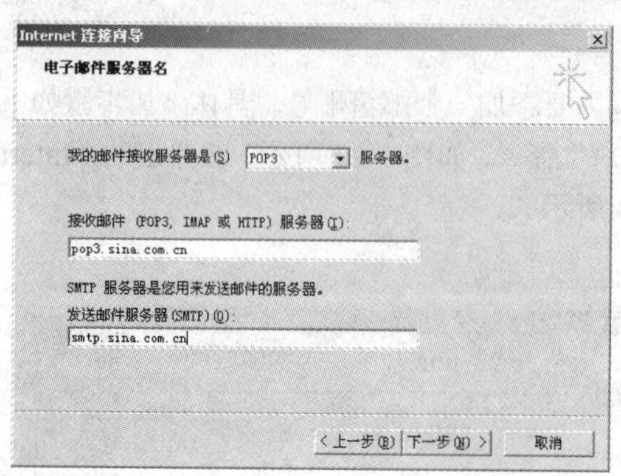

图 7-26 “Internet 连接向导”对话框（3）

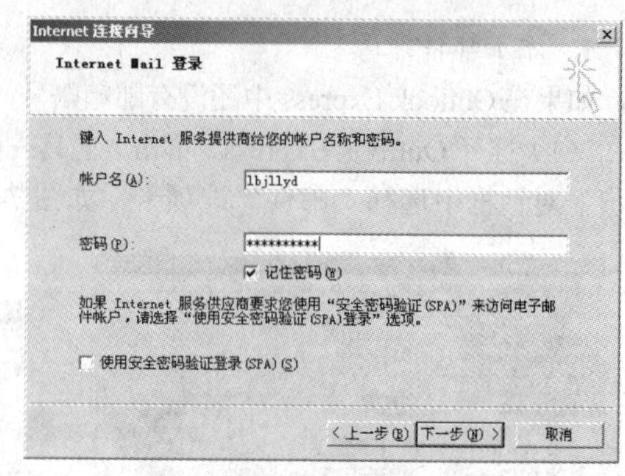

图 7-27 “Internet 连接向导”对话框（4）

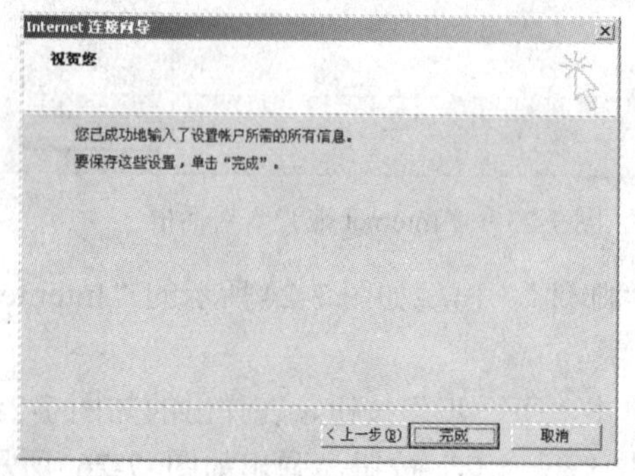

图 7-28 “Internet 连接向导”对话框（5）

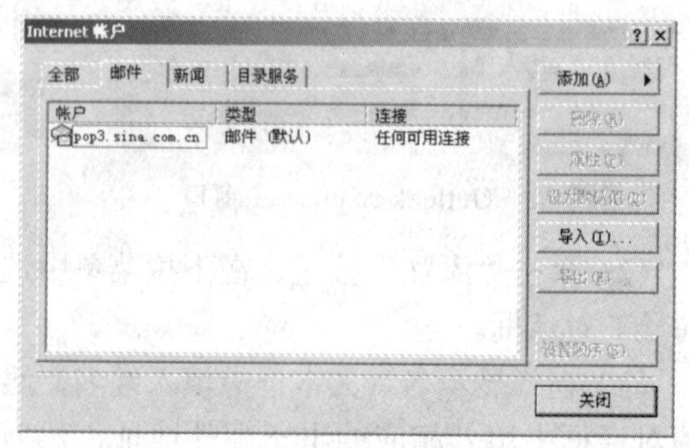

图 7-29 “Internet 账号（邮件）”对话框

2. 修改邮件账号属性

邮件账号添加完成后可能有些选项需要修改（有些账号名不太好记忆，或者有了一个更理想的邮箱，或是换了邮箱等原因）。

（1）在如图 7-29 所示的 Internet 账号对话框中选定需要修改的邮件账号，然后单击“属性”按钮，进入如图 7-30 所示的更改账号属性对话框。

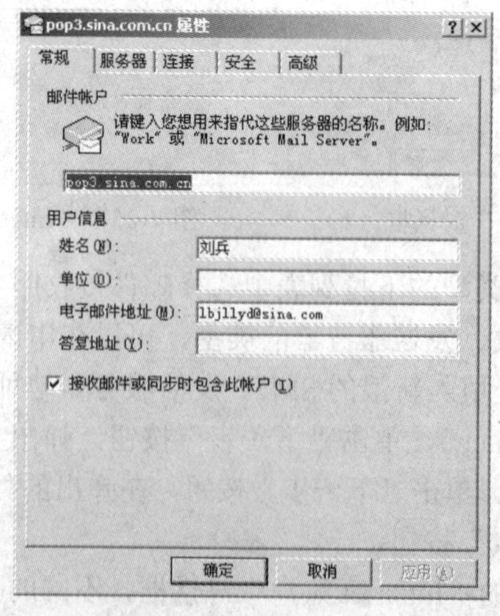

图 7-30 “更改账号（邮件）属性”对话框

（2）在如图 7-30 所示的更改账号属性对话框中可以更改在添加邮件账号时所填入的所有信息。

（3）在账号的属性中，即在图 7-30 中单击“服务器”选项卡，打开如图 7-31 所示的对话框。从中选中“我的服务器要求身份验证”选项，此项必须选择，否则无法用新浪账号正常发送邮件。单击“确定”按钮完成全部设置，此时即可利用 Outlook Express 工具软件对新浪免费邮箱进行邮件的收发。

（4）还可以在“高级”选项卡中设置服务器端口号、服务器超时时限、当邮件超过多少 KB 时拆分邮件进行发送、邮件副本在服务器中保留的时间等信息。

其他各项功能均在常规、服务器、连接、安全和高级选项卡中，读者可在实际操作中学习，在此不再赘述。

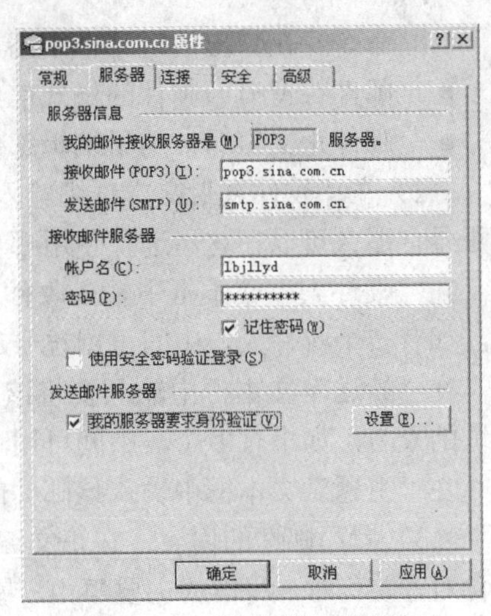

图 7-31　“服务器”选项卡

7.2.3　创建和发送电子邮件

1. 撰写新邮件

（1）打开 Outlook Express，在工具栏上，单击“新邮件”按钮就会弹出“新邮件”窗口（如图 7-32 所示），窗口从上而下分别是：

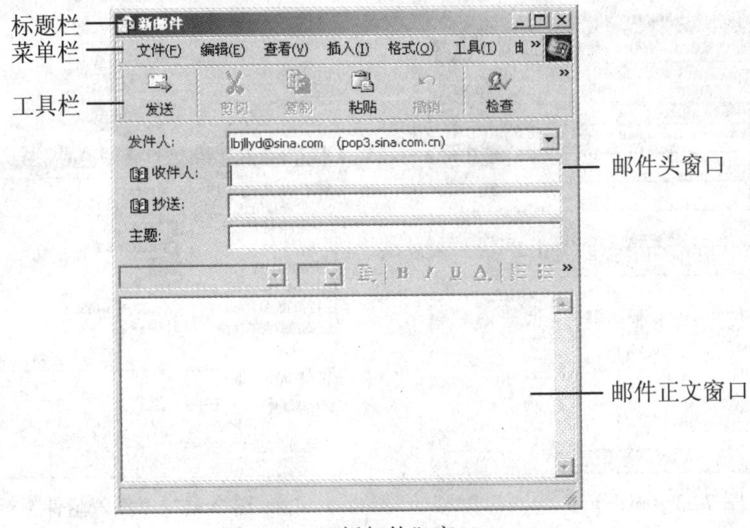

图 7-32　“新邮件”窗口

- 新邮件标题栏：显示新邮件标题。
- 菜单栏：有文件、编辑、查看、插入、格式、工具、邮件、帮助等各项功能的选择，基本与 Word 菜单功能相当。
- 工具栏：以图形的方式列出常用工具。主要有发送、剪切、复制、粘贴、撤消、拼写检查、附加、选定收件人、插入文件、插入签名、数字签名、加密邮件等。其中有些工具并不是默认状态下有的，用户可以通过执行查看菜单下“工具”中的“自定义”

命令，在弹出的对话框中添加。

- 邮件头窗口：邮件的格式信息，包括收件人邮箱地址、抄送和邮件主题。
- 邮件正文窗口：用于编辑邮件正文内容。

（2）在“发件人”文本框中输入用户即发件人的电子邮件地址，如果用户设置了多个邮件账号，那么可以在这里选择使用哪一个账号。

在“收件人”文本框中输入收件人的电子邮件地址或者是地址簿中代表该邮件地址的人名，如有多个收件人，中间可用逗号或分号隔开，如 lbliubing@sina.com。

在“抄送”文本框中输入要将该邮件抄送到的电子邮件地址或者是地址簿中代表该邮件地址的人名，如果有多个，中间可用逗号或分号隔开。

在“主题”文本框中输入该邮件的主题，这样有助于收件人阅读和分类电子邮件。

（3）撰写邮件的内容：在正文编辑窗口输入邮件正文，就像平时写信一样。在邮件中应包含对方的称呼、写信的主要事由，最后是签名。在正文编辑窗口区上边有一行工具按钮，用户可以使用这些按钮来设置邮件内容的格式，如字号、字体、颜色等，如图 7-33 所示的邮件正文。

（4）加入附件：还可以将附件插在邮件中发送出去。单击工具栏中的“附件”按钮，弹出类似 Windows 标准打开文件对话框的“插入附件”对话框，如图 7-34 所示。在其中选择好路径和所要附加的文件，再单击“附件”按钮确认。此时此文件就已经添加到本邮件的附件中去了，这时可以看到“新邮件”对话框中多出了“附件”栏，附件栏中已经有了刚才选定的文件，其后面括号的内容为该文件所占存储空间的字节数，如图 7-35 所示。

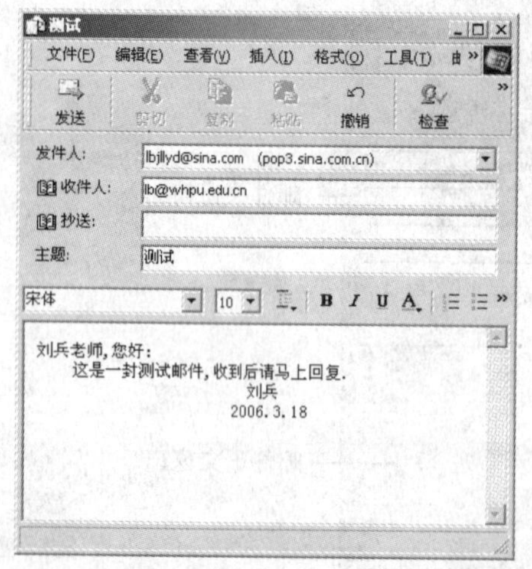

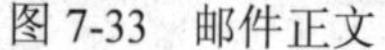

图 7-33 邮件正文

图 7-34 “插入附件”对话框

（5）美化邮件：如果想让邮件更加美观，可以使用 Outlook Express 信纸。信纸包括背景图像、特有的文本字体、想要作为签名添加的各种文本或文件以及名片。创建信纸时，字体设置或信纸图片将被自动添加到所有待发的邮件中，可以选择是将名片或签名添加到所有邮件，还是单个邮件中。使用信纸的方法如下：

在“新邮件”窗口中单击“格式”菜单，在弹出的菜单中选择“应用信纸”选项，出现如图 7-36 所示的下拉菜单。在菜单中选择合适的信纸类型并单击，在随后的新邮件窗口中就会使用相应的信纸，如图 7-37 所示。

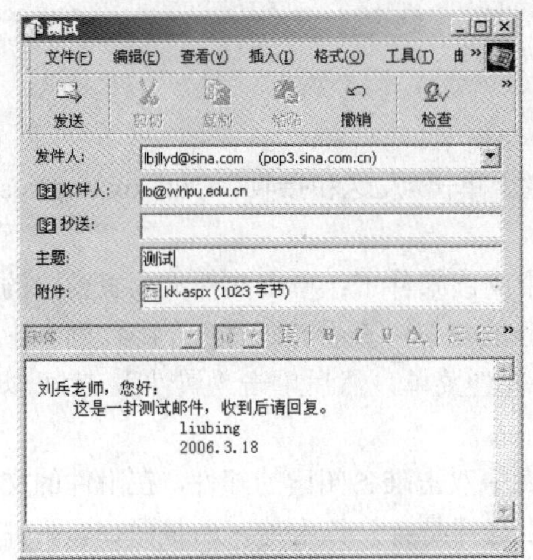

图 7-35　“新邮件”对话框

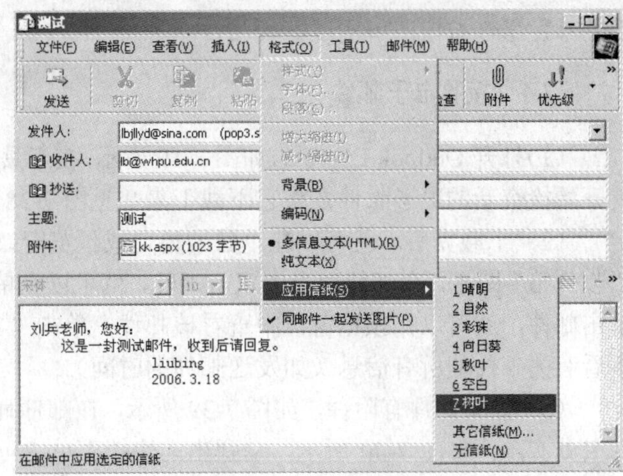

图 7-36　选择合适的信纸类型

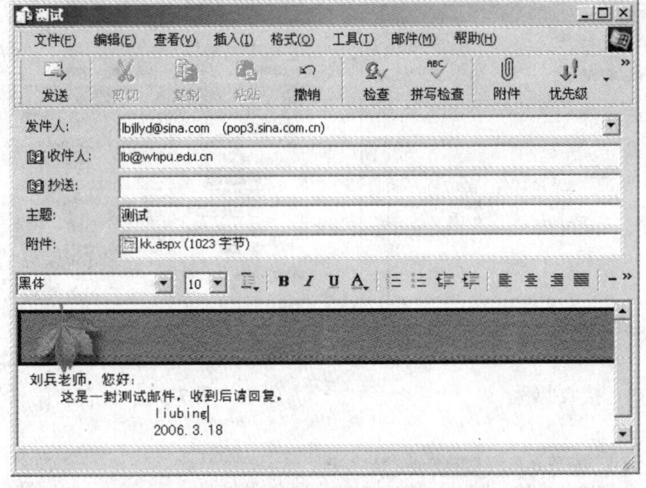

图 7-37　使用选择的信纸

Outlook Express 还允许脱机创建新邮件，只需单击“文件”菜单，然后单击“脱机工作”。下次单击“发送和接收”时，Outlook Express 会重新连接到 Internet，并发送邮件。

在“新邮件”窗口中单击“文件→保存”命令，即可将当前正在撰写的邮件保存到“草稿”文件夹中。然后可以关闭新邮件编辑窗口，甚至可以关闭 Outlook Express 窗口或关机。

当要继续撰写尚未完成的电子邮件时，启动 Outlook Express，单击文件夹栏中的“草稿”文件夹，然后在邮件列表窗格中双击欲继续撰写的邮件，在出现的邮件编辑窗口中即可继续编辑。

2. 电子邮件的发送

新邮件写好后，单击工具栏上的“发送”按钮将新邮件立即发送出去，如果正在脱机撰写邮件，也可以单击“文件→以后发送”命令，将邮件保存在“发件箱”中。

如果有多个邮件账号并想指定从某个邮件账号而不是默认账号发送文件，可以单击“文件→发送邮件”命令，然后单击所需的邮件账号。也可以从通讯簿中发送邮件，选择接收这封邮件的联系人（单击联系人名称的同时按下 Ctrl 键，可以选择多个联系人），然后单击工具栏上的“发送”按钮即可实现。

7.2.4 接收电子邮件

（1）打开 Outlook Express，如图 7-19 所示，在工具栏上单击“发送和接收”，Outlook Express 就开始检查新的电子邮件并将它下载下来（见图 7-38）。

（2）下载完后，就可以在单独的窗口或预览窗口中阅读邮件了：单击文件夹列表窗中的“收件箱”图标，在邮件列表中双击邮件，就可以在单独的窗口中查看该邮件；在邮件列表中单击邮件，就可以在预览窗口中查看该邮件；单击“文件”菜单，然后单击“属性”，就可以查看有关邮件的所有信息（如发送邮件的时间）。

（3）如果邮件有附件，如图 7-39 所示，在邮件列表中双击准备阅读的邮件，在附件的文件名处右击，如图 7-40 所示，从弹出的快捷菜单中可以选择是打开该附件，还是保存该附件到一个指定的文件夹。

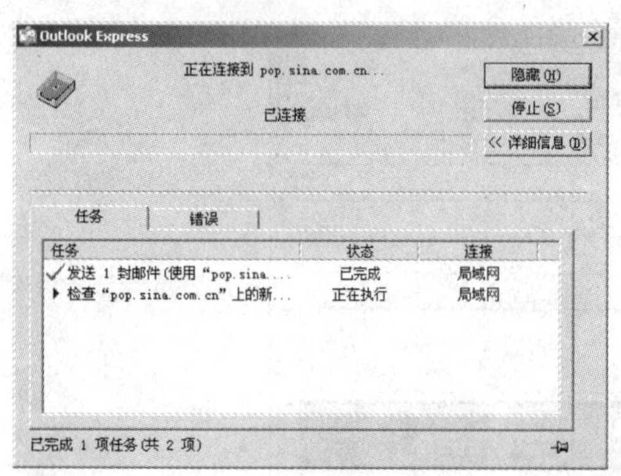

图 7-38 接收邮件

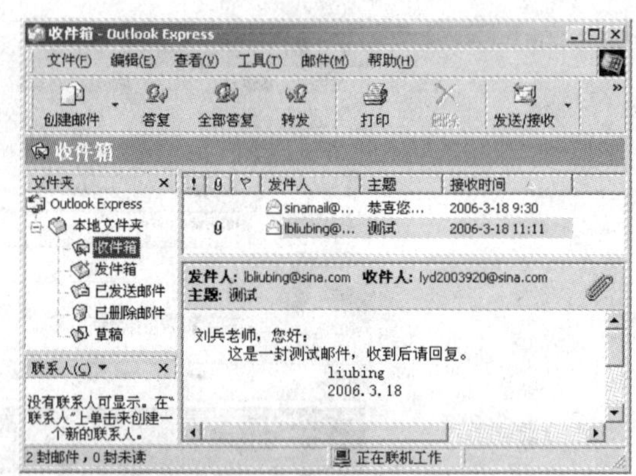

图 7-39 含有“附件”的邮件

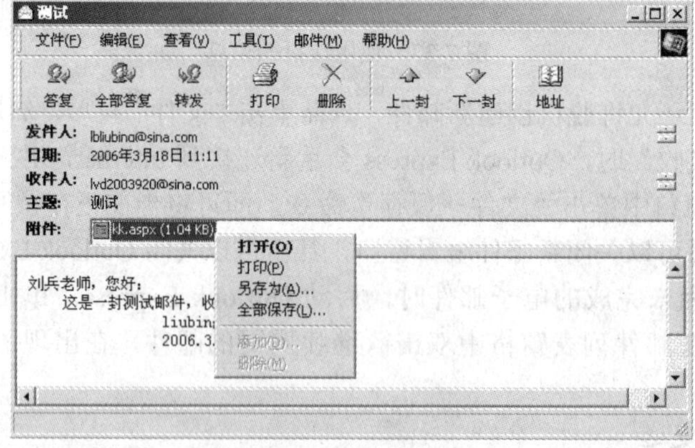

图 7-40 附件的处理

7.2.5 Outlook Express 的邮件管理与使用技巧

1. 建立和管理多个邮件文件夹

Outlook Express 中的文件夹相当于可以将邮件分类存放的邮箱。建立适当的邮件文件夹，可以轻松定位所需的邮件。一般文件夹显示在 Outlook Express 左下方的窗口，如同 Windows 各种操作系统中的“资料管理器”显示文件夹的结构一样，如图 7-41 所示。

（1）添加文件夹。选中要添加文件夹的位置，单击“文件→文件夹→新建文件夹”命令，出现“创建文件夹”对话框，在“文件名称”框中输入名称，即可添加一个新的文件夹，如图 7-42 所示。邮件文件夹和硬盘中的文件夹一样，可以是多级的，例如，可以在“已发送邮件”文件夹下建立多个子文件夹，分别存放发送给不同的人的邮件，以利于查找。

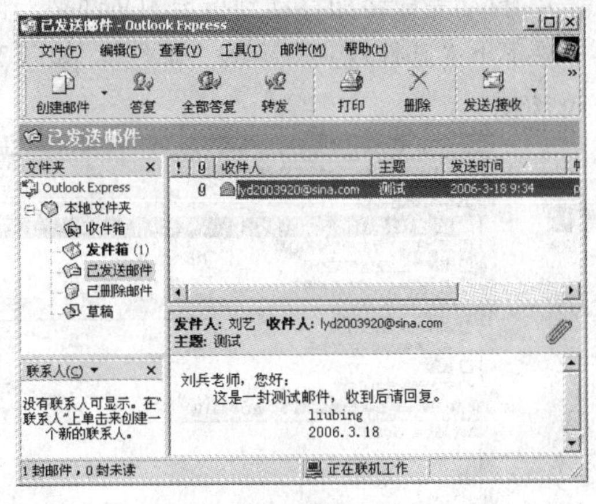

图 7-41　邮件文件夹

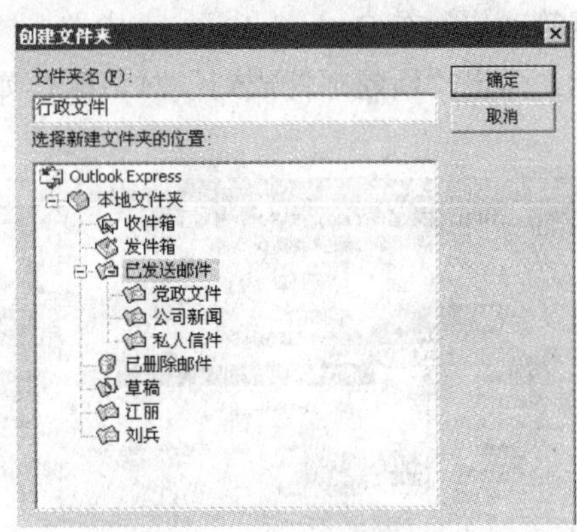

图 7-42　创建文件夹

（2）删除文件夹。要删除文件夹，在文件夹列表中用右击该文件夹，然后单击弹出菜单中的“删除”项。

注意：不能删除或重命名“已删除邮件”、“收件箱”、“发件箱”或“已发送邮件”文件夹。

（3）分拣邮件到指定文件夹。创建文件夹的目的是分拣邮件，即把所收到的邮件进行分类存放，这项工作可以用后面介绍的邮件规则（即收件箱助理）自动完成。这里介绍的是手工移动邮件的方法。在文件夹列表中单击要选择的所在的文件夹，在右侧的邮件窗口中会显示出邮件信息，在邮件清单中右击要移动的邮件，在弹出的菜单中选择“移动到”文件夹，如图 7-43 所示，然后会打开一个文件夹列表，如图 7-44 所示，以选择目的文件夹，最后单击“确定”按钮。

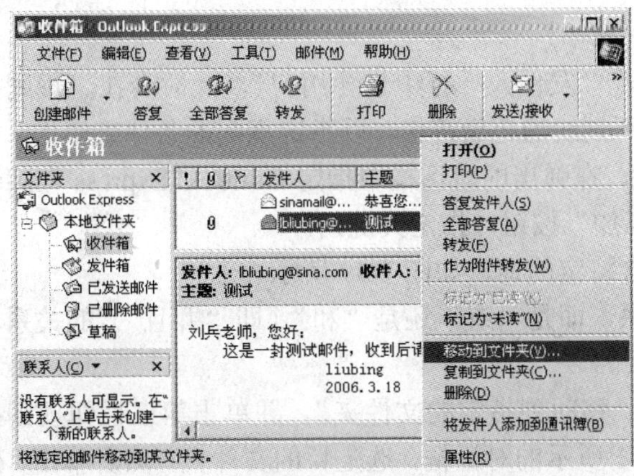

图 7-43　移动邮件到指定的文件夹

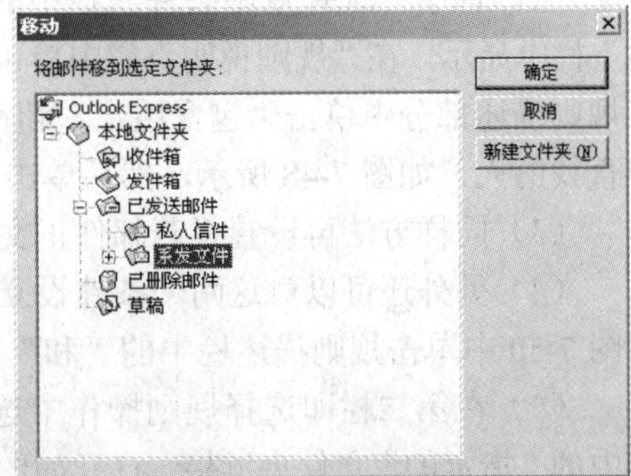

图 7-44　“移动”对话框

2. 邮件规则

前面设置多个邮件文件夹，为的是对邮件分类管理，而对邮件的分拣不外乎按照 E-mail 信头的“发件人”、“收件人”等来分类，这当然可以用前面介绍的手工方法完成。不过更方便的方法是让 Outlook Express 的收件箱助理自动完成。而且除了自动分拣邮件，收件箱助理还能自动完成更多的事情，如自动回复邮件。

所谓的邮件规则，就是对接收的邮件，根据信件的“接收人”、“发送人”、“标题”等信息中是否包含某些字符（如人名、E-mail 地址等），自动完成诸如移动到指定的文件夹，自动回复等动作。在 Outlook Express 中单击“工具”菜单下“邮件规则”中的“邮件”，如图 7-45 所示，弹出“新建邮件规则”对话框，如图 7-46 所示。

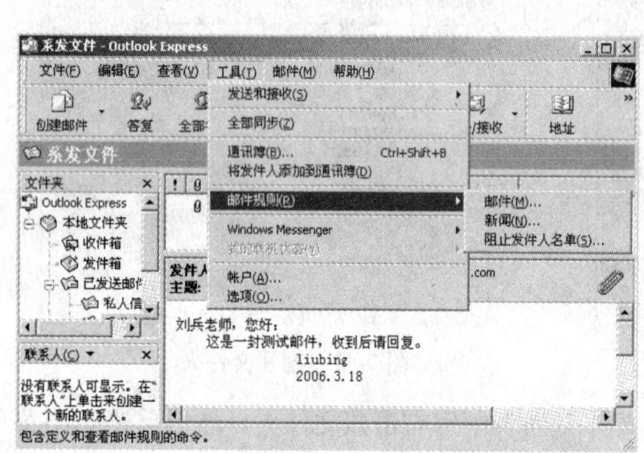

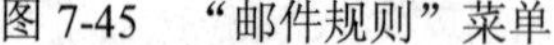
图 7-45 “邮件规则”菜单

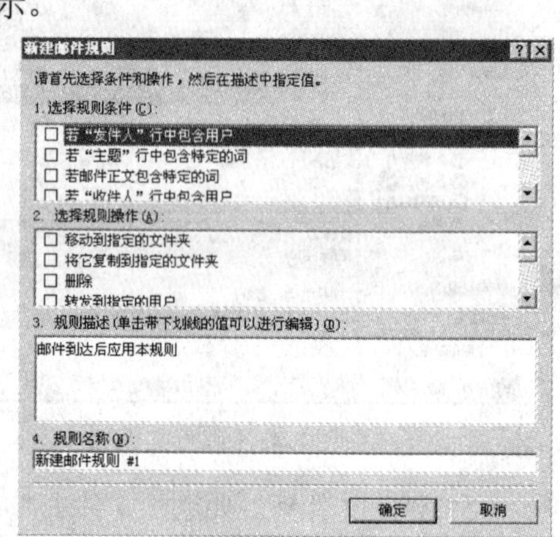

图 7-46 “新建邮件规则”对话框

“新建邮件规则”对话框分为 4 栏，最上面一栏是选择规则条件，对需要选用的条件，在该条件前面的复选框用鼠标左键单击；第二栏是操作设置，同样进行选择；对这两栏的操作和设置会显示在此对话框的第三栏，其中带有下划线的文字是具体的参数，可以单击它然后进行设置；第四栏是对这个新建的规则进行命名。这里作了一个邮件规则的例子，设定的规则是邮件到达后应用本规则，若“发件人”行中包含 liubing 并且若邮件正文包含“计算机网络”，移动到私人信件文件夹，结果如图 7-47 所示。

具体的作法如下：

（1）新建一个“私人信件”文件夹。

（2）选中“选择规则条件”栏中的“若‘发件人’行中包含用户”，此时会在“规则描述”栏中显示。在“规则说明”栏中单击带下划线的超级链接，以指定规则的条件或操作。如在规则描述部分中单击“包含用户”超链接，在弹出的对话框中指定 Outlook Express 在邮件中查找的人，如图 7-48 所示，然后单击“添加”按钮，指定关键词。

（3）同样方法再设置“若邮件正文包含特定的词，如图 7-49 所示。

（4）另外还可以对这两个条件设立关系，即是“或”还是“和”（即“并且”）的关系，在图 7-50 中单击规则描述栏中的“和”链接。

（5）在第二栏即选择规则操作中选中“移动到指定的文件夹”，并单击第三栏即规则描述中的“指定的”文件夹链接，打开如图 7-51 所示的对话框，选定目的文件夹，然后单击“确定”按钮。

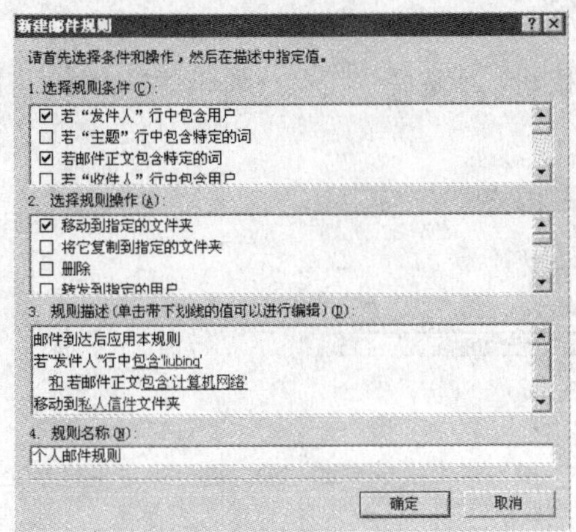

图 7-47　邮件规则实例

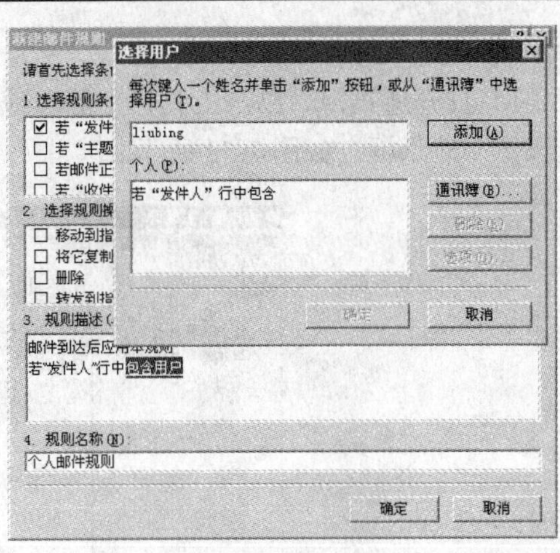

图 7-48　选择用户

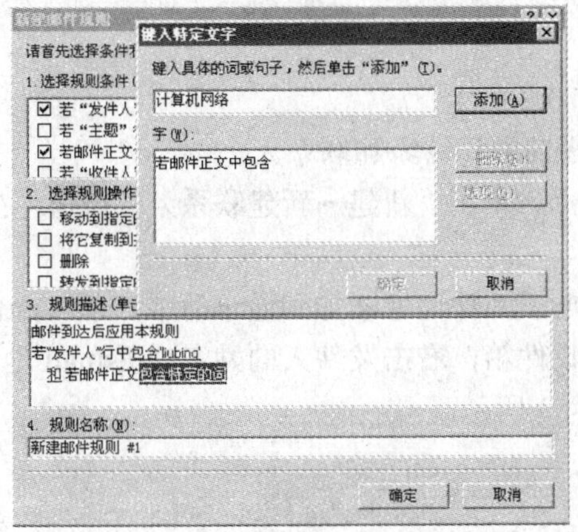

图 7-49　"输入特定文字"对话框

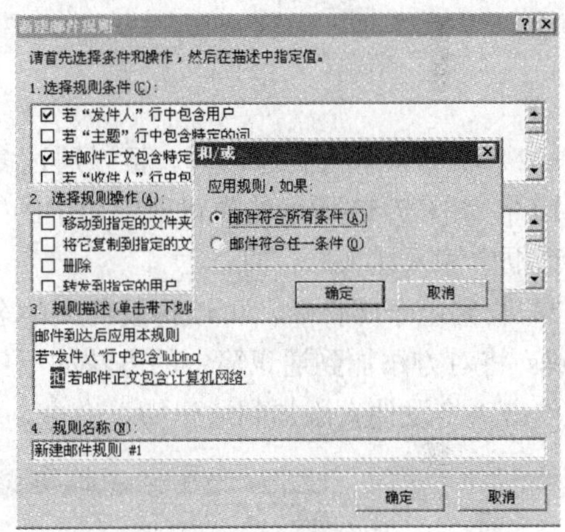

图 7-50　设定规则条件之间的关系

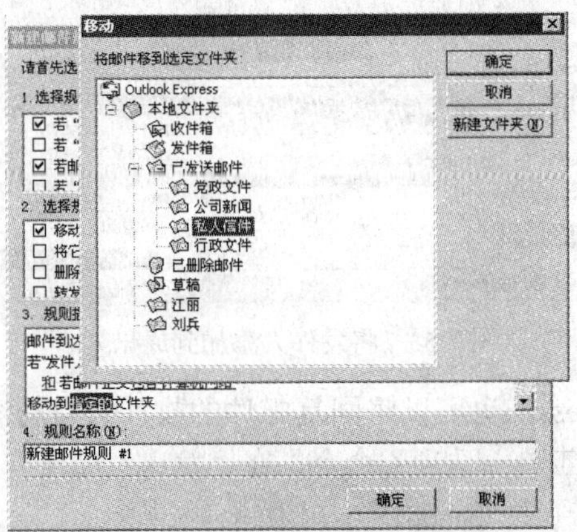

图 7-51　选定移动的文件

（6）最后在第四栏（即规则名称栏）输入此规则的名称，这里输入的是个人邮件规则，然后单击"确定"按钮。

3. 管理通讯簿

（1）打开通讯簿。单击工具栏上的“地址”按钮，或选择“工具→通讯簿”命令，打开“通讯簿”对话框，如图7-52所示。

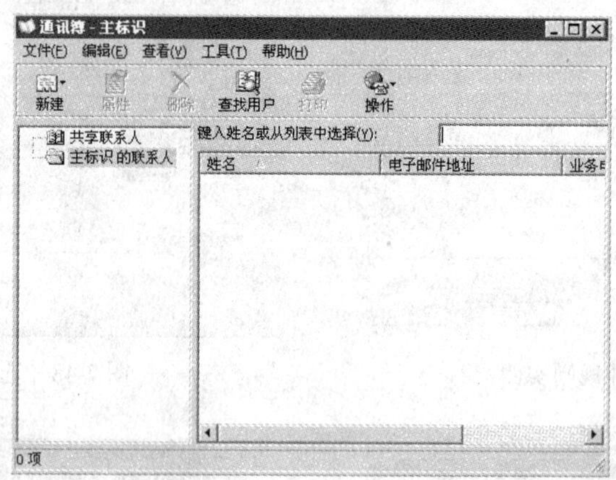

图7-52 “通讯簿”对话框

（2）添加联系人到通讯簿。可以通过多种途径向通讯簿添加联系人。

1）在如图7-52所示的通讯簿窗口中的工具栏上，单击“新建→新建联系人”按钮，在属性对话框中输入此人的信息。

2）收到电子邮件后，可以将发件人的名称和电子邮件地址添加到通讯簿中。从Outlook Express将对方添加到通讯簿中的方法如下：打开收件箱，右击发件人的姓名或E-mail地址，然后单击“将发件人添加到通讯簿”命令，如图7-53所示。

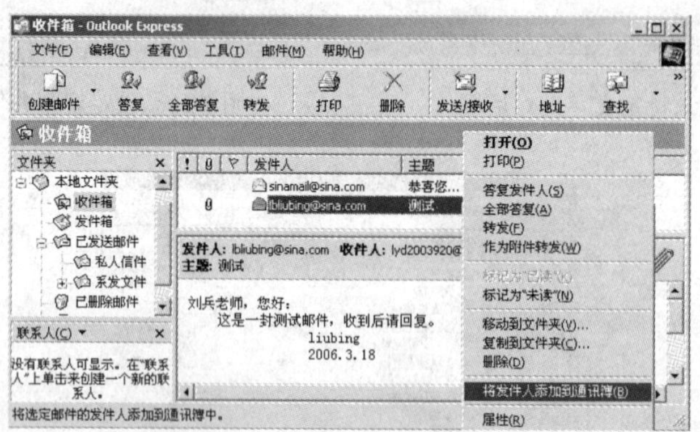

图7-53 将发件人添加到通讯簿

3）设置Outlook Express，也可以将回复邮件的收件人自动添加到用户的通讯簿中。在Outlook Express中，单击“工具→选项”命令，在“发送”选项卡上，将“自动将我的回复对象添加到通讯簿”复选框选中即可，如图7-54所示。

4. 选项设置

（1）在服务器上保留邮件的副本。假如用户可以在不同的地方的多台机器上网（如工作单位或家中），如果用不同的计算机来下载邮件，有可能出现这样的情况，每台计算机都会只有部分时间段的邮件，但很难得到所有邮件的完整集合，这给查找和管理邮件带来很大麻烦。

为了保持邮件的统一完整性，便于管理，应在某一台机器上下载并保存所有的邮件备份，允许在其他计算机上查看下载邮件，但不允许它们下载邮件后将邮件从服务器删除，只允许保留完整邮件的计算机下载后从服务器删除邮件。

一般情况下，在 Outlook Express 默认的操作流程是从服务器上下载邮件后立即删除。但是否删除邮件在服务器上的副本是可以设置的。方法如下：

1）单击 Outlook Express 中的“工具→账户”命令，打开“Internet 账户”对话框，如图 7-55 所示。

2）单击“邮件”选项卡，在账号列表中单击要设置的账号，然后单击对话框右边的“属性”按钮，如图 7-56 所示。

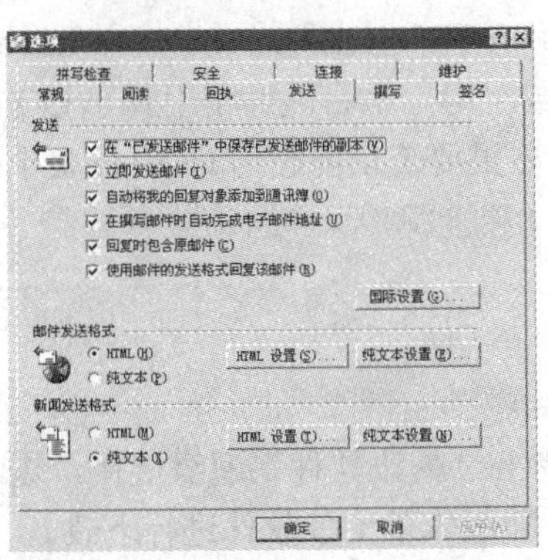

图 7-54　“发送”选项卡

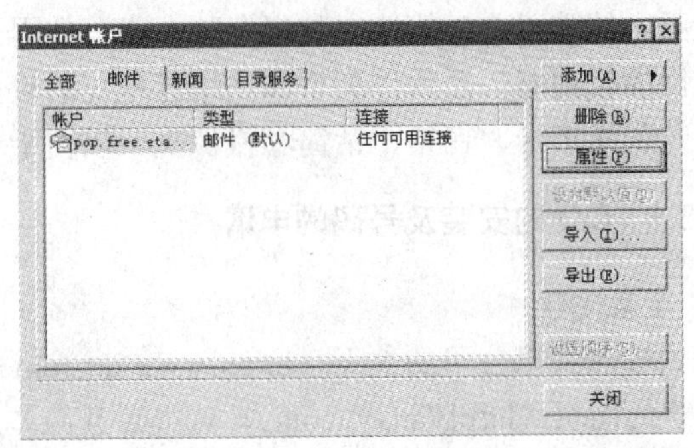

图 7-55　Internet 账户

3）在属性对话框中单击“高级”选项卡，若选中“发送”区域的“在服务器上保留邮件副本”复选框，就可以不从服务器上删除邮件，而取消选中标记，就会像一般情况下一样，下载后就将邮件从服务器上删除。

（2）定时检查新邮件。单击 Outlook Express 的“工具→选项”命令，打开“选项”对话框并选择“常规”选项卡，如图 7-57 所示。在此选项卡中有一项“每隔______分钟检查一次新邮件”。默认设置是每隔 30 分钟检查一次。这是因为很多用户是通过费用包月制的形式连接 Internet 网络。如果用户感觉时间长短不很合适，可在此对话框中进行设置。而对于通过拨号上网的用户，可通过单击工具栏上的“发送和接收”按钮，实时检查新邮件。

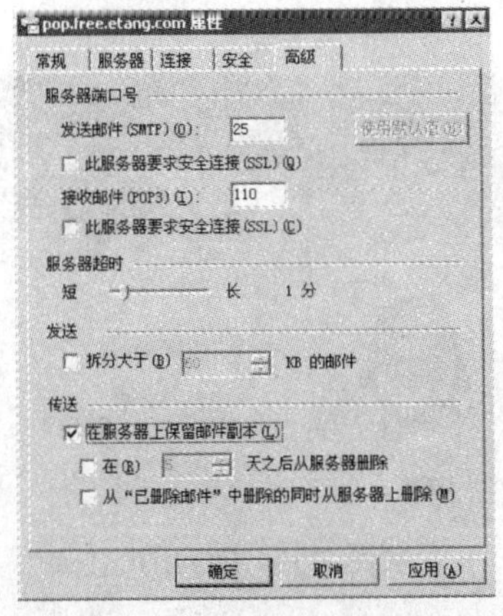

图 7-56　“高级”选项卡

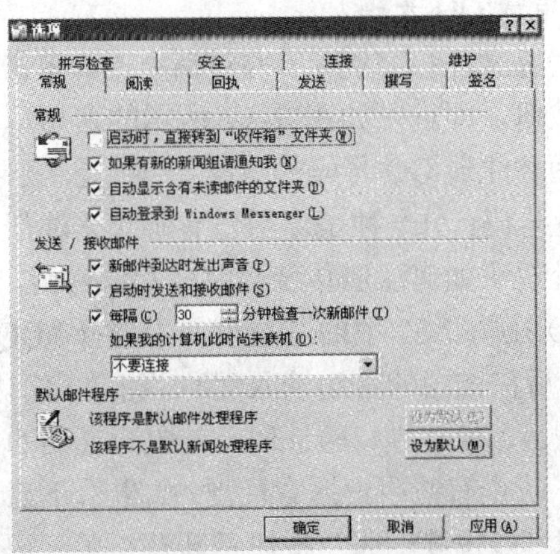

图 7-57　“常规”选项卡

7.3　网上聊天——腾讯 QQ

腾讯 QQ 是由深圳腾讯计算机系统有限公司开发的一款基于 Internet 的即时通信（IM）软件。该软件的主要功能是信息即时发送和接收、与好友进行交流、语音视频面对面聊天等功能，此外 QQ 还具有与手机聊天、BP 机网上寻呼、聊天室、点对点断点续传传输文件、共享文件、QQ 邮箱、备忘录、网络收藏夹、发送贺卡等功能。QQ 不仅仅是简单的即时通信软件，同时还与全国多家寻呼台、移动通信公司合作，实现传统的无线寻呼网、GSM 移动电话的短消息互联，是国内最为流行、功能最强的即时通信（IM）软件。

对使用 QQ 的计算机的操作系统一般要求 Windows 98+IE5 以上，并要求接入 Internet，下载最近版本的腾讯 QQ 软件安装程序装上即可使用。局域网用户是否能够使用腾讯 QQ 还取决于局域网的代理服务器软件类型和网络管理员的设置，如果要全功能使用 QQ，还要求有多媒体设备，包括声卡、音箱、话筒和摄像头，以便于语音和视频聊天。

7.3.1　QQ 的安装及号码的申请

1. 安装 QQ

首先进入腾讯公司的主页（http://www.qq.com），单击“腾讯软件”超级链接，进入腾讯软件门户的网页（http://im.qq.com），选择最新版本或需要版本的 QQ 软件进行下载。

下载到本地硬盘的腾讯 QQ 软件是一个安装程序，要正常使用还需要安装软件，具体请参考以下步骤：

（1）双击下载的腾讯 QQ 安装程序，开始安装 QQ。

（2）在弹出的“腾讯 QQ 用户协议”对话框中选择“我同意”，然后单击“下一步”按钮。

（3）在随后出现的对话框中单击“下一步”按钮，在默认目录安装 QQ 或点击“浏览”选择用户的 QQ 安装目录，然后单击“下一步”按钮。

（4）最后出现安装完成对话框，单击“完成”按钮，安装完成。软件安装完成后，程序将自动启动 QQ，如果用户已经有 QQ 号码，可直接输入 QQ 号码和密码进行登录；如果没有 QQ 号码，可在登录界面中单击“申请号码”按钮进行新 QQ 号码申请。

2. 申请 QQ 号码

（1）在如图 7-58 所示的对话框中，单击“注册号码”按钮，即进入如图 7-59 所示的窗口。在此窗口中有两种注册 QQ 号码的方法，一种是注册传统数字的 QQ 号码；另一种是使用已有邮箱来注册 QQ 号码。此处说明如何注册传统数字式 QQ 号码。

图 7-58　QQ 用户登录

（2）在图 7-59 中的左边窗口中选择“QQ 帐号”按钮，然后在该图的右边输入昵称、密码、确认密码、性别、生日、所在地、验证码，其中验证码的主要作用是为了防止有些用户恶意注册，如果看不清该验证码，可以“点击换一张”按钮重新获得验证码，另外密码和确认密码必须相同，且最好是字母和数字的混合，以保证密码的安全性。输入完成之后单击“立即注册”按钮，打开图 7-60 注册 QQ 成功页面。

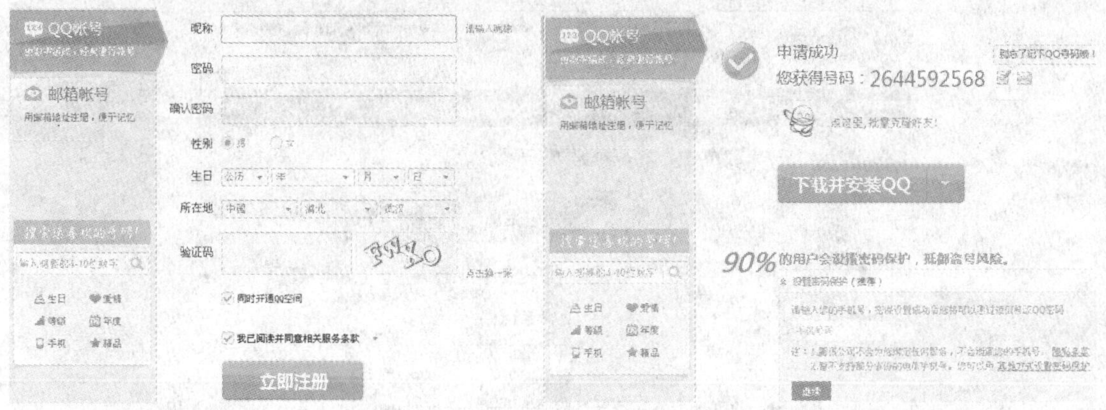

图 7-59　注册 QQ 号码页面　　　　图 7-60　注册 QQ 成功页面

注册成功后，为了防止 QQ 号被黑客盗走，一般需要对 QQ 密码进行保护。密码保护一般分为两种方法：一种是通过绑定手机方式，另一种是通过密码保护方式。此处说明通过密码保护问题方式进行 QQ 密码保护。

（3）在图 7-60 所示页面中单击右下角的“其他方式设置密码保护”超级链接，打开如图 7-61 的 QQ 安全中心页面。在此页面中单击密保问题下的“立即设置”按钮，打开如图 7-62 所示的设置密保问题页面。

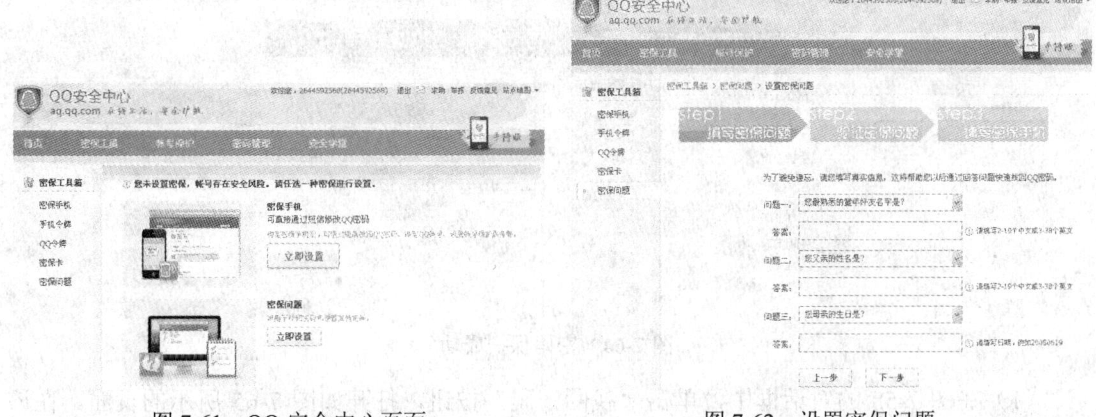

图 7-61　QQ 安全中心页面　　　　图 7-62　设置密保问题

（4）在图 7-62 所示的设置密保问题页面中，请尽量填写真实信息，这将帮助用户以后通过准确回答问题快速找回 QQ 密码。如果填写虚假信息，用户可能会很快遗忘，这样就回答不出问题，也就无法找回 QQ 密码。该页面中的信息填写完成之后，单击“下一步”按钮，会对刚才输入的信息进行验证，如图 7-63 所示。输入问题答案之后，直接单击“下一步”按钮，进入手机密码保护，如果不想使用手机密码保护，直接单击“下一步”按钮，即完成密码保护，如图 7-64 所示。

3. QQ 密码找回

如果 QQ 密码忘记或者被别人盗取，这时可以通过前面设置的密码保护来重新获取 QQ 密码，具体操作方法如下：

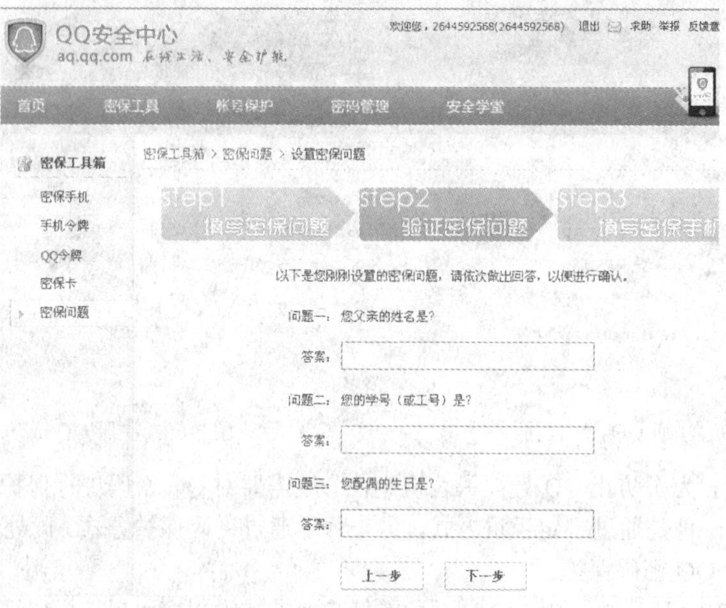

图 7-63 验证密保问题

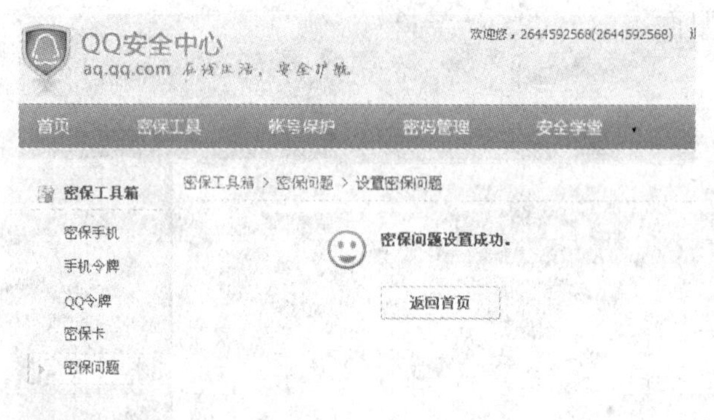

图 7-64 密码保护成功

（1）在图 7-58 的对话框中，单击“找回密码”按钮，打开如图 7-65 所示的页面。在该页面中输入需要找回密码的 QQ 号码，然后选择“账号密码”单选框，然后在验证码后的文本框中输入所看到的验证码，最后单击“下一步”按钮，打开图 7-66 的页面。

（2）在图 7-66 的选择找回密码方式中，单击“验证密保找回密码”后的“找回密码”，单击后弹出输入“密保问题”对话框，在此对话框中输入在进行 QQ 密码保护时所设置的问题答案（如图 7-62），答案输入完毕之后，单击“确定”按钮，如果所输入的问题答案全部正确，则会打开如图 7-68 所示的页面；如果输入的问题答案不正确的话，会让用户重新输入问题答案。

（3）在图 7-68 中，用户重新输入自己所设定的密码，然后单击“确定”按钮，到些用户就找回自己的 QQ 密码。

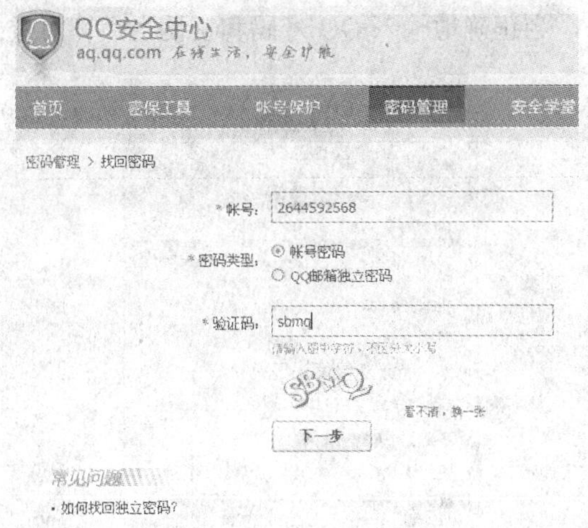

图 7-65　申请找回密码

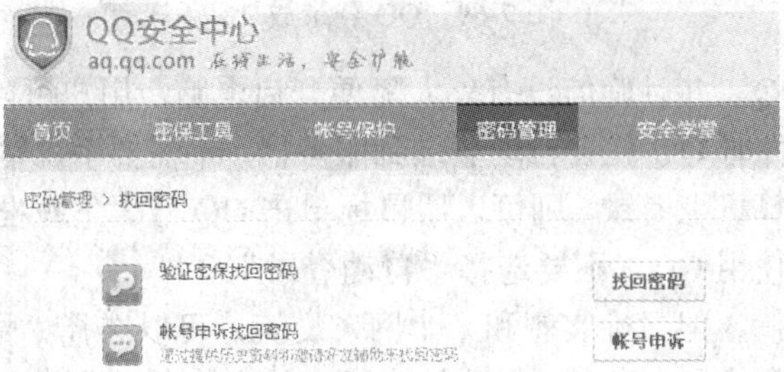

图 7-66　选择找回密码方式

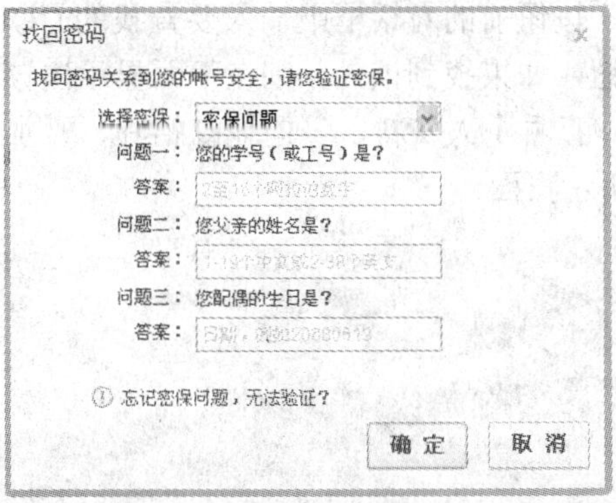

图 7-67　输入密码保护问题

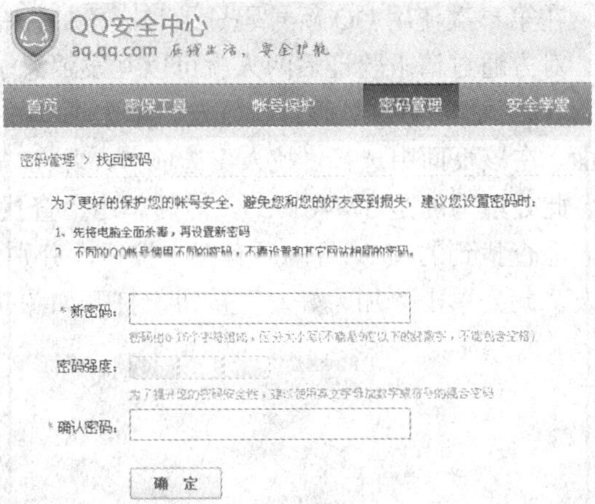

图 7-68　找回密码通过并设置新密码

7.3.2　使用 QQ 聊天

安装了腾讯 QQ 以后，在运行了腾讯 QQ 软件后会弹出对话框，如图 7-60 所示，提示用户输入 QQ 的号码和密码，当正确地输入 QQ 号码和密码之后即可登录，如图 7-69 所示。

图 7-69 QQ 登录成功

如果在家里使用 QQ，并且确信没有外人随便开启电脑，用户可以勾选“自动登录”，这样以后每次运行 QQ 软件时 QQ 就会自动登录到服务器，不需要手工输入密码，非常方便。如果有多个号码曾经在计算机上登录，则可以用鼠标单击 QQ 号码下拉框，选择用某个 QQ 号码进行登录。如果在网吧使用 QQ，不要选择“自动登录”。

如果不想被别人打扰，但又确实想和某个网友交流，可以选择“隐身登录”，这样 QQ 中的其他好友看到用户的头像是灰色的，以为用户不在线，就不会发消息了，但是用户可以正常使用 QQ 的所有功能，不受影响。

1. 查找和添加好友

在第一次使用 QQ 新号码登录时，好友名单是空的，如果要和其他人联系，必须要添加好友。对方通过请求验证后两人就可以互发消息了。

（1）通过 QQ 号码查找好友。单击图 7-69 右下角的“查找”按钮，打开图 7-70 所示的页面。在该页面中选择“找人”选项卡，并在“查找”按钮前的对话框中输入要查找的 QQ 号码，此处填写的是 874461955，然后单击“查找”按钮，如果找到该人，则在下面显示出该号码。在查找到的 QQ 号码后有三个按钮，分别是：查看个人资料、向他打招呼、加为好友。此处单击“加为好友”按钮，打开如图 7-71 所示页面，

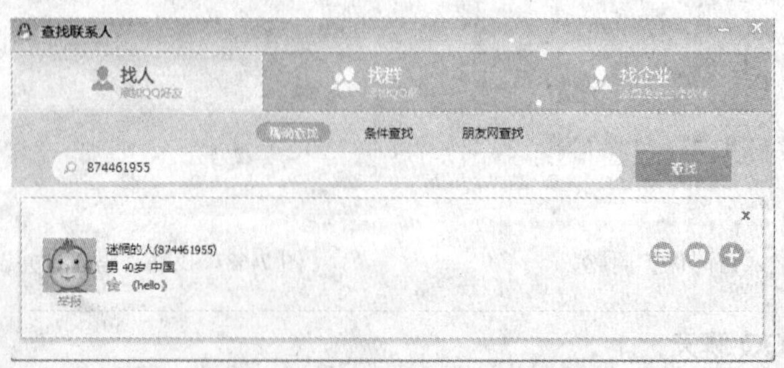

图 7-70 精确查找 QQ 号码

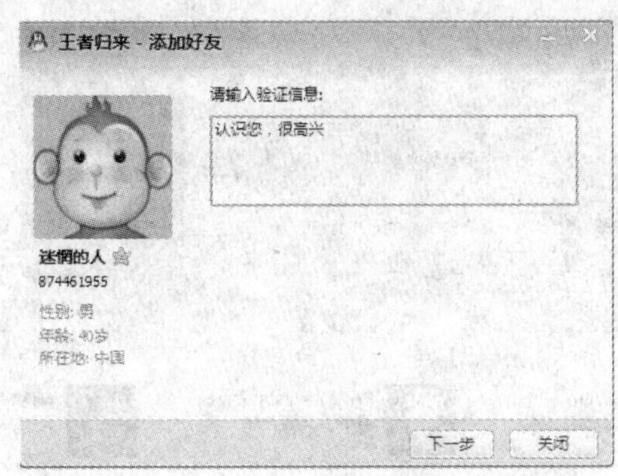

图 7-71　添加好友

在该页面中输入验证信息，该信息用来说明自己的身份和一些对方要求的信息，然后单击“下一步”按钮，打开如图 7-72 所示的对话框，在此对话框中选择所加好友放在哪一个分组中，并标识该网友的备注姓名。标识网友的备注姓名的作用是与其他网友的网名区分开来，因为有些网友的网名是相同的，不区分可能会造成混淆，这些信息输入完毕之后，再单击“下一步”按钮，如图 7-73 所示，在此页面中单击“完成”按钮并等待对方确认，通过好友审查。

图 7-72　添加好友（1）

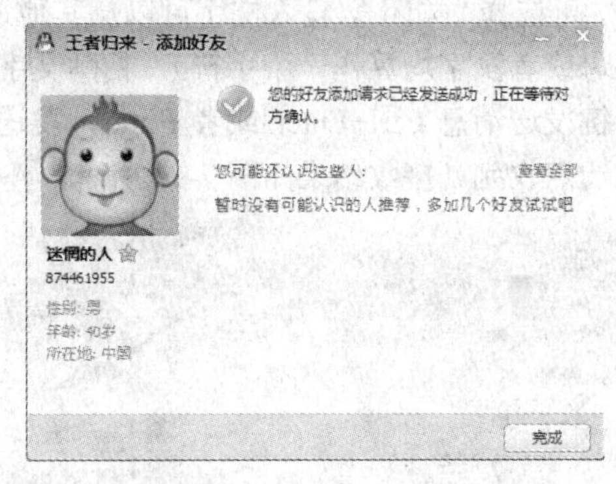

图 7-73　添加好友（2）

（2）条件查找。在图 7-70 中单击“条件查找”按钮，打开如图 7-74 所示的页面，在此面中输入要选择网友的信息，这些信息包括：年龄、性别、所在地、星座、血型、故乡，另外还可以选择网友是否目前在线、是否有摄像头、是否允许进行临时会话等。选择完信息之后，单击“查找”按钮，则会在图 7-74 的下半部分列出符合条件的网友的网名，如果没有合适的网友，可以通过该页面中部的当前第1页 ◀ ▶ 进行上下翻页，直到找到合适的网友。如果找到合适的网友，把鼠标指针放到该网友上，此时该网友的区域会多出四个按钮，这些按钮的说明请参见“精确查找”。单击“添加好友”按钮，后面的步骤如同“精确查找”的添加好友，如图 7-71 至图 7-73 所示。

2. 收发消息

收发消息是 QQ 最常用和最重要的功能，实现消息的收发前提是至少要有一个在线好友。

（1）发送消息。首先应使 QQ 处于登录状态，然后打开 QQ 面板，双击好友的头像或者在好友的头像上用右击，从快捷菜单中选择“发送即时消息”，都会弹出一个如图 7-75 所示的窗口，在这个对话框的右下部分中可以输入文字和选择表情填入。

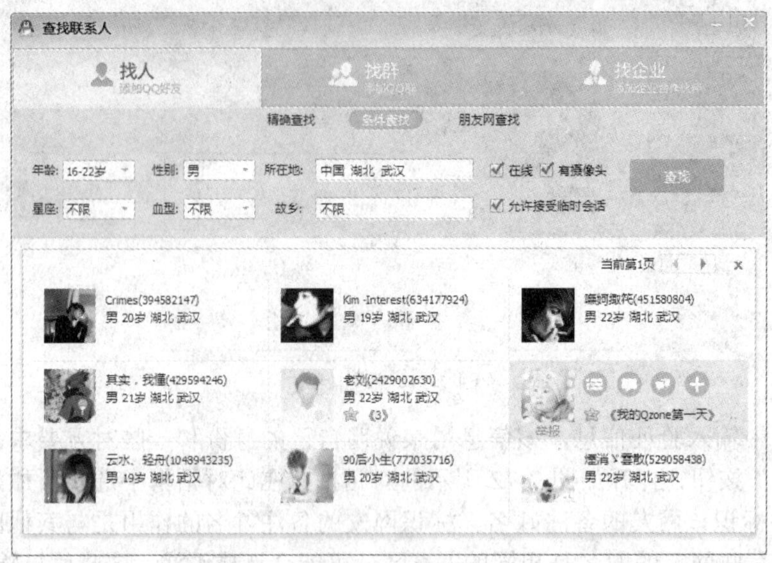

图 7-74 添加好友

输入文字以后，就单击“发送”按钮将消息发送出去，如果因为某种原因无法及时发送出去，可选择“关闭”，输入文字可以从其他地方复制粘贴过来，内容不能超过 400 个字符（一个字母或者汉字均算作一个字符），粘贴文字或者输入文字超过这个限制会被截去。可以使用快捷键发送消息 Ctrl+Enter 或者 Enter，发送以后对方一般立刻收到，也可能因为网络原因会稍迟一点收到。接收结果如图 7-76 所示。

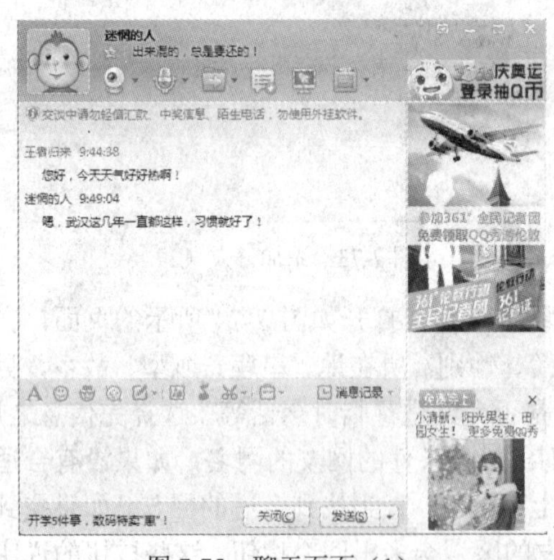

图 7-75 聊天页面（1）

图 7-76 聊天页面（2）

如果消息太长，可以分成几条来发，也可以使用 QQ 邮箱来发送。用户还可以对输入框中的字体进行设置，方法是单击“A”按钮，如粗体、斜体、带下划线、字体的颜色、种类及大小等。单击“笑脸”按钮还可以选择各种符号表情，会使发送的消息生动不少。

（2）接受和回复消息。好友向你发送消息后，如果你的 QQ 是在线的，可即时收到，如果当时不在线，那么以后只要 QQ 上线会马上收到消息。另外单击对话框中头像可查看对方资料，回复时输入文字，然后单击“发送”按钮即可。单击“消息模式”按钮则变为消息模式，再单击相同位置的“聊天模式”则回到聊天模式。选择“聊天模式”有利于观察整个对话过程。

如果希望消息窗口自动弹出来，可以在“系统设置”的“基本设置”里选中“自动弹出消息”复选框，这样一有消息，对话框就会自动弹出来。

如果经常用一些固定不变的语句回复，比如“请稍候片刻”，“我也不知道”一类的话，还可以在“系统设置”里面的“状态转化和回复”里设定几条“快捷回复”，在需要用这些话回复的时候不需要输入任何字符，直接单击“发送”按钮，挑一句就可以了，省去了打字过程。

3. 传送文件

这个功能可以跟你的好友传递任何格式的文件，例如图片、文档、歌曲等。需要注意的是，传送文件已经实现断点续传，传大文件再也不用担心中途断开了。

只要你的好友在线上，右击他的头像，在弹出的菜单中选择“更多→发送文件”命令。也可以双击要传送文件的好友的头像，打开聊天对话窗，在上面的控制菜单中选择“传送文件”。

根据 QQ 的提示，在弹出的“打开”界面中，选取计算机上需要传送的文件，单击“打开”按钮。聊天窗口会出现等待对方的接收许可的提示。

这里之所以需要接收许可，是由于黑客可以将有害的文件或者程序伪装成为来自好友的文件传送给用户。因此，在接收文件时，一定要提高警惕，确认清楚。

同样，当你的好友通过 QQ 向你发送文件时，首先会收到他的文件传送请求，如图 7-77 所示。如果同意就可以单击“接收”按钮，在弹出的窗口中选择好保存文件的目录后文件就开始传送过来了，聊天窗口右上角出现传送进程。文件接收完毕后，QQ 会提示你打开文件所在的目录，如图 7-78 所示。

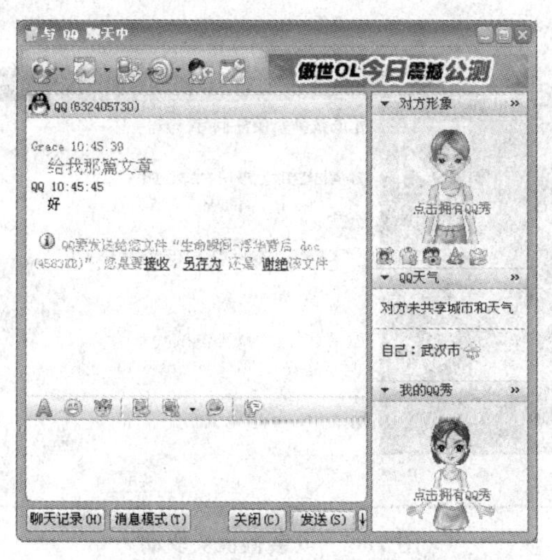

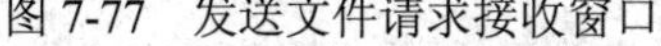
图 7-77　发送文件请求接收窗口

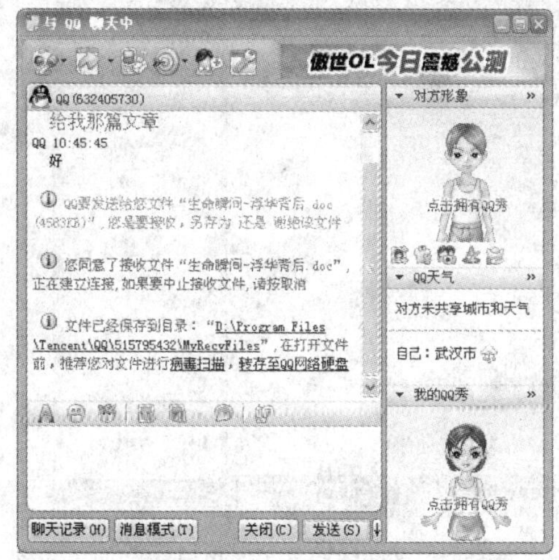

图 7-78　接收文件完毕窗口

4. 超级语音和视频聊天

在 QQ 上面的控制菜单里选择“影音交谈”，图标为一个摄像头和话筒，打开如图 7-79 所示的下拉菜单。

如果计算机配有声卡、麦克风和耳机或音箱，就可以选择超级语音（两人对话）或者多人超级语音，进行语音聊天。如果单点击“超级语音”，对方会看到如图 7-80 所示的窗口，他可以选择接受或拒绝。选择接受后，出现如图 7-81 所示的画面，双方可以开始语音交谈，同时也可以进行文字交流等操作。

图 7-79　影音交谈菜单

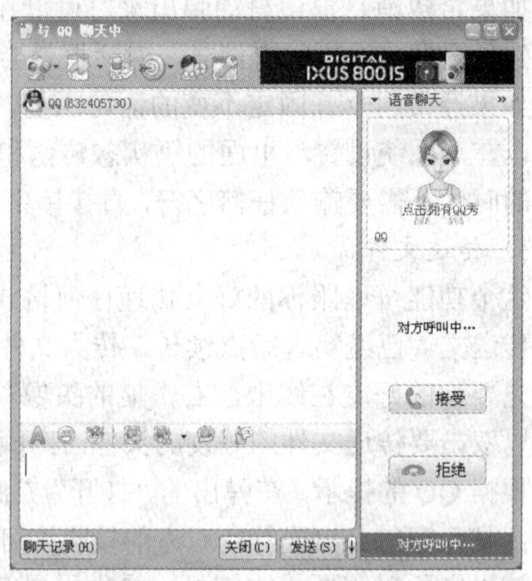

图 7-80　超级语音呼叫窗口

如果还希望能让别人看到你的视频，则用户的计算机上就必须安装一个摄像头。下面先介绍摄像头的安装。将 USB 接口的摄像头插入计算机的 USB 接口，系统会自动安装该摄像头。安装完成后出现如图 7-82 所示的窗口，必须重启计算机后，硬件才可以生效。

图 7-81　超级语音交谈窗口

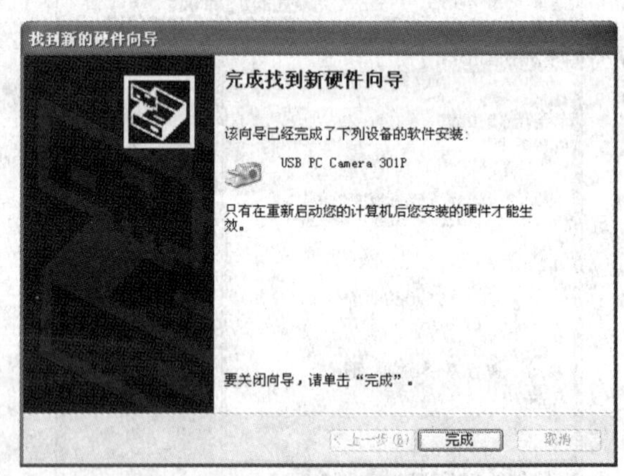

图 7-82　安装摄像头驱动

硬件生效后，在与好友聊天的 QQ 窗口上面的控制菜单里选择“影音交谈”，然后在下拉菜单中选择“超级视频”，对方会看到如图 7-83 所示的窗口，用户可以选择接受或拒绝。选择接受后，就可以开始视频语音交谈，同时也可以进行文字交流等操作。

7.3.3　QQ 的设置与其他应用

1. 个人设置

单击 QQ 主面板（图 7-69 所示）左下角的“主菜单”按钮，在弹出的菜单中依次选择“系统设置→个人资料”，并在弹出的窗口上单击“编辑资料”，打开如图 7-84 所示的窗口。在该窗口中可以修改个人的资料，包括个性签名、个人说明、昵称、姓名、电子邮件、个人主页、修改手机号码、个人的年龄、地区、居住地址等，另外还可以更换头像。

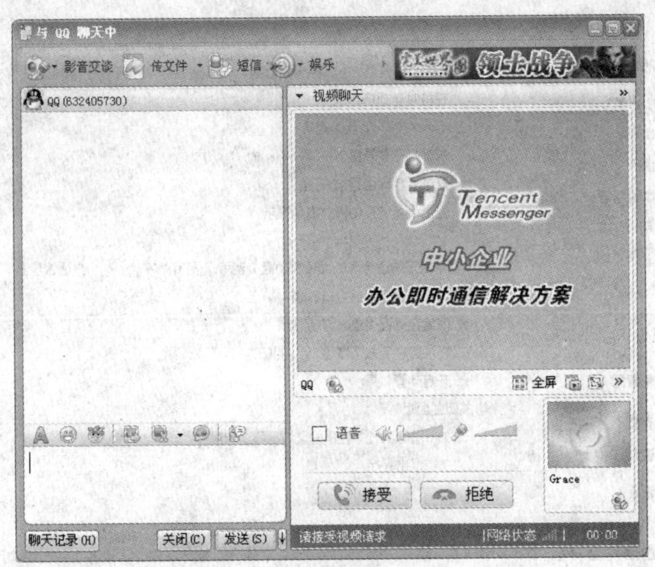

图 7-83　超级视频呼叫窗口

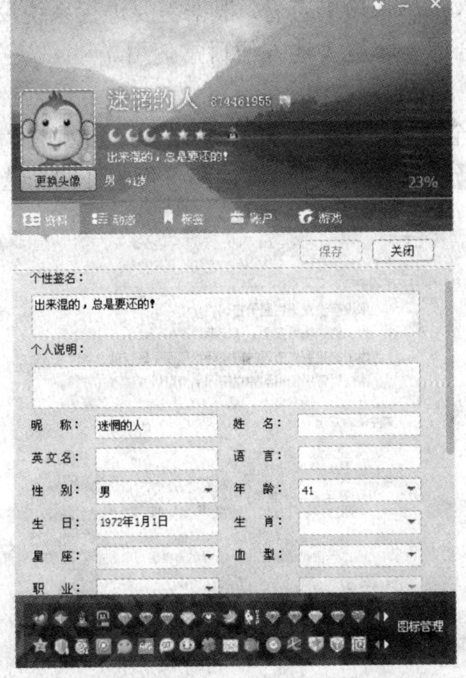

图 7-84　“个人设置”对话框

2. 系统基本设置

单击 QQ 主面板（图 7-69 所示）左下角的“主菜单”按钮，在弹出的菜单中依次选择“系统设置→基本设置”，打开如图 7-85 所示的“系统设置”对话框。在该对话框中有基本设置、状态和提醒、好友和聊天、安全设置、隐私设置。在基本设置中主要包括常规、热键、声音、文件管理、网络连接、软件更新等相关设置。

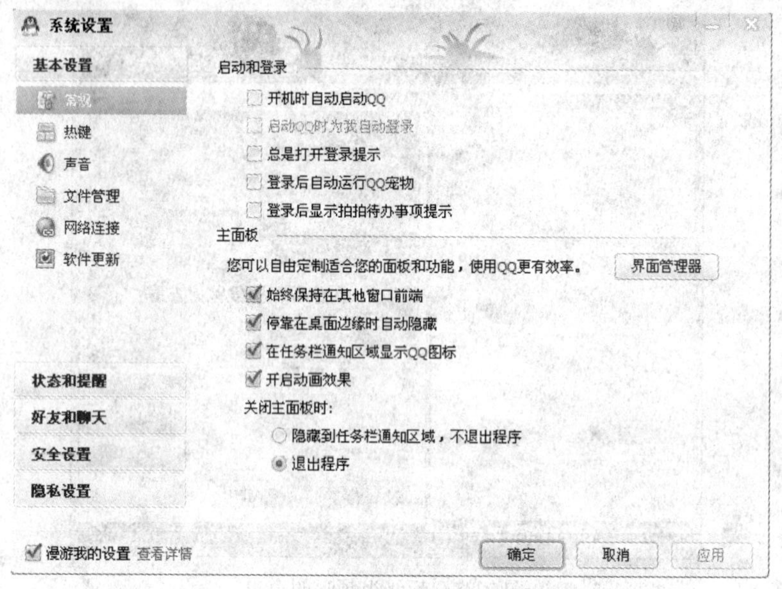

图 7-85 “系统设置”对话框

具体内容读者可以进入每个选项卡查看，根据需要进行系统设置。系统设置关系到 QQ 软件使用的方方面面，设置合适，将极大地方便日常使用。

3．安全设置

在图 7-85 中单击“安全设置”选项，打开如图 7-86 所示的“安全设置”对话框。在该选项下有消息记录安全、防骚扰设置、QQ 锁设置和身份验证四个选项卡。

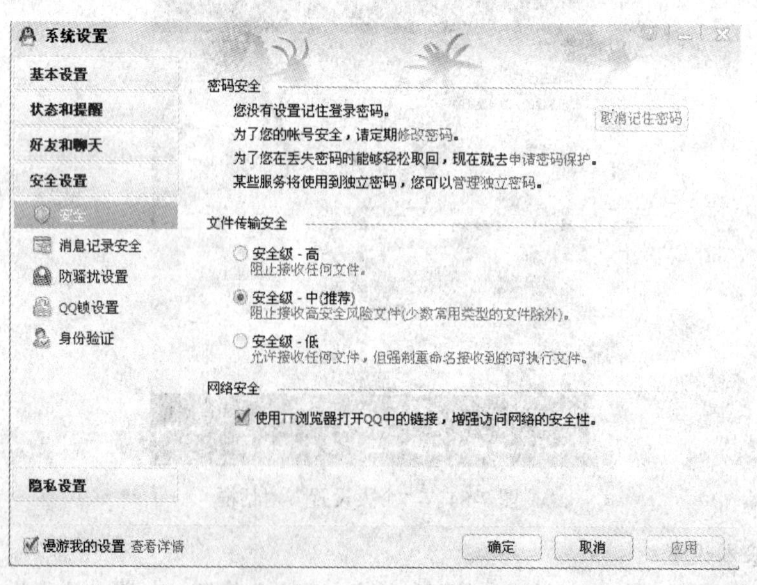

图 7-86 “安全设置”对话框

具体内容读者可以进入每个选项卡查看，根据自己的需要进行安全设置。安全设置关系到 QQ 软件使用的安全问题，设置合适将保护密码和信息安全。

4. 聊天记录

（1）查看聊天记录：右击好友头像，在弹出的快捷菜单中依次选择“消息记录→查看本地消息”，打开“信息管理器”窗口，如图 7-87 所示。可以查看与对方的聊天记录，还可以按分组查看 QQ 上与任何网友的对话记录以及系统信息、手机消息。

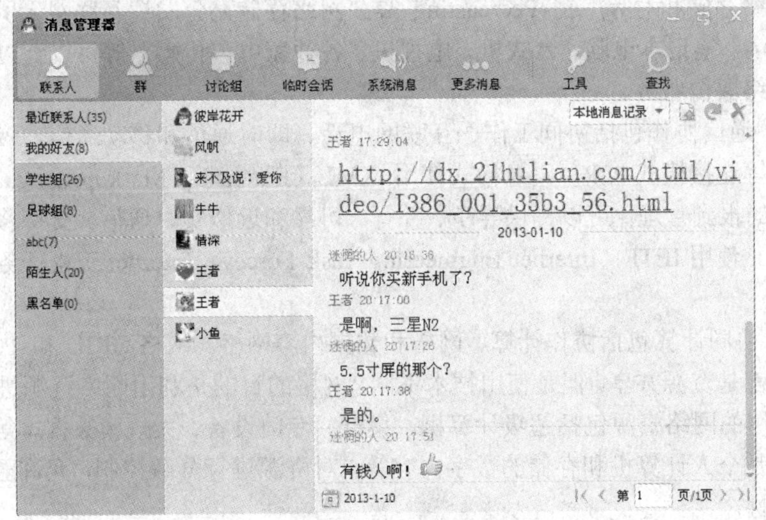

图 7-87　信息管理器

当然，在聊天的时候，也可以点击在聊天对话框下方的“聊天记录”按钮，查看聊天记录。

（2）上传聊天记录：可以将聊天记录上传到 QQ 服务器中，这样就可以保存与某个好友的聊天记录。

（3）下载聊天记录：当用户换了一台计算机上网的时候，可以下载原来保存在服务器的聊天记录到本地进行查看。

7.4　文件下载

7.4.1　文件下载的工作原理

1. P2P 简介

互联网能够发展至今，根本原因在于其每个应用都是为人与人之间的交流而设置的。而现在能够引起互联网震动的，无非也只有交流方式的变革本身。如今，用户每天在互联网中进行的活动几乎没有不沾 P2P 技术的。一个简单的例子，在用户使用 QQ 聊天之时，实际上就享受着 P2P 技术带来的服务。

P2P 是英文 Peer-to-Peer（对等）的简称，又被称为“点对点”。“对等”技术，是一种网络新技术，依赖网络中参与者的计算能力和带宽，而不是把依赖都聚集在较少的几台服务器上。

P2P还是英文Point to Point（点对点）的简称，意思是在用户进行下载的同时，自己的计算机还要上传那些已经下载的内容，即“人人为我，我为人人”的工作理念。这种下载方式的优点是用户越多速度越快，但缺点是对硬盘损伤比较大，原因是在向硬盘写数据的同时，还要从硬盘读数据，并且对内存占用也较多，一般会影响整个计算机运行速度。P2P计算应用系统的目标主要有以下几类：

（1）P2P内容共享。包括共享文件下载BT、eDonkey、Gnutella、搜索和检索Bearshare、内容分发、网络存储和对等广播 Peercasting 等。网络存储充分发挥互联网无所不在的优势，移动电话、PDA、笔记本电脑、台式机、电视机、各种家电和传感器等可以通过各种有线或无线接入连接网络取得服务。

（2）P2P 通信协作包括协同工作、互联网电话、即时通信和移动通信。P2P 即时通信系统 IM采用对等连接模式P2P，消息格式使用 XML（Extensible Markup Language，可扩展标记语言）有效的报到管理，可以提供异步、并行、可靠和近似实时通信。支持移动报到管理和移动即时通信。使用IETF（Internet Engineering Task Forcev，Internet 工程任务组）标准保证互通互用。

（3）P2P协同计算包括协作计算、网格和数据内容网格。网格GRID和 P2P协作的基本概念非常相似都是资源共享，但是使用技术不同。网格的目的是利用网络资源进行大规模高性能计算，其利用的网络资源包括超级计算机、集群、专门设备、大规模数据库等。P2P协作利用的网络资源是个人计算机和存储的数字内容等，对资源进行分散控制，允许匿名接入。主要优点是可测量性。

采用P2P和GRID融合产生数据内容网格，用P2P技术建立数据网格是最有吸引力和实际的方法。综合 P2P 技术建立内容网格，在网格中数据、内容是自动分布的，用户可以接入最近的数据。视频内容网格，以分布式存储提供视频点播业务。

（4）P2P将开创网络媒体新时代。电视视频节目除现场直播以外，都是事先录制好存储在服务器中的。点播是一种工作模式，但是它占用网络资源太多。P2P为网络电视媒体提供了一个新的工作模式，用户可以先用P2P方式下载内容存储在自己的计算机中，再回放观看。

2. P2P工作原理

传统的 HTTP 下载是从服务器（Sever）上直接复制数据给客户端（PC），这种传输的快慢有带宽的限制。由于一般服务器连接的客户端不止一个，服务器的带宽就会被分享，即在没有特殊限制的话，服务器的带宽是被等分的。假设服务器的带宽是100Mb/s，即12500KB/s，有100台客户端连接，那么每一台分享到的带宽就是125KB/s，可见客户端的带宽没有完全发挥，为了弥补这种状况，FlashGet发明了多线程下载，有点像多模拟几个客户端同时下载一个文件。

在这种机制下，如果下载的客户端越多，那么需要均分服务器带宽的用户就越多，对客户端的反映来说就是下载的速度越慢，这种情况需要改变，P2P就是在这种情况下诞生的。

在图7-88所示的P2P工作原理示意图中，P2P下载时，服务器（Sever）不再担任以前的HTTP下载中服务器的角色，其只负责将文件的基本信息在客户端之间中转，本身并未存放任何文件。P2P软件将文件被分成若干块，这里假设为A~Z块，客户端可以先下载K段再下载别的，没有固定的顺序，只要等最后文件被“填满”就表示下载完成。这样的好处就是：在原来使用 HTTP 下载中，如果宕机了就下不全；现在在使用 P2P 下载时就完全不必担心这一点，即使没有 M 段，只要等有 M 段的人传送过来就下载完毕，而且在下载别人资源的同时，也在将自己下载完成的部分分享给没有此区块的人，这样就是分享。当然单组客户端之间的传送速度是非常慢的，但是连接的用户数越多，理论上一台客户端连接的用户数就可以增多，下载速度就这样提起来了，既充分利用了带宽又保证了完整性。

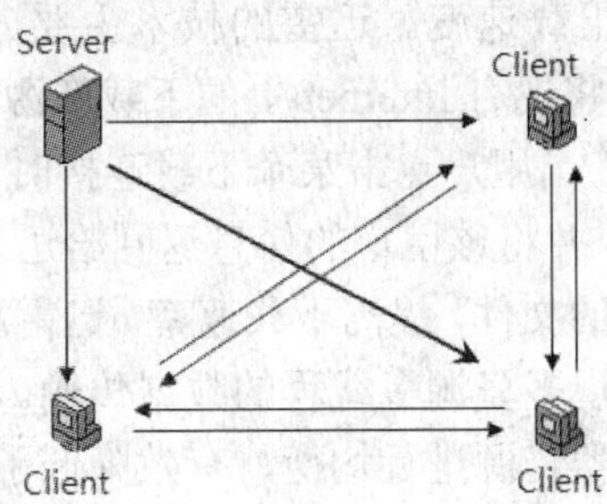

图 7-88　P2P 工作原理示意图

3. 典型 P2P 应用的机制分析

本节将对文件分发、流媒体应用、语音服务 3 个领域中具有代表性的软件机制进行详细的分析。对于这些软件的分析有助于理解 P2P 技术的原理和把握 P2P 技术未来发展的趋势。

（1）BitTorrent。BitTorrent 软件用户首先从 Web 服务器上获得下载文件的种子文件，种子文件中包含下载文件名及数据部分的哈希值，还包含一个或者多个的索引（Tracker）服务器地址。BitTorrent 软件工作过程如下：客户端向索引服务器发一个超文本传输协议（HTTP）的 GET 请求，并把它自己的私有信息和下载文件的哈希值放在 GET 的参数中；索引服务器根据请求的哈希值查找内部的数据字典，随机地返回正在下载该文件的一组节点，客户端连接这些节点，下载需要的文件片段。因此可以将索引服务器的文件下载过程简单地分成两个部分：与索引服务器通信的 HTTP，与其他客户端通信并传输数据的协议，称为 BitTorrent 对等协议。BitTorrent 协议也处在不断变化中，可以通过数据报协议（UDP）和 DHT 的方法获得可用的传输节点信息，而不是仅仅通过原有的 HTTP，这种方法使得 BitTorrent 应用更加灵活，提高 BitTorrent 用户的下载体验。

（2）eMule。eMule 软件基于 eDonkey 协议改进后的协议，同时兼容 eDonkey 协议。每个 eMule 客户端都预先设置好了一个服务器列表和一个本地共享文件列表，客户端通过 TCP 连接到 eMule 服务器进行登录，得到想要的文件的信息以及可用的客户端的信息。一个客户端可以从多个其他的 eMule 客户端下载同一个文件，并从不同的客户端取得不同的数据片段。eMule 同时扩展了 eDonkey 的能力，允许客户端之间互相交换关于服务器、其他客户端和文件的信息。eMule 服务器不保存任何文件，它只是文件位置信息的中心索引。eMule 客户端一启动就会自动使用传输控制协议（TCP）连接到 eMule 服务器上。服务器给客户端提供一个客户端标识（ID），它仅在客户端服务器连接的生命周期内有效。连接建立后，客户端把其共享的文件列表发送给服务器。服务器将这个列表保存在内部数据库内。eMule 客户端也会发送请求下载列表。连接建立以后，eMule 服务器给客户端返回一个列表，包括哪些客户端可以提供请求文件的下载。然后，客户端再和它们主动建立连接下载文件。

eMule 基本原理与 BitTorrent 类似，客户端通过索引服务器获得文件下载信息。eMule 同时允许客户端之间传递服务器信息，BitTorrent 只能通过索引服务器或者 DHT 获得。eMule 共享的是整个文件目录，而 BitTorrent 只共享下载任务，这使得 BitTorrent 更适合分发热门文件，eMule 倾向于一般热门文件的下载。

（3）迅雷。迅雷是一款新型的基于多资源多线程技术的下载软件，迅雷拥有比目前用户常用的下载软件快 7～10 倍的下载速度。迅雷的技术主要分成两个部分，一部分是对现有 Internet 下载资源的搜索和整合，将现有 Internet 上的下载资源进行校验，将相同校验值的统一资源定位（URL）信息进行聚合。当用户点击某个下载连接时，迅雷服务器按照一定的策略返回该 URL 信息所在聚合的子集，并将该用户的信息返回给迅雷服务器。另一部分是迅雷客户端通过多资源多线程下载所需要的文件，提高下载速率。迅雷高速稳定下载的根本原因在于同时整合多个稳定服务器的资源实现多资源多线程的数据传输。多资源多线程技术使得迅雷在不降低用户体验的前提下，对服务器资源进行均衡，有效降低了服务器负载。

每个用户在网上下载的文件都会在迅雷的服务器中进行数据记录，如有其他用户再下载同样的文件，迅雷的服务器会在它的数据库中搜索曾经下载过这些文件的用户，服务器再连接这些用户，通过用户已下载文件中的记录进行判断，如用户下载文件中仍存在此文件（文件如改名或改变保存位置则无效），用户将在不知不觉中扮演下载中间服务角色，上传文件。

（4）PPLive。PPLive 软件的工作机制和 BitTorrent 十分类似，PPLive 将视频文件分成大小相等的片段，第三方提供播放的视频源，用户启动 PPLive 以后，从 PPLive 服务器获得频道的列表，用户点击感兴趣的频道，然后从其他节点获得数据文件，使用流媒体实时传输协议（RTP）和实时传输控制协议（RTCP）进行数据的传输和控制。将数据下载到本地主机后，开放本地端口作为视频服务器，PPLive 的客户端播放器连接此端口，任何同一个局域网内的用户都可以通过连接这个地址收看到点播的节目。

7.4.2 eMule 的介绍

1. 什么是 eMule

eMule 中文名称是电骡，做为 P2P 下载的一个重要的方式，逐渐地被人们接受和喜爱。

P2P 最早是在美国由 18 岁的 Shawn Fanning 开发出一个叫 Napster 的软件时引入的概念，它不仅仅是一种软件架构，也是一种社会模式的体现，网络上流行的 P2P 软件的架构手段主要有两种：集中式和分布式。集中式便是利用服务器作为媒介使各个分散的节点（用户）能互相联系，生成各种服务响应。分布式是每个节点既做服务器又做客户端，这种方式非常灵活，一个孤立的节点只要连上另一个节点便可以进行传输。

Napster 可以说是第一代 P2P 软件。后来由于 Napster 陷入诉讼危机（相关版权问题），便出现了 Gnutella，它吸取了 Napster 的失败教训，将 P2P 的理念更推进一步：它不存在中枢目录服务器，用户只要安装了该软件，立即变成一台能够提供完整目录和文件服务的服务器，并会自动搜寻其他同类服务器，从而连成一台由无数 PC 组成的网络超级服务器，这样传统网络的 Server 和 Client 被重新定义。Gnutella 作为第二代 P2P 软件，可以说是最早的 P2P 技术，然后 FastTrack（即 Kazaa 的底层技术）迅速掘起取代其地位，成为 P2P 老大。

随着二代技术的普及，又一个问题诞生了，很多用户在利用 P2P 软件的时候大多只愿“获取”，而不愿“共享”，P2P 的发展遇到了意识的发展瓶颈。不过，一头“驴”很快改变了游戏规则，它就是后来鼎鼎大名的 eDonkey。这标志着第三代 P2P 技术的兴起，eDonkey 采用了“分散式杂凑表”的 Neonet 技术，改变了 P2P 网络上的搜索方式，理论上可以更有效率地搜索更多的电脑，以及更容易找出少见的文件。这种技术已经使 eDonkey 基本快要追上了 P2P 服务龙头业界的另一个老大 Kazaa 了。eDonkey 由 Jed McCaleb 在 2000 年创立，最重要的是可以同时从许多人那里下载同一个文件，并且采用了“多源文件传输协议”。电驴的索引服务器并不集中在一起的，而是各人私有的，遍布全世界，每一个人都可以运行电驴服务器，同时共享的文件索引为被称为“ed2k-quicklink”的连接，文件前缀是“ED2K://”。

同时，在协议中定义了一系列传输、压缩和打包的标准，甚至还定义了一套积分的标准，上传的数据量越大，积分越高，下载的速度也越快。而且每个文件都有 md5-hash 的超级链接标示，这使得该文件独一无二，并且在整个网络上都可以追踪得到。eDonkey 可以通过检索分段从多个用户那里下载文件，最终将下载的文件片断拼成整个文件。而且，只要得到了一个文件片断，系统就会把这个片断共享给大家，尽管通过选项的设置可以对上传速度做一些控制，但无法关闭它。

在 eDonkey 出现后，其改良品种 eMule 也出现了。可以说 eMule 是 eDonkey 的升级版，它的基本原理和运作方式也都是基于 eDonkey，eMule 基于 eDonkey 网络协议，因此能够直接登录 eDonkey 的各类服务器。eMule 同时也提供了很多 eDonkey 所没有的功能，例如可以自动搜索网络中的服务器、保留搜索结果、与连接用户交换服务器地址和文件、优先下载便于预览的文件头尾部分等，这些都使得 eMule 使用起来更加便利，也让它得到了电骡的美誉。

总之，eMule 继承了第二代 P2P 无中心、纯分布式系统的特点，但 eMule 不再是简单的点到点通信，而是更高效、更复杂的网络通信；再加上引入的强制共享机制，在一定程度上避免了前几代 P2P 纯个人服务器管理带来的随意性和低效率。

2. eMule 的工作原理和优点

当在搜索列表中选取了需要的文件并开始下载后，eMule 会记录下这个文件的大小、文件名以及另一个叫做 Hash 的特殊值。会向所有添加的服务器发出请求，要求得到有相同 Hash 值的文件，而服务器则返回持有这个文件的用户信息。这样客户端就可以直接和拥有那个文件的用户沟通，看看是不是可以下载所需的文件。

eMule 最大的优点就在于：不是只在一个用户那里下载文件，而是同时从许多个用户那里下载文件。如果另一个用户仅仅只有所需要文件的一个小小片断，也会自动地把这个片断分享给大家，eMule 就可以从这个用户的机器上下载这个片断。当然只要得到了一个文件片断，系统就会把这个片断共享给大家。在查找到下载源（其他客户端）后，下载就是客户端和客户端通过点对点（P2P）进行直接对话了，这期间没有数据流通过服务器。

eMule 建立于多点文件传输协议之上，一个 eMule 网络由服务器端和客户端两部分组成，服务器端是客户端连接的、为了搜索和查找可以下载用户的桥梁，服务器列表像电话本一样排列，客户通过浏览而获取需要的文件所有者的客户端信息。在 Download 过程中，没有下载文件通过服务器端。

每一个客户端连接到一个服务器作为主服务器。在连接时，由客户端告诉主服务器共享了哪些文件，以及 IP 地址等其他信息。所以每一个服务器会记录所有登录到服务器上的以上信息。在本服务器搜索时，会通过匹配记录的已知以上信息把查找结果反馈给搜索的客户端列表。当使用扩展搜索（Extend Search）时，搜索请求和应答结果通过发送限制带宽的 UDP 包连接到客户端本身的服务器列表对应的某一个 IP 地址的服务器。

当客户端选择了一个文件下载时，首先收集一个拥有该文档的客户端的列表；再查询主服务器所有登录用户他们是否拥有该文件；然后再连接和查选其他服务器的登录用户所拥有该文件的客户端列表，只要找到拥有该文件的其他客户端，就将请求每个客户端发送这个文件的不同片，直至最后文件由这个不同的片组装成一个完整的文件。在进行 pause/resume 的时候，选择的下载列表已经获取，它 pause 的仅仅是客户端和客户端之间的 TCP 连接，然后恢复 TCP 连接。这个过程只有再 resume 时通过客户端向服务器端发送 22 个字节后即可，占用的仅仅是 22 个字节的网络流量。在 pause 时甚至不通过登录的服务器进行，也无须登录的主服务器进行任何干预和操作。所以说，并未占用主服务器的任何资源，只是在已经和主服务器连接的通道上发送 22 个字节而已。

eMule 的优点是不需要服务器来存放共享文件，节省了服务器架设、海量硬盘、网络带宽。每个用户端节点都同时是文件下载者和提供者。实际上，正在下载而且还没下载完整个文件时，已经可以把已下载的部分共享给别人了。因为 eMule 同时从很多文件提供者那里下载所需的文件最后再拼成整个文件。加入的人越多，下载速度越快，资源越丰富。共享方便，每个人在 eMule 里指定一个 share 目录就可以把自己的文件共享给网络中的其他人了，不必再辛苦地上传到服务器上了。

3. eMule 软件的使用

VeryCD 版 eMule 官方下载页面是 http://www.emule.org.cn/download/。随便选个镜像服务器下载最新版电骡。就和大多数 Windows 软件那样，一直单击“下一步”按钮即可安装完成。在选择安装的组件时，可能包含第三方赞助厂商的捆绑软件，如图 7-89 所示，可以根据需要选择安装或不安装。

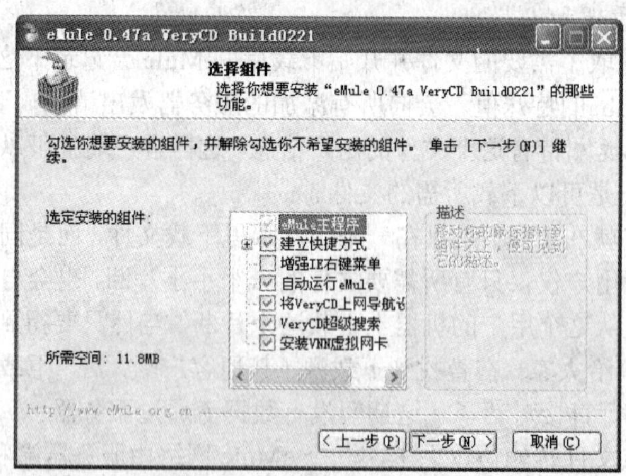

图 7-89　“选择安装组件”对话框

（1）初始设置。安装完毕后，首次运行会打开一个运行向导，对 eMule 做初步的设置，如图 7-90 至图 7-95 所示，依次进行设置，可以都选择默认的设置，所有设置在以后使用过程中都可以通过菜单进行修改。

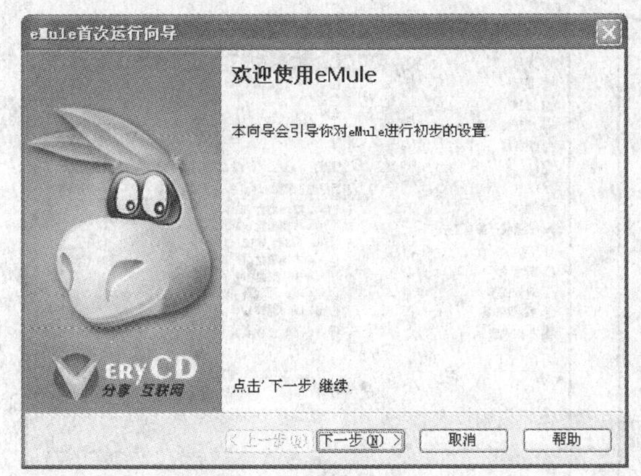

图 7-90 首次运行向导（1）

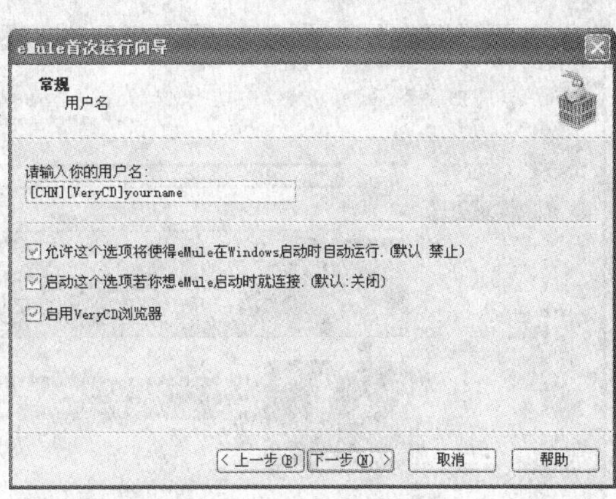

图 7-91 首次运行向导（2）

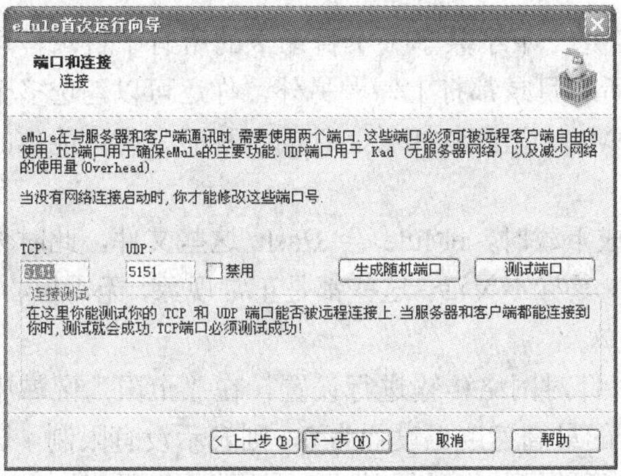

图 7-92 首次运行向导（3）

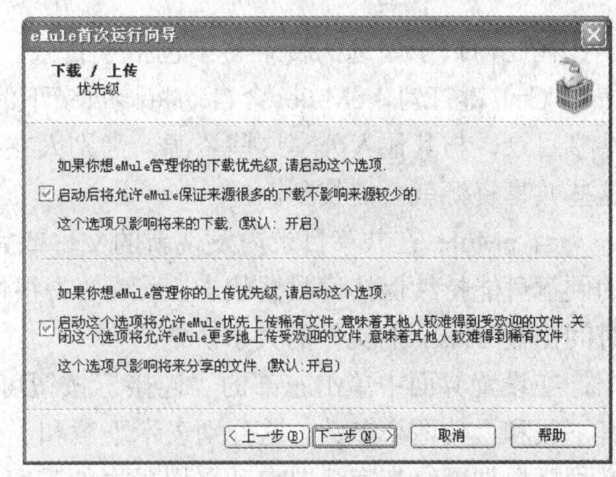

图 7-93 首次运行向导（4）

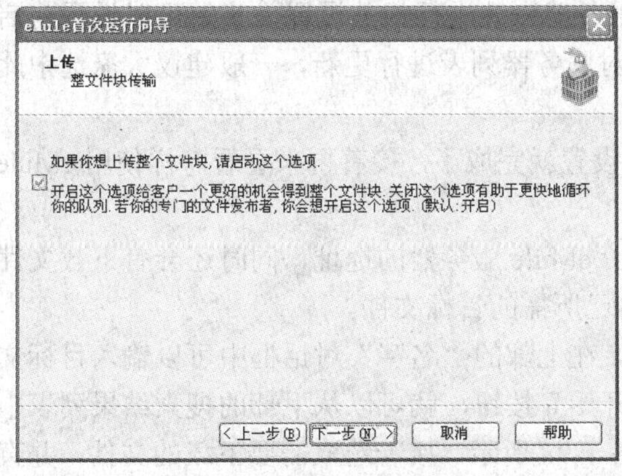

图 7-94 首次运行向导（5）

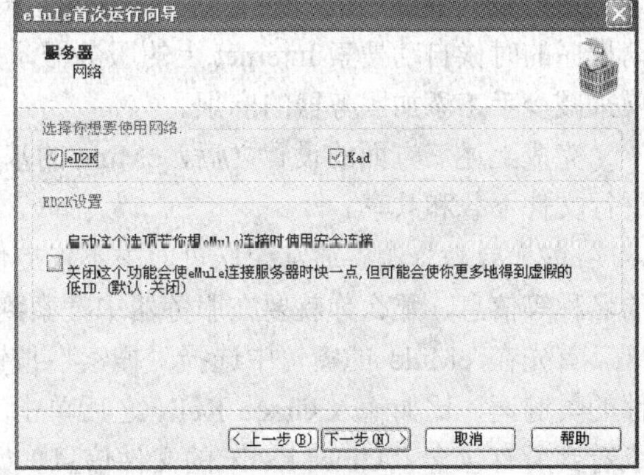

图 7-95 首次运行向导（6）

向导完成后，打开了 eMule 运行窗口，如图 7-96 所示，在顶部菜单内单击“选项”按钮，然后在左边的方框内选中“目录”，右侧就可以自定义文件存放的路径了，如图 7-97 所示。其中：

下载文件：eMule 会自动将完成下载的文件移动到这个目录。

临时文件：正在下载的文件会被临时存放在这个目录下，文件名类似 001.part、001.part.met 等。

图 7-96　eMule 运行窗口

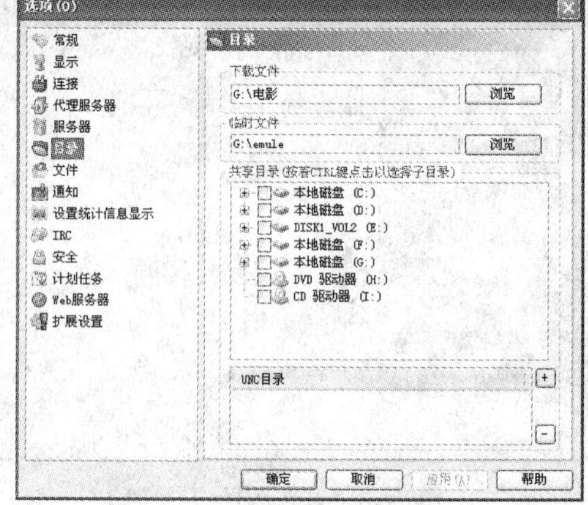

图 7-97　设置文件目录

在此窗口中勾选的目录将不包括子目录。若想一下子共享一个目录下的所有子目录，可按住 Ctrl 键打勾，eMule 会自动将该目录下的所有目录都打上勾。另外，你还可以勾选多个共享目录，与其他人分享这些资源。当别人在 eMule 里搜索相关文件的名称时，有可能你的这些共享资源就会被找到。

当 eMule 在共享目录内发现新的文件或完成下载时，eMule 会 Hash 这些文件，此时你的硬盘可能持续保持读数据状态，系统变得很慢，鼠标不灵活，这些都是正常现象，无需担心。时间由被 Hash 的文件的大小决定。

在设置界面中单击左部的“连接”按钮可以针对网络传输进行设置。在“上限”区域中有下载和上传两个参数，这分别表示下载和上传的最高速度。设置为 0，则表示没有限制，这样程序根据网络带宽情况自动采用最大的带宽进行数据传输。另外，“本地端口”是指 eMule 的端口，一般情况下不用更改。

通过设置界面中的“服务器”按钮可以对服务器属性进行相关设置，其中可以设置在启动程序的时候自动搜索 Internet 上的服务器，并对服务器列表进行更新，一般建议大家选中此项来减少手工添加服务器的麻烦。

完成上述三方面的设置之后，eMule 的基本设置就完成了，接着再来看看怎样使用 eMule 进行文件下载和共享。

（2）寻找资源。通常论坛页面中不仅提供了 eMule 服务器的地址，同时还会有下载文件的名称等信息，那么你就要在服务器中搜索到自己所需的目标文件。

首先在 eMule 的窗口中选择“搜索”按钮。在上部的“名字”对话框中可以输入目标文件的关键词，比如输入 Grace Kelly 之后单击“开始”按钮，就可以从下部的搜索结果列表中查看到所有包含了 Grace Kelly 的文件信息，如图 7-98 所示。接着选取需要下载的文件，并直接点击“下载所选文件”命令即可开始下载操作。

如果是“ed2k://|file|Chicago.DVD1.avi|733792256|a95767c36c5456a8803938710cffb43b”之类的下载地址，这时需要把整个地址复制粘贴到窗口右上部的“ED2K 链接”窗口，然后单击“开始”按钮下载。

搜索文件的时候可以借助最小文件大小、最大文件大小和扩展名等信息进行过滤；选择文件的时候可以通过 Shift 和 Ctrl 按钮来连续选择多个文件；选定文件之后可以右击并选择弹出菜单中的 Download 命令进行下载。

图 7-98　搜索文件对话框

在如图 7-98 所示窗口中可以看见每个文件都有一个很长的 ID 号，这是根据文件本身内容计算得来参数值。在文件的名称等属性被更改之后，eMule 会根据这个参数值来判断文件是否原先所需下载的目标文件。

也可以在 VeryCD 的主页上搜索，例如在 VeryCD 的主页搜索 Grace Kelly，在电影类搜到如图 7-99 所示的结果，选择“后窗”那部电影，在打开的窗口中有如图 7-100 所示的 eMule 资源。单击文件名，即可自动打开 eMule 进行下载。

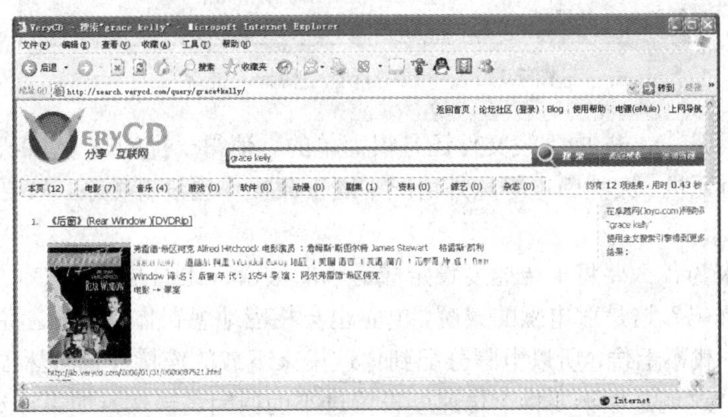

图 7-99　VeryCD 上搜索结果窗口

（3）任务下载。开始下载文件之后，单击“传输”按钮进行查看。从这里可以查看各个文件的下载状态。鼠标点最上方的“全部”可以查看总体下载信息，比较重要的是下载文件的总量，查看后可以根据硬盘分区大小增减下载文件数目。有些文件名前面有红色或者绿色的“i”，表示有人评分或者注释，可右击查看。红色表示评分为“无效的/损坏的/假的”，如果你相信别人就可以不下载了。建议单击“速度”排序下载文件。“进程”中最上面的浅蓝色线条表示已下载的比例，进程条快到终点时可将文件的优先级设高。来源中的三个数字分别表示当前连接数，最大连接数、当前上载数。最下面的客户排队中的黑名单不用去理会，原因是由于你的某一连接下载速度过快，对方将你加入黑名单并切断了你对他的连接。但由于源比较多，少一两个无所谓。

图 7-100　“后窗”的 eMule 资源

在如图 7-101 所示的窗口中可以获悉目标文件的大小、当前传输的速度、已完成的进度和剩余的时间等信息，对于一些想早些获得的文件，还可以右击并从弹出窗口中选择“优先级→高”命令，这样程序将自动分配更多的带宽优先下载这个文件。

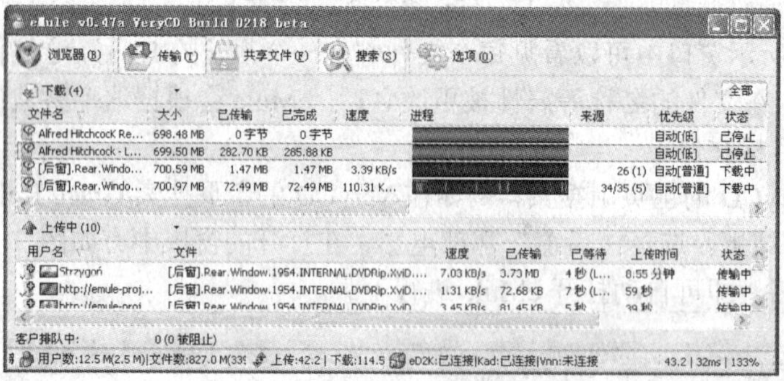

图 7-101　下载中查看“传输”情况

按照上述步骤从 eMule 中下载文件还是很简单的。值得一提的是 eMule 还提供了断点续传功能，如果因为死机、突然断电等意外情况中断下载操作也没有关系，只要重新运行程序并且继续下载即可。

在下载过程中为什么要将上传速度设定成适当的数值，比如若设成 1k，只下载而基本不上传这样不是更好吗？这是对电骡的误解，电骡也会相应地惩罚你。因为这将直接影响你的连接数，因为你只下载不上传，所以电骡分配到你这里来下载的连接数目必然很少。由于电骡用户既上传又下载，这就是你不要将上传速度设置过小的原因。当然，如果你对上传不设限制，这绝对是最能体现“我为人人，人人为我”电骡宗旨的。

（4）资源分享。既然能够借助 eMule 从别人的计算机中下载文件，那么有什么好东东不妨也拿出来和大家共享吧。与下载操作相比，在 eMule 中共享文件则显得简单多了。先在选项设置窗口中选择“目录”一项，此时右边共享目录窗口中将显示出系统中所有的驱动器列表，对于你希望共享的文件夹只要用鼠标点击打勾即可，例如笔者就把游戏、电影和音乐等方面的文件共享给其他网友下载使用。这样你只要公布自己的 IP 地址和 eMule 使用的端口就可以让别人登录到你的计算机上下载文件了。如果通过 ADSL 内动态 IP 地址接入 Internet，建议使用动态域名解析软件获得一个固定的域名，这样别人可以通过域名登录到你的计算机。

另外 VeryCD 资源库现有各类精华资源一万余项，首页每日页面流量达六百万。一旦你的资源被审核为精华，即可在 5 分钟内出现在 VeryCD 首页，让数万双眼睛看到。使用 VeryCD 的发布系统必须拥有 VeryCD 论坛账号，论坛不开放注册，目前只能由老会员推荐注册，详情请见 VeryCD 论坛注册页面。

发布前的准备工作：

1）将准备发布的文件按照一定要求准备好。

2）需要在 eMule 里面添加共享目录，默认目录为 C:/Program Files/eMule/incoming，你可以把你要发布资源所在的文件夹添加为共享。步骤：选项目录→在共享文件夹前面打勾→确定，如图 7-102 所示。

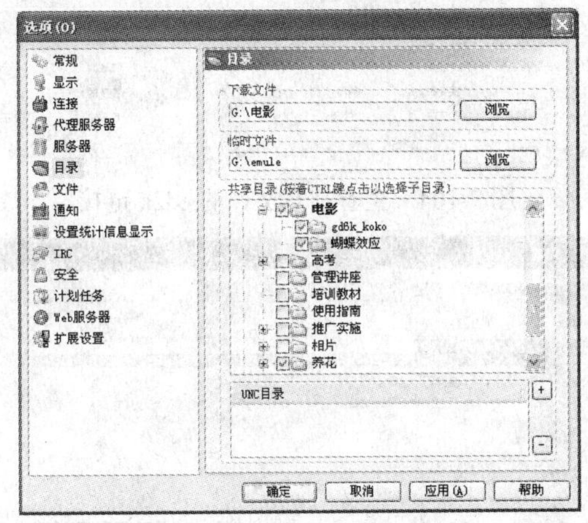

图 7-102　添加共享目录

3）添加好共享文件之后，在 eMule 的共享菜单下可以看到你已经添加的共享文件（没看见的话多刷新几次）。然后，对要发布的文件使用右健菜单，把发布文件的优先级改为发布。步骤：共享→查看已共享文件→改变优先级为发布，如图 7-103 所示。

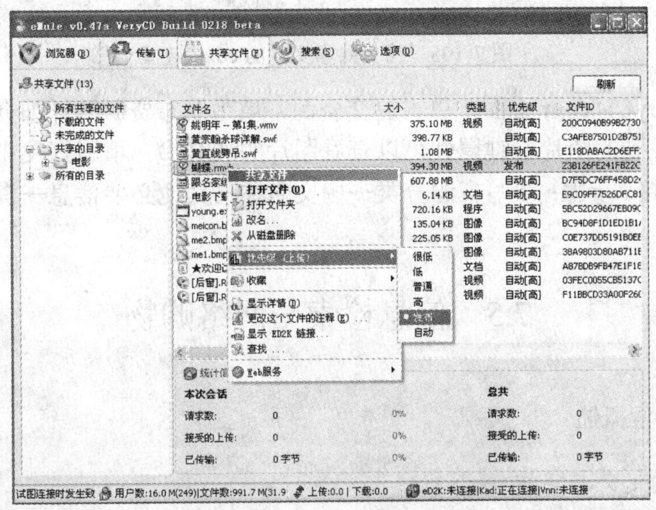

图 7-103　发布文件

4）查看共享文件的 ed2k 链接，并且复制。步骤：右击“共享文件→查看 ed2k 链接 → 复制”，如图 7-104、图 7-105 所示。

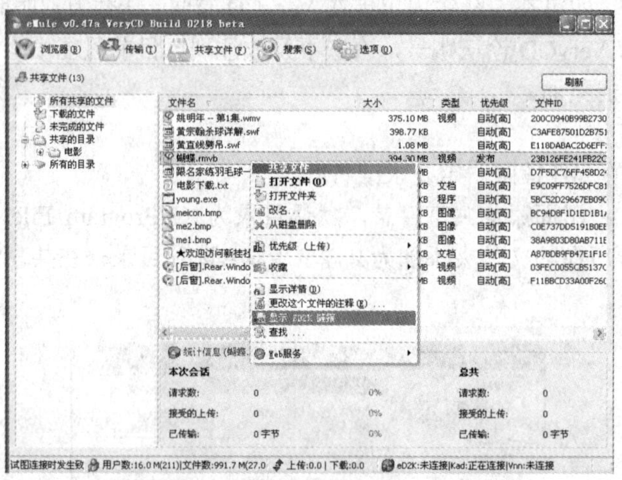

图 7-104　查看共享文件的 ed2k 链接

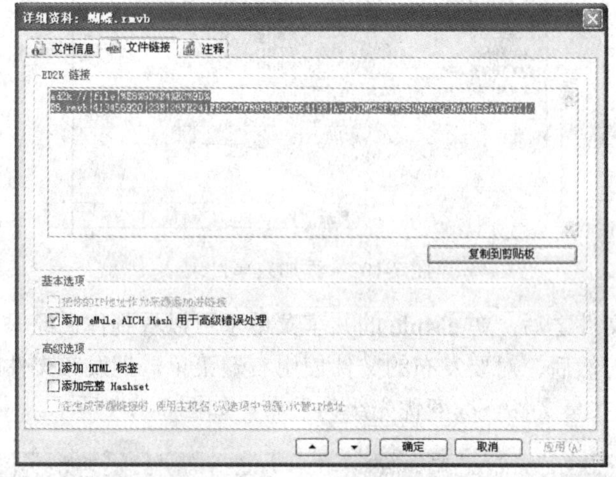

图 7-105　拷贝共享文件的 ed2k 链接

5）到 www.VeryCD.com 上面，单击提交资源，填写发布资源的详细介绍，信息、图片请引用 URL（网上找到的图片右键属性可以查看图片的 URL）。填写好发布资料以后，粘贴之前复制的 ed2k 链接。步骤：填写资源分类→中文名称→其他必要信息→资源内容介绍→粘贴 ed2k 链接。

7.5　信息检索与网络购物

7.5.1　信息检索概述

1. 信息检索的定义与实质

信息资源的共享是避免人们重复劳动、少走弯路的捷径，它必将产生巨大的社会效益和经济效益。面对日益庞大的信息资源，人们必须通过一种科学的方法从中获取自己所需要的那部分信息，这就是检索（retrieval）。广义的“信息检索”应包括信息存储与检索（information storage & retrieval）两个方面。只有经过有组织的有序信息集合，才能提供检索，编排组织与检索查询有对应的关系，因此了解一个信息系统的组织方式也就找到了检索的根本方法。

信息检索的本质是信息用户的需求和信息集合的比较与选择，即匹配（match）的过程。从用户需求出发，对一定的信息集合（系统）采用一定的技术手段，根据一定的线索与准则找出相关的信息。

每件信息都包含有内部及外部的特征（即信息的属性），这些特征可以用来作为检索的出发点和匹配的依据，人们称之为检索点（access point）。这些检索点包括分类、主题、著者、名称、代码等。

2. 检索的类型

作为检索对象的信息，它有不同的形式，有的以文献的形式出现，有的以数据或事实的形式出现。根据检索对象的形式不同，信息检索又分为文献检索和数据检索。凡以文献（包括文摘、题录或全文）为检索对象的，就叫文献检索（documentretrieval）。同理，若以数据或事实为检索对象的，则是数据检索（dataretrieval;factretrieval）。可见，文献检索只是信息检索的一部分，但又是其中最重要的一部分。

从性质上说，文献检索是一种相关性检索，系统不直接解答用户所提出的技术问题本身，只提供与之相关的文献供用户参考。例如，某用户需要有关建造压水堆式核电站的技术资料，这是属于文献检索范畴的问题；而数据检索则是一种确定性检索，系统要直接回答用户提出的技术问题，即直接提供用户所需要的确切的数据或事实，而且检索的结果一般也是确定性的。

3. 检索系统

由于文献的广泛性和浩繁性，企图通过普遍浏览文献选出所需的信息是很困难的。为解决这个问题而建立了检索系统，检索通过检索系统（工具）来实现，它为信息接收者（用户）检索文献提供信息，在信息发生和接收之间起着信息传递的“媒介”作用。按信息的存储媒体和技术手段来分，检索系统有两种：手工检索系统和计算机检索系统。手工检索简称手检，使用的通常是一些书本型的检索工具，检索过程是由人脑和手工操作的配合来完成的，匹配是人脑的思考、比较和选择。计算机检索简称机检，使用的是计算机检索系统，后面将详细论述。

信息检索系统一般由以下 5 部分组成：

（1）检索对象，即检索的文献。任何信息检索系统必须拥有丰富的文献信息资源，或者全面收藏某一领域、某一类型的文献信息资源。如果只能提供查找文献的线索，而不能提供文献的全文，不能算是一个完善的信息检索系统。

（2）逻辑语义工具。主要是检索语言、文献标引及输入输出规则的总称，是抽象的语言及规则、标准，是构成检索文档非常重要的工具与规则。没有它，检索系统就成为无序的文献标识集合，有目的的信息检索就无法顺利进行。

（3）检索文档。检索文档是标有文献标识信息单元的有序的集合。在手工检索系统中就是卡片式或者书本式的检索工具，在计算机检索系统中就是磁带、磁盘、计算机光盘等各种检索工具。

（4）技术设备。信息检索系统技术设备主要是对计算机检索系统而言，是指实现信息检索的检索标识与文献的存储标识进行比较的技术装备。目前，电子计算机已被广泛地运用于文献检索系统，大大地提高了信息检索的效率，因此很受用户的欢迎。

（5）作用于系统的人。人是构成信息检索系统的主要因素，即与信息检索系统有关的人员，包括检索人员、标引人员、系统维护人员、管理人员等。

7.5.2 Google 搜索引擎使用说明

在 Internet 上查找所要的信息的方法主要有直接输入网址、使用搜索引擎等。搜索引擎是指为用户提供信息检索服务的程序，通过服务器上特定的程序把 Internet 上的所有信息分析、整理并归类，以帮助在 Internet 网中搜寻到所需要的信息。在 Internet 上，有许许多多这样的服务器，时刻不停地将网上的信息归类，并编出索引，放入数据库中。另一方面，当用户通过搜索引擎查找信息时，搜索引擎就会对用户的需求产生响应，并根据查找的关键词检索数据库，最后将检索结果提供给用户。

需要注意的是，搜索引擎虽然大大提高了信息检索的效率，但并不是万能的，很多有效信息被遗漏，还有很多无效信息会被混杂进来，因而需要进一步地筛选。

一般来讲，在 Internet 上搜索信息的基本步骤如下：

（1）使用搜索引擎进行粗略地搜索。

（2）从搜索到的网址中挑选一些具有代表性的网址，例如权威杂志、报纸、企业或者评论，进入这些网址并浏览其网页。

（3）通过追踪网页中的超级链接，逐步发现更多的网址和更多的信息。

后两个步骤没有什么技巧，只是需要花费大量的时间在网上搜寻，本节将主要介绍使用搜索引擎进行搜索的方法。

Google 的网址是 http://www.google.com/，是目前使用最广泛的搜索引擎之一，其最大的特点有两个：首先是连接速度快；其次是使用十分简单。

打开 IE，在地址栏内输入 http://www.google.com/后按回车键，就会显示 Google 搜索引擎页面，如图 7-106 所示。

图 7-106 Google 主页

1. 基本使用方法

（1）基本搜索。Google 查询简洁方便，仅需输入查询内容并按回车键（Enter），或单击“Google 搜索”按钮即可得到相关资料。

Google 查询严谨细致，能帮助您找到最重要、最相关的内容。例如，当 Google 对网页进行分析时，它也会考虑与该网页链接的其他网页上的相关内容。Google 还会先列出那些与搜索关键词相距较近的网页。

（2）自动使用 and 进行查询。Google 只会返回那些符合您的全部查询条件的网页。不需要在关键词之间加上 and 或"+"。如果想缩小搜索范围，只需输入更多的关键词，只要在关键词中间留空格就行了。

（3）忽略词。Google 会忽略最常用的词和字符，这些词和字符称为忽略词。Google 自动忽略"http"、".com"和"的"等字符以及数字和单字，这类字词不仅无助于缩小查询范围，而且会大大降低搜索速度。

使用英文双引号可将这些忽略词强加于搜索项，例如：输入"柳堡的故事"时，加上英文双引号会使"的"强加于搜索项中。

（4）根据上下文确定要查看的网页。每个 Google 搜索结果都包含从该网页中抽出的一段摘要，这些摘要提供了搜索关键词在网页中的上下文。

（5）简繁转换。Google 运用智能型汉字简繁自动转换系统，这样可找到更多相关信息。这个系统不是简单的字符变换，而是简体和繁体文本之间的"翻译"转换。例如简体的"计算机"会对应于繁体的"电脑"。当搜索所有中文网页时，Google 会对搜索项进行简繁转换后，同时检索简体和繁体网页，并将搜索结果的标题和摘要转换成和搜索项的同一文本，便于您阅读。

（6）词干法。Google 现在使用"词干法"。也就是说，在合适的情况下，Google 会同时搜索关键词和与关键词相近的字词。词干法对英文搜索尤其有效。例如：搜索 dietary needs，Google 会同时搜索 diet needs 和其他该词的变种。

（7）不区分大小写。Google 搜索不区分英文字母大小写。所有的字母均当做小写处理。例如：搜索 google、GOOGLE 或 GoOgLe，得到的结果都一样。

2. 缩小搜索范围

（1）搜索窍门。由于 Google 只搜索包含全部查询内容的网页，所以缩小搜索范围的简单方法就是添加搜索词。添加词语后，查询结果的范围就会比原来的"过于宽泛"的查询小得多。

（2）减除无关资料。如果要避免搜索某个词语，可以在这个词前面加上一个减号（"-"，英文字符），但在减号之前必须留一空格。

（3）英文短语搜索。在 Google 中，可以通过添加英文双引号来搜索短语。双引号中的词语（比如 like this）在查询到的文档中将作为一个整体出现。这一方法在查找名言警句或专有名词时显得格外有用。

一些字符可以作为短语连接符。Google 将"-"、"\"、"."、"="和"..."等标点符号识别为短语连接符。

（4）指定网域。有一些词后面加上冒号对 Google 有特殊的含义。其中有一个词是"site:"。要在某个特定的域或站点中进行搜索，可以在 Google 搜索框中输入"site:xxxxx.com"。

例如，要在 Google 站点上查找新闻，可以输入"新闻 site:www.google.com"，再单击"Google 搜索"按钮。

（5）按类别搜索。利用 Google 目录可以根据主题来缩小搜索范围。在图 7-106 中单击"网页目录"超级链接，可进行类别搜索，如图 7-107 所示。

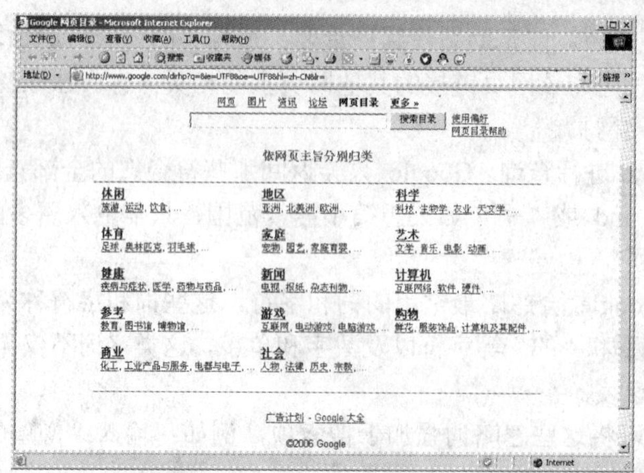

图 7-107　google 的目录页

例如，在 Google 目录的 Science＞Astronomy 类别中搜索 Saturn，可以找到只与 Saturn（土星）有关的信息。而不会找到 Saturn 牌汽车、Saturn 游戏系统，或 Saturn 的其他含义。在某个类别的网页中搜索可以快速找到所需的网页。

3. 选择适当的查询词

搜索技巧最基本同时也是最有效的，就是选择合适的查询词。选择查询词是一种经验积累，在一定程度上也有章可循。

（1）表述准确。搜索引擎一般会严格按照提交的查询词去搜索，因此，查询词表述准确是获得良好搜索结果的必要前提。

一类常见的表述不准确情况是，脑袋里想着一回事，搜索框里输入的是另一回事。例如，要查找 2011 年国内十大新闻，查询词可以是“2011 年国内十大新闻”，但如果把查询词换成“2011 年国内十大事件”，搜索结果就不能满足需求。

另一类典型的表述不准确是查询词中包含错别字。例如，要查找某一种网络的“网络拓扑”，但如果写错了字，变成“网络拓朴”，搜索结果质量就差得远了。

（2）查询词的主题关联与简练。目前的搜索引擎并不能很好地处理自然语言。因此，在提交搜索请求时，最好把搜索词，提炼成简单的，而且与希望找到的信息内容主题关联的查询词。

下面能通过一个例子说明。某三年级小学生，想查找一些关于时间的名人名言，他的查询词是“小学三年级关于时间的名人名言”。这个查询词虽然很完整地体现了搜索者的搜索意图，但效果并不好。

绝大多数名人名言，并不规定是针对几年级的，因此，“小学三年级”事实上和主题无关，会使得搜索引擎丢掉大量不含“小学三年级”，但非常有价值的信息；“关于”也是一个与名人名言本身没有关系的词，多一个这样的词，又会减少很多有价值的信息；“时间的名人名言”，其中的“的”也不是一个必要的词，会对搜索结果产生干扰；“名人名言”，名言通常就是名人留下来的，在名言前加上名人，是一种不必要的重复。因此，最好的查询词，应该是“时间名言”。

（3）根据网页特征选择查询词。很多类型的网页都有某种相似的特征。例如，小说网页，通常都有一个目录页，小说名称一般出现在网页标题中，而页面上通常有“目录”两个字，单击页面上的链接，就进入具体的章节页，章节页的标题是小说章节名称；软件下载页，通常软件名称在网页标题中，网页正文有下载链接，并且会出现“下载”这个词。

4. 找问题解决办法

在工作和生活中，会遇到各种各样的疑难问题，例如电脑中毒了，被开水烫伤了等。很多问题其实都可以在网上找到解决办法。因为某类问题发生的几率是稳定的，而网络用户成千上万，于是遇到同样问题的人就会很多，其中一部分人会把问题贴在网络上求助，而另一部分人，可能就会把问题解决办法发布在网络上。有了搜索引擎，就可以把这些信息找出来。

找这类信息，核心问题是如何构建查询关键词。一个基本原则是，在构建关键词时，尽量不要用自然语言（所谓自然语言，就是我们平时说话的语言和口气），而要从自然语言中提炼关键词。这个提炼过程并不容易，但是可以用一种将心比心的方式思考：如果我知道问题的解决办法，我会怎样对此作出回答。也就是说，猜测信息的表达方式，然后根据这种表达方式，取其中的特征关键词，从而达到搜索目的。

例如，上网时经常会遇到陷阱，浏览器默认主页被修改并锁定。这样一个问题的解决办法，应该怎样搜索呢？首先要确定的是，不要用自然语言。例如，有的人可能会这样搜索“我的浏览器主页被修改了，谁能帮帮我呀”，这是典型的自然语言，但网上和这样的话完全匹配的网页，几乎就是不存在的。因此这样的搜索常常得不到想要的结果。在这个问题中的核心词汇。对象：浏览器（或者 IE）的主页，事件：被修改（锁定）。“浏览器”、“主页”和“被修改”，在这类信息中出现的概率会最大，IE 可能会出现，至于锁定，用词比较专业化，不见得能出现。于是关键词中，至少应该出现“浏览器”、“主页”和“被修改”，这是问题现象描述。一般情况下，只要对问题作出适当的描述，在网上基本上就可以找到解决对策。

例：浏览器主页 被修改

例：冲击波病毒 预防

7.5.3　常用中文搜索引擎

在网上有很多站点提供搜索工具（搜索引擎）。下面给出了一些常用中文搜索引擎供用户在检索国内网上资源时选用。

1. 搜狐 http://www.sohu.com/

分类搜索引擎，是专为中国用户设计的高质量的分类目录系统，能够对各种网络资源（尤其是中文资源）进行搜索，将帮助用户迅速、快捷地找到所需的信息。它按照网上资源的类型不同而分成不同的目录，再一层一层地进行分类，随后将 Internet 上的超级链接，以及代表超级链接的词汇放入到一个数据库中。它根据用户提出的关键词对数据库进行检索，然后将检索到的相关结果提供给用户。先进的人工分类技术、友好的全中文界面、符合中文语言文化习惯、18 个部类、近 10 万条链接构成的树型网页结构，直观、轻松地为网上用户提供所需要的信息。

2. 中文 Yahoo! http://cn.yahoo.com/

雅虎（Yahoo!）是美国著名的互联网门户网站，20 世纪末互联网奇迹的创造者之一。其服务包括搜索引擎、电邮、新闻等，业务遍及 24 个国家和地区，为全球超过 5 亿的独立用户提供多元化的网络服务。同时也是是一家全球性的因特网通讯、商贸及媒体公司。

3. 搜索客 http://www.cseek.com/

搜索客为全中文搜索引擎：全中文检索；支持多种组合逻辑查询；每日更新 1.5G 数据；自动识别 GB 码和 Big5 码。搜索客将分类检索，智能检索与人工分类相结合，更加贴近搜索目标。

4. 新浪网 http://search.sina.com.cn/

收录信息丰富，分类科学合理，提供网站、网页以及全文检索。

5. 网易 http://www.163.com/

分类目录、网站检索、全文检索；收录较丰富；目录级别少。检索时先查相关网站，找到则列出目录；找不到则自动转向全文检索。

6. 悠游 http://www.goyoyo.com/

悠游中文搜索引擎属于中文智能搜索系统，是专为中文设计开发的查询软件。除具备以英文为基础的搜索引擎的优点外，还融入了计算机人工智能技术，可自动分析中文网页进行分词处理，并自动提取关键词，建立以关键词为基础的查询数据库，因而降低了系统开销，大大提高了查询效率。悠游的国标码与大五码自动转换功能，也极大地方便了全球各地采用不同中文系统的用户。

7. 百度 http://www.baidu.com/

1999 年底，身在美国硅谷的李彦宏看到了中国互联网及中文搜索引擎服务的巨大发展潜力，抱着技术改变世界的梦想，他毅然辞掉硅谷的高薪工作，携搜索引擎专利技术，于 2000 年 1 月 1 日在中关村创建了百度公司。从最初的不足 10 人发展至今，员工人数超过 17000 人。如今的百度，已成为中国最受欢迎、影响力最大的中文网站。

7.5.4 网上购物

1994 年，一个名叫杰夫・贝佐斯（Jeff Bezos）的年轻人迷上了迅速发展的因特网，当时他还只是个财务分析师兼基金管理员。他列出了 20 种可能在因特网上畅销的产品。通过认真的分析，他选择了图书，因为他发现在全球范围内，每时每刻都有 400 多万种图书正在印刷，其中 100 多万种是英文图书。然而，即使是最大的书店也不可能库存 20 万种图书。从这里，贝佐斯发现了图书在线销售的战略机会，贝佐斯以前并没有什么图书销售行业的经验。但他知道图书属低价商品，易于运输，而且很多顾客在买书时不要求当面检查一下，适合于在网上进行交易。于是五年后，他创办的亚马逊网上书店年销售额超过了 6 亿美元。由于不断关注并改进图书的进货、促销、销售和运输等业务环节，贝佐斯和他的亚马逊网上书店成为电子商务领域中最耀眼的一颗明星。

现在的网上购物基本上是通过互联网检索商品信息，并通过电子订购单发出购物请求，然后填上私人支票账号或信用卡的号码，厂商通过邮寄的方式发货，或是通过快递公司送货上门。国内网上购物的付款方式主要有：款到发货（直接银行转帐，在线汇款）、担保交易（淘宝支付宝，百度百付宝，腾讯财付通等的担保交易）、货到付款等。

电子商务最早产生于 60 年代，发展于 90 年代以后，其产生和发展的重要条件主要是：

（1）计算机的广泛应用：近 30 年来，计算机的处理速度越来越快，处理能力越来越强，价格越来越低，应用越来越广泛，这为电子商务的应用提供了基础；

（2）网络的普及和成熟：由于 Internet 逐渐成为全球通信与交易的媒体，全球上网用户呈级数增长趋势，快捷、安全、低成本的特点为电子商务的发展提供了应用条件。

（3）信用卡的普及应用：信用卡以其方便、快捷、安全等优点而成为人们消费支付的重要手段，并由此形成了完善的全球性信用卡计算机网络支付与结算系统，使“一卡在手、走遍全球”成为可能，同时也为电子商务中的网上支付提供的重要手段。

（4）电子安全交易协议的制定：1997 年 5 月 31 日，由美国 VISA 和 Mastercard 国际组织等联合指定的 SET（Secure Electronic Transfer Protocol）即电子安全交易协议的出台，以及该协议得到大多数厂商的认可和支持，为在开发网络上的电子商务提供了一个关键的安全环境。

（5）政府的支持与推动：自 1997 年欧盟发布了欧洲电子商务协议，美国随后发布“全球电子商务纲要”以后，电子商务受到世界各国政府的重视，许多国家的政府开始尝试“网上采购”，这为电子商务的发展提供了有利的支持。

电子商务的发展，得益于全球经济一体化的迅速发展，得益于信息处理技术和通讯技术的迅速发展和成熟，也最终得益于 Internet 技术的不断完善。电子商务可按参与对象、交易内容以及所用网络等的不同类型进行分类。

1. 按参与对象分类

电子商务按参与对象的不同，基本上分为如下五种类型。

（1）企业对消费者的电子商务。企业对消费者（Business-to-Customer 简称之为 BtoC、B2C）的电子商务类似于零售业。企业或商业机构借助于互联网开展在线销售，为广大客户提供很好的搜索与浏览功能，使消费者很容易了解到所需商品的品质及价格；在网上直接订销，支付手段通常采用电子信用卡、智能卡、电子现金及电子支票等。

目前，在互联网上遍布这类的商业中心，提供从鲜花、快餐、书籍、软件到电脑、家电、汽车等各种消费商品以及多种服务。

（2）企业对企业的电子商务。企业对企业（Business To Business，简称之为 BtoB、B2B）的电子商务是电子商务的主流，大宗的交易多属于这一类型。今后将有更多的企业或商业机构加入，发展的前景更为客观。这类电子商务还可以为特定企业间的电子商务和非特定企业间电子商务。所谓特定企业间电子商务是指以往一直有交易关系的或者今后肯定继续进行交易的特定企业为了共同的经济利益，彼此在市场开拓、库存管理、顶供货、收付款等方面仍会进行更紧密的默契式的合作，保持相当程度的信任，使得这类电子商务更臻完善。

其实，企业间的电子商务已有多年历史，规模和效果都很大，特别是通过专用网络或增值网络运行的电子数据交换（EDI）。

这类电子商务除当事人双方之外，更需要涉及相关的银行、认证、税务、保险、物流配送、通信等行业部门；对于国际间的 BtoB，还要涉及海关、商检、担保、外运、外汇等行业部门。总之，必须有各参与方的有机配合和实时响应。可以说，这些行业部门也都是参与对象。

（3）企业对政府的电子商务。企业对政府（Business to Government，简称之为 BtoG、B2G）的电子商务强调的是政府对电子商务的介入，同时政府通过网上服务，为企业创造良好的电子商务空间，例如网上报批、网上报税、电子缴税、网上报关、EDI 报关、电子通关等；企业对政府发布的采购清单，以电子化方式回应；企业对政府的工程招标，进行投标及竞标；政府可经过网络实施行政事务的管理，诸如政府管理条例和各类信息的发布；涉及经贸的电子化管理；

价格管理信息系统的查询；工商登记信息、统计信息、社会保障信息的获取；咨询服务、政策指导；政策法规和议案制订中的意见收集；网上产权交易，各种经济法政策的推行等。

（4）消费者对消费者的电子商务。消费者对消费者（Consumer to Consumer，简称 CtoC、C2C）的电子商务是个人与个人之间的电子商务。例如一个消费者有一台旧电脑，通过互联网进行交易，把它出售给另外一个消费者，此种交易类型就称为 C2C 电子商务。C2C 电子商务是互联网上产生的一种新模式，也有人称之为 PtoP、P2P。其中兴起一种拍卖或竞买的网站，开展网络竞价交易，个人可以到网站注册入户，参加竞买。目前在网上拍卖的物品，主要有个人收藏珍品、计算机硬件、家用电器、影视、车辆配件、电子设备以及毕业班的书籍等。

有的网站还支持企业对个人、企业对企业的竞价交易，以处理各种积压、闲置的商品。这些交易一般应列入 BtoC 或 BtoB。

2. 按交易内容分类

电子商务按交易的内容基本上可分为如下两种类型：

（1）直接电子商务。这包括向客户提供的软体商品（有称无形商品）和各种服务。如计算机软件、研究性咨询性的报告、航班、参团出游及娱乐内容的订购、支付、兑汇及银行有关业务、证券及期货的有关交易、全球规模的信息服务等，都可以通过网络直接传送，保证安全抵达客户。直接电子商务突出的好处是快速简便及十分便宜，深受客户欢迎，企业的运作成本显著降低。受限之处是只能经营适合在网上传输的商品和服务。

（2）间接电子商务。这包括向客户提供的实体商品（又称有形商品）及有关服务。显然这是社会中大量交易的商品和有关服务。由于要求做到在很广的地域范围和严格的时限内送达，一般均交由现代物流配送公司和专业服务机构去完成配送工作，这里所说的现代物流配送公司和专业服务机构远非过去传统商业的仓储货运机构和简单的服务部门，而是一种具有相当规模。拥有很强运输能力，采用自动化手段，特别是充分运用互联网精心信息管理的现代企业。

3. 按网络类型分类

电子商务按网络类型基本上分为如下四种类型：

（1）EDI（电子数据交换）商务。这种类型已有 30 多年的历史，主要应用于企业之间、企业与中间商之间的批发业务。较之传统的订货和付款方式，EDI 大大节约了时间和费用，有较好的安全保障、严格的登记手续和准入制度、多级权限的防范措施，实现了包括付款在内的全部交易工作电脑化。在大型企业、跨国公司有较广泛应用。

由于采用 EDI 的公司必须租用有关的专用网络，即通过租凭增值网（VAN）服务才能实现。为此，当跨越这些专用网络时，还需通过相应的网关，多缴费用，使运行成本升高。

但是，自从 Internet 互联网问世后，开始发展基于互联网的 Web-EDI、使用可扩展标识语言 XML 的 XML-EDI，逐渐取代了传统的 EDI。

（2）Internet（国际互联网）商务。这是国际现代商业的最新形式。它以计算机、通信、多媒体、数据库技术为基础，通过互联网在网上实现营销、购物服务。它突破了传统的商业、生产、批发、零售及进、销、存、调的流转程序与营销模式，有利于实现少投入、低成本、零库存、高效率，避免了商品的无效转移及搬运，从而实现了社会资源的高效运作和最大节余。

对于消费者来说，则可不受时空和厂商的限制，进行广泛的比较和选择，能以较低的价格获得所需的更好的商品和服务。

（3）Intranet（企业内部网）商务。Intranet 有称为内联网。这是企业拥有的采用与国际互联网相同的 TCP/IP 协议的局域网，可将局域网接入，形成一个企业内部的虚拟网络。Intranet 可运用防火墙（firewall）手段构造安全网站，防止外界访问者未经授权随便进入内联网，以保护企业内部需要保密的信息。

跨国公司和大中型企业藉助 Intranet 商务，可将其分布在世界各地的分支机构以及总部内有关部门联通起来，使企业各级管理人员按级分享内部信息，使在线业务取代一些纸面业务，从而有效地降低交易成本，提高了运营效益。

（4）Extranet（企业外部网）商务。Extranet 又称为外联网，是在企业已有的互联网商务基础上扩展而成的，完全采用互联网技术。

企业 Extranet 使商务上下游协作厂家建立更加紧密的伙伴关系。由于这些协作厂家的信息化程度各异，本企业往往要拥有多种网络方式进行与这些企业的连接。对于未建企业网站的伙伴，主要用 E-mail 方式；对于建有网站的伙伴，显然可以通过互联网构成 Extranet 商务；对于只拥有 EDI 商务的，最好都采用 Web-EDI，或经过 E-mail 过渡。

仅从商务效果看，EDI 商务也可视为企业外联网的一种，只是传统的 EDI 尚未采用互联网技术。

互联网、内联网、外联网和 EDI 在构建电子商务应用中，可有各种组合。一般的关系可如图 7-108 所示。

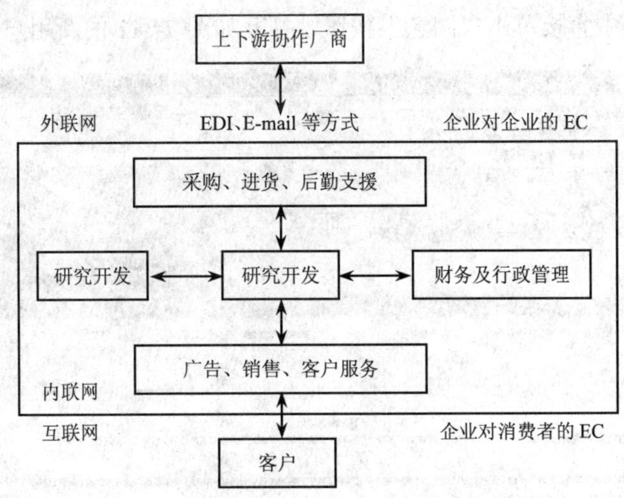

图 7-108　互联网、内联网、外联网和 EDI 的关系

7.5.5　网购火车票

目前购买火车票一般有：铁路售票窗口（包括铁路车站售票窗口、自动售票机和铁路客票代售点）、电话预订火车票、网络订购火车票等几种购买火车票方式。其中，铁路售票窗口一般只能购买 1～10 之内的火车票，而电话预订车票和网络订购火车票能购买 1～12 天之内的火车票，但网络订购火车票要比电话预订车票直观、快捷、方便。下面说明网络订购火车票的

方法，但在进行网络订购火车票之前，用户还必须拥有开通了网银的银行卡，用于支付购买火车票的票款。

1. 注册用户

（1）如果想在网络上订购火车票，首先进入中国铁路客户服务中心网站，其网站的地址是 http://www.12306.cn，如图 7-109 所示。

图 7-109 网购火车票主页

（2）在图 7-109 中单击右测的“网上购票用户注册”，打开如图 7-110 所示的“服务条款”需知页面，在才页面中直接单击“同意”按钮，打开如图 7-111 的新用户信息输入页面。

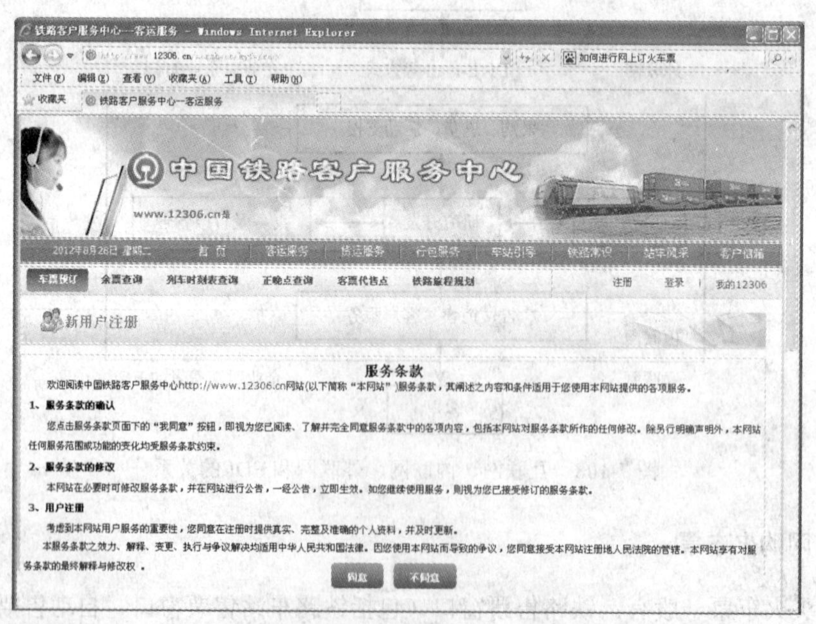

图 7-110 注册新用户

（3）在图 7-111 中，需要按照真实信息填写，而且所有标注“必填”的项目必有要进行输入，否则将不能注册成功。填写信息完毕之后，单击“提交注册信息”按钮。

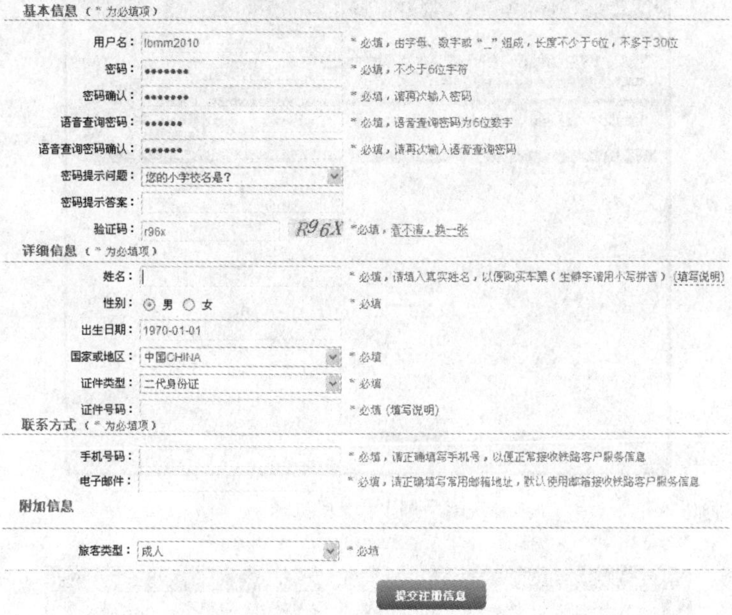

基本信息（* 为必填项）

用户名：lbmm2010　* 必填，由字母、数字或"_"组成，长度不少于6位，不多于30位
密码：•••••••　* 必填，不少于6位字符
密码确认：•••••••　* 必填，请再次输入密码
语音查询密码：••••••　* 必填，语音查询密码为6位数字
语音查询密码确认：••••••　* 必填，请再次输入语音查询密码
密码提示问题：您的小学校名是?
密码提示答案：
验证码：r96x　R96X　* 必填，看不清，换一张

详细信息（* 为必填项）

姓名：　* 必填，请填入真实姓名，以便购买车票（生僻字请用小写拼音）（填写说明）
性别：◉ 男 ○ 女　* 必填
出生日期：1970-01-01
国家或地区：中国CHINA　* 必填
证件类型：二代身份证　* 必填
证件号码：　* 必填（填写说明）

联系方式（* 为必填项）

手机号码：　* 必填，请正确填写手机号，以便正常接收铁路客户服务信息
电子邮件：　* 必填，请正确填写常用邮箱地址，默认使用邮箱接收铁路客户服务信息

附加信息

旅客类型：成人　* 必填

提交注册信息

图 7-111　填写新用户信息

（4）以上步骤完成之后，用户还需要在注册时所使用的邮箱中去激活该用户。激活方法很简单，只需要登录到注册时使用的邮箱，在该邮件中会收到一封主题为“网上购票系统-用户账号激活”的邮件，邮件的内容如图 7-112 所示。单击邮件中的超级链接，即可以激活新注册的用户。

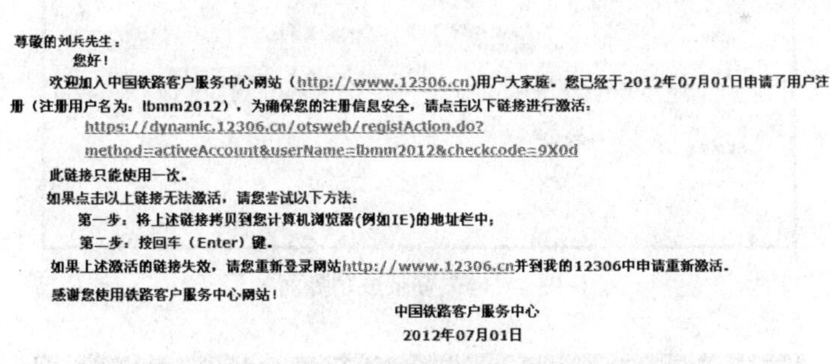

尊敬的刘兵先生：
您好！
欢迎加入中国铁路客户服务中心网站（http://www.12306.cn)用户大家庭。您已经于2012年07月01日申请了用户注册（注册用户名为：lbmm2012），为确保您的注册信息安全，请点击以下链接进行激活：
https://dynamic.12306.cn/otsweb/registAction.do?method=activeAccount&userName=lbmm2012&checkcode=9X0d
此链接只能使用一次。
如果点击以上链接无法激活，请您尝试以下方法：
第一步：将上述链接拷贝到您计算机浏览器(例如IE)的地址栏中；
第二步：按回车（Enter）键。
如果上述激活的链接失效，请您重新登录网站http://www.12306.cn并到我的12306中申请重新激活。
感谢您使用铁路客户服务中心网站！
中国铁路客户服务中心
2012年07月01日

图 7 112　账号激活邮件

只有注册并成功激活用户账号之后才可以使用该账号进行购买火车票。

2. 购买火车票

（1）在图 7-106 中国铁路客户服务中心网站中，单击右测的“购票”按钮，打开如图 7-113 所示的用户登录页面。

（2）在图 7-113 中输入正确的登录名、密码和验证码之后单击“登录”按钮，打开如图 7-114 所示的界面，并在该页面上单击“余票查询”超级链接，打开如图 7-115 所示的车票查询页面。

（3）在图 7-115 中输入出发地、目的地（此处选择的是武汉到北京），然后选择出发日期，点击“查询”按钮，打开如图 7-116 所示的从出发地到目的地的所有车次、出发和到达时间、车票的余额情况。

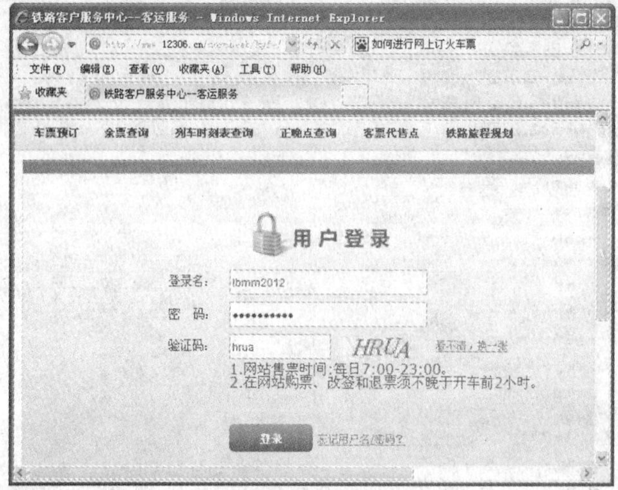

图 7-113　用户登录

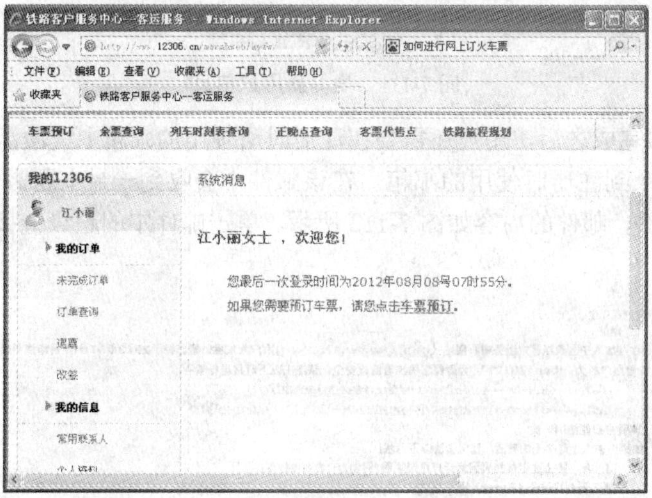

图 7-114　登录成功界面

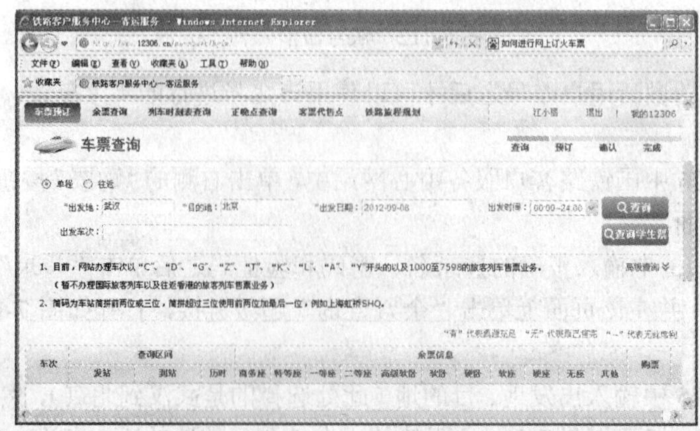

图 7-116　车票查询

（4）在图 7-116 中查看车次及时间，选择某一个合适的车次，然后单击该车次后的“预订”按钮，打开图 7-117 所示的添加联系人。

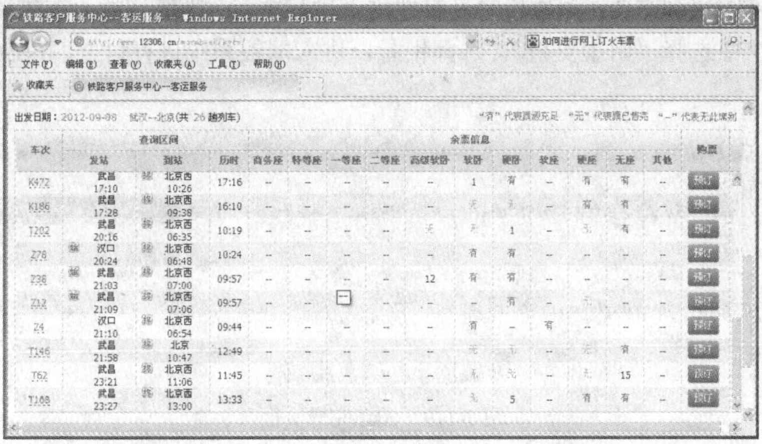

出发日期：2012-09-08　武汉--北京(共 26 趟列车)　　“有”代表票源充足　“无”代表票已售完　“--”代表无此席别

车次	发站	到站	历时	商务座	特等座	一等座	二等座	高级软卧	软卧	硬卧	软座	硬座	无座	其他	购票
K472	武昌 17:10	北京西 10:26	17:16	--	--	--	--	--	1	有	--	有	有	--	预订
K186	武昌 17:28	北京西 09:38	16:10	--	--	--	--	--	无	无	--	有	有	--	预订
T202	武昌 20:16	北京西 06:35	10:19	--	--	--	--	无	无	1	--	无	有	--	预订
Z78	汉口 20:24	北京西 06:48	10:24	--	--	--	--	--	有	有	--	--	--	--	预订
Z38	武昌 21:03	北京西 07:00	09:57	--	--	--	--	12	有	有	--	--	--	--	预订
Z12	武昌 21:09	北京西 07:06	09:57	--	--		--	--	--	有	--	无	--	--	预订
Z4	汉口 21:10	北京西 06:54	09:44	--	--	--	--	--	有	--	有	--	--	--	预订
T146	武昌 21:58	北京 10:47	12:49	--	--	--	--	--	无	无	--	无	有	--	预订
T62	武昌 23:21	北京西 11:06	11:45	--	--	--	--	--	无	无	--	无	15	--	预订
T108	武昌 23:27	北京西 13:00	13:33	--	--	--	--	--	无	5	--	有	有	--	预订

图 7-116　查询结果

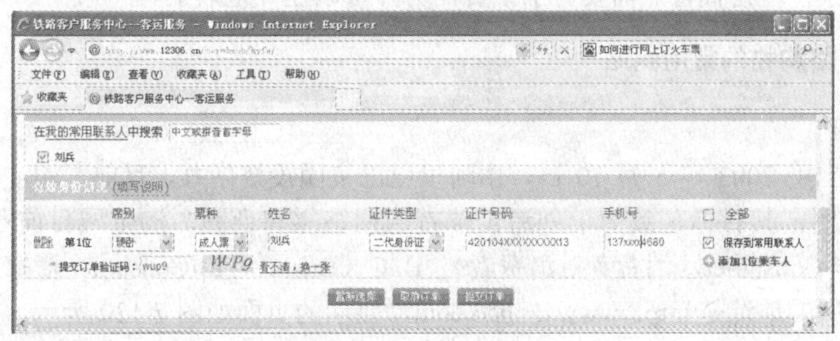

图 7-117　添加联系人

（5）图 7-117 表示进入预订环节，选择席别类型及票种类型，输入姓名、身份证号码、手机号。如果需要再购买同一车次的另一张票时，可以单击该图右测的“添加一位乘车人”超级链接，输入内容同上。当所有乘车人信息输入完成之后，输入提交订单验证码，最后单击“提交订单”按钮，打开图 7-118 所示的确认信息。

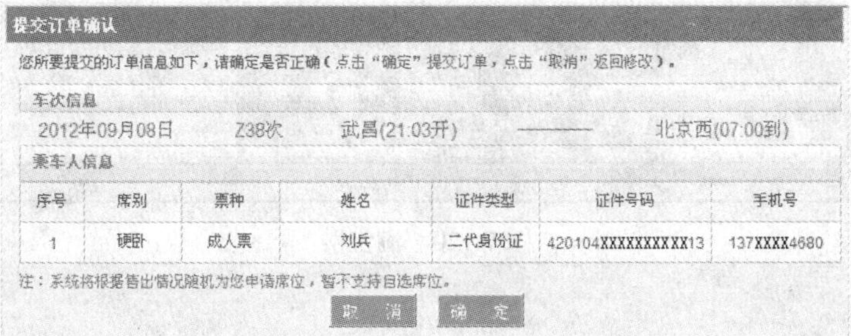

提交订单确认

您所要提交的订单信息如下，请确定是否正确（点击“确定”提交订单，点击“取消”返回修改）。

车次信息

2012年09月08日　Z38次　武昌(21:03开)　———　北京西(07:00到)

乘车人信息

序号	席别	票种	姓名	证件类型	证件号码	手机号
1	硬卧	成人票	刘兵	二代身份证	420104XXXXXXXXXX13	137XXXX4680

注：系统将根据售出情况随机为您申请席位，暂不支持自选席位。

取　消　　确　定

图 7-118　订票确认

（6）在图 7-118 的确认对话框中，查看是否与你要的信息一致，一致的话，单击“确定”按钮，否则，单击“取消”按钮，重新进行车票预订。

（7）当在图 7-118 中单击了“确定”按钮之后，打开如图 7-119 所示的预订完成页面。但此时所预订的火车票并没有真正购买到，还必须在 50 分钟之内使用银行卡在网上进行票款支付之后才表示购买到车票；如果超时没有在网上进行支付，则所订的火车票被会被收回。这样，在图 7-119 中选择“网上支付”，选择银行，进入网银系统进行付款，付款完成后，就完成了订票。

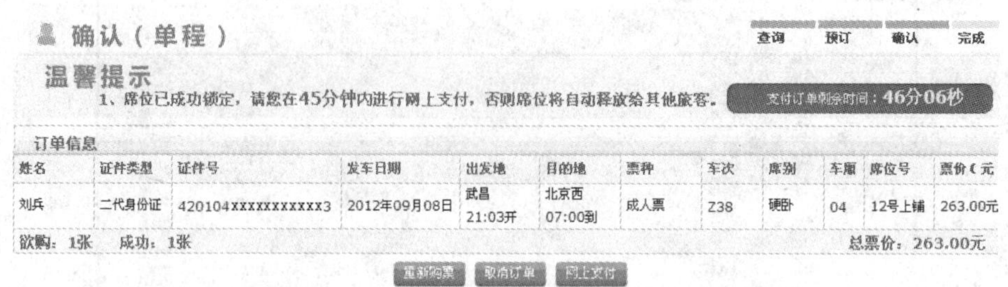

图 7-119　预订完成页面

（8）付款成功后，在开车前都可以取票，取票的方法可以在火车站售票窗口、自动售票机、代售点取票，但是代售点需要付手续费，另外可以在异地取票。

7.5.6　网络购物的常用网站

1. 淘宝网

淘宝网成立于 2003 年 5 月 10 日，由阿里巴巴集团投资创办。目前，淘宝网是亚洲第一大网络零售商圈，其目标是致力于创造全球首选网络零售商圈。淘宝网目前业务跨越 C2C（Consumer to Consumer，消费者对消费者）、B2C（Business-to-Consumer 商家对消费者）两大部分。淘宝网的地址是 http://www.taobao.com，显示的页面如图 7-120 所示。

图 7-120　淘宝网

2. 京东商城

京东商城是中国最大的综合网络零售商，是中国电子商务领域最受消费者欢迎和最具有影响力的电子商务网站之一，在线销售家电、数码通讯、电脑、家居百货、服装服饰、母婴、图书、食品、在线旅游等 12 大类数万个品牌百万种优质商品。2012 年第一季度，京东商城以 50.1%的市场占有率在中国自主经营式 B2C 网站中排名第一。目前京东商城已经建立华北、华东、华南、西南、华中、东北六大物流中心，同时在全国超过 300 座城市建立核心城市配送站。京东商城的主页地址是 http://www.360buy.com。

3. 当当网

当当网是全球最大的综合性中文网上购物商城，由国内著名出版机构科文公司、美国当当网老虎基金、美国 IDG 集团、卢森堡剑桥集团、亚洲创业投资基金（原名软银中国创业基金）共同投资成立。

1999 年 11 月，当当网正式开通。成立十多年来，当当网销售业绩增加了 400 倍。当当网在线销售的商品包括了家居百货、化妆品、数码、家电、图书、音像、服装及母婴等几十个大类，逾百万种商品，在库图书达到 60 万种。目前每年有近千万顾客成为当当网新增注册用户，遍及全国 32 个省、市、自治区和直辖市。每天有上万人在当当网买东西，每月有 3000 万人在当当网浏览各类信息，当当网每月销售商品超过 2000 万件。当当网的使命是坚持“更多选择、更多低价”让越来越多的顾客享购网上购物带来的方便和实惠。当当网的主页地址是：http://www.dangdang.com/。

4. 百度团购导航

2011 年 6 月 30 日，百度旗下“hao123 团购导航”正式升级为“百度团购导航”，升级后的百度团购导航平台汇集了国内主流团购网站的大量团购信息，在延续原有产品优点的基础上，对功能服务和外观界面做了大规模的改进。 与此同时，百度还推出了“账号一站通”功能，与主流团购网站的底层账号进行互通，用户可以直接使用百度账号登录各大团购网站，使得团购操作变得更加简便，也节省了用户的大量时间。从界面看，百度团购导航栏目分为今日团购、餐饮美食、休闲娱乐等六大类，并按网站、区域、优质推荐等分类，对目前众多的团购产品予以细分，并对用户需求予以更精确引导。百度团购导航的主页地址是：http://tuan.baidu.com/，其显示页面如图 7-121 所示。

图 7-121　百度团购导航

百度团购导航可以通过主页左上角的城市切换来切换到所需要团购的城市，再通过该页的分类选项卡，来选择团购哪一类的；也可以通过区域选择来选择要团购的属于城市的哪个区；也可以选择某个团购网进行团购。

7.6 网络视听

7.6.1 网络音乐

目前网络上听音乐的方法有两种：一种是在网上在线收听音乐，另一种是把网上的音乐下载到本地硬盘后再收听。一般不是采用宽带上网的用户最好采取下载后播放的方法，这样不仅省钱，还能反复听。网上常见的音频文件格式有 MIDI、MP3、RM、WAV 等几种，其中，MIDI 音乐格式文件，因为文件小，所以常被用作网站的背景音乐；MP3 是目前网络上最流行、最受欢迎的音乐格式，对于同等时间的乐曲，它的压缩比是 WAV 格式的 1/10～1/20，音质也相当不错，最适合商业音乐在网上的传播，受到娱乐业和大众的推崇，如今市场上已经有很多种 MP3 播放器，专门用来播放 MP3 音乐文件；RM 文件格式是由 Real Networks 公司推出的声音格式，同样的 WAV 文件压缩成 RM，比 MP3 还小，非常适用于网上实时广播，因此许多广播电台、电视台的声音传播都是以 RM 格式传送的。MP3 是目前网络上最流行的、最受欢迎的音乐格式。一首可以播放 4 分钟的 MP3 歌曲，大小约是 3MB。

播放 MP3 音乐的软件很多，但 Winamp 是一个老资格的、非常著名的音乐播放软件，它支持 MP3、MOD、S3M、MTM、ULT、XM、WAV、VOC 等多种音频格式，并且还可以定制界面皮肤。

1. 音乐播放软件 Winamp

Winamp 软件可在中国下载（http://www.download.com.cn/）网站下载，如图 7-122 所示。Winamp 软件的最新版本大小约 1.66MB。

图 7-122 中国下载网站

Winamp 安装容易，采用默认设置即可完成安装。当启动 Winamp 软件后其主界面如图

7-123 所示。可单击播放器右上角的“关闭”按钮将 Winamp 关闭。

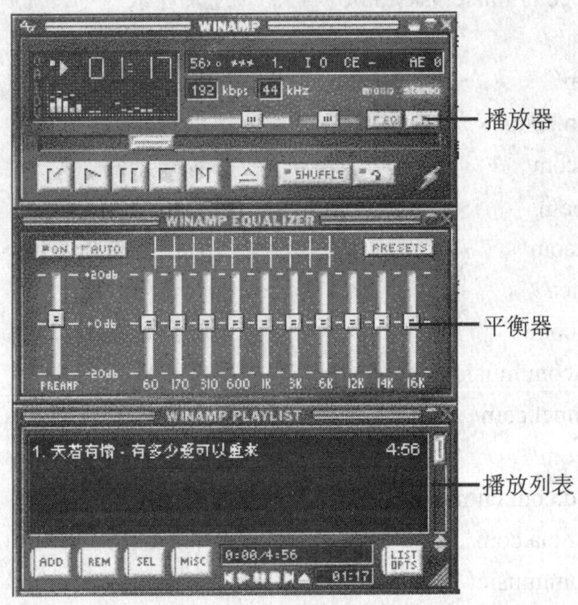

图 7-123 Winamp 软件主界面

播放器的界面及其主要功能按钮如图 7-124 所示，其中有些按钮与一般录音机上的按键使用方法差不多，如：快进、播放、暂停、停止、快进。单击“随机播放”按钮可打乱播放次序，单击“循环播放”按钮可循环播放列表中的音乐文件。

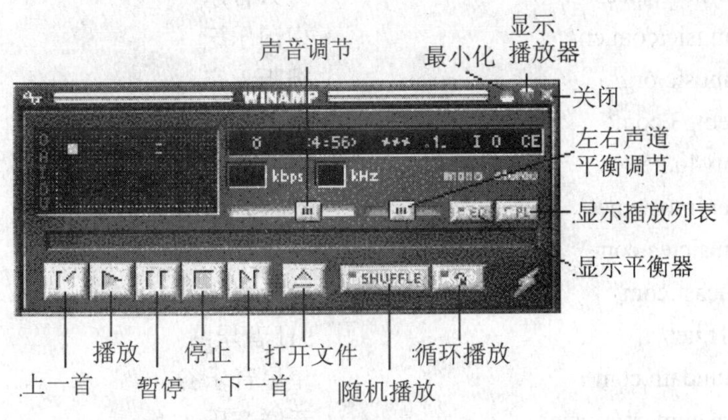

图 7-124 Winamp 的播放器

安装好 Winamp 后，当网上遇到 MP3 格式的文件时，单击该文件，Winamp 会自动弹出来进行在线播放。

2. 音乐网站

http://www.chinamp3.com/	音乐极限
http://music.gzinfo.net/	贵州信息港—音乐的力量
http://nowok.net/	音乐试听
http://music.tyfo.com/	天虎音乐网

http://www.sogua.com/	MP3 强力搜索
http://www.hao123.com/music/9sky.htm	九天音乐
http://www.vv66.com/	k666 音乐屋
http://www.tt78.com/	忆星音乐
http://music.xundain.com/	星星音乐谷
http://www.hkyule.com/	香港娱乐网
http://www.boxup.com/	BoxUp Music
http://www.wanwa.com/	三九网蛙音乐
http://www.qq888.net/	特攻音乐
http://www.mtvtop.com/	中国音乐在线
http://www.hao123.com/music/gxmusic.htm	感性音乐世界
http://www.eastchannel.com/	东方频道音乐下载
http://www.cncast.com/	可听音乐网
http://www.av-world.com.cn/music/	我爱音乐
http://www.haoge-china.com/	中华好歌网
http://www.etang.com/music/	亿唐音乐
http://www.ln.cninfo.net/yinyue/	沈阳热线—流行音乐
http://91music.com/	音乐殿堂
http://www.sogua.com/	SoGua 音乐
http://ent.lycos.com.cn/music	音乐星空
http://www.99music.net/	久久音乐
http://www.cmusic.com.cn/	中国乐坛
http://www.5music.org/	视听天空
http://www.yemp3.com/	音乐加油站
http://www.mtv4u.net/	MTV 在线
http://www.verymusic.net/	非常音乐网
http://www.musictea.com/	音乐红茶馆
http://www.cncast.com/	可听网
http://www.91f.net/	91f 音乐网
http://music.xundain.com/	星星音乐谷
http://www.tvb.com.cn/music/	新鲜音乐
http://www.gznet.com/ev/music/	广州视窗音乐频道
http://music.fm365.com/	FM365－音乐天空
http://www.91music.net/index1.htm	就要—音乐
http://music.soyou.com/	所有网音乐频道
http://www.mtvflash.com/	音乐闪
http://music.269.net/	269 音乐
http://www.netandtv.com/chart/chart.asp	E 视音乐风云榜
http://music.china5959.com/	5959 音乐网

http://www.xmusics.net/	通俗歌曲
http://music.zmdinfo.ha.cn/	音画时尚
http://www.cn1234567.com/	中国原创音乐资讯网
http://music.hdt.net.cn/	邯郸音乐广场
http://music.winjia.com/	在线音乐村
http://www.bmr.com.cn/	TOM 音乐
http://www.ting163.net/	163 音乐网
http://cn.music.yahoo.com/	Yahoo!中国—音乐
http://music.community.sohu.com/	搜狐音乐社区
http://music.xcinfo.ha.cn/	音乐天堂
http://www.n88n.com/	音乐无极限
http://www.hkyule.com/	香港娱乐网音乐最前线
http://210.34.4.4/musiczone	音乐天地
http://www.yinyue-book.com/	音乐百科辞典网
http://music.jsinfo.net/	江苏音符街
http://music.langfang.net/	音乐广场
http://www.flamesky.org/	新世纪音乐伊甸园
http://www.qinweb.net/	琴网
http://www.iwmusic.com/	飞行网
http://www.my8783.com/	不见不散原创音乐网
http://www.real2000.org/	音乐视听 2000

7.6.2　网络收音机

随着宽带网的普及，网速越来越快，网上听广播已不成问题。现在用得比较多的网络收音机是龙卷风网络收音机，只需用鼠标轻轻一点，就能听遍全世界的声音。

龙卷风网络收音机内共建有 300 多个电台，包括 100 多个中文电台（包括国语、粤语）和美国、英国、日本、法国、德国、新加坡、加拿大、韩国等其他国家的一些国际著名电台。在程序中已经内置了在线更新电台信息及在线升级程序功能，免去每当新版本发布时又要重新到网站下载的麻烦。

1. 龙卷风网络收音机功能介绍

（1）播放网络电台，支持 Windows Media Player 格式、Real Player 格式。

（2）电台树编辑器像资源管理器一样方便管理电台数据，支持复制、粘贴、删除电台（文件），无限量添加电台，新建、修改电台组（文件夹），查找电台或组。

（3）在线升级程序。

（4）在线更新电台列表。

（5）支持代理服务器。

（6）支持换肤，可随意设计皮肤，即龙卷风网络收音机外观可随意更换。

（7）录音，可以录制成 WAV 或者直接录制成 MP3。

（8）拖放播放，可以拖入多文件、多文件夹或盘符到主窗口进行播放，也可以拖入播放网址进行播放。

（9）支持快捷键、热键，让用户操作更方便。

（10）定时关机、网络时钟校对、断线自动重新连接等功能。

龙卷风网络收音机是完全免费使用的，可以在网站（http://www.ljf21.com/）下载最新版本的安装程序，如图 7-125 所示。登录该网站后，在下载链接上单击鼠标，会出现一个下载提示窗口，选择“确定”按钮，然后指定一个文件夹保存，下载完毕后就可以安装了。

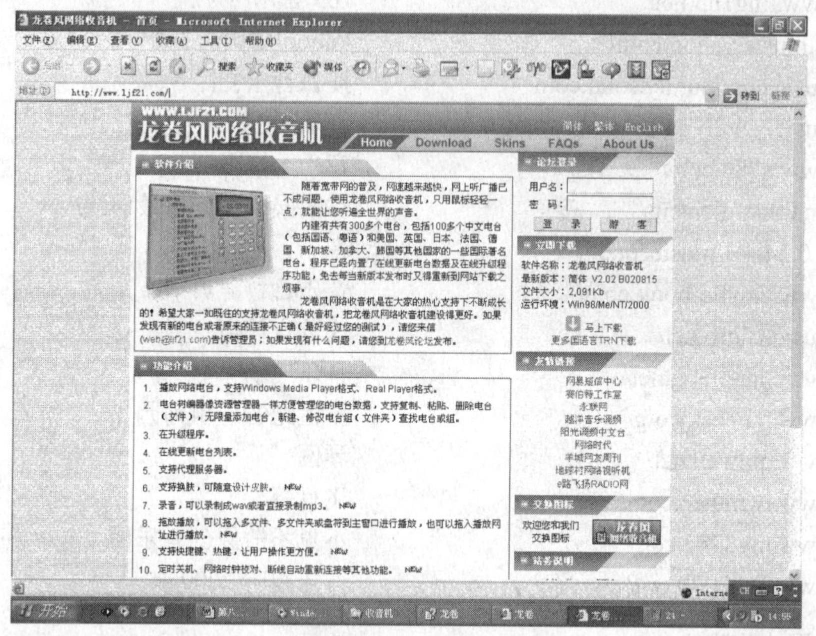

图 7-125　龙卷风网络收音机网站主页

下载的龙卷风网络收音机安装程序为 ljf1setup2.0.exe，双击执行安装程序，安装完成即可使用。

2. 龙卷风网络收音机界面描述

当龙卷风网络收音机软件安装成功以后，依次单击“开始→程序→龙卷风网络收音机→龙卷风网络收音机”，可打开如图 7-126 所示的龙卷风网络收音机的主界面。它与一般传统意义上的收音机的使用方法没有什么大的区别。

当双击选择某一个电台后，龙卷风网络收音机就开始与该电台进行连接，当连接成功之后，应开始播放。在其主界面的显示屏上会显示所播放的电台名称、播放的速率、已经播放了多长时间，以及是否处在静音状态；可以通过“显示电台树”按钮，来选择是否显示电台树窗口；“预置电台”的数字键可以作为用户常听电台的快捷键，每个数字键对应一个电台，最多可预置 100 个台，并且通过数字旁边的上下键来调整显示不同的数字键，可以通过在“电台树窗口”的电台名称上右击，如图 7-127 所示，在弹出的快捷菜单中选择“设置预置电台”，并在打开的对话框中选择预置在哪一个数字键上，如图 7-128 所示，单击“确定”按钮即可。

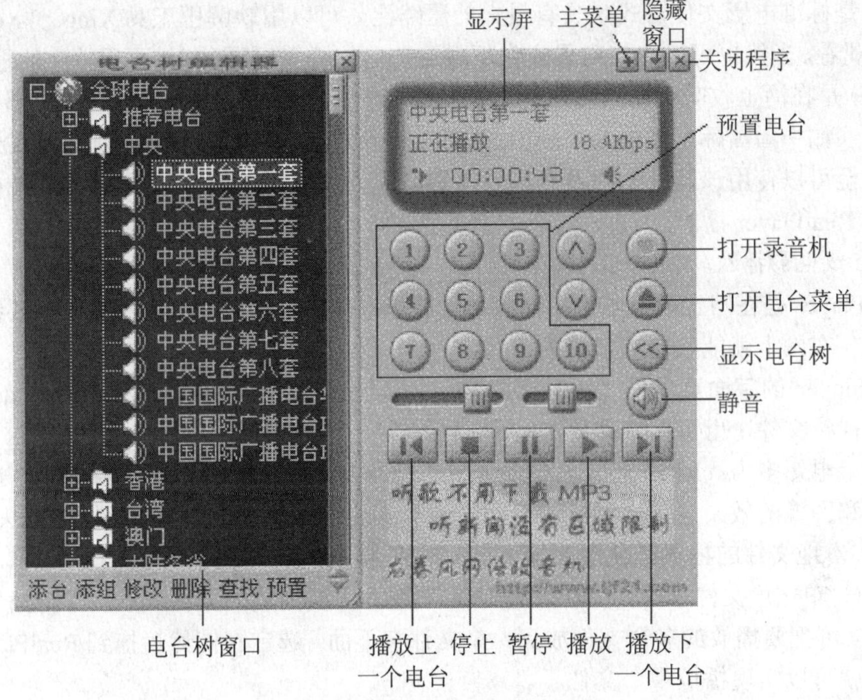

图 7-126　龙卷风网络收音机的主界面

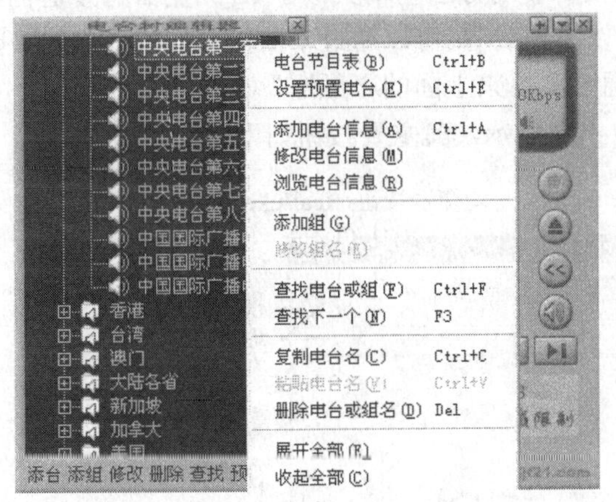

图 7-127　快捷菜单中的“设置预置电台”

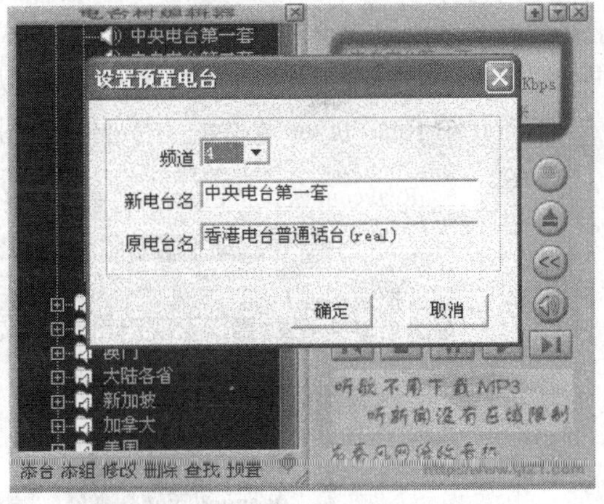

图 7-128　设置预置电台

7.6.3　网上电影

电影是 Internet 网络上最精彩的内容之一，可以通过访问一些电影站点，了解最新电影动态，选择欣赏某些电影片段，甚至先睹某些“大片”风采。

1．网上电影

网上电影文件一般有 AVI、MOV、MPEG、RM 等文件格式，其中 AVI 格式的文件是微软公司 Windows 下的电影文件格式，可以用 Windows 的媒体播放器来播放；MOV 格式的文件需要苹果公司的 Quick time 软件播放，该软件可以从 http://www.apple.com 下载；MPEG 格式的文件则是标准电影文件格式，具有最大的压缩比，可以用软解压工具 Xing player 或“超级解霸”来观看。当然也可以先将电影文件下载到自己的计算机硬盘中，再用特定的程序来观看。RealPlayer 是在网上收听收看实时广播电视和电影的最佳工具。用该软件连接上那些做线上广播的站点（如中国国际广播电台 CRI），就可以听到网上的即时广播了。如果连线速度足够快的话，甚至可以使用该软件来收看全屏幕电影。此外还可以下载 RA、RM 格式的媒体文件到硬盘上用 RealPlayer 播放。

2. 在线电影播放软件 RealPlayer

RealPlayer 是在网上收听收看实时音频、视频和 Flash 的最常用的工具，只要线路允许，不用下载，在网上就能收看到喜欢的节目。

RealPlayer 的字面意思是“实时播放器”，可以在网络上收听收看 Audio、Video 和 Flash 等音频、视频文件，也可离线播放“RA（音频）”、“RM（视频）”文件。网上电台多用“RA”格式，网上电影多为“RM”格式，这类格式的媒体文件压缩比很高，文件较小，适合网上传输，声音和图像的效果也非常不错。下面来说明 RealPlayer 的一些基本的使用方法。

（1）本地文件的播放。使用 RealPlayer 播放本地的 RM 格式的文件十分简单，首先运行 RealPlayer，单击“文件→打开文件（Ctrl+O）”选择所要播放的文件，然后等待播放。如果想连续播放，可把要播放的多个文件放到一个文件夹里面，选定它们然后拖到 RealPlayer 的显示面板中，就可以实现播放多个文件了。

（2）网络文件的播放。单击“文件→打开位置”输入想要播放文件的网址，即可使用 RealPlayer 播放。另外，显示面板左边的内容面板的使用方法基本类似于 IE 浏览器的频道栏，在此面板中可以设置喜欢站点的快速连接方式，以方便观看。可以通过单击内容面板下方的“选项按钮”来添加或删除快捷方式。当然也可以通过菜单来上面的“频道”来选择。

下面介绍 RealPlayer 软件的主界面，如图 7-129 所示，其主要按钮如下：

图 7-129 RealPlayer 主界面

- Real.com 快捷按钮：按这里将打开 Real.com 的主页。
- 播放进度条：指示正在播放的文件的播放进度。
- 均衡器按钮：按这里将打开 RealPlayer 均衡器（如图 7-130 所示）。基本版的均衡器只能控制三个频率的响度，分别是 31Hz、250Hz 和 2kHz。而 Plus 版的均衡器则有十段。

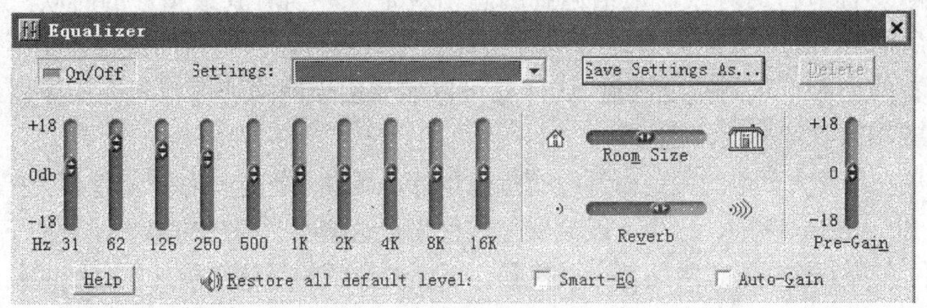

图 7-130　RealPlayer 均衡器

- RealJukebox 按钮：按这里打开 RealJukebox。
- 模式转换按钮：这个按钮使 RealPlayer 在一般模式与精简模式之间切换。
- 地址栏：显示当前正在播放的文件的路径或者 URL。
- 视频窗口：显示 RealVideo 视频。
- 时间显示：这里有两个时间，前一个是已经播放的时间，后一个是总时间。
- 网络状况指示灯：暗绿色表示没有使用网络，绿色表示网络通畅，黄色表示网络连接困难，红色表示网络阻塞，无法读取数据。
- 消息服务：这里可以浏览 Real.com 的消息，可以修改各种快速的设置，检查是否有来自 Real.com 的消息。
- 搜索按钮：和别的搜索引擎一样可以搜索网页，不一样的是它只可以搜索带有流媒体的网页。
- 指南按钮：按这里打开 Real.com 指南网站，它将网络上有趣和有用的资料集合在一起供用户查找。
- 收音机调谐器按钮：一种全新的方式让你找到网络上的广播和电视节目。
- 带宽显示：显示当前播放的文件所需要的带宽。带宽越宽，音频或者视频的质量就越好，但网络的负担也越重，严重的时候会造成声音或者图像断续。
- 内容显示面板：这里显示了已经存在的频道，也可以添加新的频道。
- 前进后退按钮：像浏览器里的前进后退按钮一样，这两个按钮在 RealPlayer 本次运行播放过的片段之前前后跳跃。
- 播放控制按钮：包括播放、暂停、停止、快进、快退 5 个按钮。
- 选项按钮：按这里可以添加和删除频道，可以更新标题、可选 Real.com 的新消息、还可以停止/开始频道的自动卷动。
- 改变视频窗口大小：可以在原始大小、两倍大小和全屏幕之间改变视频窗口大小。
- 视频控制：只在 Plus 版中有用，可以改变视频的对比度、亮度、色彩饱和度等。
- 视觉效果按钮：这个功能类似于 Winamp 的视觉插件。同样在播放音频文件的时候显示图像，让人获得听觉和视觉上的双重享受。共有 5 种效果可以选择，包括：绵羊

AnnaBelle、流星带、火焰、音频分析器和星云。

- 静音按钮。
- 音量调节：调节音量的大小。

3. 电影下载

在线观看影视节目的时候，最怕遇到的恐怕就是——当看到最精彩的时候，播放器定格了。这时什么也做不了，只能无奈地等待着计算机进行缓冲，得到新的数据。能不能有一种方法把在线观看的电影下载到本地硬盘，这样就可以避免由于网络速度或者在服务器运行负载重等问题而造成播放器定格的问题。

可惜的是，目前大多数的服务商都没有提供电影、歌曲（把这些称为流媒体）等下载服务。但是可通过 StreamBox VCR 这个下载流媒体软件来把这些实时播放的电影或歌曲下载到本地硬盘。这个软件在各大软件下载网站都可以找到。下面要介绍的是这个软件中文版的使用方法。

StreamBox 软件包里面包含了最新流下载软件 StreamBox VCR 1.0 的三个不同版本。其中 StreamBox VCR Beta 31 是用来下载 Real 音视频文件的；StreamBox VCR Beta 30 比较适合下载 ASF 格式影片。StreamBox VCR 不但支持点播形式的流节目，也同样支持现场流节目，而且两者可以同时下载。由于其采用了独特的分析技术，所以可以把那些隐藏在 ASX 后的 ASF 文件和隐藏在 SMIL 文件后的 RM 文件找出来并进行下载。另外，StreamBox VCR 支持的流播放协议相当齐全，HTTP、FTP、RTSP、MMS、PNM 等能数得出的协议它都全部支持并可以在下载的时候自动判别。除此之外，还支持断点续传、定时下载、拖放下载等，作为下载软件必需的功能一样都不少。

安装过程很简单，只要按照提示一步一步单击下去就可以了。当软件安装完毕之后，正常启动该软件，其软件界面如图 7-131 所示。

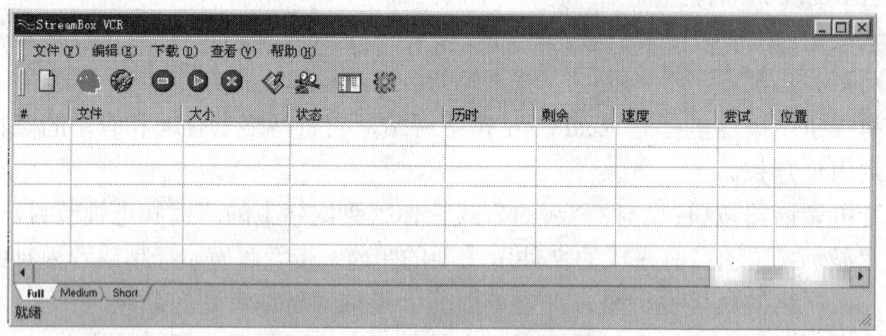

图 7-131　StreamBox VCR 软件界面

下面对该软件的工具栏作一个简单的介绍。

新建：就是新建立一个下载任务，软件启动就已经建立了一个任务，所以一般不需要再建立了。

添加：只有当 Windows 操作系统的剪贴板上有连接才有效。

添加：无论何时都可以使用，需要手动输入必备的参数。

分别是暂停、开始和删除下载任务。

显示信息，隐藏信息，界面三个按钮分别是切换 StreamBox VCR 界面显示信息量多少的控制按钮，用于控制界面显示的信息。

设置：单击它可以设置软件的各种功能，可以在这里设置下载代理服务器、定时下载的时间等。

当用户新建一个电影下载任务时，如图 7-132 所示，软件会向用户提出一些问题，如从什么地方下载、保存到本地硬盘的什么地方、在本地所存储的文件名是什么、所采用的下载协议是什么等问题，如果没有什么特殊要求，就可使用默认设置。

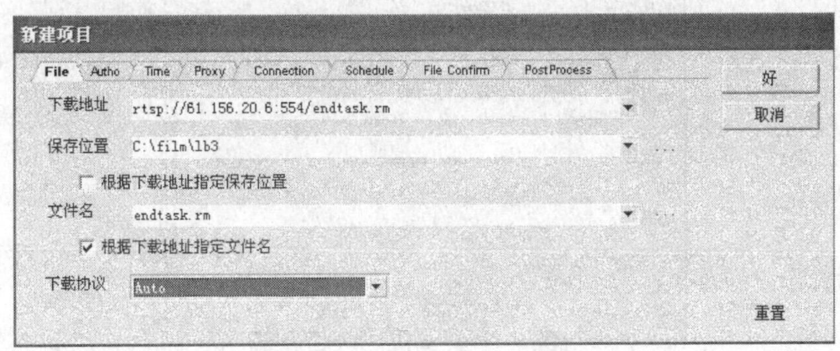

图 7-132　新建电影下载任务

另外在图 7-132 中，还有一些选项卡可以设置其他的一些参数。这些选项卡说明如下：

- File：下载文件的基本信息。
- Autho：权限处理。如某些网站下载电影需要用户名和密码时，可在此选项卡中添加。
- Time：超时处理。可设置连接服务器下载电影时的重试间隔时间、超时时间和尝试的次数等参数。
- Proxy：代理服务器的信息。
- Connection：连接的速率。
- Schedule：定时下载设置。定制计划任务，可实现定时下载。
- File Confirm：通知确认，向用户反映下载的情况。
- PostProcess：下载电影文件格式的设置。

下面通过下载一个电影，来说明该软件的具体使用方法。

（1）首先在网上找到想要下载的流节目，如图 7-133 所示，在其连接上面右击，弹出快捷菜单。

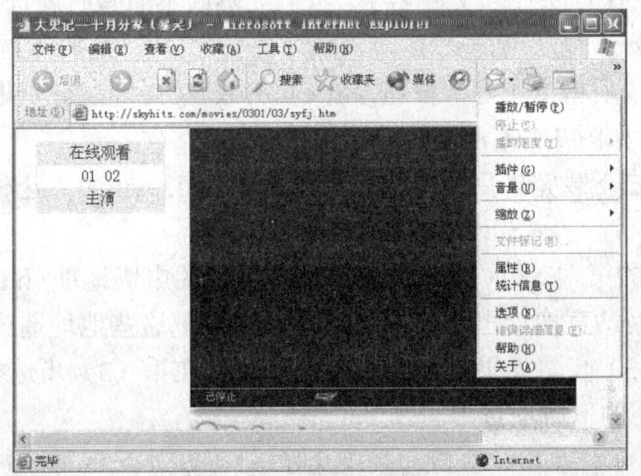

图 7-133　网上在线电影

（2）选择“属性”按钮，打开如图 7-134 所示的页面。

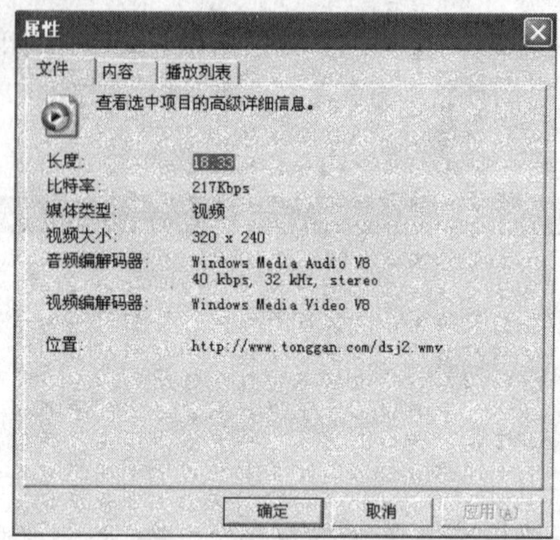

图 7-134 在线电影属性

（3）找到连接地址并拷贝到剪贴板（本例是 http://www.tonggam.com/dsj2.wmv），然后运行 StreamBox VCR，在工具条中单击“添加”按钮，可以看见软件已经自动把刚才的地址复制到“下载地址”中，如图 7-135 所示。

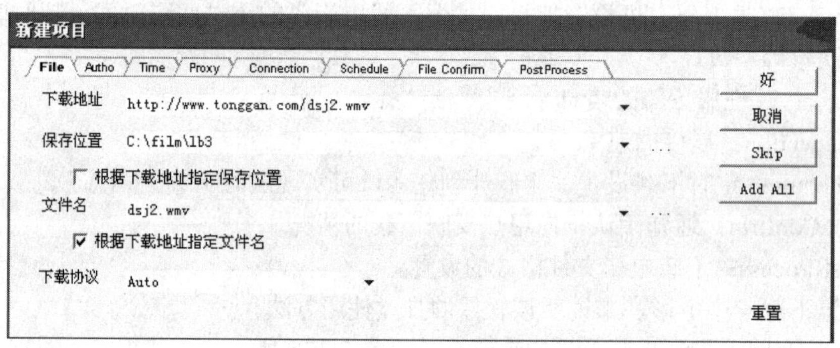

图 7-135 设定下载信息

（4）再选择文件的保存路径和文件名字，当下载协议不清楚时就选择 Auto，让 StreamVox VCR 自动判别。

（5）以上步骤完成后单击“好”按钮，StreamBox VCR 经过分析地址无误后就会开始下载了。下载完毕的页面如图 7-136 所示。

（6）最后，可单击下载完毕后的文件名（本例是 dsj2.wmv），这时就可流畅地看下载的电影了。

另外，在本过程中的第（1）和（2）步是获得准备下载的电影地址（http://www.tonggam.com/dsj2.wmv）。如果有些网站直接给出这个下载地址，则可把这些地址通过复制的方法拷贝到剪贴板，重复本例的第（3）步，如果是多个电影地址时，在第（3）步选择 Add All 按钮，同时添加到 StreamBox VCR 的下载项目中。

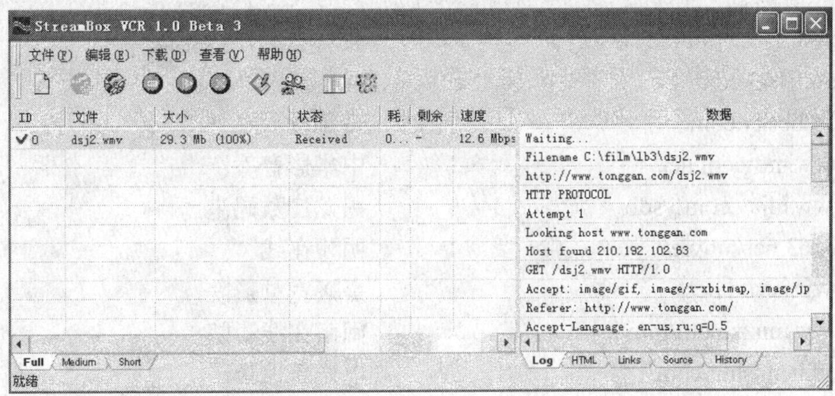

图 7-136　电影下载完毕

4. 电影站点

下面给出一些电影站点的网址。

http://www.showsee.com/　秀视网
http://www.play99.net/　在线视听导航
http://www.yes2.net/movie/　数码电影网
http://www.51hot.net/movie/　无忧热点网—影视在线
http://movie.bestlover.net/　大海影视空间
http://bb163.net/film/　成功影院
http://www.shune.com/download/　下载吧
http://boychina.net/dy/index.htm　新阳光剧场
http://www.ng163.com/film/　宁国在线影院
http://skyhits.com/index_movies.htm　电影下载基地
http://movie.mdjinfo.net/　星雪剧场
http://www.zzip.com.cn/movie/　商都宽频网
http://ent.online.ln.cn/lnmovielist.htm　北方时空在线影院
http://www.scfido.com/movie/　趣多影视
http://bb163.net/　明州在线
http://61.156.28.24/film/　是新在线影院
http://media.cdit.edu.cn/　成都理工视频点播
http://media.zsnet.com/　中山宽带
http://www.jzinfo.ha.cn/movie/online.htm　影视先锋
http://www.5959ltys.com/　联通影视网
http://www.jxvod.net/　嘉兴宽频影院
http://www.xzchina.com/yspd/film.asp　徐州时空影视频道
http://media.nt169.com/　宽带应用中心
http://yedown.com/index.htm　天空下载
http://www.5959ys.com/index.asp　5959 影视网
http://202.96.66.148/movie/main.aspx　七彩影视乐园

http://www.5see.com/movie/zxyy/	我看电影在线影院
http://vod.fj163.com/	网友影院
http://vod.bbsky.com/	宽频世界
http://www.movieol.net/	中华影音库
http://www.hljav.com/ysdb/	黑龙江数码港
http://bb163.net/movie/	明州在线
http://www.jxvod.net/	嘉兴宽频影院
http://www.mnzx.com/movies/	闽南在线影院
http://vod.hengshui.com/	电影新地带
http://www.hfcatv.com/main/	宽频影视网
http://www.king-vod.com/	e 视代线上电影院
http://www.sg163.com/ram/ram.htm	韶关信息港在线影院
http://202.99.166.35/down/	唐山热线—在线影院
http://www.QQ88.com/mtv/	在线电影
http://www.film21cn.com/	电影在线

7.6.4 网络电视

PPLive、PPStream、SopCast 等都是 P2P 网络电视播放软件。使用 P2P TV 记录器还能记录网络电视工具播放的视频电视节目，并把节目保存到硬盘，实现离线观看电视节目。

PPLive 和 PPStream 是两款各有千秋的收看网络电视的软件。PPLive 是一款利用 P2P 技术让用户能在互联网上收看电视节目的软件。该软件最大的优势莫过于丰富的节目内容，使用户可以跨越地域，收看本省市不能收看到的节目：凤凰卫视、湖南卫视、各省省台等。更有最热门的电视剧、电影、动漫热播频道。该软件配置要求较低；使用内存缓存数据，不伤硬盘；能破解 XP SP2 的 TCP/IP 数限制，让节目播放更流畅。

PPStream 与 PPLive 一样，可以收看到很多节目。同样是基于 P2P 技术的流媒体超大规模应用解决方案，采用了 P2P-Streaming 技术，具有用户越多播放越稳定，支持数万人同时在线的大规模访问等特点。在无法 UDP 打开列表的时候，将自动切换到 HTTP 模式。

这两款软件可以分别在 http://www.pplive.com 和 http://www.ppstream.com 下载最新版本。因为这两款软件非常类似，下面主要介绍 PPLive 软件。

1．PPLive 的介绍

PPLive 是传播流媒体的软件，由于是传播的流媒体，数据不是固定的文件，所以下载与上传的数据都是存储在内存里的，没有数据写入硬盘。所以，使用 PPLive 不会对硬盘造成任何损害。由于新的 XP SP2 补丁包会增加对 TCP/IP 的连接个数的限制。但是由于 P2P 软件为了提高带宽利用率所产生的 TCP/IP 连接个数会超过 XP SP2 限制连接的个数。为了解决这个问题，在 PPLive 安装程序里面有自动破解这个连接限制的功能。在安装的时候按照软件提示就可以轻松解决这个问题。

使用 PPLive 基本配置是电脑内存 128M 以上，宽带网络 512K 以上（推荐 1M 以上）即可使用；系统需要安装 Windows Media Player 9 和 Realplayer10 以上版本播放器；局域网用户请作端口映射。如果系统是 Windows XP，同时路由器支持 UPNP 功能，请打开系统和路由器中的 UPNP 功能；WindowsXP Service Pack 2 系统用户，请下载并安装 XP SP2 连接数破解补丁，并将连接数修改至适当数量。

PPLive 软件到 www.pplive.com 主页面的“下载软件”的“本地下载”里下载；如果没有装播放器 Windows Media Player9 和 Realplayer10 以上版本的用户，请在相同页面进行下载；下载之后双击（红色箭头图标）按提示进行安装即可。

如果 PPLive 出现无法再次安装问题，先退出电脑右下角的网视引擎（蓝色图标），然后通过“设置→控制面板→添加或删除程序”把 pplive 和 Synacast 两个删除，把 C:\Program Files\Common Files\Synacast 文件夹手动删除，再重新安装就可以了。

如果 PPLive 网视引擎无法启动，往往是由 XP SP2 下任务栏的限制和用户的权限问题造成的。请勾选桌面 PPLive 网视引擎的“属性→快捷方式→高级→选择其他用户身份运行”。

版本 1.1.0.1 以下版本不支持在线升级，可到 PPLive 主页下载最新版，1.1.0.1 以上版本支持在线升级。PPLive 流媒体播放器不收费。

2. PPLive 的安装

（1）在 www.pplive.com 下载了最新的 2006 新春特别版后，单击 PPLive 安装包“PPLiveSetup1.1.0.7CN.exe”，开始安装。

（2）如图 7-137 所示首先请选择语言，单击 OK。

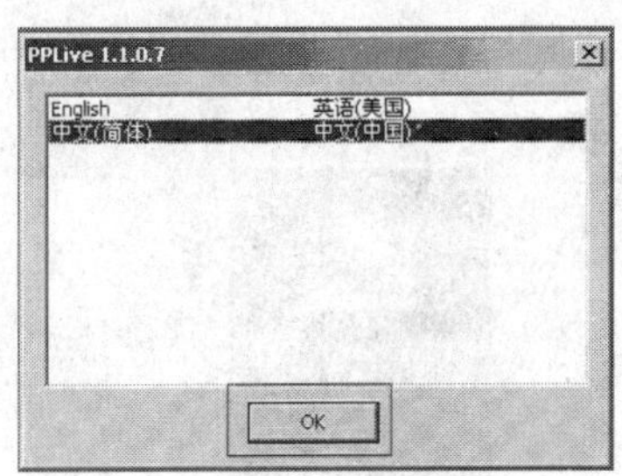

图 7-137　选择语言

（3）出现如图 7-138 所示的窗口，单击“下一步”。

图 7-138　版权说明

（4）在出现的对话框中选择安装路径，如图 7-139 所示，并单击安装。

（5）设置网络连接类型，如图 7-140 所示，单击 OK 按钮，完成安装。

安装完毕后，桌面会出现两个快捷方式——PPLive 网络电视 和 PPLive 网视引擎，如图 7-141 所示。

3. PPLive 的使用

双击 PPLive 网络电视调出播放器，如图 7-142 所示，播放器的状态栏显示“频道列表已更新”。这时可以点击菜单栏的“频道列表”，查看有哪些分类，如图 7-143 所示，进一步可以看每个分类有哪些节目，如图 7-144 所示。

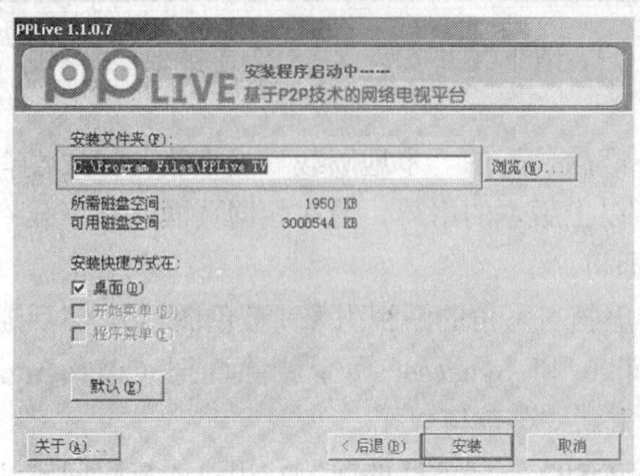

图 7-139　选择安装目录

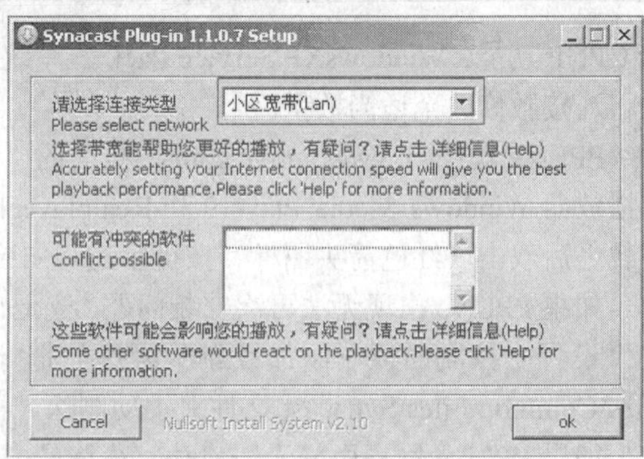

图 7-140　选择网络连接类型

图 7-141　桌面上的快捷方式

图 7-142　PPLive 播放器

图 7-143　节目分类菜单

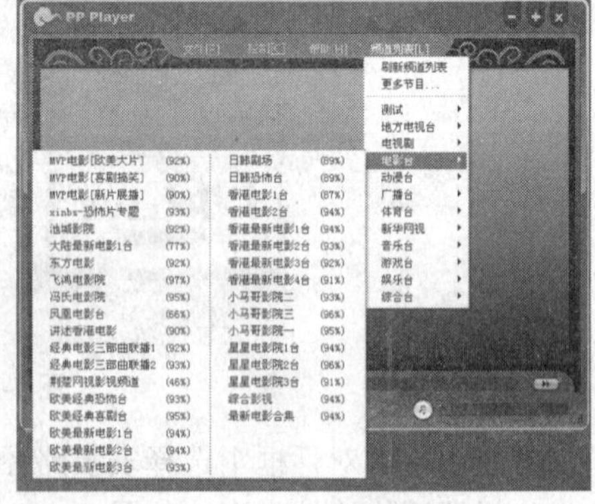

图 7-144　具体频道菜单

单击菜单中的频道就可以选择想观看的节目，每个频道正在播放的节目可以在 www.pplive.com 上查看节目表，如图 7-145 所示。

双击桌面上的 PPLive 网视引擎，或者在播放器中选择了节目，也会自动启动网视引擎，系统任务栏会出现 PPLive 网视引擎的图标，如图 7-146 所示。在系统任务栏中的 PPLive 网视引擎处按右键也可以选择你想要看的节目，如图 7-147 所示。

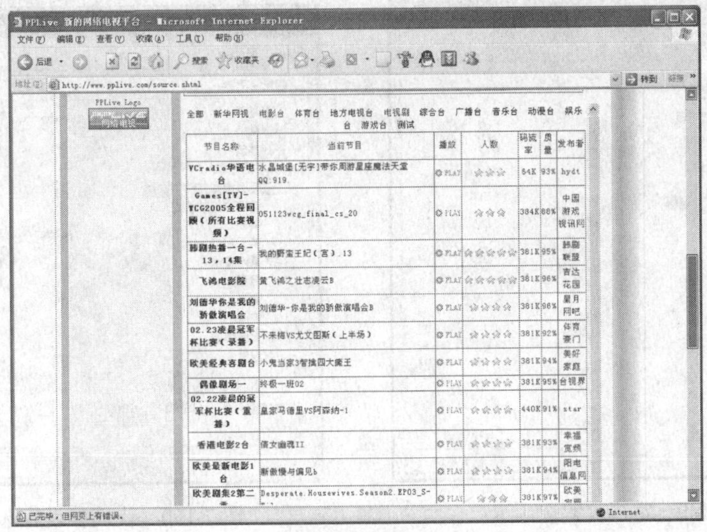

图 7-145　节目列表

图 7-146　网视引擎图标

图 7-147　网视引擎右键菜单

单击菜单中的控制－整理我的收藏夹，可以收藏喜爱的节目，如图 7-148 所示。单击设置，可以设置检测新版本的间隔，也可以设置快捷键，如图 7-149 和 7-150 所示。

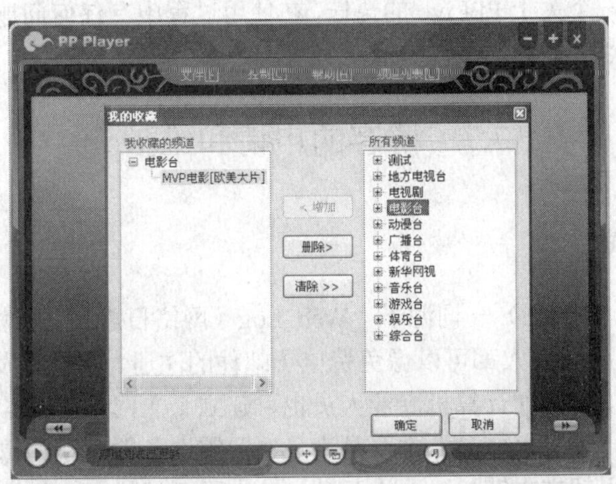

图 7-148　收藏喜爱的频道

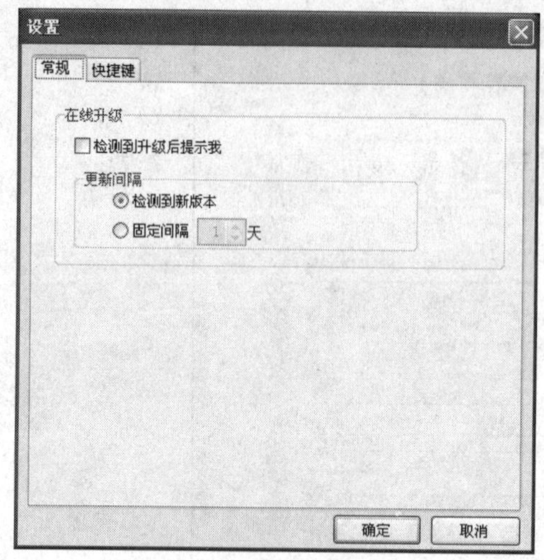

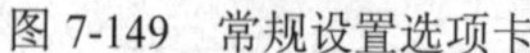
图 7-149 常规设置选项卡

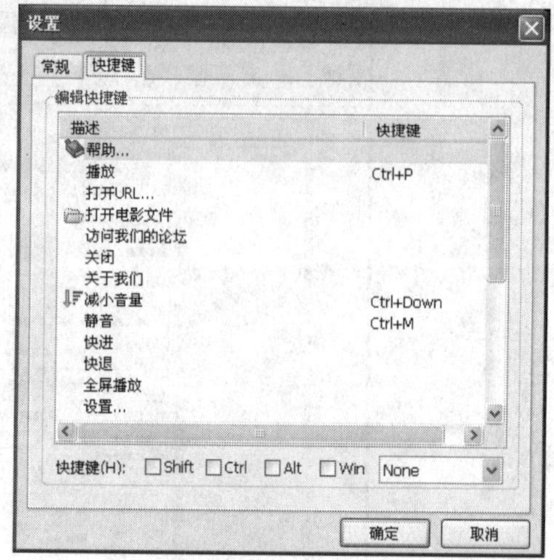

图 7-150 快捷键设置选项卡

总的来说，PPLive 是一款用于互联网上大规模视频直播的共享软件。使用网状模型，有效解决了当前网络视频点播服务的带宽和负载有限问题，实现用户越多，播放越流畅的特性，整体服务质量大大提高。软件特色是：

（1）播放流畅、稳定。接入的节点越多，效果越好。但是，个别节点的退出又不影响整体性能。

（2）系统配置要求低，占用系统资源非常少。

（3）使用时，数据缓存在内存里，不在硬盘上存储数据，对硬盘无任何伤害。

（4）多点下载，动态找到较近连接。

（5）支持多种格式的流媒体文件。

PPLive 与 QQ 直播相似，不同的是，该软件可以播放更多电视节目内容，包括凤凰卫视、华娱卫视、CCTV、法国时尚等卫星电视节目和中国网络电视台等各类网络电视节目。PPLive 完全免费，无需注册。为了避免兼容性问题，PPLive 建议使用 Real Player 10 和 Windows Media Player 9.0。

bbs.pplive.com 是一个关于 PPLive 的论坛，在使用过程中有任何问题都可以在论坛里寻求帮助，还可以点播喜欢的节目。

7.7 博客的申请和维护

7.7.1 什么是博客

“博客”（Blog 或 Weblog）一词源于“Web Log（网络日志）”的缩写，是一种十分简易的个人信息发布方式。让任何人都可以像免费电子邮件的注册、撰写和发送一样，完成个人网页的创建、发布和更新，一些非计算机专业人员也可建立个人网站，博客是一种“零进入壁垒”的网上个人出版方式，“零进入壁垒”主要是满足“四零”条件（零编辑、零技术、零成本、零形式）。可以充分利用超文本链接、网络互动、动态更新的特点，将个人工作过程、生活故事、思想历程、闪现的灵感等及时记录和发布，发挥个人无限的表达力；更可以以文会友，结识和汇聚朋友，进行深度交流沟通。Blog 是继 E-mail、BBS、ICQ 之后出现的第四种网络交流方式。

博客的种类一般有战争博客（Warblog，Matt Welch 发明）、日记博客（Journal blog 和 Diary blog），知识博客（Knowledge Log、Klog、K-Blog）、新闻博客（News blogs）、专家博客（Pundit blog）、技术博客（Tech blog）、群体博客（Group blog）、移动博客（Moblog）、视频博客（Videoblog）、音频博客（Audioblog）、图片博客（Fotolog）、法律博客（Blawg）、文摘博客（Digest blog）。

由此还衍生出大量新词汇，比如博客世界（Blogosphere）、博客精英（Blogerati）、博客链接（Blogroll）、法语博客（Froglogs）、语言博客（Linguablog）和小猫博客（Kittyblogger，指写些日常琐碎内容的博客）等。有时博客（Blogger）也指拥有 blog 网站或者在 blog 上写作的人。

博客概念一般包含了三个要素：

（1）网页主体内容由不断更新的、个人性的众多文章组成。

（2）按时间顺序排列的，而且是倒序方式，也就是最新的放在最上面，最旧的在最下面。

（3）内容可以是各种主题、各种外观布局和各种写作风格，但是文章内容以“超链接”作为重要的表达方式。

博客的三大主要作用为个人自由表达和出版、知识过滤与积累、深度交流沟通的网络新方式。

博客这个名称最早由约翰·巴杰在 1997 年 12 月提出。1998 年，互联网上的博客网站屈指可数。当时，Infosift 的编辑耶西·盖瑞特想列举一个博客类似站点的名单，便在互联网上开始了艰难的搜索。

终于在 1998 年 12 月，这份名单在 Camworld 网站上发布。其他博客站点维护者发现此举后，纷纷把自己的网址和网站名称、主要特色都发了过来，这个名单也就日渐丰富。到了 1999 年初，耶西的“完全博客站点”名单所列的站点已达 23 个。

时隔不久，布丽奇特·伊顿也搜集出了一个名叫“伊顿网络门户”的博客站点名单，并且提出应该以日期为基础组织内容。

1999 年 7 月，一个专门制作博客站点的“Pitas”免费工具软件发布了，这对于博客站点的快速搭建起着很关键的作用。随后，上百个同类工具也如雨后春笋般制作出来。这种工具对于加速建立博客站点的数量是非常有意义的。此后，博客站点的数量出现了一种爆炸性增长。

博客在中国从 2005 年 7 月后人数呈现井喷性增长，而这个时间点恰恰是博客中国谈定 1000 万美元融资和新浪博客试运行的时间。MSN space（MSN 空间）这样的微软变种博客，借助即时聊天工具 MSN 的泛滥，而成为很多白领尝试书写 blog 的开始。

下面给出一些博客托管网站的地址：

- 中国博客网（www.blogcn.com）：第一家免费中文博客托管服务商（BSP），现有游戏博客、移动博客、音乐博客、rabo、情侣、图片博客等应用版块。
- TOM 博客（blog.tom.com）。
- 博客动力（www.blogdriver.com）：免费提供专业博客托管服务（BSP），现拥有博客公社、移动博客、图片博客、视频博客、教师博客、学生博客、博采、播客和 RSS 博览等多个应用版块。

- 博客园（www.cnblogs.com）。
- 歪酷博客（www.yculblog.com）。
- 天涯博客（www.tianyablog.com）。
- 和讯博客（blog.hexun.com）：国内公认最好的博客系统，速度超快，功能强大，傻瓜化操作，模板和个性化定制功能极丰富，还配备了网摘和超酷的图片博客功能（容量不限）。
- ChinaBlog（www.chinablog.com）。
- 博客中国人（www.blogchinese.com）。
- 新浪博客首页（blog.sina.com.cn）。
- 中国教育人博客（www.blog.edu.cn）。
- 天极博客（blog.yesky.com）。

7.7.2 博客的申请

2005年9月8日，深具媒体影响力的中文门户网站新浪网推出了博客产品Blog Beta 2.0。其特点是利用新浪门户网站的影响力整合博客资源，将优秀博客的链接放置在首页上；其次，新浪的移动博客还可以整合无线资源，让用户通过手机直接更新博客的图片和文字；再有新浪可将邮箱、IM、博客和相册等服务使用一个账号，而这将会产生巨大的用户黏性。在博客服务的稳定性上，新浪副总裁兼CTO李嵩波给出了有力的保证，强调新浪在网通和电信拥有多条通道，可以减少服务平台迟缓或是宕机的可能性。

下面就以新浪为例讲解博客的申请和维护。

（1）在新浪首页上单击“博客”超级链接，打开如图7-151所示的新浪博客首页。在如图7-151所示的页面单击“开通新浪BLOG”，打开如图7-152所示的页面。

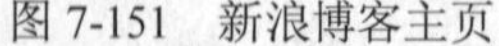

图7-151 新浪博客主页

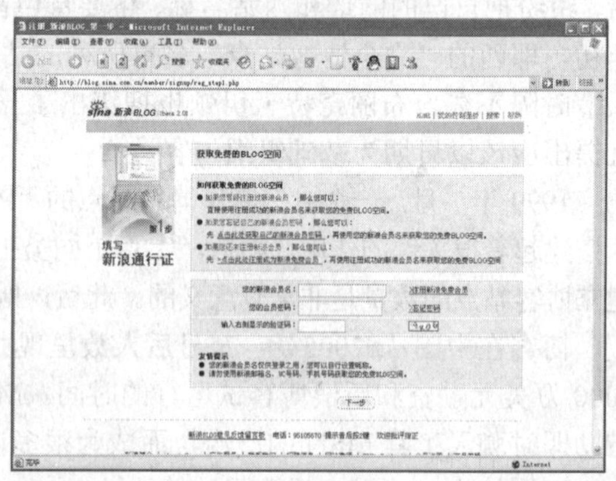

图7-152 获取免费的BLOG空间

（2）如果曾经注册过新浪会员，那么可以直接使用注册成功的新浪会员名来获取免费BLOG空间。如果还未注册成为新浪会员，那么必须先注册成为新浪免费会员，再使用注册成功的新浪会员名来获取免费 BLOG 空间。注册新浪会员，获取新浪通行证的窗口如图 7-153所示。注册成功后，在如图7-154所示的页面中输入用户的新浪会员名和密码，以及验证码，单击“下一步”按钮。

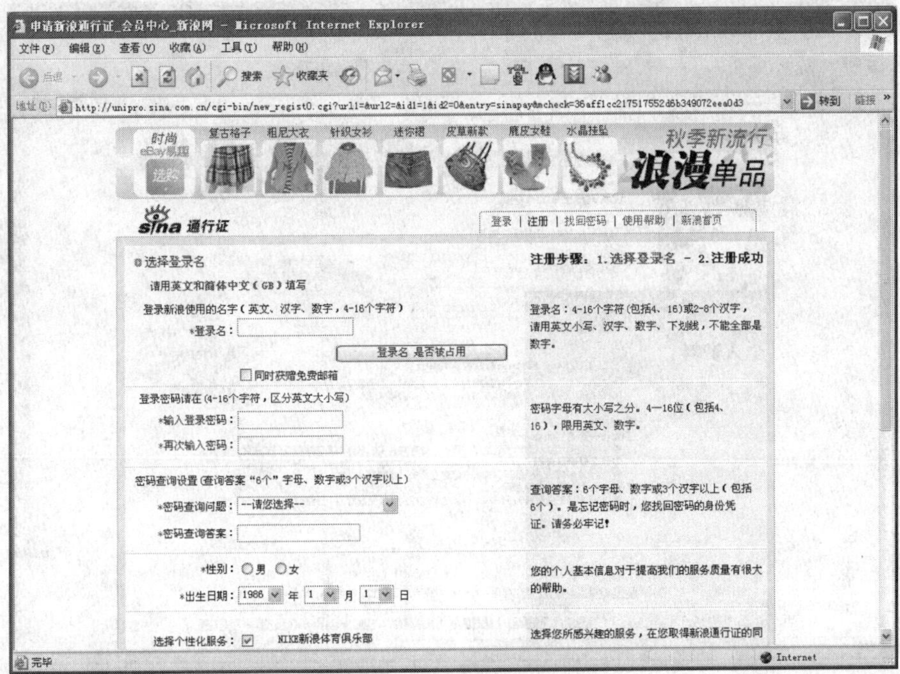

图 7-153　注册新浪会员

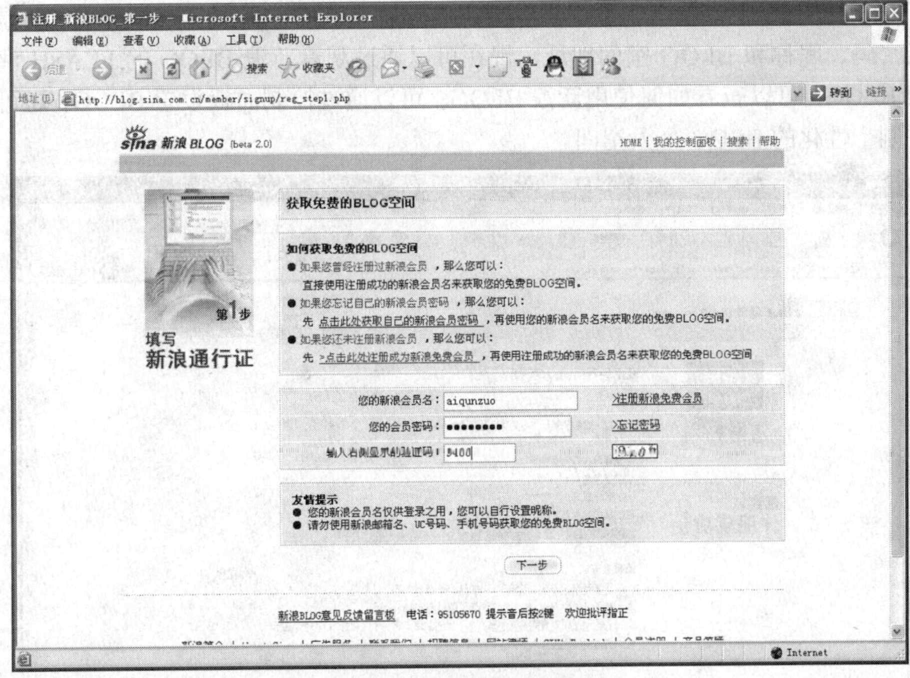

图 7-154　填写新浪通行证

（3）在打开的窗口中填入个人资料，如图 7-155 所示。填写昵称，昵称被默认为今后发表文章、评论、留言时使用的名称，是与朋友们交流的重要标识；填写邮箱，新浪 BLOG 可通过真实邮箱来建立更加通畅的沟通渠道。用户获得免费 BLOG 空间后，还可以在控制面板更改个人资料。

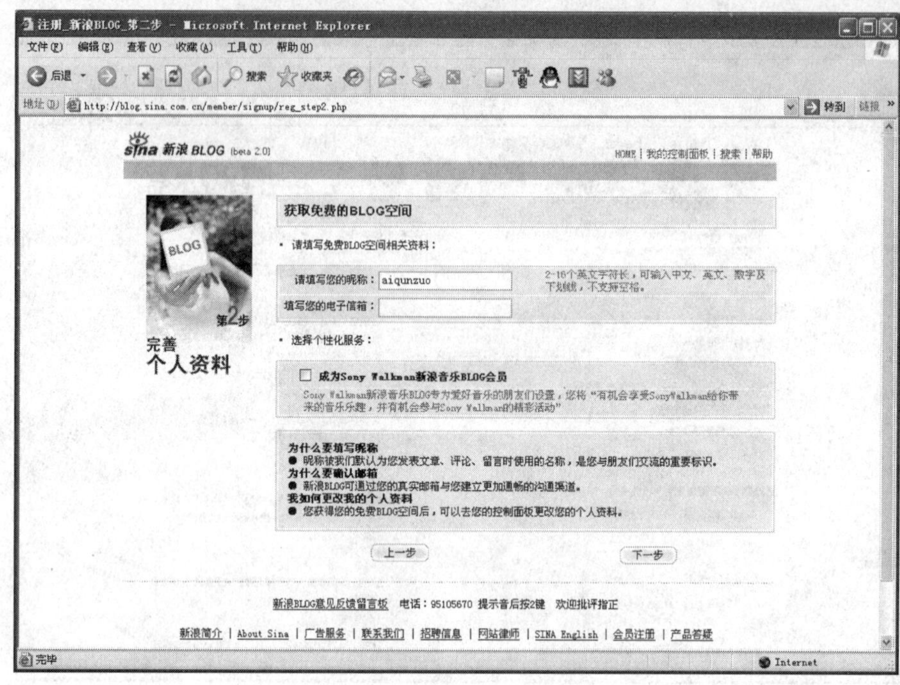

图 7-155　填写个人资料

（4）在图 7-155 中，单击“下一步”按钮后开通 BLOG，如图 7-156 所示，会显示登录名、登录密码、昵称和 BLOG 空间地址。现在可以通过观看新浪 BLOG 的 FLASH 演示向导了解新浪 BLOG；可以查看如何使用新浪 BLOG；可以通过控制面板设置 BLOG；还可以发表文章，定制个性化的 BLOG 个人空间。

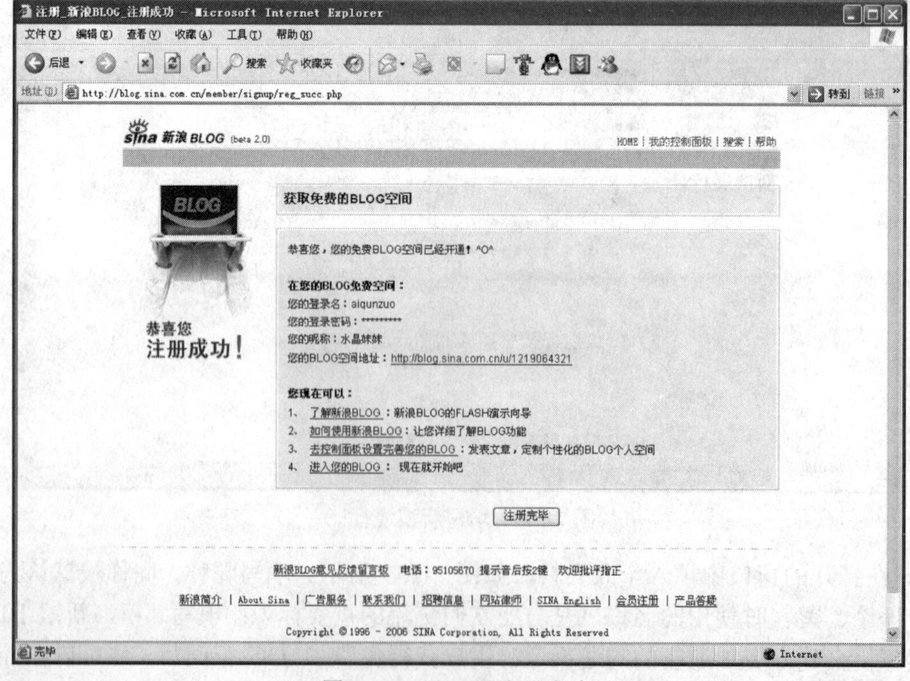

图 7-156　BLOG 注册成功

7.7.3　博客的维护

新浪博客开通后，进入新开通的博客，会看到如图 7-157 所示的页面。

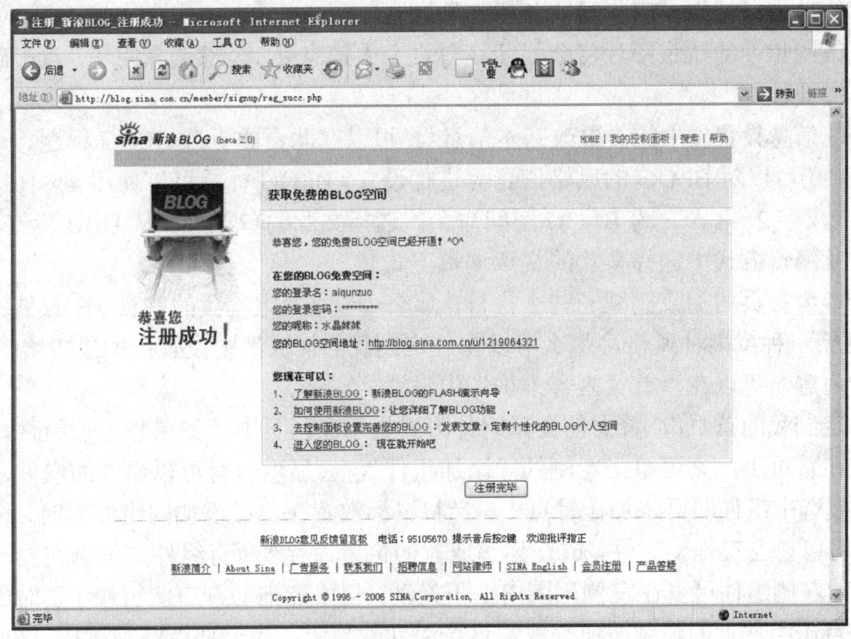

图 7-157　BLOG 开通

下面说明控制面板设置选项，如图 7-158 所示。“快速通道”是一个快捷的快速入口，通过单击快速通道的连接，可以迅速进入相应的管理界面。快速通道让用户更加快速，更加省时省力。

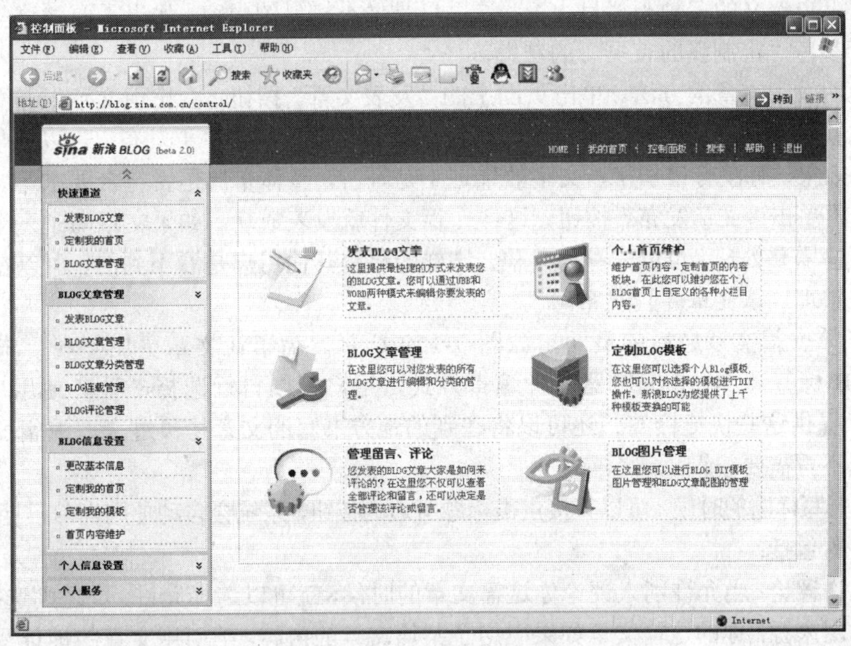

图 7-158　BLOG 控制面板

“个人信息”里可以“更改基本资料”包括：

- 昵称：昵称允许 4～16 个字符（包括 4、16）或汉字 2～8 个，而且昵称可以带有☆△之类特殊符号。
- 邮箱地址、性别、出生日期和所在地区。
- 更改图片中的这张图片将会显示在首页个人信息处。全部选择完毕，点击确定按钮即可提交。

“BLOG 信息设置”中的“更改基本信息”，可以在此页面更改 BLOG 标题、进行 BLOG 特殊设置等，还可以对 BLOG 的风格信息等进行设置。BLOG 标题可以使用 4～16 个字符（包括 4、16）或汉字 2～8 个，为 BLOG 空间命名。选择文章编辑器可以从 UBB 标签和 Word 编辑器两种文章编辑方式中选择喜欢的文章编辑方式。

如果希望为首页增加或删减一些小栏目，那么可以在“定制我的首页”中设置；如果希望为 BLOG 更换一种或多种风格，那么可以在“定制我的模板”中设置；如果想维护 BLOG 首页小栏目的内容，可以在“首页内容维护”中设置。

单击“定制我的首页”，首页便会以组件形式显示在网页中。如果想添加组件，将已经做好的组件放在首页上，则可单击左侧的“添加组件”，会显示所有可以添加的组件，如点选前面的按钮，被选中组件即可添加在首页中。当将鼠标放置在已经添加的组件上时，鼠标会变成十字形，这时可以左键拖动组件，放在你想放置的位置，当然所有组件只可以在同一范围内上下拖动，例如左侧组件可以在左侧范围内上下拖动，但不能拖动到右侧组件中。对于不喜欢的组件，可以点击组件上的隐藏按钮来取消这个组件的显示。当全部调整完毕后，单击“保存”按钮，这时首页就已经大变样了。

单击“首页内容维护”按钮会出现自定义公告栏、自定义链接栏、自定义搜索栏、自定义空白面板、自定义文章专辑、背景音乐播放列表六项内容的管理维护。在这里可以维护在个人 BLOG 首页上自定义的各种小栏目内容。这里只是做小栏目的内容，如果需要将这些栏目显示在首页，请参考“定制我的首页”的帮助。

下面说明发表文章的方法。单击页面上的“发表文章”按钮，会出现文章发布页面，只需要在对应位置输入文章标题和内容即可，写完了一篇文章，不要急于发布，可以先使用“文章预览”看看效果，有没有错别字，文字效果是不是好看，整体布局是否符合要求等。如果全部整理好了，再单击“文章发布”按钮，这样一篇文件就发表成功。如果文章写了一半，突然有了其他的事情需要处理，可以先存为草稿，这样的草稿其他用户是看不到的，可以在有时间的时候，再来整理这篇文章并且发布。

发表了第一篇文章之后的页面，如图 7-159 所示。为了让文章更加美观、丰富，新浪提供了 UBB 标签和 Word 编辑器两种编辑方式，用户可以自行选择一种。使用 UBB 标签方式。除了提供这些快捷标签，还可以将在别的地方书写的文章拷贝过来，编辑器会自动识别格式，而不再需要编辑。

当不想书写标题的时候，可以直接点击标题旁边的按钮，系统会自动使用当前日期作为标题。

特殊设置包括：

- 允许评论：当允许别人评论你这篇文章的时候，就可以选择允许，反之则选择不允许。
- 引用来源：你的这篇文章如果引用了某篇文章的内容，把引用文章的地址写在引用来源处。

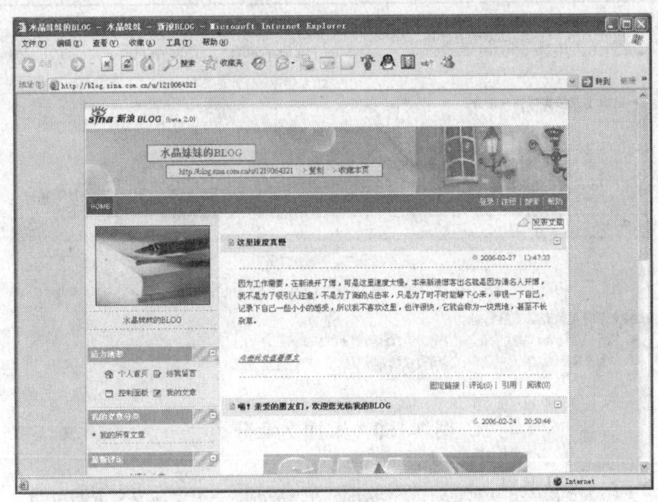

图 7-159　发表第一篇文章

图片处理除了直接拷贝图片在编辑器的办法外，还可以利用图片本地上传功能，方法是首先单击图片的“浏览”按钮，选择本地需要上传的图片后，单击“打开”按钮，图片就可以在该图片栏中预览。然后选择要插入的位置，单击插入文章，系统会自动将该图片插入到想放置的地方，另外要说明的是最多可以上传 8 张图片，如果感觉某张图片不合适，还可以单击“删除”按钮，从文章中将该图片删除。图片大小可以通过左键拖拽进行调整。

在“文章管理”的页面，可以对发表的所有 BLOG 文章进行编辑或者管理。BLOG 文件夹包含总文件夹、草稿箱、回收站，而 BLOG 文章分类则包含了所有建立的分类。单击各类别即可进入相应文章的管理界面。

草稿管理：草稿是别人是看不到的。单击“草稿”按钮，以前所有另存为草稿的文章都会显示出来，可以通过草稿操作里面的编辑，来继续完成或是修改文章，也可以将不再需要的草稿删除掉。编辑完草稿之后，可以单击“发表文章”按钮。删除掉的草稿会进入回收站，可以通过搜索功能迅速找到要管理的草稿。

回收站：删除掉的所有文章都会显示出来，而不是被彻底删除掉，这样以便于误操作时，能及时挽回损失。单击“回收站”会出现所有删除的文章。单击选中文章之后，该文章标题等会变为黄色，单击操作中的恢复文章，文章会自动出现在原来的位置；如果单击彻底删除，文章将会被彻底删除掉，再也无法找回的，所以这个操作一定要慎重。

如何进行文章分类？默认时文章都存放在“我的文章”下面，当单击文章类别的下拉菜单可以选择自定义的分类。初始没有其他的分类，可以进入 BLOG 文章分类管理去设置新的分类，还可以单击“文章分类名”旁的箭头，输入分类名称，单击“添加分类”按钮，如图 7-160 所示，现在分类就创建好了。以后可以通过下拉菜单选中它，然后再发表文章。

连载是新浪 BLOG 最出色的地方，用户可以写长篇小说，可以将一篇比较长的文稿分成几次来写，通过连载把它们组装在一起，还可以把一类文章整理成专辑形式。当然，它的使用是极其简单的。单击 BLOG“连载管理”，会出现所有创建好的专辑列表，可以单击相应的标题进入专辑，进行专辑修改或是文章添加。初始没有专辑，单击“新增”按钮，出现如图 7-161 所示的窗口。

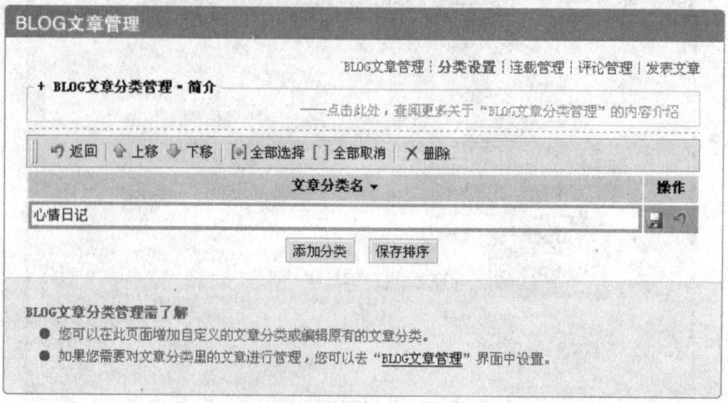

图 7-160　添加文章分类

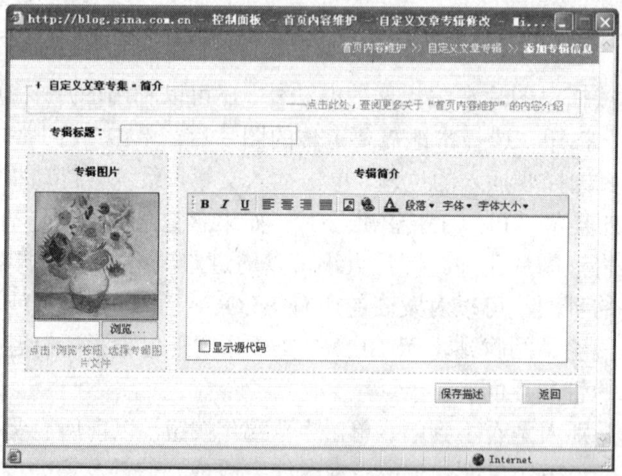

图 7-161　创建专辑

- 专辑标题：专辑的标题有字数限制，不要超过 40 个字符或是 20 个汉字。
- 专辑图片：好像一本书集的封面，你可以选择一幅适合文章内容的图片传上来，上传图片的宽和高要处理为 120×120，大小不要超过 30K，并且为.gif 或.jpg 格式。
- 专辑简介：好像一本书籍的简介，你可以大致介绍一下本连载的内容，也可以随意写上前言，或是别人写的序，最好的描述就是让别人看到描述就能被吸引过来，而不是读完之后还不知道这个专辑写的是什么。另外，专辑描述不可以超过 2000 个汉字。

个人服务里还有留言管理，在这里可以查看留言，并且回复或删除别人的问题。留言板提供了一个交互交流的平台，所以要及时进行处理。单击“留言板管理”按钮就会列出所有人的留言，如果是需要答复，可以回复对方的留言，单击“回复此留言”按钮。输入需要回复的内容后，单击“回复”按钮即可。

以上介绍了新浪博客维护中的重要的方面，其他方面用户可以在平时使用中查询新浪博客的帮助。经常在网上看各种博客，可以增长不少的知识。博客概念主要体现在三个方面：频繁更新、简洁明了和个性化。

本章小结

本章主要介绍了一些 Internet 常用软件的使用方法，如 Internet Explorer、Outlook Express、QQ、FlashGet、BT、eMule、Winamp、龙卷风网络收音机、RealPlayer、PPLive 等几种软件，通过这些软件可进行浏览网页、保存网页、收发电子邮件和新闻、聊天、下载文件、网络视听以及查找信息等，最后还介绍了博客（Blog 或 Weblog）的申请和维护。

由于本章介绍的内容为应用型，因而实际操作较为重要，除了理解少数的基本概念外，读者应结合实际情况多上机练习，才能熟练本章所讲述的工具软件的使用方法，以通过这些工具软件来完成相应的任务。

习题七

一、填空题

1．Internet Explorer 是由 Microsoft 公司提供的________软件，是处理 Internet 信息功能齐全的应用程序软件包。

2．有时候在传送过程中，可能会在网络的某些环节发生错误，使网页不能正确显示出来，或是没有下载完就中断了，甚至可能是误操作，不小心按下了“停止”按钮，使得网页不能完全显示出来，此时可以单击工具栏的________按钮，浏览器会和服务器重新取得联系，并显示当前网页的内容。

3．在 IE 中，可以把经常浏览的网址储存起来，称为________，就像是给 Web 网页加上书签，可以将一些要经常访问的网址加入其中。

4．在使用 Outlook Express 配置邮箱账号之前，必须要知道一些必要的信息，包括用户名、密码、电子邮件地址、________地址和________地址。

5．腾讯 QQ 是由深圳腾讯计算机系统有限公司开发的一款基于 Internet 的________软件。

6．下载软件 FlashGet（网际快车）采用________技术，该软件把一个文件分割成几个部分同时下载，从而成倍地提高下载速度。

7．________是指为用户提供信息检索服务的程序，通过服务器上特定的程序把 Internet 网上的所有信息分析、整理并归类，以帮助在 Internet 网中搜寻到所需要的信息。

8．________文件格式是由 Real Networks 公司推出的声音格式，同样的 WAV 文件压缩成________，比 MP3 还小，非常适用于网上实时广播，因此许多广播电台、电视台的声音传播都是以这种格式传送的。

9．________、________、SopCast 等都是 P2P 网络电视播放软件。

10．“博客”一词源于________的缩写，是一种十分简易的个人信息发布方式。

二、选择题

1．中国的大陆和台湾地区使用两套不同的汉字编码方案，使得中文主要有两种不同的编码方案，台湾地区使用（　）编码。

A．GB　　B．ISO　　C．Big5　　D．UTF

2．使用腾讯 QQ 软件可以进行（　）。

A．收发信息　　B．语音聊天

C．视频聊天　　D．传送文件

3．BT 软件把提供全档的人称为（　）。

A．种子　　B．客户　　C．服务器　　D．用户

4．BT 的发布文件扩展名是（　），很小，一般几十 K，方便传播。这个文件里面存放了对应的发布文件的描述信息、该使用哪个 Tracker、文件的校验信息等，BT 用文件关联来对其进行处理。

A．.bt　　B．.BitTorrent

C．.torrent　　D．.emule

5．P2P 是（　）的缩写。

A．Person-to-Person　　B．Peer-to-Peer

C．Public-to-Public　　D．Private-to-Private

6．eMule 的索引服务器并不集中在一起的，而是各人私有的，遍布全世界，每一个人都可以运行服务器，同时共享的文件索引的前缀是（　）。

A．http://　　B．ftp://

C．ed2k://　　D．emule://

7．以下不是常用的搜索引擎地址的是（　）。

A．http://www.google.com/　　B．http://www.baidu.com/

C．http://www.m18.com/　　D．http://www.goyoyo.com/

8．网上常见的音频文件格式有 MIDI、MP3、RM、WAV 等几种，其中（　）音乐格式文件，因为文件小，所以常被用作网站的背景音乐。

A．MIDI　　B．MP3　　C．RM　　D．WAV

9．网上电影文件一般有 avi、mov、mpeg、rm 等文件格式，其中（　）格式的文件需要苹果公司的 Quick time 软件播放。

A．avi　　B．mov　　C．mpeg　　D．rm

10．以下说法不正确的是（　）。

A．Blog 是继 E-mail、BBS、ICQ 之后出现的第四种网络交流方式。

B．博客的种类一般有战争博客、日记博客、知识博客、新闻博客、技术博客等

C．在新浪博客里别人可以看见作者发表的文章和草稿，但回收站中的内容无法看到

D．在新浪博客里可以通过连载来写长篇小说

三、判断题

（　）1．使用 IE 5.0 软件时不能保存网页全部内容，只能保存文本信息。

（　）2．IE 提供了全屏幕显示方式，全屏幕显示可以隐藏掉所有的工具栏、桌面图标以及滚动条和状态栏，以增大页面内容的显示区域，减少页面滚动的次数。

（　）3．在 Outlook Express 默认的操作流程是从服务器上下载邮件后立即删除，是否删除邮件在服务器上的副本是不能设置的。

（　）4．Outlook Express 的收件箱助理除了可以自动分拣邮件，还能自动完成更多的事情，如自动回复邮件。

（　）5．不可以重命名 Outlook Express 的“收件箱”文件夹，但可以重命名“已发送邮件”文件夹。

（　）6．eMule 继承了第二代 P2P 无中心、纯分布式系统的特点，但 eMule 不再是简单的点到点通信，而是更高效、更复杂的网络通信。

（　）7．有一些词后面加上分号对 Google 有特殊的含义。其中有一个词是“site;”。要在某个特定的域或站点中进行搜索，可以在 Google 搜索框中输入“site;xxxxx.com”。

（　）8．使用 P2P TV 记录器还能记录网络电视工具播放的视频电视节目，并把节目保存到硬盘，实现离线观看电视节目。

（　）9．新浪博客必须先注册成为新浪免费会员，再使用注册成功的新浪会员名来获取免费 BLOG 空间。

（　）10．不如一些专业博客网站提供多种编辑方式，编辑文章时新浪博客网站只提供了 Word 编辑器这种编辑方式。

四、简答题

1．通过 Web 地址访问 Web 页有哪几种方式？
2．网页中出现乱码的解决方法是怎样的？
3．如何使用浏览器软件保存网络资源？
4．怎样利用 Outlook Express 接收邮件？
5．使用 Outlook Express 发送邮件有哪些步骤？美化邮件包括哪些内容？
6．腾讯 QQ 是一种什么软件？
7．如何使用 FlashGet 下载文件？
8．如何使用 BT 软件下载文件？
9．通过搜索引擎输入组合关键字有哪些必要规则？
10．如何申请和维护博客（Blog 或 Weblog）？

第 8 章　网页制作

本章学习目标

本章主要讲解 HTML 语言及 JavaScript 语言。通过对本章的学习，读者应该掌握以下主要内容：

- HTML 语言基本知识
- JavaScript 脚本语言

8.1　网页的制作语言

8.1.1　HTML 语言的结构

HTML（超文本标记语言）是一种描述文档结构的标注语言，它使用一些约定的标记对 WWW 上的各种信息进行标注。当用户浏览 WWW 上的信息时，浏览器会自动解释这些标记的含义，并按照一定的格式在屏幕上显示这些被标记的文件。HTML 的优点是其跨平台性，即任何可以运行浏览器的计算机都能阅读并显示 HTML 文件，不管其操作系统是什么，显示结果都相同。

HTML 文件是标准的 ASCII 文件，且其后缀名为 htm 或 html 的文件。HTML 文件看起来像是加入了许多被称为链接签（Tag）的特殊字符串的普通文本文件。从结构上讲，HTML 文件由元素（Element）组成，组成 HTML 文件的元素有许多种，用于组织文件的内容和指导文件的输出格式，绝大多数元素是“容器”，即有起始标记和结尾标记。元素的起始标记叫做起始链接签（Start Tag），元素结束标记叫做结尾链接签（End Tag），在起始链接签和结尾链接签中间的部分是元素体。每一个元素都有名称和许多可选择的属性，元素的名称和属性都在起始链接签内标明。下面来看一个 HTML 文件，它在浏览器中显示的结果如图 8-1 所示。

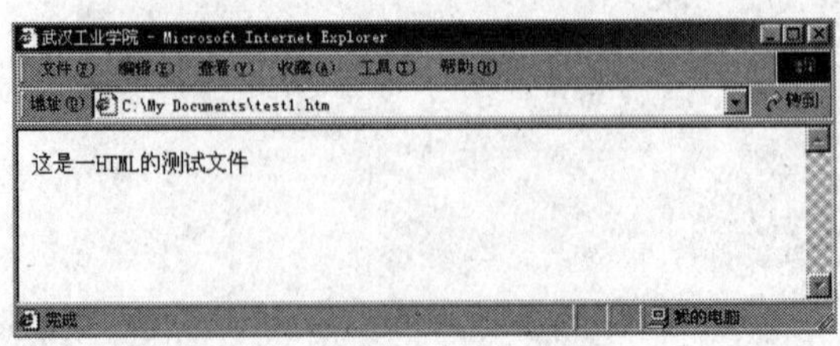

图 8-1　一个 HTML 例子在浏览器的显示结果

```
<HTML>
    <HEAD>
          <TITLE>武汉工业学院</TITLE>
    </HEAD>
          <BODY   bgcolor= yellow>
```

```
6              <P>这是一 HTML 的测试文件</P>
7       </BODY>
8    </HTML>
```

从上例中可以看出，HTML 文件仅由一个 HTML 元素组成，即文件以<HTML>开始，以</HTML>结尾，文件其余部分都是 HTML 的元素体。而 HTML 元素的元素体又由头元素<head>…</head>、体元素<body>…</body>和一些注释组成。头元素和体元素的元素体又由其他的元素、文本及注释组成。

在上例中第 5 行是体元素的起始链接签，它标明体元素从此开始。因为所有的链接签都具有相同的结构，所以应该仔细分析这个链接签的各个部分，以便读者对链接签的写法有一个大概的了解。其格式为：

<起始链接签　属性名=属性值>　内容 <结束链接签>

在 HTML 中有三个字符具有特殊的意义，即：

- “<”：表示一个标签的开始。
- “>”：表示一个标签的结束。
- “&”：表示转义序列的开始。每个转义字符都以“&”开始，以分号“;”结束。

元素名也叫链接签名。需要注意的是：

（1）“<”和起始链接签之间不能有空格。

（2）元素名称不区分大小写。

（3）一个元素可以有多个属性，属性及其属性值不区分大小写，且各个属性用空格分开。

HTML 文件中，有些元素只能出现在头元素中，而绝大多数元素只能出现在体元素中。在头元素中的元素表示的是该 HTML 文件的一般信息，比如文件名称，是否可检索等。这些元素书写的次序是无关紧要的，它只表明该 HTML 有还是没有该属性。与此相反，出现在体元素中的元素是次序敏感的，改变元素在 HTML 文件中的次序会改变该 HTML 文件的输出形式。

8.1.2　构成网页的基本元素

下面介绍一下常用的有关 Web 页文本格式的标记。

1. <TITLE>标记

<TITLE>标记用来给网页命名，网页的名称写在<TITLE>与</TITLE>标记之间，显示在浏览器的标题栏中。例如，在图 8-1 中所示的浏览器页面中，其标题栏所显示的“武汉工业学院”是在 HTML 文件中的由<TITLE>武汉工业学院</TITLE>所定义的。

2. <Hn>标记

<H1>…</H1>到<H6>…</H6>标题元素有 6 种，用于表示文章中的各种题目。字体大小依<H1>到<H6>顺序减小。下面这个例子中分别使用了<H1>到<H6>的标题。其 HTML 文件如下所示，在浏览器中的显示效果如图 8-2 所示。

```
TML>
    <HEAD>
        <TITLE>这是一个测试网页</TITLE>
    </HEAD>
    <BODY>
        <h1>标题测试</h1>
        <h2>标题测试</h2>
```

```
        <h3>标题测试</h3>
        <h4>标题测试</h4>
        <h5>标题测试</h5>
        <h6>标题测试</h6>
    </BODY>
</HTML><H
```

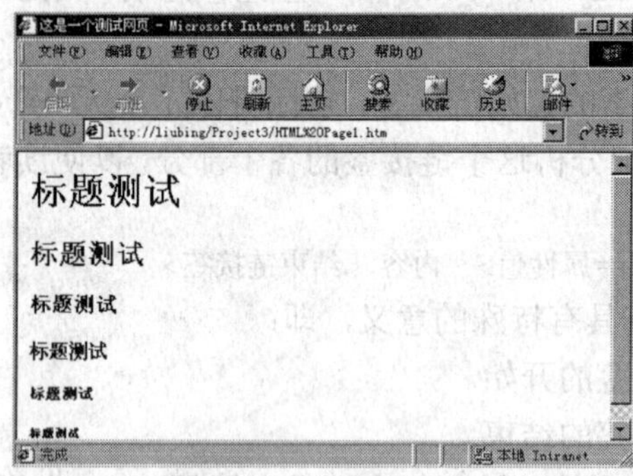

图 8-2　<Hn>标记

3. 预格式化文本标记<pre>

HTML 的输出是基于窗口的，因而 HTML 文件在输出时都是要重新排版的，即把文本上任何额外的字符（如空格、制表符和回车符）都忽略，若确实不需要重新排版的内容，可以用<pre>...</pre>通知浏览器。在图 8-3 和图 8-4 中显示了有无预格式化文本标记<pre>的对比。

下面是图 8-3 和图 8-4 的 HTML 源代码。

```
<HTML>
        <HEAD>
            <TITLE>这是一个测试网页</TITLE>
        </HEAD>
        <BODY>
        <pre>           <!--（图 8-4 无此标记）-->
            HTML是一种描述文档结构的标注语言，它使用一些约定的标记对各种信息进行标注。
        </pre>          <!--（图 8-4 无此标记）-->
    </BODY>
</HTML>
```

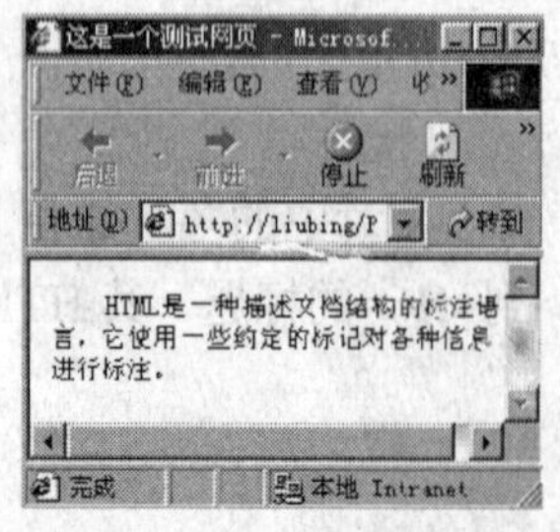

图 8-3　有<pre>标记

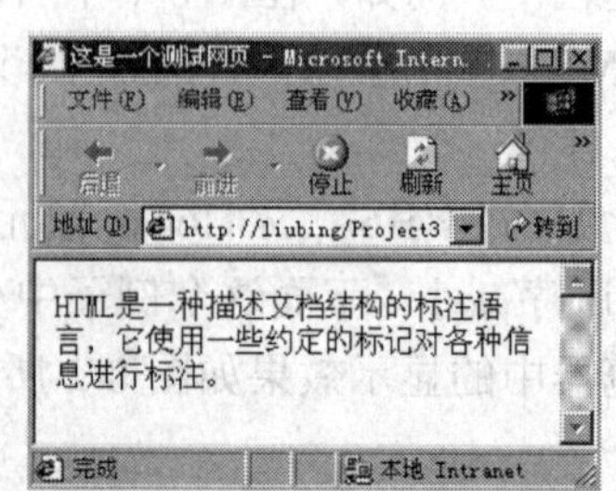

图 8-4　无<pre>标记

4.
和<P>标记

用于强制换行，<P>表示一个段落的开始。

5. <B> <I> <U> <STRONG> <S> 标记

这几个标记都是用来修饰所包含文档的。<B>标记使文本加粗；<I>标记使文本倾斜；<U>标记给文本加下划线；<S>标记给文本加删除线；<STRONG>标记使文本字体加重。下面给出一个 HTML 源文件，其显示结果如图 8-5 所示。

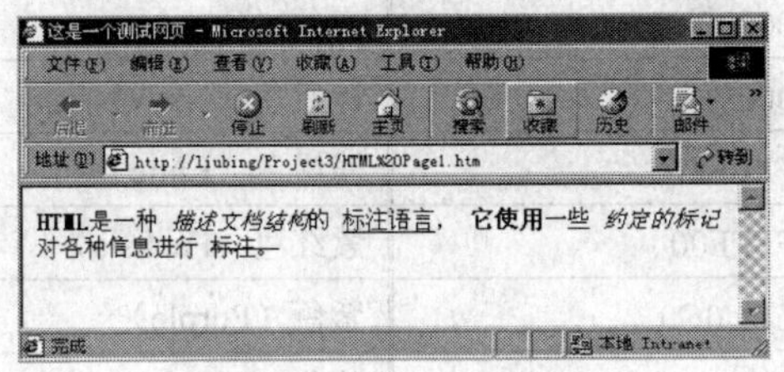

图 8-5　文档标记的修饰

```
<HTML>
    <HEAD>
        <TITLE>这是一个测试网页</TITLE>
    </HEAD>
    <BODY>
        <STRONG>HTML</STRONG>是一种
        <EM>描述文档结构</EM>的
        <U>标注语言</U>,
        <B>它使用</B>一些
        <I>约定的标记</I>对各种信息进行
        <S>标注</S>。
    </BODY>
</HTML>
```

6. <FONT>标记

<FONT>...</FONT>用来修改字体和颜色。其中 COLOR 属性指定文字颜色，颜色的表示可以用 6 位十六进制代码，如<FONT　COLOR=#00FF00>；SIZE 属性指定相对尺寸。

另外，如果用户想要设置网页的背景色和文字颜色，可以将<BODY>标记扩充为：

```
<BODY bgcolor=#  text=#  link=#  alink=#  vlink=#  background="imageURL">
```

其中各个元素的说明如表 8-1 所示，表 8-2 列出了一些常用颜色的 RGB 值。

表 8-1　设置背景景色和文字颜色

标记	说明
Bgcolor	设置网页背景颜色
Text	设置网页非可链接文字的颜色
Link	设置网页可链接文字的颜色
Alink	设置网页正被点击的可链接文字的颜色
Vlink	设置网页已经点击的可链接文字的颜色
Background	设置网页背景图案
ImageURL	设置网页背景图案的 URL 地址
#	代表颜色 RGB 值（格式为 rrggbb）。它是用十六进制的红—绿—蓝（red-green-blue，RGB）值来表示（各种常见的颜色的 RGB 值见表 8-2）

表 8-2 常见颜色 RGB 值

颜色	RGB	颜色	RGB
黑色（Black）	000000	橄榄色（Olive）	808000
红色（Red）	FF0000	深表色（Teal）	008080
绿色（Green）	008000	灰色（Gray）	808080
蓝色（Blue）	0000FF	深蓝色（Navy）	000080
白色（White）	FFFFFF	浅绿色（Lime）	00FF00
黄色（Yellow）	FFFF00	紫红色（Fuchsia）	FF00FF
银色（Silver）	C0C0C0	紫色（Purple）	800080
浅色（Aqua）	00FFFF	茶色（Maroon）	800000

例如要将网页背景颜色设置为蓝色，<body bgcolor=#0000ff>

8.1.3 超文本链接指针

超文本链接指针是 HTML 最吸引人的优点之一，可以这样说，如果没有超文本链接指针，就没有万维网。使用超文本链接指针可以使顺序存放的文件具有一定程度上随机访问的能力，这更加符合人类的跳跃思维方式。超文本链接指针是指把并不连续的两段文字或两个文件联系起来。

1. 统一资源定位器 URL

统一资源定位器 URL（Uniform Resource Locator）是文件名的扩展。在单机系统中，如果要找一个文件，需要知道该文件所在的路径和文件名；在互联网上同样找一个文件，除了要知道以上内容之外，显然还需要知道该文件存放在哪个网络的哪台主机中才行。与单机系统不一样的是，在单机系统中所有的文件都由统一的操作系统来管理，因而不必给出访问该文件的方法；而在互联网上，每个网络，每台主机的操作系统都不一样，因此必须指定访问该文件的方法。一个 URL 包括了以上所有的信息。它的构成为：

```
protocol:// machine.name[:port]/directory/filename
```

其中：

（1）protocol 是访问该资源所采用的协议，即访问该资源的方法，它可以是：

- HTTP：超文本传输协议，该资源是 HTML 文件。
- FTP：文件传输协议，用 ftp 访问该资源。
- MAILTO：采用简单邮件管理传输协议 SMTP，提供电子邮件服务。

（2）machine.name 是存放该资源主机的 IP 地址，通常以字符形式出现，如 www.whpu.edu.cn。

（3）port（端口号）是服务器在其主机所使用的端口号。一般情况下端口号不需要指定，只有当服务器所使用的端口号不是默认的端口号时才指定。

（4）directory 和 filename 是该资源的路径和文件名。

一个典型的 URL 为：http://www.whpu.edu.cn/，它表示武汉工业学院 WWW 服务器上的起始 HTML 文件。在这个网址中可以看出，它告诉网络采用超文本传输协议（HTTP），主机的名字是 www.whpu.edu.cn，但它并没有指出访问的目录和文件，其实这时表示访问的是根目录下的默认主页文件。

与单机系统绝对路径、相对路径的概念类似，统一资源定位器也有绝对 URL 和相对 URL 之分。绝对 URL、相对 URL 是相对于最近访问的 URL 而言。比如现在正在浏览一个 URL 为 http://www.whpu.edu.cn/default.asp 的文件，如果想看同一个目录下的另一个文件 introduce.html，可以直接使用 introduce.html，这时 introduce.html 就是一个相对 URL，其绝对 URL 为 http://www.whpu.edu.cn/introduce.html。

- 当协议（http://）被省略时，就认为与当前页面的协议相同。
- 当主机域名被省略时，就认为是当前主机域名。
- 当目录路径被省略时，就认为是当前目录。
- 当文件名被省略时，就认为是当前文件。

2. 建立一个链接

（1）链接到其他站点。在 HTML 文件中用链接指针指向一个目标。其基本格式为：

```
<a href = "…">  zzz </a>
```

其中 zzz 可以是文字或图片并显示在网页中，当用户单击它时，浏览器就会显示由 href 属性中的统一资源定位器（URL）所指向的目标，实际上这个 zzz 在 HTML 文件中充当指针的角色，它一般显示为蓝色。href 中的 h 表示超文本，而 ref 表示“访问”或“引用”的意思。例如：

```
<a href = "http://www.whpu.edu.cn/">武汉工业学院</a>
```

用户用鼠标单击“武汉工业学院”，即可看到武汉工业学院的主页内容。在这个例子中，充当指针的是“武汉工业学院”。

在编写 HTML 文件时，需要知道目标的 URL。那么如何才能得到目标的 URL 呢？对于自己主机内的文件，它的 URL 可以根据该文件的实际情况决定。对于 Internet 上的资源，在用浏览器查看时，它的 URL 会在浏览器的状态栏中显示出来，把它抄下来写到新制作的 HTML 文件中即可。

在编写 HTML 文件时，对能确定关系的一组资源（比如在同一个目录中）应采用相对 URL，这不仅简化 HTML 文件，而且便于维护。比如当需要将某个目录整个搬到另外一个地方或把某一主机的资源移到另一台主机时，用相对 URL 写的 HTML 文件对其中的 URL 不需要进行任何更改（只要它们的相对关系没有改变）。但如果用绝对 URL 编写 HTML 文件，就不得不修改每个链接指针中的 URL，这是一件很乏味也很容易出错的工作。对于各个资源之间没有固定的关系，比如某个 HTML 文件是介绍各大学情况的，它所指向的目标分布在全球的主机中，这时就只能用绝对 URL 了。

（2）同一个文件中的链接。上面提到的链接指针可以使读者在整个 Internet 网上方便地链接，这种链接方式称作远程链接。但如果编写了一个很长的 HTML 文件，从头到尾地读很浪费时间，能不能在同一文件的不同部分之间也建立起链接，使用户方便地在上下文之间跳转呢？

答案是肯定的，超链可以指向自己的计算机中的某一个文件，这种链接方式叫做本地链接。前面曾提到过一个超文本链接指针包括两个部分：一个指向目标的链接指针；另一个是被指向的目标。对于一个完整的文件，可以用它的 URL 来惟一地标识它，但对于同一文件的不同部分，怎样来标识呢？

下面的内容将介绍链接指针元素的另外的一个用途，标识目标。标识一个目标的方法为：

```
<A NAME="KKK">….</A>
```

NAME 属性将放置该标记的地方标记为“KKK”，KKK 是一个全文惟一的标记串，<A> 和 </A>之间的内容可有可无。这样，就把放置标记的地方做了一个叫做“KKK”的标记（如果对 Microsoft Word 很熟悉的话，这就相当于在 Word 中的定义“书签”）。作好标记后，可以用下列方法来指向它：

```
<a href = "#KKK">转向下一处 </a>
```

这时就可以点击“转向下一处”这段文字，浏览器就从标记名为 KKK 的部分开始显示此 HTML 文件的内容了。

8.1.4　在 HTML 文件中使用图像

1. 在 HTML 文件中显示图像

Web 之所以拥有无限的可扩展性和诱人的魅力，完全是由于有超级链接和图形图像的使用。通过前面的学习，已经能够建立文本网页，如果在此基础上再加入一些色彩绚丽的图像，得到的网页就会更加生动、更具有吸引力。在这一节中将介绍如何使用 HTML 标记在网页上加入图像。

在浏览器上显示的图像必须有特定的格式，目前使用的浏览器通常支持 GIF 和 JPEG 格式的图像。在 HTML 网页中加图像是通过<IMG>标记实现的，它有几个较为重要的属性。其中：

- SRC 属性：指明图形的 URL 地址。
- HEIGHT 属性：决定图形的高度。
- WIDTH 属性：决定图形的宽度。
- BORDER 属性：决定边框线的宽度，0 表示无边框。
- ALT 属性：指明图像显示的备用文本。

下面通过一个示例来说明<IMG>标记的使用。图像的文件名为“center1.gif”，它是当前目录下的 IMAGES 子目录中的文件。其 HTML 源代码如下：

```
1    <HTML>
2        <HEAD>
3            <TITLE>测试页</TITLE>
4        </HEAD>
5        <BODY>
6            <IMG alt="校庆" src="images/center1.gif" >
7            <IMG alt="校庆" src="images/center1.gif"  border=8>
8            <IMG alt="校庆" src="images/center1.gif" height=150 width=150>
9        </BODY>
10   </HTML>
```

当浏览器执行上述 HTML 文件后，在浏览器中显示如图 8-6 所示。在图 8-6 中的第一个图是通过上面的 HTML 文件的第六行调用“center1.gif”图像文件显示出来的。

如果在同一文件中需要反复使用一个相同的图像文件时，最好在<IMG>标记中使用相对路径名，而不使用绝对路径名或 URL，因为使用相对路径名浏览器只需将图像文件下载一次，再次使用这个图像时，只要再重新显示一遍即可。如果使用的是绝对路径名，每次显示图像时都要下载一次图像文件，这样会大大降低图像的显示速度。在这个例子中，使用的是相对路径，表示所调用的图片是当前目录下的 images 子目录下的“center1.gif”文件。

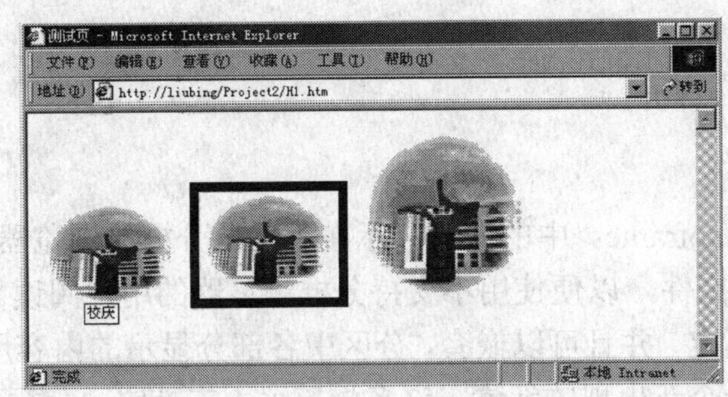

图 8-6　HTML 文件举例

<IMG>标记中还可以对显示的图像添加边框，如图 8-6 中间图所示，其边框的像素值为 8。其 HTML 写法为：<IMG alt="校庆" src="images/center1.gif"　border=8>

<IMG>标记中还提供了两个属性：HEIGHT 和 WIDTH，二者均取像素值，用来确定一个图像的高度和宽度。如果对一个图像设置的 HEIGHT 和 WIDTH 值与它原来的取值不一致，在浏览器上所看到的图像大小应会发生变化。例如：

```
<IMG alt="校庆" src="images/center1.gif"  height=150 width=150>
```

按高度 150 个像素、宽度 150 个像素的大小在浏览器中显示，显示结果如图 8-6 最右边的图所示。

在网页制作中可以利用上述功能提高图像的传输速度。由于小的图像占用的磁盘空间比较少，在网上传输的时间比较短，所以可以创建一个比较小的图像，然后再在 Web 上按比例放大，达到所希望的尺寸。但有一点要记住，放大倍数太大的图像可能使图像显得有些斑驳模糊。在图像制作时既要考虑到传输速度，又要兼顾图像的显示效果。

显然图像可以使网页变得绚丽多彩，富有吸引力，但也会带来传输速度降低的问题。有些浏览者为了提高网页下载速度，也许会关掉浏览器中载入的图像的命令。为了使浏览文本的用户能够了解页面上图片的内容，可以使用<IMG>标记中的 ALT 属性加入图像的文字说明。当浏览器不能显示图像时，它可以将 ALT 引导的文字显示在屏幕上，从而替代看不到的图像。例如：

```
<IMG alt="校庆" src="images/center1.gif" >
```

<IMG…ALT=…>语句被执行后，如果浏览器支持图像，center1.gif 的图像就会显示在屏幕上，ALT 引导的内容被忽略；如果浏览器不支持图像，ALT 引导的内容会出现在屏幕上，以弥补无法显示的图像。

2. 在 HTML 文件中利用图像建立链接

如果在链接标记<A>和</A>的中间放置一个<IMG>标记，这个图像将会成为一个可击点，产生一个链接。例如：

```
<A HREF="default.asp"> <IMG SRC="images/center1.gif" ALIGN=LEFT> </A>
```

当用户单击这个图像后，浏览器就会显示“default.asp”这个文件的内容了。

8.1.5　框架结构的使用

框架能够将页面分成多个独立变化的窗口，每个窗口可以显示不同的 Web 页面，并可以不断更换显示的对象。使用框架结构，可以使屏幕的信息量增大，使 Web 网页更加吸引读者。

有关框架内容的HTML语法为：

```
<FRAMESET>
    <NOFRAMES>…</NOFRAMES>
    <FRAME SRC="URL">
    …
</FRAMESET>
```

其中<noframes>...</noframes>中的内容显示在不支持分框的浏览器窗口中，因而这里指向一个普通版本的HTML文件，以便使用不支持分框浏览器的用户阅读。

分框由<frameset>指定，并且可以嵌套，分区中各部分显示的内容用<frame>指定。需要说明的是，frame是一个新出现的元素，许多浏览器不支持它。分框可以将窗口横向分成几个部分，也可以纵向分成几个部分，还可以混合分框。

框架结构标记可以嵌套，用以实现大框架中的小框架。框架主要有两个属性：ROWS和COLS，它们可以将浏览器页面分为N行M列，当然也可以各自独立使用。下面来看一个框架结构的例子，如图8-7所示，其HTML源代码如下：

```
1    <html>
2        <head>
3            <title>武汉工业学院</title>
4            <frameset cols="*,140" >
5            <frameset rows="*,80" >
6                <frame src="a.htm" name="f1">
7                <frame src="b.htm" name="f2" scrolling="no">
8            </frameset>
9            <frameset rows="*,80"  >
10               <frame src="c.htm" name="f3">
11               <frame src="d.htm" name="f4" >
12           <frameset>
13       </frameset>
14           </head>
```

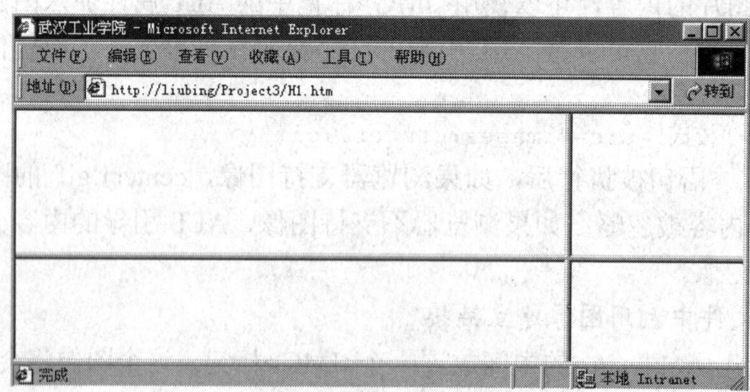

图8-7 框架结构示意图

上例中第4行表示把浏览器窗口分成两列，如果浏览器窗口的大小为640*480像素，那么框架中右面一列的宽度为140个像素，前面一列的宽度为640-140=500像素。其中“*”表示除了明确的值以外剩下的值。

上例中第5行表示把浏览器窗口的第一列中分成两行，下面一行的高度为80像素，上面一行480-80=400像素。上例中第9行与前述相同。

上例中第 6、7、10 和 11 行使用的是<frame>标记。该标记有以下主要属性：

- SRC 属性：指定框架单元的 URL 源，如第 6 行中指出的是当前主机当前目录下的“a.htm”文件。即在此框中显示“a.htm”的内容。
- NAME 属性：为该框架单元起个标识名，主要用来为将来改变框架内容提供入口。
- SCROLLING 属性：设置框架是否使用滚动条。有 YES、NO 和 AUTO 三个值，分别表示强制使用滚动条、禁止使用滚动条和自动判断使用滚动条。

8.1.6　表单的应用

到目前为止所介绍的 HTML 文件的制作方法对于 Internet 网络用户来说都是单方向的，也就是说，读者只能通过浏览器观看网上的信息。但是在大多数网站上都能看到其网页上有文本框、按钮、下拉框等。例如，想在网上查找某种信息，那么可在搜索引擎的文本框中输入该信息的关键字，然后单击“搜索”按钮，搜索引擎就会把与该关键字相关的信息罗列出来。这就使得读者与 Web 服务器之间能够进行交流，通常把这种查询方式叫做交互的或者叫做双向的。这种方式可以使 Internet 网络用户在很短的时间内能够查到所需要的信息，提高浏览效率。这一交互方式是由 HTML 和驻留在 Web 服务器上的程序共同完成的，驻留在 Web 服务器上的程序有许多种，编写这些程序，除了熟悉 HTML 以外，还需要熟悉 Web 服务器所驻留主机的操作系统以及操作系统所支持的某种语言。下面主要介绍用 HTML 语言制作表单，为用户提供输入信息的界面。

1. 什么是表单

HTML 提供的表单是用来将用户数据从浏览器传递给 Web 服务器的。例如，可以利用表单建立一个录入界面，也可以利用表单对数据库进行查询。在这里需要声明的是，表单的操作是与服务器进行交互的操作，而服务器端的操作是通过服务器端的程序来实现的。实现在服务器端的操作有许多种方式，其中 ASP（动态服务网页）的方式就是一种，它可以通过 ADO 方式与多种数据库相连。

ASP（Active Server Page）程序是在服务器端工作，并且通过服务器端的编译动态地送出 HTML 文件给客户端，它负责处理 HTML 文件与运行在服务器端的程序之间的数据交换。当用户输入他们的信息（这个信息可以是查询条件，也可以是传送给服务器的某些内容）并提交给服务器后，便激活了一个 ASP 程序。该 ASP 程序又可以调用操作系统下的其他程序（例如数据库管理系统）完成读者的查询任务，当操作系统下的程序完成查询之后，便把查询结果传给 ASP，通过 ASP 传给 Web 服务器。由此可以看出，ASP 程序在用户与服务器之间进行交互查询时所起的重要作用。

通过图 8-8 所显示的表单，来给大家介绍一组新的标记，分别是 FORM、INPUT、SELECT、TEXTAREA 等。在学习了这几个标记的使用之后，便可以用 HTML 制作表单了。

2. 表单的标记

表单就是为 Internet 网络用户在浏览器上建立一个交互接口，使 Internet 网络用户可以在这个接口上输入自己的信息，然后使用提交按钮，将 Internet 网络用户的输入信息传送给 Web 服务器。

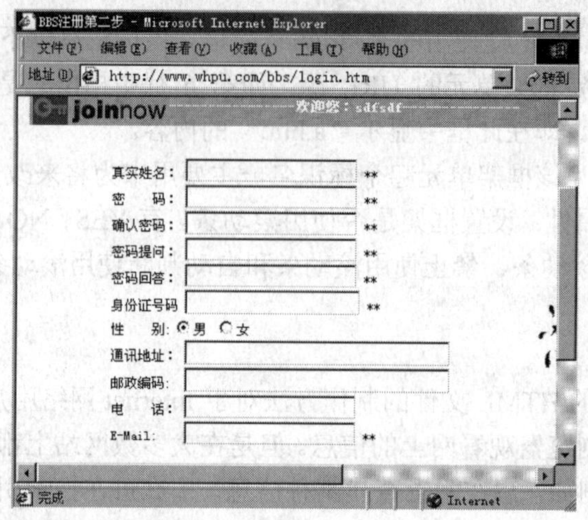

图 8-8　表单示例

在 HTML 中，有一个专门的标记 FORM 提供表单的功能，由表单开始标记<FORM>和表单结束标记</FORM>组成，表单中可以设置文本框、按钮或下拉菜单，它们也是通过标记完成。在表单的开始标记中带有两个属性：ACTION 和 METHOD。书写表单的 HTML 格式如下：

```
< FORM  ACTION = "…"  METHOD="…" >
  …
</FORM>
```

FORM 标记有以下主要属性：

（1）ACTION 属性是用来指出，当这个 FORM 提交后需要执行的驻留在 Web 服务器上的程序名（包括路径）是什么。一旦 Internet 网络用户提交输入信息后服务器便激活这个程序，完成某种任务。例如：

```
<FORM ACTION = "login.asp"   METHOD = POST > …  </FORM>
```

当用户单击"提交"按钮以后，Web 服务器上的"login.asp"将接收用户输入的信息，以登记用户信息。

（2）METHOD 属性是用来说明从客户端浏览器将 Internet 网络用户输入的信息传送给 Web 服务器时所使用的方式，它有两种方式：POST 和 GET。默认的方式是 GET，这两者的区别是在使用 POST 时，表单中所有的变量及其值都按一定的规律放入报文中，而不是附加在 ACTION 所设定的 URL 之后。在使用 GET 时将 FORM 的输入信息作为字符串附加在 ACTION 所设定的 URL 的后面，中间用"？"隔开，即在客户端浏览器的地址栏中可以直接看见这些内容。

在<FORM>与</FORM>之间，可以使用除<FORM>以外的任何 HTML 标识，这将使 FORM 变得非常灵活。只使用<FORM>这一个标记是很难完成 Internet 网络用户的输入信息的，在 FORM 的开始与结束标记之间，除了可以使用以前讲的那些标识外，还有三个特殊标识，它们是：INPUT（在浏览器的窗口上定义一个可以供用户输入的单行窗口、单选或多选按钮）、SELECT（在浏览器的窗口上定义一个可以滚动的菜单，用户在菜单内进行选择）、TEXTAREA（在浏览器的窗口上定义一个域，用户可以在这个域内输入多行文本）。

3. HTML 中的 INPUT 标记

HTML 中的 INPUT 标记是表单中最常用的标记。在网页上所见到的文本框、按钮等都由这个标记引出的。下面是 INPUT 标记的标准格式：

```
<INPUT  TYPE="…" VALUE ="…">
```

其中 TYPE 属性是用来说明提供给用户进行信息输入的类型是什么。例如是文本框、单选按钮或多选按钮。它的取值如下：

```
TYPE = "TEXT"         表示在表单中使用单行文本框
     = "PASSWORD"     表示在表单中为用户提供密码输入框
     = "RADIO"        表示在表单中使用单选按钮
     = "CHECKBOX"     表示在表单中使用多选按钮
     = "SUBMIT" 表示在表单中使用提交按钮
     = "RESET"        表示在表单中使用重置按钮
```

（1）文字输入和密码输入。用一个例子说明文字输入和密码输入的制作。请看下例（其在浏览器中显示的结果如图 8-9 所示）：

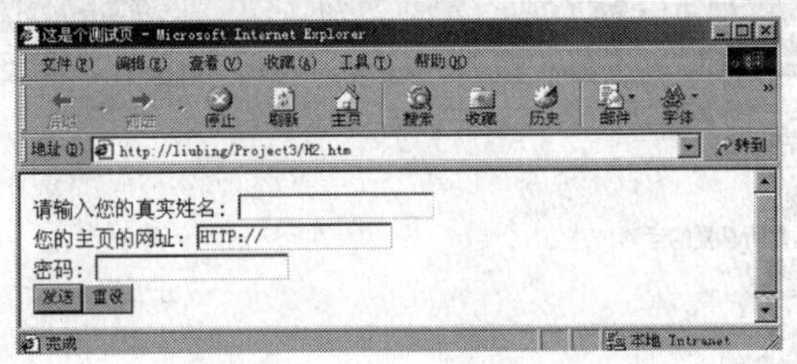

图 8-9　文字输入和密码输入的例子

```
1   <HTML>
2      <HEAD>
3        <TITLE>这是个测试页</TITLE>
4      </HEAD>
5      <BODY>
6         <FORM ACTION="REG.ASP" METHOD=POST>
7         请输入您的真实姓名: <INPUT TYPE=TEXT NAME=姓名><BR>
8         您的主页的网址: <INPUT TYPE=TEXT NAME=网址 VALUE=HTTP://><BR>
9         密码: <INPUT TYPE=PASSWORD NAME=密码><BR>
10        <INPUT TYPE=SUBMIT VALUE="发送"><INPUT TYPE=RESET VALUE="重设">
11       </FORM>
12     </BODY>
13  </HTML>
```

从上例可以看出，它的第 6 行至第 11 行使用了制作表单的标记<FORM>…</FORM>说明。第 7 行是单行文本框标记，它设置属性 NAME=“姓名”，这个属性定义了文本框在这个表单中的名字叫“姓名”，以便和其他的本文框区别开来。当用户在这个文本框中输入信息并送到 Web 服务器后（这个例子可看出是由服务器端的“REG.ASP”来接收输入信息）就激活了“REG.ASP”程序，在该程序中要获得这个文本框输入的内容就要用到“姓名”这个名字。在第 8 行同样定义了一个文本框，但其设置了属性 VALUE=“HTTP://”，表示该文本框的默认值为“HTTP://”，它在图 8-9 中的浏览器窗口中的显示结果在第 2 行。第 9 行是密码输入框，它与文本框是有区别的。文本框是用户输入什么值则在文本框中就显示什么值，而密码输入框则是不管用户输入什么值它都以“*”来显示。

另外，有时还想控制用户输入数据的长度，这时候在 INPUT 标记中要用到一个最大长度的属性。例如，一般中国人的名字最多为 4 个汉字即 8 个字节，所以在控制用户输入姓名时限制其最大长度为8，则可把上例中的第7行改成：

```
请输入您的真实姓名:<input type=text name=姓名 maxlength=8><br>
```

（2）复选框（Checkbox）和单选框（Radio Button）。在图8-9中是要求Internet网络用户输入一些个人的基本信息，其中“性别”一项不是输入而是进行选择，因为一个人要么是“男”要么是“女”，两者选一，这种形式的选择框叫单选框，即在几个选择中仅能选中一个。另外有一种选择框叫“复选框”。即允许用户可以选中多个。单选框和复选框的格式如下：

```
单选框：<input type=radio value="…" checked>
多选框：<input type= checkbox value="…" checked>
```

其中有一个“Checked”属性表示在初始情况下该选框是否被选中。下面通过一个实例说明（如图8-10所示）：

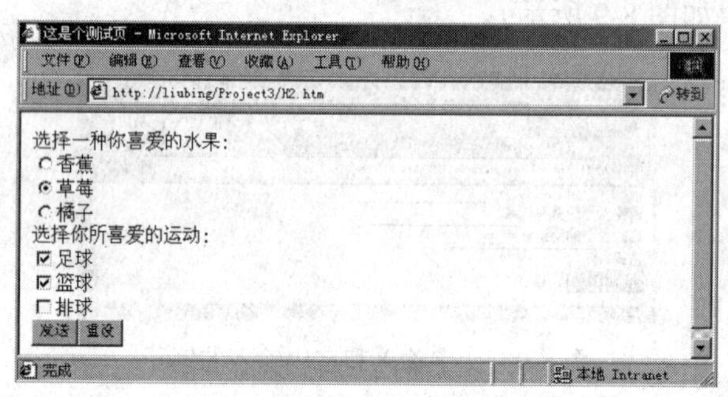

图8-10 单选框实例

```
<HTML>
    <HEAD>
            <TITLE>这是个测试页</TITLE>
    </HEAD>
    <BODY>
      <FORM ACTION="REG1.ASP" METHOD=POST>
         选择一种你喜爱的水果:
         <br><INPUT type=radio name=水果 value="香蕉">香蕉
         <br><INPUT type=radio name=水果 checked value="草莓">草莓
         <br><INPUT type=radio name=水果 value="橘子">橘子
         <br>选择你所喜爱的运动:
         <br><INPUT type="checkbox"  name=ra1 checked value="足球">足球
         <br><INPUT type="checkbox"  name=ra2 checked value="篮球">篮球
         <br><INPUT type="checkbox"  name=ra3 value="排球">排球
         <br><INPUT TYPE=SUBMIT VALUE="发送"><INPUT TYPE=RESET VALUE="重设">
       </FORM>
    </BODY>
</HTML>
```

（3）按钮的制作。在上面几个例子中，都有两个按扭：一个是“发送”按钮；另一个是“重置”按钮。其实“发送”按钮真正的含义叫“提交”，即当Internet网络用户用鼠标单击这个按钮后，用户输入的信息便提交给一个驻留在Web服务器上的程序，让服务器进行处理，其典型的格式：<INPUT TYPE=SUBMIT VALUE="发送">。提交按钮在FORM中是必不可少的，前几个例子只是说明INPUT语句中类型的使用，作为FORM语句并不完整，每个FORM中有且仅有一个提交按钮。当设置“提交”按钮标记时，如果缺省VALUE属性，则浏览器窗口中的按钮上出现“SUBMIT”的字样，这个字样也可以自己设定，改变按钮上的提示。例如：VALUE=“提交”。

另一种在浏览器常用的按钮叫“重置”按钮，当 Internet 网络用户用鼠标单击这个按钮后，网络用户输入的信息被清除，让网络用户重新输入信息。其典型的格式：<INPUT TYPE = RESET VALUE="重新输入">，而且在这个标记设置中如果缺省 VALUE 属性，则浏览器窗口中的按钮上出现“RESET”的字样，这个字样也可以自己设定，来改变按钮上的提示，例如：VALUE=“重新输入”。

4. HTML 中的 SELECT 标记

在制作 HTML 文件时，使用<FORM>…</FORM>标记可以在浏览器窗口中设置下拉式菜单或带有滚动条的菜单，Internet 网络用户可以在菜单中选中一个或多个选项。图 8-11 显示了一个下拉菜单，其 HTML 源代码如下：

```
<HTML>
    <HEAD>
          <TITLE>武汉工业学院</TITLE>
    </HEAD>
    <BODY>
          请从下面课程中选择几门选择课:
          <FORM action="h1.asp" method=POST id=form1 name=form1>
          <SELECT  name=x1  multiple>
              <OPTION  value=network>网络技术
              <OPTION  value=witer>书法
              <OPTION  value=music>音乐欣赏
              <OPTION  value=literature >现代文学
              <OPTION  value=media >多媒体技术
          </SELECT>
       </FORM>
    </BODY>
</HTML>
```

从这个例子可以看出，下拉菜单的标准格式如下：

```
<SELECT...>
    <OPTION  value=值 1>选项一
    <OPTION  value=值 2>选项二
    <OPTION  value=值 3>选项三
</SELECT>
```

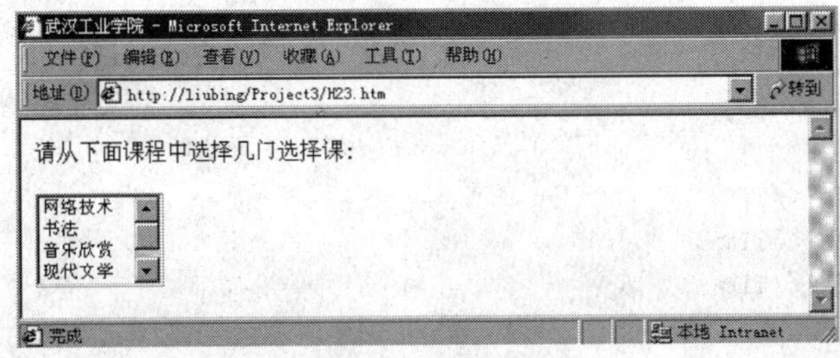

图 8-11　设置下拉菜单

SELECT 标记中有几个可以设置的属性值，分别是 NAME、SIZE 和 MULTIPLE。其中 NAME 属性是当 Internet 网络用户将表单提交时作为输入信息的名字。SIZE 属性控制在浏览器窗口中这个菜单选项的显示条数。MULTIPLE 属性允许读者一次可选多个选项，如果缺省 MULTIPLE，一次只能选一项，类似于单选。有 MULTIPLE 属性时就是多选。

在 SELECT 的开始和结束标记之间，有几个 OPTION 标记就有几个选项，选项的具体内容写在每个 OPTION 之后，返回来服务器的值是由 value 属性值决定的。OPTION 带有 SELECTED 属性，若在 SELECT 标记中设定 MULTIPLE 属性的话，可以在多个 OPTION 标记中带有 SELECTED 属性，表示这些选项初始时被选中。

8.1.7 HTML 中的表格

制作的网页在浏览器中浏览时，刚开始总会感觉到网页的内容在排版上控制不好，总是不能按照自己的意愿去把一些文字或图片放到指定的位置，这时就可以考虑采用表格来控制。表格是组织数据的有效手段。利用所见及所得的网页编辑器进行表格的自动生成可以避免手工制表的烦琐，但如果要更好地控制表格的表现形式，熟悉与掌握表格的 HTML 标准是十分必要的。下面看一个表格的例子（如图 8-12 所示）。

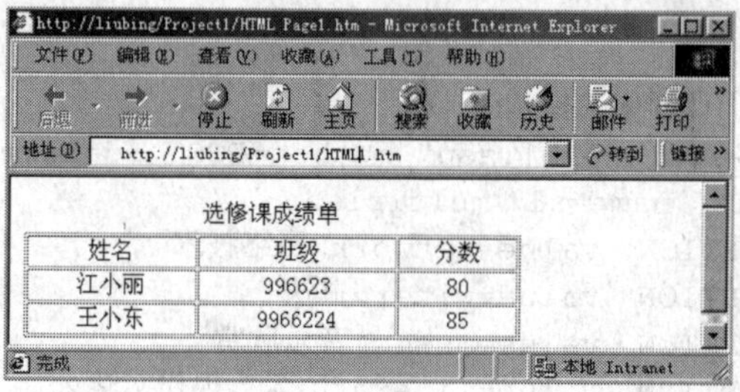

图 8-12 表格示例

从这个例子可以看出，一个表格有一个标题（Caption），它表明表格的主要内容，并且一般位于表的上方；表格中由行和列分割成的单元叫做“表元（Cell）”，它又分为表头（用 TH 标记来表示）和表数据（用 TD 标记来表示）；表格中分割表示的行列线称为“框线（Border）”。

1. 表格的标记

一个表格的基本框架如下：

```
<TABLE WIDTH=75% BORDER=1 CELLSPACING=1 CELLPADDING=1>
    <CAPTION></CAPTION>
    <TR>
        <TD></TD>
        <TD></TD>
        <TD></TD>
    </TR>
    <TR>
        <TD></TD>
        <TD></TD>
        <TD></TD>
    </TR>
    <TR>
        <TD></TD>
        <TD></TD>
        <TD></TD>
```

```
    </TR>
</TABLE>
```

（1）TABLE 标记。一个表格至少一个 TABLE 标记，由它来决定一个表格的开始和结束，而且 TABLE 标记可以嵌套。TABLE 标记有以下五种属性：

- BORDER 属性：指定围绕表格的框的宽度（只能用像素）。
- CELLSPACING 属性：指定框线的宽度。
- CELLPADDING 属性：用于设置表元内容与边框线之间的间距。
- ALIGN 属性：用来控制表格本身在页面上的对齐方式。其取值可是 LEFT（左对齐）、CENTER（居中对齐）、RIGHT（右对齐）。
- WIDTH 属性：用来设置表格的宽度，可以以像素为单位，也可用占浏览器窗口的百分比来定义。

（2）CAPTION 标记。CAPTION 标记用来标注表格标题的。CAPTION 标记必须紧接在 TABLE 开始标记之后放在第一个 TR 标记之前。通过该标记所定义的表格标题一般显示在表格的上方，而且其水平方向是居中对齐。另外，如需要对表格的标题突出显示，可以在 CAPTION 标记之间加入其他对字体进行加重显示的标记。如：

```
<TABLE WIDTH=75% BORDER=1 CELLSPACING=1 CELLPADDING=1>
   <CAPTION>
             <H2>表格标题强调</H2>
      </CAPTION>
   <TR>
   …
   </TR>
</TABLE>
```

（3）TR 标记。定义表格的一行。TR 标记中有两个属性：一个是 ALIGN 属性，用来设置表行中的每个表元在水平方向的对齐方式，其取值可以是 LEFT（左对齐）、CENTER（居中对齐）、RIGHT（右对齐）；另一个是 VALIGN 属性，用来设置表行中的每个表元在垂直方向的对齐方式，其取值可以是 TOP（向上对齐）、CENTER（居中对齐）、BOTTOM（向下对齐）。例如，要使表行中各单元的内容水平方向右对齐、垂直方向居中对齐，可使用如下源代码：

```
<TR  ALIGN=RIGHT VALIGH=TOP>
```

（4）TH 标记。TH 标记用来表示一个表行中的各个单元。TH 标记内几乎可以包含所有的 IITML 标记，甚至还可以嵌套表格。该标记与 TR 标记同样具有 ALIGN 和 VALIGN 属性，如果在 TH 标记和 TR 标记中都设置了 ALIGN 和 VALIGN 属性，而且它们所设置的属性值不相同，这时以 TH 标记所设置的属性值为准。另外，TH 标记还有两个属性：一个是 WIDTH 属性，用来设置表元的宽度；另一个是 HEIGHT 属性，用来设置表元的高度。这两个属性的取值单位都是像素。在同一行中将多个表元设置为不同高度，或者在同一列中将多个表元设置为不同宽度，都有可能导致不可预料的结果。

2. *表格使用实例*

在这个实例中，通过制作一个登记表格来给大家说明如何制作一个比较复杂的表格。在表格中经常会出现跨多行、多列的表元，这就要利用 TD 标记另外两个属性，即 COLSPAN 和 ROWSPAN 属性。例如：

```
<TH  COLSPAN=3 > 登记照<TH >  表示这个表项标题将横跨三个表项的位置。
<TH  ROWSPAN=3 > 登记照<TH >  表示这个表项标题将纵跨三个表项的位置。
```

另外每个表元还可以设置其背景颜色。例如：

```
<TH  COLSPAN=3  BGCOLOR=yellow> 登记照<TH >
```

还可以在表格中插入超级链接或在表格中插入图片，如果能对这个例子举一反三的话，那么仅需制作一个无框线的表格，就可以把各种数据按照自己所希望的形式在页面进行布置。

下面就给出一个具体的实例（其页面效果如图 8-13 所示）：

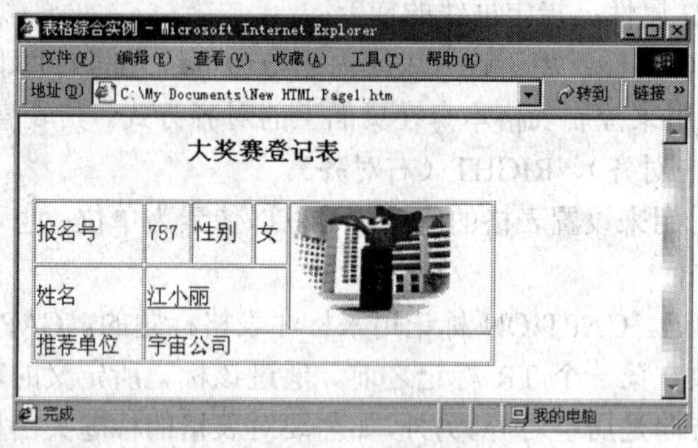

图 8-13　综合表格实例

```
<HTML>
    <HEAD>
        <TITLE>表格综合实例</TITLE>
    </HEAD>
    <BODY>
        <P>
        <TABLE border=1 cellPadding=1 cellSpacing=1 width="75%">
          <caption>
        <h3>大奖赛登记表</h3>
        </caption>
            <TR>
                <TD bgcolor=LightGoldenrodYellow>报名号</TD>
                <TD>757</TD>
                <TD bgcolor=LightYellow>性别</TD>
                <TD>女</TD>
                <TDrowspan=2>
                     <IMG SRC="image\center.gif">
                <TD>
            </TR>
          <TR>
                <TD bgcolor=FloralWhite>姓名</TD>
                <TD  colspan=3>
                <A href="http://www.jljiangli.com.cn">江小丽</A></TD>
             </TR>
             <TR>
                <TD bgcolor=Cornsilk>推荐单位</TD>
                <TD colspan=4>宇宙公司</TD>
                </TR>
          </TABLE>
          </P>
     </BODY>
</HTML>
```

8.2　网页脚本语言——JavaScript

8.2.1　JavaScript 的基础知识

1. 什么是脚本语言

脚本语言是一种简单的描术性语言，并针对 HTML 语言不能很好地解决动态交互这个缺点而引入的，是对 HTML 语言最重要的一个补充，且能对 Web 页面中的元素进行控制。脚本语言的语法与一般的编程语言并没有什么不同，只是去掉了一些复杂的、容易出错的部分。一般来说，脚本语言是通过一个<Script>的标记嵌入到 HTML 文档中，并可以被浏览器解释执行，插入的脚本语言就如同子程序一样被 HTML 元素所调用，成为 HTML 的一部分。目前比较流行的脚本语言有网景公司（Netscope）的 JavaScript 和微软公司（Microsoft）的 VBScript。

JavaScript 是基于 Netscape 浏览器的，类似于 Java 编程语言的脚本语言，并且是一种基于对象的、面向 Internet 或 Intranet 的编程语言，使用它可以开发关于 Internet 或 Intranet 客户端和服务器的应用程序，也可以方便地嵌入到计算机文件中。由于 JavaScript 是第一个在 WWW 上使用的脚本语言，因而一度是最流行的 Web 站点脚本语言，用它可以方便地编排 HTML 网页，同时还可以控制动态 HTML。

VBScript 是 Microsoft 公司在 Visual Basic 编程语言的基础上设计的，由于其在企业界广为流行，且与 Microsoft 公司的其他产品有着密切的联系，VBScript 的使用范围越来越大，逐渐成为一种主要的脚本语言。

下面将着重介绍 JavaScript 脚本语言的语法基础，掌握了这些语法基础，再加上对动态网页对象模型的了解，可制作更加精彩的网页。

2. JavaScript 的产生与发展

JavaScript 语言起初并不叫此名称，它的早期是 Netscape 的开发者们称之为“Mocha”的语言，开始在网上进行 β 测试（由软件的多个用户在其实际的使用环境下进行的测试叫 β 测试）时，名字改为“LiveScript”，Sun 公司推出 Java 之后，Netscape 引进了 Sun 的有关概念，在其发行 Netscape 2.0 β 测试版时才称其为“JavaScript”。它不仅支持 Java 的 Applet 小程序，同时向 Web 页的制作者提供一种嵌入 HTML 文档进行编程的、基于对象的 Script（脚本）程序设计语言，采用的许多结构与 Java 相似。

支持 JavaScript 的 Navigator 2.0 的网络浏览器能够解释并执行嵌在 HTML 中的用 JavaScript 语言书写的“程序”。JavaScript 具有很多采用 CGI/PERL 编写的 Script 的能力，其优点是可以引用主机资源，响应位于服务器 Web 页中相应语法元素要完成的功能，而又不与主机服务器进行交互会话。

嵌入 HTML 文档中的 JavaScript 源代码实际上是作为 HTML 文档 Web 页的一部分存在的。在用户使用 Netscape 2.x 浏览器浏览具有 JavaScript 源代码的 HTML 文档页时，由浏览器本身对该 HTML 文档进行分析、识别、解释并执行用 JavaScript 编写的源代码（用户可以使用查看 HTML 源代码的功能看到 JavaScript 源代码的存在）。

3. 一个简单的例子

JavaScript 的编程工作复杂与否和 HTML 文档所提供的功能大小密切相关，下面用一个简单的例子来介绍它的编程特点。

```
<html>
    <head>
        <title>JavaScript 测试</title>
    </head>
    <body>
        你好
        <script language=javascript >
            document.write("hello, JavaScript!")
        </script>
    </body>
</html>
```

上例的显示结果如图 8-14 所示。

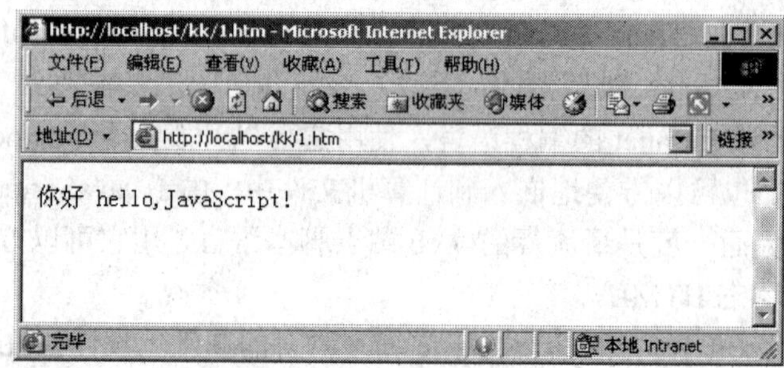

图 8-14 一个 JavaScript 的例子

从上面的例子中可以发现，JavaScript 源代码被嵌在一个 HTML 文档中，而且可以出现在文档头部（HEAD 节）和文档体部（BODY 节）。SCRIPT 标记的一般格式为：

```
<script language=javascript >
<!--
    JavaScript 语句串 · · · -->
</script>
```

为了使老版本的浏览器（即 Navigator 2.0 版以前的浏览器）避开不识别的“JavaScript 语句串”，用 JavaScript 编写的源代码可以用注解括起来，即使用 HTML 的注解标记<!--...-->，而 Navigator 2.x 可以识别放在注解行中的 JavaScript 源代码。

说明：< SCRIPT > 标记可声明一个脚本程序，LANGUAGE 属性声明该脚本是一个用 JavaScript 语言编写的脚本。在<Script>和</Script>之间的任何内容都视为脚本语句，会被浏览器解释执行。在 JavaScript 脚本中，用“//”作为行的注释标注。

8.2.2 JavaScript 语言

1．JavaScript 数据类型

在 JavaScript 中，数据类型是十分宽松的，程序员在声明变量时可以不指定该变量的数据类型，JavaScript 会自动地按照需要来分配适当的数据类型。这一点和 Java 或 C++是截然不同的。JavaScript 有以下几种基本的数据类型：

（1）数字类型。如:34，3.14 表示为十进制数。034 表示为八进制数，用十进制表示其值为 28。0x34 表示为十六进制数，用十进制表示其值为 52。

（2）字符串类型。如："Hello!"。

（3）逻辑值类型。其取值仅可能是“真”或“假”，用 True 或 False 来表示。

（4）空值。当你定义一个变量后未赋初值时，则该变量为空值。例如：

var ch1; //此时 ch1 就为空值，它不属于任何一种数据类型。

2. JavaScript 变量

JavaScript 变量的定义要求与 C 语言相似，例如以字母或下划线开始 ，变量不能是保留字（如 int，var 等），不能使用数字作为变量名的第一个字符等。但它的定义方法与 C 语言有很大的差别。

C 语言的变量定义格式为：

```
int a=1;    float f1=3.14
```

而 JavaScript 的变量定义格式为：

```
Var 变量名;      或者  Var 变量名=初始值;
```

JavaScript 并不是在定义变量时来说明变量的数据类型，而是在给变量赋初始值时来确定该变量的数据类型，JavaScript 对字母的大小写是敏感的。如 Var my 和 Var My，JavaScript 认为这是两个不同的变量。

说明：在使用变量之前，最好对每个变量使用关键字 VAR 进行变量声明，防止发生变量的有效区域冲突的问题。

3. JavaScript 常量

JavaScript 常量分为 4 类：整数、浮点数、布尔值和字符串。下面分别加以说明。

（1）整数常量。在 JavaScript 中，整数可以表示为：

- 十进制数：即一般的十进制整数，它前面不可有前导 0。例：75。
- 八进制数：以 0 为前导，表示八进制数。例：075。
- 十六进制数：以 0x 为前导，表示十六进制数。例：0x0F。

（2）浮点数常量。浮点数可以用一般的小数格式来表示，也可以使用科学计数法来表示。例如：7.54343，3.0e9。

（3）布尔型常量。布尔型常量只有两个值：True 和 False。

（4）字符串常量。字符串常量是用单引号或双引号括起来的 0 个或多个字符组成。例如："Test String"、"12345"。

4. JavaScript 语句的结构

在 JavaScript 的语法规则中，每一条语句的最后必须使用一个分号，这一点与 C、C++是相同的。例如：

```
document.write("kkk");        //此语句的功能在浏览器中输出 kkk 字符串
```

另外，在编写 JavaScript 程序时，一定要有一个良好的习惯，最好是一行写一条语句，如果使用复合语句块时，注意把复合语句块用大括号括起来，并且根据每一句作用范围的不同，应有一定的缩进。一个好的编写程序的风格，对于程序的调试和阅读都是非常有好处的。另外一个好的编程风格是要适当加一些注释。例如：

```
<SCRIPT LANGUAGE=javascript>
<!--
    document.write("switch 语句测试------");
    SUM=0;                  //初始化累加和
```

```
    P=1;
    for (i=1; i<100; i++)
      {
       SUM+=i;        //求累加和
       P*=i;
      }
    document.write(SUM,P);
  //-->
```

5. JavaScript运算符和表达式

JavaScript 拥有一般编程语言（如C语言）的运算符，包括算术运算符、比较运算符、连接运算符等，下面将逐一介绍。

（1）算术运算符。用于连接运算表达式的各种算术运算符如表 8-3 所示。

表 8-3 算术运算符

运算符	运算符定义	举例	说明
+	加法符号	X=A+B	
-	减法符号	X=A-B	
*	乘法符号	X=A*B	
/	除法符号	X=A+B	
%	取模符号	X=A%B	X 等于 A 除以 B 所得的余数
++	加 1	A++	A 的内容加 1
--	减 1	A--	A 的内容减 1

（2）位运算符。位操作运算符对两个表达式相同位置上的位进行按位运算。JavaScript 支持的位操作运算符如表 8-4 所示。

表 8-4 位运算符

运算符	运算符定义	举例	说明
~	按位求反	X=~A	
<<	左移	X=B<<A	（A 为移动次数，左边移入 0）
>>	右移	X=B>>A	（A 为移动次数，右边移入 0）
>>>	无符号右移	X=B>>>A	（A 为移动次数，右边移入符号位）
&	位“与”	X=B & A	
^	位“异或”	X=B ^ A	
|	位“或”	X=B | A	

（3）复合赋值运算符。复合赋值运算符执行的是一个表达式的运算。在 JavaScript 中，合法的复合赋值运算符如表 8-5 所示。

表 8-5 复合赋值运算符

运算符	运算符定义	举例	说明
+=	加	X+=A	X=X+A
-=	减	X-=A	X=X-A
*=	乘	X*=A	X=X*A

续表

<table>
<tr><th>运算符</th><th>运算符定义</th><th>举例</th><th>说明</th></tr>
<tr><td>/=</td><td>除</td><td>X/=A</td><td>X=X/A</td></tr>
<tr><td>%=</td><td>模运算</td><td>X%=A</td><td>X=X%A</td></tr>
<tr><td><<=</td><td>左移</td><td>X<<=A</td><td>X=X<<A</td></tr>
<tr><td>>>=</td><td>右移</td><td>X>>=A</td><td>X=X>>A</td></tr>
<tr><td>>>>=</td><td>无符号右移</td><td>X>>>=A</td><td>X=X>>>A</td></tr>
<tr><td>&=</td><td>位“与”</td><td>X&=A</td><td>X=X&A</td></tr>
<tr><td>^=</td><td>位“异或”</td><td>X^= A</td><td>X=X^A</td></tr>
<tr><td>|=</td><td>位“或”</td><td>X|=A</td><td>X=X|A</td></tr>
</table>

（4）比较运算符。比较运算符用于比较两个对象之间的相互关系，返回值为 True 和 False。各种比较运算符如表 8-6 所示。

表 8-6　比较运算符

运算符	运算符定义	举例	说明
==	等于	A==B	A 等于 B 时为真
>	大于	A>B	A 大于 B 时为真
<	小于	A<B	A 小于 B 时为真
!=	不等于	A!=B	A 不等于 B 时为真
>=	大于等于	A>=B	A 大于等于 B 时为真
<=	小于等于	A<=B	A 小于　等于 B 时为真
? :	条件选择 E? A:B	E 为真时选 A，否则选 B	

（5）逻辑运算符。逻辑运算符返回 True 和 False，其主要作用是连接条件表达式，表示各条件间的逻辑关系。各种逻辑运算符如表 8-7 所示。

表 8-7　逻辑运算符

<table>
<tr><th>运算符</th><th>运算符定义</th><th>举例</th><th>说明</th></tr>
<tr><td>&&</td><td>逻辑“与”</td><td>A && B</td><td>A 与 B 同时为 True 时，结果为 True</td></tr>
<tr><td>!</td><td>逻辑“非”</td><td>!A</td><td>如 A 原值为 True,结果为 False</td></tr>
<tr><td>||</td><td>逻辑“或”</td><td>A || B</td><td>A 与 B 有一个取值为 True 时，结果为 True</td></tr>
</table>

（6）运算符的优先级（如表 8-8 所示）。

表 8-8　运算符的优先级（由高到低）

运算符	说明
.　[]　()	字段访问、数组下标以及函数调用
++　--　~　!　typeof　new　void　delete	一元运算符、返回数据类型、对象创建、未定义值
*　/　%	乘法、除法、取模
+-　+	加法、减法、字符串连接
<<　>>　>>>	移位

续表

运算符	说明
<<= >>=	小于、小于等于、大于、大于等于
== !==	等于、不等于、恒等、不恒等
&	按位与
^	按位异或
|	按位或
&&	逻辑与
||	逻辑或
?:	条件
=	赋值

（7）表达式。JavaScript 表达式可以用来计算数值，也可以用来连接字符串和进行逻辑比较。JavaScript 表达式可以分为以下三类：

1）算术表达式。算术表达式用来计算一个数值，例：2*4.5/3

2）字符串表达式。字符串表达式可以连接两个字符串，例如："hello"+"world!"，该表达式的计算结果为"helloworld!"。

3）逻辑表达式。逻辑表达式计算结果为一个布尔型常量（True 或 False）。例如：12>24 其返回值为：False。

6. 脚本语言的注释

JavaScript 允许加一些注释。并且有两种注释方法：单行注释和多行注释。

单行注释：以“//”开始，以同一行的最后一个字符作为结束。

多行注释：以“/*”开始，以“*/”结束，符号“*/”可放在同一个行或一个不同的行中。

下面举例说明怎样使用这两种注释方法：

```
<Script language = "JavaScript">
      /*这是多行注释的第一行
        这是多行注释的第二行*/
      k=24*7; //这是一个单行注释的例子
</Script>
```

从上例中可以清楚地看出两种注释的使用方法，并且也可看出 JavaScript 的语法大部分是与 C++语言相通的。

7. JavaScript 程序流程控制

JavaScript 的脚本语言同 C++语言是类似的，提供了相同的程序流程控制语句。这些语句分别是 if、switch、for、do 和 while 语句。

（1）条件语句。

1）if 语句。if 语句是一个条件判断语句，它根据一定的条件执行相应的语句块，其定义格式如下：

```
if (expr)
      {
          code_block1
      }
else
```

```
{
        code_block2
}
```

这里，expr 是一个布尔型的值或表达式（特别强调：expr 一定要用小括号将其括起来），code_block1 和 code_block2 是由多个语句组成的语句块。当 expr 值为“真”时，执行 code_block1，当 expr 值为“假”时，执行 code_block2。另外有一点要说明的是，if 语句是可以嵌套的，即在 if 语句的模块中，还可以包含其他的 if 语句。例如：

```
if (expr)
    {
        code_block1
        if  (expr1) { code_block3 }
    }
else
{
        code_block2
}
```

2）switch 语句。switch 语句测试一个表达式并有条件的执行一段语句，其语法格式如下：

```
switch (表达式) {
        case 值 1：code_block1
              break;
        case 值 2：code_block2
                  break;
        case 值 3：code_block3
                  break;
        …
        default:   code_blockn
        }
```

switch 语句首先计算表达式的值，然后根据表达式所计算出的值来选择与之匹配的 case 后面的值，并执行该 case 后面的语句，直到遇到了一个 break 语句为止，如果所计算出的值与任何一个 case 后面的值都不相符的话，则执行 default 后的语句。

下面举例说明（其在浏览器显示结果如图 8-15 所示）：

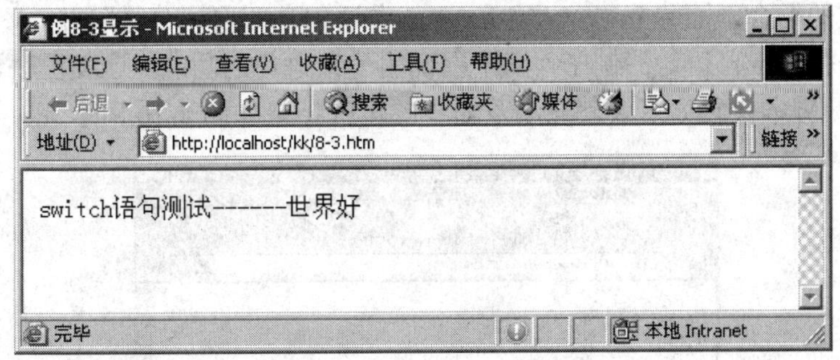

图 8-15　switch 语句测试

```
<HTML>
<HEAD>
<TITLE>例 8-3 显示</TITLE>
<SCRIPT LANGUAGE=javascript>
```

```
<!--
    document.write("switch 语句测试------");
    switch (14%3) {
        case 0: sth="您好";
                break;
        case 1: sth="大家好";
                break;
        default: sth="世界好";
                break;
        }
    document.write(sth);
//-->
</SCRIPT>
</HEAD>
<BODY>
</BODY>
</HTML>
```

从图 8-15 可以看出，执行的是 default 后的语句，因为表达式（14%3）的运行结果是 2。如果表达式改为 15%3，则浏览器中显示结果为“switch 语句测试--您好”。另外需要强调说明，在每一个 case 语句的值后都要加冒号。

（2）循环语句。有许多时候，需要把一个语句块重复执行多次，每次执行仅改变部分参数的值，这时可以使用循环语句，直到某一个条件不成立为止。

1）for 语句。for 语句用来产生一段程序循环，其语法格式如下：

```
for ( init;  test;  incre)
    {
       code_block
        }
```

这里 init 和 incre 是两个语句，test 是一个表达式。init 语句只执行一次，用来初始化循环变量。test 表达式在每次循环后都要被计算一次，如果其运算值为“假”，则循环中止并立即继续执行 for 语句之后的语句，否则执行 code_block 语句块，循环完成后执行一次 incre 语句块，循环完成后，执行一次 incre 语句。使用 break 语句可用来从循环中退出。for 语句一般用在已知循环次数的场合，而且 init、test、incre 三个语句之间要用分号隔开。

下面是一个使用 for 语句的例子，例子中说明了该语句的功能，这段程序计算了从数字 1 到 10 的累加和，脚本代码如下（其在浏览器中的运行结果如图 8-16 所示）：

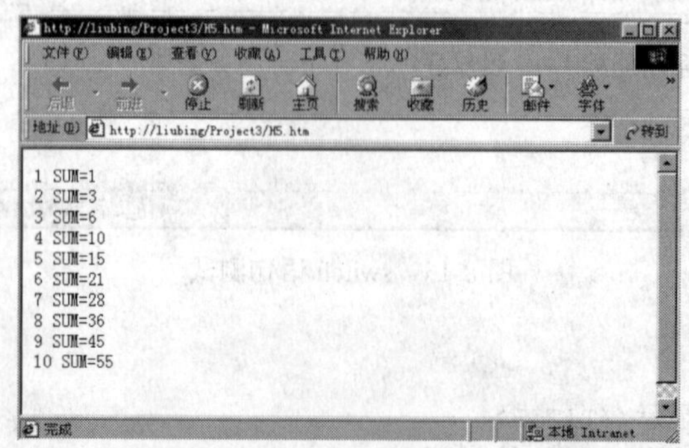

图 8-16　for 语句循环的例子显示结果

```
<SCRIPT LANGUAGE=javascript>
    var  sum=0;
    for(n=1;n<11;n++)
    {
        sum=sum+n
        document.write (n,"     SUM=",sum,"<br>");
    }
</SCRIPT>
```

2）while 语句。对于有些程序，如果不知道其循环体要执行多少次时，就不能使用 for 循环语句了。这时就可以考虑使用 while 语句，while 语句也是产生一段循环程序，其语法格式如下：

```
while (expr) {
         code_block;
    }
```

这里，当表达式 expr 为“真”时，code_block 循环体被执行，执行完该循环体后，会再次判断表达式 expr 的运算结果是否为“真”，以决定是否再次执行该循环体；如果 expr 开始时便为“假”，则语句块 code_block 将一次也不会被执行。使用 break 语句可从这个循环中退出。其实 while 语句非常好理解，只要知道“表达式为真则执行循环体”即可。现举例说明 while 语句的用法。

下面是一个使用 while 语句的例子，通过这个例子说明该语句的用法，这段程序仍然是计算了从数字 1 到 10 之间的累加和，脚本代码如下（其在浏览器中的运行结果如图 8-17 所示）：

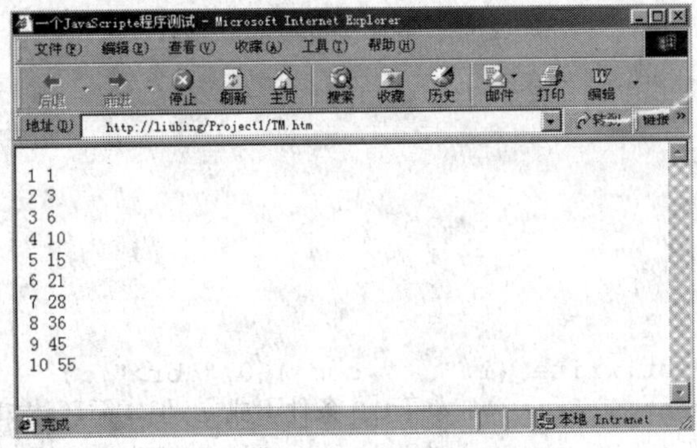

图 8 17　while 语句的实例

```
<SCRIPT LANGUAGE=javascript>
<!--
    var i,sum;
    i=1;
    sum=0;
    while(i<=10){
        sum+=i;
        document.write(i,"  ",sum,"<br>") ;
        i++;
            }
//-->
</SCRIPT>
```

3）do…while 语句。do…while 语句与 while 语句所执行的功能完全一样，惟一的不同之处就是 do…while 语句不管条件是否成立，其循环体至少执行一次，然后再去判断表达式的取值是否为真。do…while 语句的语法格式如下：

```
do{
    code_block
} while (expr) ;
```

这里，无论表达式 expr 的值是否为“真”， code_block 循环体都被执行，即语句块 code_block 至少执行一次。另外，使用 break 语句可从循环中退出。下面举一个例子，来说明其条件并不成立，但其循环体却执行一次。其脚本的源代码如下（其在浏览器中的显示结果如图 8-18 所示）：

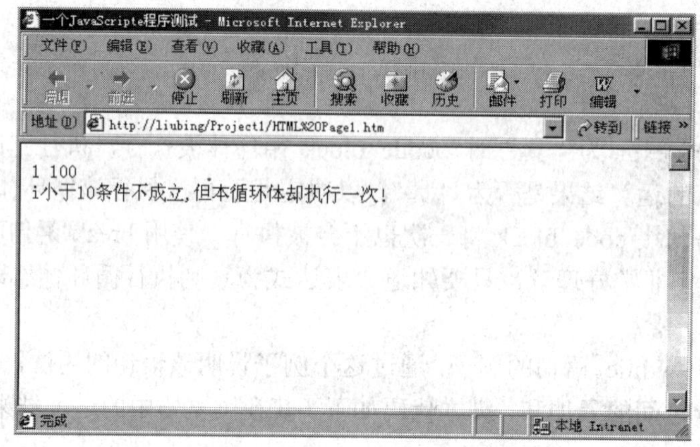

图 8-18 do...while 语句实例

```
<SCRIPT LANGUAGE=javascript>
<!--
    var i,sum;
    i=1;
    sum=0;
    do{
        sum += i;
        document.write (i,"   ",sum*100,"<br>") ;
        document.write ("i 小于 10 条件不成立,但本循环体却执行一次!");
        i++;
    } while (i>10)
//-->
</SCRIPT>
```

（3）转移语句。

1）break 语句。break 语句的作用就是使程序跳出各种流程。它常常是用在异常情况下终止流程。在循环体中，可以使用多个 break 语句，一个 break 语句只会影响与它最近的循环。但是最好不要过多使用 break 语句，否则程序运行结果将难以预料。

2）continue 语句。有时，在循环体中，在某个特定的情况下，希望不再执行下面的循环体，但是又不想退出循环，这时就要使用 continue 语句。在 for 循环中，执行到 continue 语句后，程序立即跳转到迭代部分，然后到达循环条件表达式，而对 while 循环，程序立即跳转到循环条件表达式。

8.2.3　JavaScript 中的函数

1. JavaScript 函数概述

把相关的语句组织在一起，并给它们标注相应的名称，利用这种方法把程序分块，这种形式的组合就称为函数，往函数中传递信息的方法是用参数，有些函数不需要任何参数，有些函数可以带多个参数。函数的定义方法如下：

```
Function 函数名( [ 参数 ] [, 参数] ){
        函数语句块
    }
```

下面通过一个具体实例来看一下 JavaScript 中函数的定义和调用方法。其源代码如下：（在浏览器中的显示结果如图 8-19 所示）：

```
<HTML>
   <HEAD>
      <TITLE>一个 JavaScripte 程序测试</TITLE>
      <SCRIPT LANGUAGE=javascript>
      <!--
       function total (i,j) {  //声明函数 total，参数为 i,j
          var sum;             //定义变量 sum
          sum=i+j;             //i+j 的值赋给 sum
          return(sum);         //返回 sum 的值
                  }
          document.write("调用这个函数total(100,20) ,结果为:", total(100,20) )
      //-->
      </SCRIPT>
     </HEAD>
   <BODY>
  </BODY>
</HTML>
```

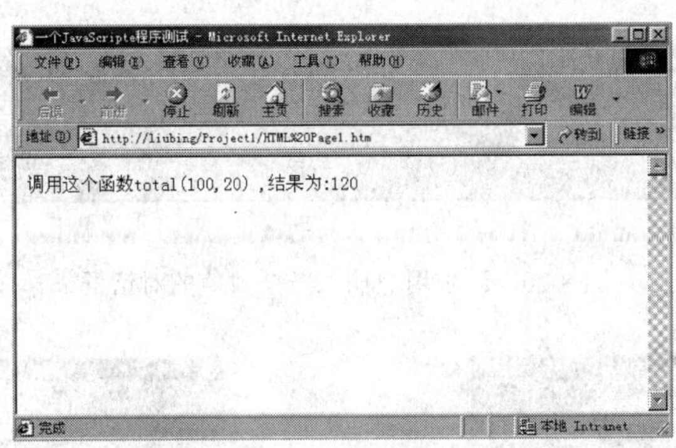

图 8-19　函数的定义与调用实例

在上例中，定义了一个函数 total(i,j)，它有两个形式参数 i 和 j，当调用这个函数时，可以给函数中的形参 i 和 j 一个具体的值，例如：total(100,20)，变量 i 的值为 100，变量 j 的值为 20。

从该例中可以看出，函数通过名称调用。函数可以有返回值，但并不是必须的。如果需要函数返回一个值时，就使用语句 return(表达式)。

2. 内部函数

在面向对象编程语言中，函数一般是作为对象的方法来定义的。而有些函数由于其应用的广泛性，可以作为独立的函数定义，还有一些函数根本无法归属于任何一个对象，这些函数是 JavaScript 脚本语言所固有的，并且没有任何对象的相关性，这些函数就称为内部函数，由于篇幅限制不能一一讲述，在此仅通过一个例子来说明。

IsNaN（变量），如果变量的值不是数值类型，则返回“True”，否则返回“False”。这个函数可以用来对用户的输入进行判断，看其输入是否是数值类型。

下面通过一个例子来说明，当用户在浏览器的输入对话框中输入一个值，如果输入的值不是数值类型时，则给用户一个提示，当用户输入的值是数字型时，也同样给出一个提示。这个例子的源代码如下：

```
<SCRIPT LANGUAGE=javascript>
<!--
    var str;
    str = prompt ("请你输入一个值,如 3.14" , "");
    if ( isNaN ( str ) )
        {
        document.write("唉? 受不了您,有例子都输不对!!!");
        }
    else
        {
        document.write("您真棒,输入正确(数值类型)!!!");
        }
//-->
</SCRIPT>
```

在上例的执行过程中，首先要求用户输入一个数值，如图 8-20 所示。然后对用户的输入进行判断，如果输入的是数值类型，则在浏览器中显示结果如图 8-21 所示；如果输入的是其他类型数据，则在浏览器中显示的结果如图 8-22 所示。

图 8-20　请求用户输入一个数值的对话框

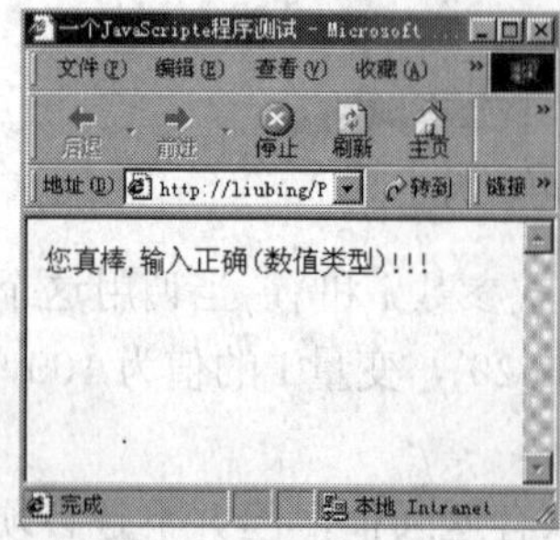

图 8-21　函数调用实例（1）

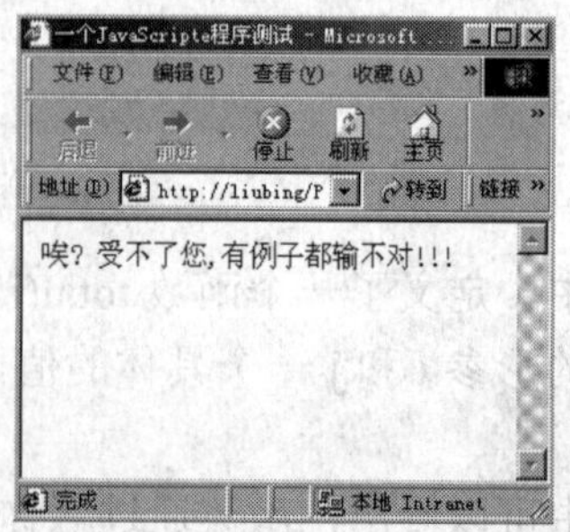

图 8-22　函数调用实例（2）

3. 用户自定义函数

在 JavaScript 中，可以定义自己的函数。下面举例说明，其在浏览器中的显示结果如图 8-23 所示。

```
<HTML>
    <HEAD>
        <TITLE>This is a function's test</TITLE>
        <SCRIPT LANGUAGE="JavaScript">
          function square  ( i ){
            document.write ("The call passed",i,"to the square function.","<BR>")
            return i*i
          }
          document.write  ("The  function  re-turned","<BR>")
          document.write(square(8))
        </SCRIPT>
    </HEAD>
     <BODY>
        <BR>
        All done.
    </BODY>
</HTML>
```

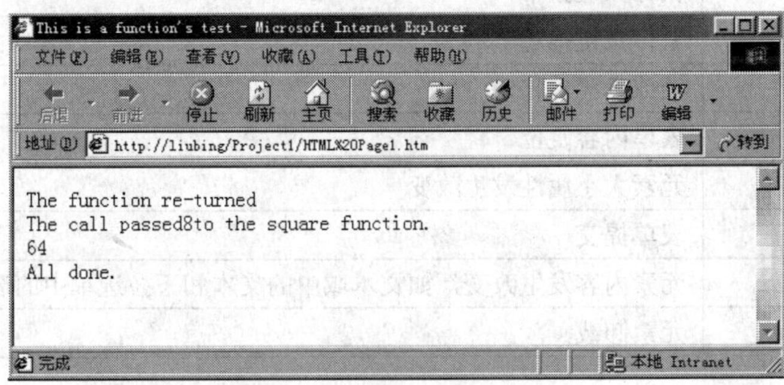

图 8-23　用户自定义函数的例子

从执行结果可以看出，一个函数定义时并不发生作用，只有在引用时（函数定义后的 document.write 语句）才被激活。

8.2.4　JavaScript 的事件

1. JavaScript 事件

JavaScript 语言是一个事件驱动的编程语言。事件是脚本处理响应用户动作的惟一途径，它利用了浏览器对用户输入的判断能力，通过建立事件与脚本的一一对应关系，把用户输入状态的改变准确地传给脚本，并予以处理，然后把结果反馈给用户，这样就实现了一个周期的交互过程。

JavaScript 对事件的处理分为定义事件和编写事件脚本两个阶段，可以定义的事件类型几乎影响到 HTML 的每一个元素，例如：浏览器窗口、窗体文档、图形、链接等。表 8-9 列出了事件类型和它们的说明。

表 8-9 JavaScript 的事件列表

事件名称	事件说明
Abort	用户中断图形装载
Blur	元素失去焦点
Change	元素内容发生改变，如文本域中的文本和选择框的状态
Click	单击鼠标按钮或键盘按键
Dragdrop	浏览器外的物体被拖到浏览器中
Error	元素装载发生错误
Focus	元素得到焦点
Keydown	用户按下一个键
Keypress	用户按住一个键不放
Keyup	用户将按下的键抬起
Load	元素装载
Mousemove	鼠标移动
Mouseover	鼠标移过元素上方
Mouseout	鼠标从元素上方移开
Mousedown	鼠标按键按下
Mouseup	鼠标按键抬起
Move	帧或者窗体移动
Reset	表单内容复位
Resize	元素大小属性发生改变
Submit	表单提交
Select	元素内容发生改变，如文本域中的文本和下拉选单中的选项
Unload	元素卸载

要使 JavaScript 的事件生效，必须在对应的元素标记中，指明将要发生在这个元素上的事件。例如：<Input type=text onBlur="kk()" onKerup="mm()">，它在<Input>标记中定义了两个事件，一个是该文本框失去焦点时执行的 onBlur 事件，另一个是当键按下抬起后所发生的 Keyup 事件，即每当用户按下键盘并松开按键后，就触发 mm()脚本函数，每当该文本框失去焦点（用户把输入光标移动到其他位置）时，就触发 kk()脚本函数。

2. 为事件编写脚本

接下来要为这些事件编写处理的函数，这些函数就是脚本函数。这些脚本函数包含在<Script>和</Script>标记之间。下面通过一个脚本实例，看看它是如何工作的。这个例子的功能是建立一个按钮，当单击按钮后弹出一个对话框，对话框中显示“XX，久仰大名，请多多关照”。其源代码如下：

```
<HTML>
  <HEAD>
    <TITLE>一个 JavaScripte 程序测试</TITLE>
    <SCRIPT LANGUAGE=javascript>
    <!--
    function kkk(){
```

```
            do{
                username=prompt("请问您是何方神圣,报上名来","");
            }while (username=="")
            document.write(username,",久仰大名,请多多关照.");
            }
            //-->
            </SCRIPT>
            </HEAD>
        <BODY>
            <INPUT type="button" value=你敢碰我吗? name=button1 onclick="kkk()">
        </BODY>
    </HTML>
```

这个 HTML 页的起始界面如图 8-24 所示，上面仅有一个元素，即一个按钮。如果不设置任何事件，当单击该按钮后不会产生任何响应。但现在，定义了单击按扭的 onClick 事件，并把事件的处理权交给了脚本程序 KKK()。这是实现交互的第一步。

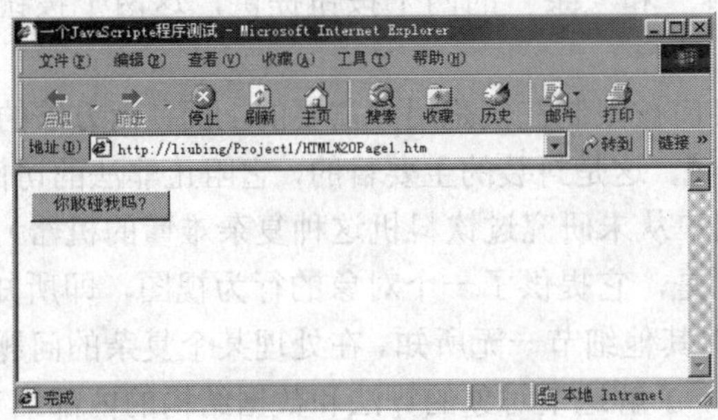

图 8-24　脚本实例的初始界面

接着，当用户单击按钮后，浏览器中将出现一个如图 8-25 所示的 JavaScript 对话框，框中提示用户输入姓名。这时，只要输入名称并单击“确定”按钮，就可以看到浏览器的显示结果，如图 8-26 所示。

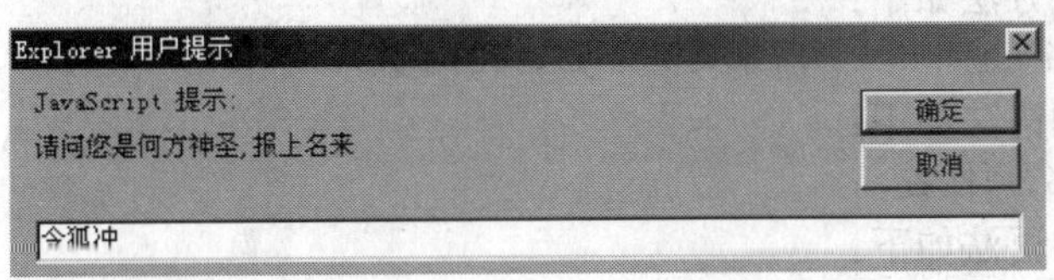

图 8-25　JavaScript 对话框

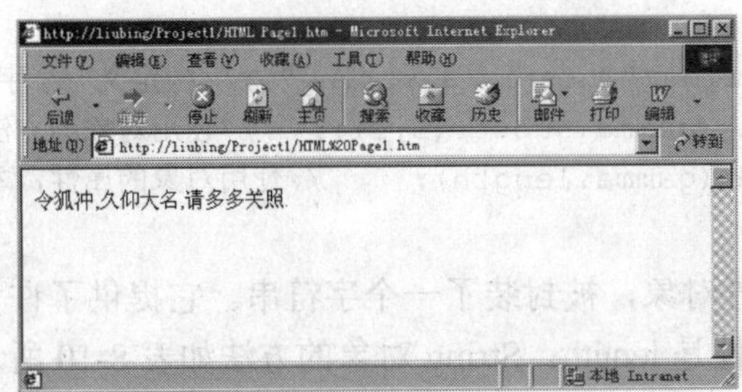

图 8-26　确认对话框后的输出

8.2.5 JavaScript 中的对象

1．基本概念

面向对象的系统包含三个要素：对象、类、继承。

JavaScript 语言是一种基于对象的语言，它不能算是一个面向对象的语言，因为它不支持类和继承。下面来介绍一下对象的概念。

对象：从概念级上说，表示客观世界的客体，任何实物都可以被称为对象；从物理实现说，一个对象是一个状态和一系列可被外部调用的操作方法的一个封装体，即指的是状态和操作的组合，状态通过一组属性来确定，而操作通过一组方法来确定。

例如：以一个饮料机为例来说明封装对象的概念。一台饮料机可以被认为是封装的，因为它的功能被密封在一个金属盒子内。它有以下两个方法：①制一杯茶。②制一杯咖啡。这个对象的状态由剩余的茶叶量、咖啡量、糖量和水量等属性给出。与这个对象的接口是由盒子前分别标以"咖啡"和"茶"的两个按钮提供，这两个按钮提供用户能够执行这个对象的方法。

与一个对象的操作接口被限制在仅是用户需要的上面，而方法的实现，外部是不可见的，也就是说，具有了信息隐藏，这是封装的主要目的，它阻止非法的访问，因为金属盒阻止这台机器的用户（当然这个用户从未研究过饮料机这种复杂难懂的机器）改动这台机器。操作接口的另一个很重要的方面是，它提供了一个对象的行为视图，即所知道的仅是这个对象提供了某种功能，除此之外，对其他细节一无所知。在处理某个复杂的问题时，这一点是很重要的，因为一旦实现了一个对象，了解这个对象的算法和数据结构的内部细节不再是重要的，重要的仅是知道这个对象所提供的操作接口。

在 JavaScript 中，浏览器本身就是一个对象，浏览器的文本也是对象，文本中的表单也是对象，表单中的按钮仍然是对象，不同的按钮也可以是不同的对象。另外，在 JavaScript 中，一种对象类型是一个用于创建对象的模板，这个模板中定义了对象的属性和方法。在 JavaScript 中一个新对象的定义方法如下：

```
对象的变量名 = new 对象类型（可选择的参数）
```

访问对象属性的语法如下：

```
对象的变量名.属性名
```

访问对象方法的语法如下：

```
对象的变量名.方法名（方法可选参数）
```

例如：定义一个字符串对象（即 String 对象）

```
var gamma;
gamma = new String("This is a string");  //定义一个字符串对象，对象名为 gamma
document.write (gamma.substr(5,2));    //使用对象的方法，本例是取子串的方法
document.write (gamma.length);     //使用对象的属性，本例是获得字符串的长度
```

2. String 对象

它是 JavaScript 的内置对象，被封装了一个字符串。它提供了许多字符串的操作方法。

String 对象的惟一属性是 length。String 对象的方法如表 8-10 所示。

表 8-10　String 对象的方法及其功能

名称	功能
CharAt(n)	返回字符串的第 N 个字符
IndexOf(srchStr[,index])	返回第一次出现子字符串 srchStr 的位置，index 从某一指定处开始，而不从头开始。如果没有该子串，返回-1
LastIndexOf(srchStr[,index])	返回最后一次出现子字符串 srchStr 的位置，index 从某一指定处开始，而不从头开始
Link(href)	显示 href 参数指定的 URL 的超级链接
SubString(n1,n2)	返回由第 n1 和第 n2 字符之间的子字符串
ToLowerCase()	将字符转换成小写格式显示
ToUpperCase()	将字符转换成大写格式显示

下面通过一个具体的实例来说明对象的属性及方法的应用。其源代码如下（其在浏览器中的显示结果如图 8-27 所示）：

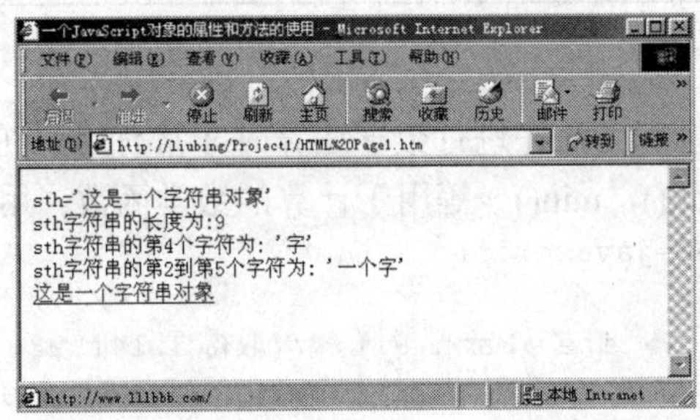

图 8-27　String 对象的属性和方法的应用实例

```
<HTML>
   <HEAD>
      <TITLE>一个 JavaScript 对象的属性和方法的使用</TITLE>
         <SCRIPT LANGUAGE=javascript>
         <!--
          sth=new String("这是一个字符串对象");
          document.write ("sth='这是一个字符串对象'","<br>");
          document.writeln ( "sth 字符串的长度为:",sth.length, "<br>");
          document.writeln ( "sth 字符串的第 4 个字符为:'",sth.charAt
             (4),"'<br>");
          document.writeln ( "从第 2 到第 5 个字符为:'",sth.substring
             (2,5),"'<br>");
          document.writeln ( sth.link("http://www.lllbbb.com"),"<br>");
          //-->
          </SCRIPT>
      </HEAD>
      <BODY>
      </BODY>
</HTML>
```

3. Array 对象

数组是一个有相同类型的有序数据项的数据集合。在 JavaScript 中的 Array 对象允许用户创建和操作一个数组，它支持多种构造函数。数组从零开始，所建的元素拥有从 0 到 size-1 的索引。在数组创建之后，数组的各个元素都可以使用[ ]标识符进行访问。Array 对象的方法如表 8-11 所示。

表 8-11 Array 对象的部分方法

方法	说明
Concat(array2)	方法返回一个包含 array1 和 array2 级联的 Array 对象
Reverse( )	把一个 Array 对象中的元素在适当位置进行倒转
Pop()	从一个数组中删除最后一个元素并返回这个元素
Push()	添加一个或多个元素到某个数组的后面并返回添加的最后一个元素
Shift()	从一个数组中删除第一个元素并返回这个元素
Slice (start,end)	返回数组的一部分。从 index 到最后一个元素来创建一个新数组
Sort()	排序数组元素，将没有定义的元素排在最后
Unshift()	添加一个或多个元素到某个数组的前面并返回数组的新长度

4. Math 对象

Math 对象所提供的属性和方法在进行数学运算时非常有用。它有很多的方法和属性，如 sin()，cos()，abs()，PI，max()，min() 等用于计算的数学函数。用法如下：

```
<SCRIPT LANGUAGE=javascript>
    <!--
        document.write (Math.PI); //取得 3.1415926
        document.write (Math.random());//产生一个 0 到 1 之间随机数
    //-->
    </SCRIPT>
```

5. Date 对象

Date 对象提供了几种获取日期和时间的方法。定义 Date 对象的方法如下：

```
var  d1= new Date();
```

一旦定义了该对象，则提供了很多种方法。利用这些方法可以在网页上作出很多漂亮的效果，而且这些效果都很新奇。例如：2000 年倒计时，在网页上显示今天的年月日，计算用户在本网页上的逗留时间，网页上显示一个电子表，网上考试的计时器等。在表 8-12 中列出了 Date 对象的方法。

表 8-12 Date 对象的方法

方法	说明
GetDate()	返回在一个月中的哪一天（1~ 31）
GetDay()	返回在一个星期中的哪一天（0~ 6），其中星期天为 0
GetHours()	返回在一天中的哪一个小时（0~ 23）
GetMinutes()	返回在一小时中的哪一分钟（0~ 59）
GetSeconds()	返回在一分钟中的哪一秒（0~ 59）
GetYear()	返回年号
SetDate(day)	设置日期

续表

方法	说明
SetHours(hours)	设置小时数
SetMinutes(mins)	设置分钟数
SetSeconds(secs)	设置秒
SetYear(year)	设置年

下面给出一个在浏览器中显示当前日期和时间的实例，其源代码如下所示，并且在浏览器中的显示结果如图 8-28 所示。

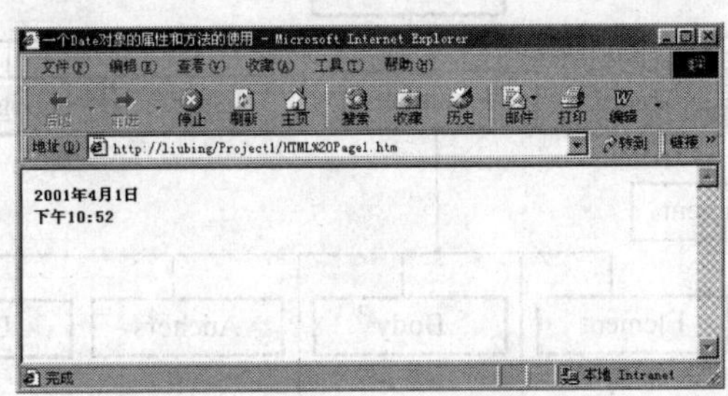

图 8-28 Date 对象的方法使用实例

```
<HTML>
   <HEAD>
      <TITLE>一个 Date 对象的属性和方法的使用</TITLE>
      <SCRIPT LANGUAGE=javascript>
      <!--
         Stamp = new Date();
      document.write('<font  size="2"  ><B>'  +  Stamp.getYear()+" 年
"+(Stamp.getMonth() + 1) +"月"+Stamp.getDate()+ "日"+ '</B></font><BR>');
         var Hours;
         var Mins;
         var Time;
         Hours = Stamp.getHours();
         if (Hours >= 12)
            { Time = " 下午"; }
         else
            {Time = " 上午"; }
         if (Hours > 12) {Hours -= 12;}
         if (Hours == 0) {Hours = 12;}
         Mins = Stamp.getMinutes();
         if (Mins < 10) { Mins = "0" + Mins; }
      document.write('<font size="2"><B>' + Time + Hours + ":"+ Mins +
'</B></font>');
      //-->
      </script>
   </HEAD>
   <BODY>
   </BODY>
</HTML>
```

6. 浏览器和 HTML 对象

使用脚本语言离不开 HTML 对象模型，否则脚本语言只能作为一种退化的编程语言，并不能在 Web 应用中发挥它的强大功能。脚本语言和 HTML 对象模型结合在一起，才有可能构成缤纷的 Web 世界。

（1）什么是 HTML 对象模型。HTML 对象模型定义了表达网页及其元素的对象。这种技术形成了支持动态 HTML 的基础。对象模型以事件、属性和方法定义了一组对象，用户可以用来创建应用或为应用编写脚本。这些对象都按一定的层次组织。这个对象模型是一个由对象组成的层次结构，如图 8-29 所示。

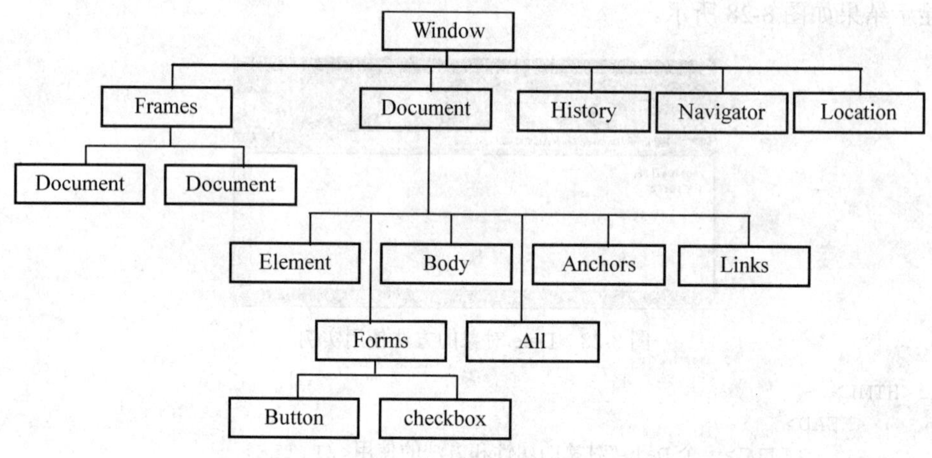

图 8-29 HTML 对象模型

顶层是 Window 对象。它代表浏览器的窗口。对于其他的对象，如实际存在的当前文档（Document）、超链接（Links）、文档的锚点（Anchors）以及其他被显示文档的地址都可以作为窗体对象的属性被访问。Window 对象包括了对其他 6 个对象的引用：Document、History、Location、Navigator、Screen 和 Event。

例如：windows.document.write "hello, world!"

第二层对象可以是框架结构（Frames）或文档对象（Document）。其中框架结构的每一个 Frame 对象中都包含一个文档对象。而文档对象可包括以下对象：

- History 对象：文档的历史记录（曾经访问过该文档的 URL 地址记录清单）。
- Location 对象：当前文档所在的位置（URL 地址、文件名以及与当前文档位置有关的其他属性）。
- Navigator 对象：返回浏览器被使用的信息。

动态 HTML 对象模型中的对象具有一般对象化编程语言的特性，有属性、方法和事件。例如，Document 对象有它自已的属性，并且有些属性的本身也是对象。除了 HTML 元素（文本和图像）以外，每个文档都包含一些可编程的对象（如锚点或超链接和窗体）。借助这些对象可以访问当前文档的超链接和锚点。

（2）Window 对象。Window 对象封装了当前浏览器的环境信息。一个 Window 对象中可能包含几个 Frame（框架）对象。每个 Frame 对象在它所在的框架区域内作为一个根基，相当于整个窗口的 Window 对象。

Document 对象封装了当前文档：

- History 对象：封装浏览器历史记录清单。
- Location 对象：封装浏览器当前位置。
- Navigator 对象：提供客户环境的信息。
- Screen 对象：访问显示器屏幕参数。
- Event 对象：提供最新事件信息及控制事件处理。

下面详细介绍 Window 对象的属性、方法和事件。

1）Window 对象的属性。广义的 Window 对象包括浏览器的每一个窗口、每一个框架（Frame）或者活动框架（IFrame）。每个 Window 对象都有以下一些属性：

- Name：这是 Window 对象的一个可读写属性，它返回当前窗口的名称。用 Window 对象的 Open 方法可以赋予窗口一个属性，从超链接中也可以取得窗口名字。下例中的超链接将打开一个 Name 属性为“IE-Window”的 Window 对象：

```
<A href ="http://Master/MySite/example.htm"  TARGET="IE-Window">
    example
  </A>
```

当单击这个超链时，会打开一个新的浏览器窗口且名字叫"IE-Window"。

- Parent：这是 Window 对象的一个只读属性，如果当前窗口有父窗口，它返回当前窗口的父窗口的对象，可以使用返回对象的属性和方法。
- Opener：这是 Window 对象的一个只读属性，属性返回产生当前窗口对象，可以使用返回对象的属性和方法。
- Self：这是 Window 对象的一个只读属性，属性返回当前窗口的一个对象，可以通过这个对象访问当前窗口的属性和方法。
- Top：这是 Window 对象的一个只读属性，属性返回的是代表最上层窗口的一个对象，可以通过这个对象访问当前窗口的属性和方法。
- DefaultStatus：这是 Window 对象的一个可读写属性，使用它可以返回或者设置将在浏览状态栏中显示的缺省内容。
- Status：这是 Window 对象的一个可读写属性，使用它可以返回或者设置将在浏览器状态中显示的内容。例如下例可以在浏览器状态栏中显示浏览当天的日期：Status=DataFormat(Date)。

2）Window 对象的方法：

- Alert：使用 Alert 方法可以弹出一个警告框，警告框显示一条信息，并且有一个“确定”按钮。用法：window.alert("这次你可真走运!")。其在浏览器中的显示结果如图 8-30 所示。

图 8-30　alert 警告框

- Confirm：使用 Confirm 方法可以弹出一个对话框，显示一条信息，并且显示“确定”和“取消”两个按钮。它能返回一个逻辑布尔量的值，可以被脚本程序使用，下面来看一个具体的实例。其源代码如下：

```
<SCRIPT LANGUAGE= JavaScript>
<!--
```

```
    Res = window.confirm("您有勇气确认吗?");
    if (Res) {document.write("您真勇敢!")}
      else {document.write("您太年轻,还需要锻炼!")}
  //-->
</Script>
```

这个例子中首先请用户进行选择，如图 8-31 所示，如果用户单击“确定”按钮，则显示如图 8-32 所示的浏览器窗口，如果用户单击“取消”按钮，则显示如图 8-33 所示的浏览器窗口。

图 8-31 confirm 对话框

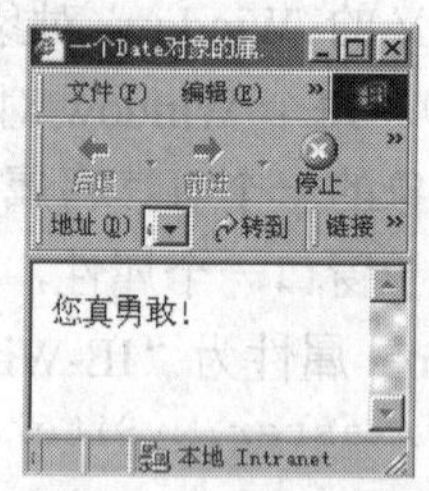

图 8-32 confirm 实例

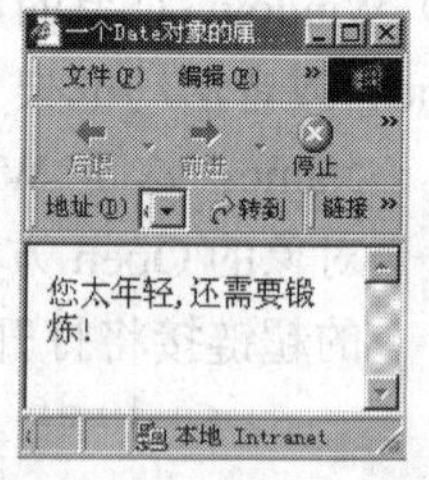

图 8-33 confirm 实例

- Prompt：用 Prompt 方法可以弹出一个信息框，显示一条信息，并且有一个文本输入框、一个“确定”按钮和一个“取消”按钮。如果选择“确定”按钮，则文本框中输入的内容将被返回，可以被脚本程序使用。这个方法有两个参数：第一个是要在对话框中显示的信息；第二个是文本输入框内默认显示的内容。例如：Str=window.prompt("有胆子报上名来!","")。其在浏览器中的显示结果如图 8-34 所示。在 Prompt 对话框中，如果点击“确定”按钮，将向变量 Str 返回当前文本输入框内的字符串；如果点击“取消”按钮，将不执行任何操作。

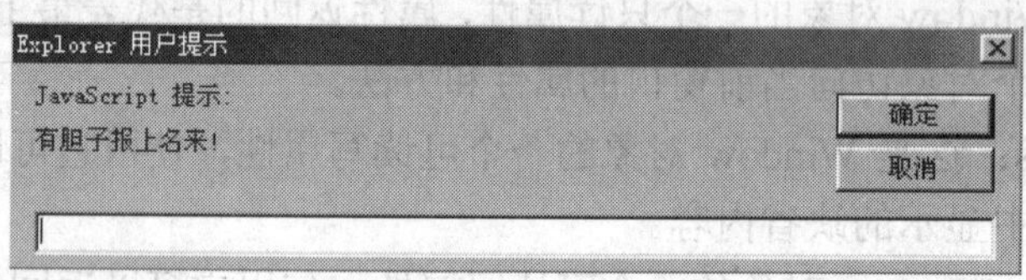

图 8-34 Prompt 对话框

- Open：这种方法可以建立一个新的窗口，它可以使用许多参数。第一个参数是要在新窗口中打开文件的 URL 地址，这个参数是必须的；第二个参数是 Target，即打开文件窗口的名字；随后的参数都是对新窗口属性的描述。例如要打开一个没有工具条、定位框和目录框的窗口，这个窗口中显示“Search.htm ”，可以使用语句：window.open("h2.htm","kkk","tooibar=no location=no")。
- Close：这种方法用来关闭一个窗口。例如：window.close ()。这行代码将关闭当前窗口。
- SetTimeout：这也是 Window 对象的一个方法。这种方法用来设置一个计时器，该计时器以毫秒为单位，当所设置的时间到时，会自动的调用一个函数。SetTimeout 方法可以使用三个参数：第一个参数用来指定设定时间到后调用函数的名称；第二个参数用来设定计时器的时间间隔；第三个参数用来指定函数使用的脚本语言类型（JavaScript 或 VBScript）。下面是一个使用 SetTimeout 方法的例子，这个例子在文本框中显示一个电子表。其源代码如下所示，而其在浏览器中的显示结果如图 8-35

所示。

```
<HTML>
    <HEAD>
        <TITLE>一个 JavaScript 计时器的应用</TITLE>
        <SCRIPT LANGUAGE = JavaScript>
        <!--
            var flag;
            interval=1000;
            function change()  {
            var today = new Date();
        text1.value = today.getHours() + ":" + today.getMinutes() + ":" +
today.getSeconds();
        timerID=window.setTimeout("change()",interval);
        }
        //-->
        </SCRIPT>
    </HEAD>
    <BODY onload="change()">
        <INPUT id=text1 name=text1>
    </BODY>
</HTML>
```

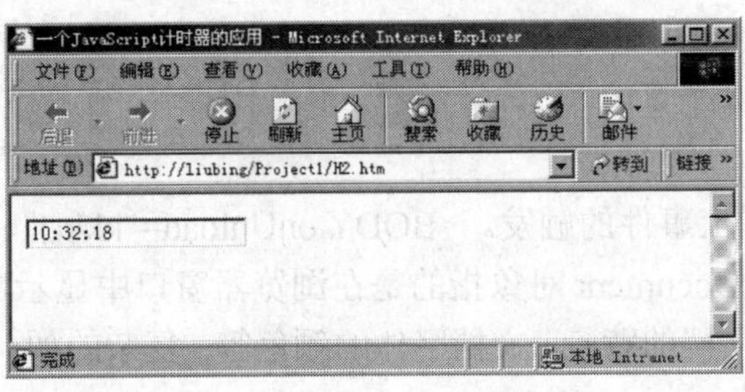

图 8-35　脚本计时器的应用

timerID=window.setTimeout("change()",interval)，这行代码可以创建一个计时器，每一秒钟调用 "change()" 子函数一次，这个函数使用的脚本是 JavaScript 脚本。在设置计时器同时，创建了一个计时器对象，它的句柄是"timerID"，以后可以对这个对象进行操作。

- ClcarTimcout：这种方法用来清除一个计时器，使用方法例如：

Window.clearTimeout timerID。这行代码可以清除名字为"timerID"的计时器对象。

3）Window 对象的事件：在脚本模型中，对象都有自已的事件。大多数的对象的事件都是相同的，它们都是浏览器中的一些事件，这些事件有：onBlur、onDblclick、onFocus、onKeydown、onKeyup、onMousemove、onMouseover、onSelectstart、onClick、onDragstart、onHelponkeypress、onMousedown、onMousout、onMouseup 等。可以为这些对象事件编写事件处理程序，当事件被击活时，事件处理程序被执行。

Window 对象包含上面讲到的大多数对象的事件，这里就不一一详细介绍，只介绍两个 Window 对象特有的事件：OnLoad 事件和 OnUnload 事件。

- OnLoad：Window 对象的 OnLoad 事件在分析完 HTML 文件的所有代码内容后被激活。可以使用这个对象事件在网页加载时执行一定的任务。例如，可以在网页被加载时同时加载一个广告页，脚本程序代码如下：

```
<HTML>
        <HEAD>
            <TITLE>一个 JavaScripte 程序测试</TITLE>
            <SCRIPT LANGUAGE=javascript>
            <!--
            function kkk(){
               window.open("H1.htm", "", " toolbar=no,menubao=no")
            }
            //-->
            </SCRIPT>
        </HEAD>
        <BODY onLoad = "kkk()">
            <A href="http://www.whpu.com/e1.htm">test</A>
    </BODY>
</HTML>
```

- OnUnload：在窗口被卸载时，也就是离开当前浏览窗口时，事件内容被激活。也可以在网页被卸载时同时加载一个广告页，脚本程序代码如下：

```
<SCRIPT LANGUAGE=javascript>
<!--
    function kkk(){
    window.open("H1.htm", "", " toolbar=no,menubao=no")
    }
//-->
</SCRIPT>
```

在<body>标记中，加上事件的触发。<BODY onUnload="kkk()">

（3）Document 对象。Document 对象指的是在浏览器窗口中显示的 HTML 文档。Document 对象的属性，简单的如：文档的背景、文档字体的颜色等；复杂的如：各种链接和锚的结合体、Form 以及 ActiveX 控件等。

Document 对象提供了一些强有力的方法，使得可以在文档中直接传送 HTML 语句。Document 对象作为 Window 对象包含下的一个对象，可以利用“Window.document”访问当前文档的属性和方法，如果当前窗体中包含框架对象，可以使用表达式“Window.frames (n).document”来访问框架对象中显示的 Document 对象，式中的“n”表示框架对象在当前窗口的索引号。

1）Document 对象的属性：

- Linkcolor：用来设置当前文档中超链接显示的颜色。使用方法：
  `window.document.linkcolor="red"`
- Bgcolor 和 Fgcolor：这两个属性分别用来读取或者设置 Document 对象所代表的文档的背景和前景颜色。使用方法与 Linkcolor 属性使用方法相同。它们可以被任意的设置和更改。
- Title：是 Document 对象的一个只读属性，它返回当前网页的标题。
- LastModified：是 Docúment 对象的一个只读属性,它返回当前网页最近一次被修改的时间。
- All 属性：是一个对象的序列，它是当前文档中的所有 HTML 标记组成的对象序列。

当前窗口中的文档对象的第一个 HTML 标记是 Document.all(0)。可以使用 All 属性对象的属性和方法，例如：Document.all.length 将返回文档中 HTML 标记的个数。

2）Document 对象的方法：Document 对象提供了一些在脚本模式中强有力的方法。这些方法使得用户可以在脚本中建立显示在用户浏览器中的 HTML 文档。

- Write：Write 方法用于将一个字符串放在当前文档中，放入的内容将被浏览器所识别。如果一般文本，将在页面显示；如果是 HTML 标记，将被浏览器解释。
- Open：Open 方法用于打开要输入的文档。当前文档的内容将被清除掉，而新的字符串可以通过 Write 方法放入当前文档。
- Clear：Clear 方法用于清除当前文档中的内容，更新屏幕。

（4）Location 对象。Location 对象封装了窗口里显示的 URL 的信息。

1）Location 对象的属性：

- Href：Location 对象的 href 属性可以返回或者设置页面完整的 URL 地址。例如，如下语句将把浏览器连接到武汉工业学院的主页：Document.Location.href = "http://www.whpu.edu.cn/",这和使用 Window 对象的 Navigate 方法的效果是相同的。
- Host：Location 对象的 host 属性可以返回网页主机名以及所连接的 URL 的端口。
- Protocal：这个属性用来返回当前使用的协议。例如，现在正在浏览器中访问 FTP 站点，那这个属性将返回字符串"ftp"。

2）Location 对象的方法：Location 对象支持三种方法。

- Assign：将当前 URL 地址设置为其参数所给出的 URL。
- Reload：重载当前网址。
- Replace：用参数中给出的网址替换当前网址。

（5）History 对象。History 对象有一个惟一的只读属性：length。它可以返回历史记录表中的 URL 地址数目。利用这个属性可以帮助我们在历史记录表中进行搜索。History 对象的方法：

- back：back 方法以指引浏览器在历史记录清单中向前移动。例如：
  window.history.back 1 将指引浏览器跳向历史记录中的前一条记录。
- forward：forward 方法以指引浏览器在历史记录清单中向后移动。例如：
  window.history.forward 2 指引浏览器跳向历史记录中后面的第二条记录。
- go：go 方法指引浏览器跳向历史记录中的一条记录。例如：
  window.history.go 10 将指引浏览器跳向历史记录中的第 10 条记录。

本章小结

本章重点讲述了标准的 HTML 语言结构，要求学习完本章后能够利用 HTML 语言编写一些简单的 Web 网页，而且可以利用所学知识分析一些知名网站主页（如新浪主页等）的 HTML 语言结构。

本章的另一个重点是介绍 JavaScript 语言。这一部分对于一个从未学习过任何编程语言的读者来说可能有些困难，但要想使自己制作的网页更加引人入胜，JavaScript 是必须的。学习好 HTML 和 JavaScript 语言，可了解网上非常精彩的网页是如何制作的，从而吸取别人的经验并把它应用到自己的网页制作中。

其实本章所介绍的只是一种客户端的网页语言，如果想要实现网上的交互性，还必须要使用服务器端的脚本语言，目前常用的服务器端的脚本语言有 ASP.NET、PHP 和 JSP，如果想了解这些知识，请查阅相关的书籍。

习题八

一、填空题

1．HTML 文件是标准的________文件，且其后缀名为________或________的文件。

2．HTML 文件由________组成。

3．元素的起始标记叫做________，元素结束标记叫做________，在这两个标记中间的部分是________。

4．HTML 文件仅由一个________元素组成，即文件以________开始，以________结尾，文件其余部分都是 HTML 的元素体。

5．<Hn>标题元素有 6 种，用于表示文章中的各种题目。字体大小从<H1>到<H6>顺序________。

6．
用于________。<P>表示一个________开始。

7．</FONT>用来修改字体和颜色的元素。其中 COLOR 属性指定文字颜色，颜色的表示可以用 6 位十六进制代码，如<FONT COLOR=#00FF00>，而其中的 00FF00 表示的的含义是________。

8．统一资源定位器 URL 的构成为：________。

9．在 HTML 文件中用链接指针指向一个目标。其基本格式为：________。

10．在 HTML 网页中加图像是通过<IMG>标记实现的，它有几个较为重要的属性。其中：SRC 属性是用于________；BORDER 属性是用于________。

11．使用框架结构可以使 Web 页的信息量________。

12．HTML 提供的________是用来将用户数据从浏览器传递给 Web 服务器的。

13．在 HTML 中提供表单的功能标记是________。

14．HTML 中的________标记是用来把表单中的文本框、按钮等引出的。

15．一个表格有一个________，它表明表格的主要内容，并且一般位于表的上方；表格中由行和列分割成的单元叫做________。

二、判断题

（ ）1．脚本语言是一种简单的面象对象的语言。

（ ）2．由于 JavaScript 是第一个在 WWW 上使用的脚本语言。

（ ）3．嵌入 HTML 文档中的 JavaScript 源代码实际上不是作为 HTML 文档 Web 页的一部分存在的。

（ ）4．JavaScript 源代码被嵌在一个 HTML 文档中，而且只能出现在文档头部（HEAD 节）。

（ ）5．在 JavaScript 中程序员在声明变量时可以不指定该变量的数据类型。

（　）6．JavaScript 语言是一种面向对象的语言。

三、简答题

1．HTML 的文件是由什么组成的？请给出一个标准的 HTML 文档的结构。

2．统一资源定位器 URL 的主要作用是什么？另外请写出其标准的结构形式。

3．请说明 JavaScript 脚本语言注释语句的方法。

4．说明下面程序的运行结果。

```
<HTML>
<HEAD>
<TITLE>程序测试结果</TITLE>
<SCRIPT LANGUAGE=javascript>
<!--
    document.write("switch 语句测试------");
    switch (8%3) {
        case 0: sth="您好";
                break;
        case 1: sth="大家好";
                break;
        default: sth="世界好";
                break;
        }
    document.write(sth);
//-->
</SCRIPT>
</HEAD>
<BODY>
</BODY>
</HTML>
```

5．说明下面程序的运行结果。

```
<HTML>
    <HEAD>
        <TITLE>一个 JavaScripte 程序测试</TITLE>
        <SCRIPT LANGUAGE=javascript>
        <!--
            function mul (j) {
                var sum,i;
                sum=1;
                for(i=1;i<j;i++){
                    sum=sum*i;
                }
                return(sum);
                }
                document.write("调用这个函数 mul(5) ,结果为:", mul(5) )
            //-->
            </SCRIPT>
        </HEAD>
        <BODY>
    </BODY>
```

```
</HTML>
```

四、程序

1．请制作一个个人网站发布到互联网上。

2．试用 JavaScript 制作一个乘法口决表的 Web 页。

3．请编写一个在浏览器上显示当前日期和时间的程序。

4．客户认证。请制作一个表单，其中包括以下内容：姓名、年龄、密码、确认密码、提交按钮和重新填写按钮。要求如下：

（1）各项内容在提交之前不能为空。

（2）姓名仅能输入 8 个字符。

（3）年龄必须输入数字型数据。

（4）密码和确认密码不能为空。

如果用户输入不符合以上要求，要能分别给出提示；如果达到以上要求，显示提示信息“恭喜您，您已经通过了我们的客户验证”。请上机练习，并给出相应的 HTML 源代码。

参考文献

[1] 谢希仁．计算机网络（第 4 版）．北京：电子工业出版社，2003
[2] 刘兵．计算机网络基础与 Internet 应用（第二版）．北京：中国水利水电出版社，2003
[3] 刘兵．计算机网络实验教程．北京：中国水利水电出版社，2005
[4] 刘兵．计算机网络基础教程．北京：中国水利水电出版社，2006
[5] 何莉．计算机网络概论（第三版）．北京：高等教育出版社，2002
[6] 高传善．数据通信与网络教程．北京：机械工业出版社，2005
[7] 钱力鹏．Visual InterDev 6.0 网络编程技术．北京：人民邮电出版社，2000
[8] 康辉．计算机网络基础教程．北京：清华大学出版社，2005
[9] 符彦惟等．计算机网络基础．北京：清华大学出版社，2006